化学化工专业实习

田维亮　李　仲　陈俊毅　　主　编
吕喜风　穆金城　葛振红 等　副主编

華東理工大學出版社
EAST CHINA UNIVERSITY OF SCIENCE AND TECHNOLOGY PRESS
·上海·

图书在版编目(CIP)数据

化学化工专业实习/田维亮,李仲,陈俊毅主编
.—上海:华东理工大学出版社,2021.3
ISBN 978-7-5628-6228-4

Ⅰ.①化… Ⅱ.①田… ②李… ③陈… Ⅲ.①化学-实习-高等学校-教材②化学工业-实习-高等学校-教材 Ⅳ.①06-45②TQ016-45

中国版本图书馆CIP数据核字(2021)第029198号

项目统筹 / 吴蒙蒙
责任编辑 / 陈婉毓
装帧设计 / 徐 蓉
出版发行 / 华东理工大学出版社有限公司
地址:上海市梅陇路130号,200237
电话:021-64250306
网址:www.ecustpress.cn
邮箱:zongbianban@ecustpress.cn
印 刷 / 上海展强印刷有限公司
开 本 / 787 mm×1092 mm 1/16
印 张 / 19.25
字 数 / 477千字
版 次 / 2021年3月第1版
印 次 / 2021年3月第1次
定 价 / 58.00元

《化学化工专业实习》编委会

主　编　田维亮　李　仲　陈俊毅

副主编　吕喜风　穆金城　葛振红　张克伟

编　委　田维亮　穆金城　陈俊毅　吕喜风

李　仲　聂喜梅　侯进鹏　孙　丹

陈明鸽　葛振红　张克伟

前　言

本书是在各类化工企业考虑到安全因素而不愿意接受化工类专业学生进行化工类生产实习、全国各大高校化工类生产实习基地难于按计划开展的大背景下，结合现代仿真技术在现代化教学中的运用，对化工类专业学生的认识实习和生产实习进行的改革与探索。本书是根据学生进行生产现场化工认识实习的需要，结合全国化工实习基地的具体生产实际编写的，具有很强的针对性、实用性。根据化工生产的特点和安全生产的重要性，以及学生毕业后在化工企业从事生产和管理的需要，本书对化工安全生产知识、化工生产的普遍特点、典型化工产品采用的工艺流程等方面做了较为详细的介绍。为使学生在实习过程中能够更好地理论联系实际，本书主要针对化工生产中典型的合成氨、甲醇生产、石油化工等综合性工艺的实际情况，对各工序的作用、原理、工艺流程的选用和操作注意事项等做了具体的阐述。通过虚拟仿真实习，克服学生不能在工厂实习操作的难题，再加上化工厂的设计，使生产实习教学趋向深度化，以提升学生培养质量，这是本书的创新点，并以此促进化工实践教学的改革与探索，为教育部提出的"金课"建设提供建设性思路。

教育的现代化和信息化促使知识获取方式和传授方式、教和学的关系等发生革命性变化。国家虚拟仿真实验教学项目建设坚持立德树人，强化以能力为先的人才培养理念，坚持"学生中心、产出导向、持续改进"的原则，突出应用驱动、资源共享，将实验教学信息化作为高等教育系统性变革的内生变量，以高质量实验教学助推高等教育"变轨超车"，助力高等教育强国建设。本书就是在这样的大背景下策划编写的，书中包含国家虚拟仿真实验教学项目("传热3D&VR虚拟仿真综合实验")相关资料，以期助力建设国家级"金课"。

本书由葛振红(绪论和第1章)、陈俊毅(第2、6、18章)、穆金城(第3、7、15、16、17章)、李仲(第4、5、12、15、19章，附件，图表修订)、陈明鸽和孙丹(第8章)、侯进鹏和张克伟(第9章)、田维亮(第10至14章)、吕喜风(第20至25章)编写，李仲、张克伟、侯进鹏、孙丹、聂喜梅负责全书审稿。非常感谢北京欧倍尔软件技术开发有限公司、莱帕克(北京)科技有限公司和北京东方仿真软件技术有限公司提供技术资料。感谢国家虚拟仿真实验教学项目、塔里木大学"化工原理实验"一流课程(TDYLKC202014)和创新群体项目(TD2KCK201901)给予的资助。其他兄弟院校的老师也参与了编写讨论，并提出了许多宝贵意见。在此，对本书在编写过程中给予热心帮助和支持的老师和同行一并表示感谢。

在编写过程中，编者参阅了有关书籍、杂志、兄弟院校的教材和讲义等大量资料，由于篇幅所限，未能一一列举，谨此说明。

由于编者水平和经验有限，疏漏在所难免，恳请同行和其他广大读者批评指正！

编者

目　录

第 4 篇　化工 3D 虚拟仿真生产

第 5 篇　化工生产实训

第 6 篇　化工生产设计

绪　论

1 化学化工专业实习

1.1 实习概述

生产实习是化学化工专业学生的一门主要实践性课程，是学生将理论知识同生产实践相结合的有效途径，是增强学生的劳动观念、工程观念和建设中国特色社会主义事业的责任心和使命感的过程。生产实习是与课堂教学完全不同的教学方法，在教学计划中，生产实习是课堂教学的补充，生产实习区别于课堂教学。在课堂教学中，教师讲授，学生领会，而生产实习则是在教师指导下由学生自己向生产实际学习。通过现场的讲授、参观、座谈、讨论、分析、作业、考核等多种形式，学生一方面可以巩固在书本上学到的理论知识，另一方面可获得在书本上不易了解和不易学到的生产现场实际知识，在实践中得到提高和锻炼。

通过生产实习，学生可以了解机器从原材料到成品批量生产的全过程及生产组织管理等知识，了解化工厂的必备生产环境和化工生产概况，获得化学工程、化学工艺的实际感性知识；树立理论联系实际的工作作风，并在生产现场将科学的理论知识加以验证、深化、巩固和充实。生产实习把学生所学知识条理化、系统化，使学生学到从书本学不到的专业知识，获得本专业国内外科技发展现状的最新信息，激发学生向实践学习和探索的积极性，并培养学生进行调查、研究、分析和解决实际问题的能力，为后继专业课的学习、课程设计和毕业设计打下坚实的基础，也为今后的学习和将从事的技术工作打下坚实的基础。学生能运用所学知识观察和分析实际问题，培养勇于探索、积极进取的创新精神；学习企业管理人员和工程技术人员的优秀品质和团队精神，树立劳动观念、集体观念，弘扬创业精神，提高基本素质和今后工作的竞争能力。

1.2 实习意义

生产实习不单指生产，还包括经营、服务等各行各业的职业行为。高等院校的生产实习从广义来说包括实践实习、课程实习、顶岗生产实习等几个部分。这里主要是指毕业前狭义的顶岗生产实习，具体地说，就是学生学完在校规定的课程后到企事业单位去顶岗作业，在学校看来是实习，对用人单位来说相当于既是实习又是工作。

生产实习是学校教学的重要补充部分，是区别于普通学校教育的一个显著特征，是教育教学体系中的一个不可缺少的组成部分和不可替代的环节。它与今后的职业生活联系最直接，学生在生产实习过程中将完成从学习到就业的过渡，因此生产实习是实现培养创新型和技能型人才目标的主要途径。它不仅是校内教学的延续，而且是校内教学的总结。可以说，没有生产实习，就没有完整的教育。学校要提高教育教学质量，在注重理论知识学习的前提下，首先要提高生产实习管理的质量。生产实习教育教学的成功与否，关系到学生的就业前途及学校的未来发展，甚至间接地影响到现代化建设。

1.3 实习目的与任务

(1) 获得对化工生产的初步感性认识，熟悉化工类企业的生产环境。

(2) 获得初步的生产技能，向工程技术人员和管理人员学习相关的实践知识，培养分析和初步解决工程实际问题的能力。

(3) 掌握化工生产工段的主要工艺流程、生产原理、工艺组织原则及控制方法。

(4) 掌握主要化工设备的工艺原理、结构特点和操作条件。

(5) 了解化工生产中的检测知识和质量保证体系。

(6) 了解化工生产的组织方式及技术管理方法。

(7) 培养应用基础课的知识和技术去解决生产问题的能力，初步形成工程技术观念。

2 化工实习的课程特点

本课程内容强调实践性和工程技术观念，并将能力和素质培养贯穿于实习的全过程。围绕化工专业中最基本的理论，结合化工工程能力训练教学特点，以化工入门教育、化工安全知识、化工设备认识与装配技能实训、化工操作技能实训、化工测绘、工艺查定、化工过程开发、化工综合技能实训为主线，加强学生工程能力的训练，培养拥有独立思考、综合分析问题和解决问题能力的现代化化工工程技术人才。

3 化工实习的内容

(1) 听取报告

① 参加全厂及生产车间的安全教育报告。

② 了解工厂建厂、规划、布置的一般原则。

③ 了解工厂生产经营发展情况、远景规划及技术进步重大措施步骤，以及对技术人才的需求情况。

④ 学习和掌握实习岗位的岗位操作法，了解工厂的企业管理情况。

⑤ 参加生产车间的生产工艺技术报告。

(2) 跟班实习

① 在了解生产方法的基础上摸透流程，熟悉各设备及其作用、工艺管线的走向、各生产控制点、操作条件和控制范围。

② 了解主要设备的类型、结构特点、尺寸、材料及保温防腐措施。

③ 了解生产过程的主要工艺指标及控制方法，测试仪表。

④ 了解开工、停工原则和步骤，非正常生产事故发生的原因和检查处理方法。

⑤ 熟悉生产报表填写项目意义，熟悉正常运转时的生产调节和控制方法，学会分析操作数据。了解生产中间原料消耗及产物量的简易估算方法，收集生产现场的数据，做必要的物料、能量衡算，对生产状况做一定探讨，对所发现的生产薄弱环节及存在问题提出改进意见。

(3) 收集资料和数据，记好实习笔记

① 了解全厂的总平面布置，生产装置名称及套数、处理能力，原料及主要产品。

② 了解生产车间原料和产品控制指标。

③ 了解工厂水、电、气的供应及能量利用情况、各项消耗系数与技术经济指标。

④ 了解生产车间节能、技改、环保措施。

⑤ 了解全厂、生产车间的"三废"处理及利用情况。

⑥ 了解生产车间的岗位分配、人员编制及实习生在生产车间中的任务与作用。

(4) 对指定设备进行工艺核算

① 收集完整的现场数据。

② 根据所学理论知识，确定计算方法进行核算。

(5) 撰写实习报告

实习报告内容包括以下几个方面：

① 全厂及生产车间简介；

② 主要设备一览表、生产工程方案、工艺流程、操作条件；

③ 工艺流程图；

④ 各项消耗系数与技术经济指标，并加以分析讨论；

⑤ 实习总结及实习心得体会，包括收获、合理化建议及其他内容。

4 化工实习的课程要求

为了加强实习指导工作，参加实习的班级组成实习班或组，由具有工程实践经验的教师任实习带队组长，由教师和班干部组成班委会，全面负责实习学生的管理工作。实习在老师的指导、工程技术人员和管理人员的讲解、工人师傅的言传身教下，由学生积极学习来完成。实习期间，学生应严格遵守工厂的各项规章制度和劳动纪律，虚心向工人师傅、工程技术人员学习，做好实习记录，积极提出问题，勇于分析，回答问题；实习结束时，写出实习报告，绘制工艺流程图。

思考题

1. 化工实习的主要内容有哪些？
2. 化工实习中应注意哪些问题？

第 1 篇 化工生产与设计基础知识

第1章　安全知识

1.1　化工安全生产的重要性

化工安全生产是确保企业提高经济效益和促进生产迅速发展的基本保证。如果一个化工企业经常发生事故，特别是发生灾害事故，就无法提高经济效益，更谈不上生产的发展。保护员工人身安全和健康是企业的重要职责，是国家对企业的基本要求，因此，做好安全生产是每位员工的重要职责，也是企业对员工的基本要求。

为确保企业安全生产，国家于2002年6月29日公布了《中华人民共和国安全生产法》(以下简称《安全生产法》)，这是中华人民共和国成立以来颁布的首部有关安全生产的法律。《安全生产法》提出了国家安全生产的方针，即"安全第一，预防为主，综合治理"。安全生产，重在预防和综合治理，预防和治理都做好了，安全生产也就有了保障。

为确保企业安全生产，根据《生产经营单位安全培训规定》，对每一位新入厂的员工(包括下厂实习的学生和到厂培训的人员)，首先要对其进行公司(厂)级、车间级、班组级等三级安全教育后，方能上岗。现在很多化工企业对新入厂的员工实行安全第一课和安全第一考的制度。若安全知识考核成绩不合格，则不能上岗，必须再进行安全教育和考试，直至成绩合格，才准予上岗。

安全生产对国家、企业、个人都是十分重要的，学生在实习过程中一定要认真学习安全知识，增强安全意识。

1.2　化工生产的特点

化工生产为什么特别强调安全场地的重要性？这是因为化工生产本身客观地存在很多潜在的不安全因素。如果能够预防和及时处理这些不安全因素，生产就会顺利地进行；如果不讲科学，不严格按照制度和规程从事化工生产，就必然会发生不幸事故。

化工生产具有以下特点。

(1) 化学品多为易燃易爆和有毒有害物质

随着经济的发展和科学技术的进步，化学品的生产迅猛发展。大多数化学品具有易燃易爆、有毒有害的性质，如合成氨生产中的CO、NH_3、H_2和氯碱生产中的Cl_2。尽管这些化学品给人们带来了巨大的好处，但如果管理不当，或在生产过程中发生失误，就会发生火灾、爆炸、中毒、窒息或烧伤等事故。

(2) 生产设备多为高温高压设备和管道

许多化工生产工艺都有高温高压的设备和与之相连的管道、阀门等，尤其是合成氨装置中，从天然气、空气进入至合成氨进入氨碳分离装置的整个工艺流程都是处于高温、高压的状态。在天然气与水蒸气进行加压升温的过程中，一段和二段转化炉的运行温度在800℃和1 000℃左右，氨合成系统的工作压力在15 MPa左右。化工生产工艺中采用高温、高压等高参数，大大提高了设备的单机生产效率和产品收率，降低了能耗和生产成本。但是高温高压设备的布置比较集中，且互相连接，如果设计或制造不符合规定要求，未按规定的期限进行检测或更新，或在生产过程中操作不当，均会导致灾害性事故发生。

(3) 工艺流程表、系统图、操作要求严格

一种化工产品往往由几个生产车间(或工序)共同完成，而每个生产车间(或工序)又由许多化工单元和设备、电器、仪表组成，各生产车间、化工单元和设备之间又由纵横交错的管道、星罗棋布的各种阀门构成。在这种工艺复杂和设备繁多的生产车间，操作要求必须十分严格，必须严格控制工艺指标，任何人不得擅自改动，操作时也不允许有微小的失误，否则，将会影响生产或导致事故的发生。

(4) 生产过程具有连续性并采用高度自动化控制

为提高生产效率，很多化工产品都采用连续性的生产工艺流程。在氮肥生产过程中，合成氨和氨加工产品(如碳酸氢铵、尿素硝酸铵等)的生产均具有典型的高度连续性，生产装置和辅助工序布置紧凑、连续紧密并采用自动化控制。生产原料包括天然气、水蒸气、空气，中间品包括氢气、氮气、氨基甲酸铵等，在生产系统过程中，在高温、高压和采用自动化控制的情况下，经过多道工序的化学反应和处理加工，生产出合格的产品。

在这种具有高度连续性的工艺流程中，精心操作以保持每一台设备和每一道工序的正常运行是至关重要的，如果其中任何一台设备或工序发生故障，或者是操作失误，都会造成局部或者全部停车，甚至会发生意想不到的重大恶性事故。所以，在实际的生产运行中，一定要加强现场管理，加强对设备的巡回检查，这就是很多工厂实行的巡检制度，用以确保整条生产线的安全稳定和长周期运行。

1.3 化工安全操作禁令

1.3.1 生产厂区的“十四个不准”

(1) 加强明火管理，厂区内不准吸烟。

(2) 生产区内不准未成年人进入。

(3) 上班时间，不准睡觉、干私活、离岗和做与生产无关的事。

(4) 在班前、班上不准喝酒。

(5) 不准使用汽油等易燃液体擦洗设备、用具和衣物。

(6) 不按规定穿戴劳动保护用品，不准进入生产岗位。

(7) 安全装置不齐全的设备不准使用。

(8) 不是自己分管的设备、工具不准动用。

(9) 检修设备时安全措施不落实，不准开始检修。

(10) 停机检修后的设备，未经彻底检查，不准启用。

(11) 未办高处作业证，不系安全带，脚手架、跳板不牢，不准登高作业。
(12) 不准违规使用压力容器等特种设备。
(13) 未安装触电保安器的移动式电动工具，不准使用。
(14) 未取得安全作业证的职工，不准独立作业；特殊工种职工，未经取证，不准作业。

1.3.2　操作工的“六严格”

(1) 严格执行交接班制。
(2) 严格进行巡回检查。
(3) 严格控制工艺指标。
(4) 严格执行操作法。
(5) 严格遵守劳动纪律。
(6) 严格执行安全规定。

1.3.3　动火作业的“六大禁令”

(1) 动火证未经批准，禁止动火。
(2) 不与生产系统可靠隔绝，禁止动火。
(3) 不清洗，置换不合格，禁止动火。
(4) 不消除周围易燃物，禁止动火。
(5) 不按时做动火分析，禁止动火。
(6) 没有消防措施，禁止动火。

1.3.4　进入容器、设备的“八个必须”

(1) 必须申请、办证，并取得批准。
(2) 必须进行安全隔绝。
(3) 必须切断动力电，并使用安全灯具。
(4) 必须进行置换、通风。
(5) 必须按时间要求进行安全分析。
(6) 必须佩戴规定的防护用具。
(7) 必须有人在器外监护，并坚守岗位。
(8) 必须有抢救后备措施。

1.3.5　机动车辆的“七大禁令”

(1) 严禁无证、无令开车。
(2) 严禁酒后开车。
(3) 严禁超速行车和空挡溜车。
(4) 严禁带病行车。
(5) 严禁人货混载行车。
(6) 严禁超标装载行车。

(7) 严禁无阻火器车辆进入禁火区。

1.3.6　事故“四不放过”原则

(1) 事故原因未查清不放过。
(2) 事故责任人未受到处分不放过。
(3) 事故责任人和周围群众没有受到教育不放过。
(4) 事故没有制定切实可行的整改措施不放过。

1.3.7　“三个对待”

(1) 外单位发生的事故当作本单位对待。
(2) 小事故当作大事故对待。
(3) 未遂事故当作已遂事故对待。

1.4　化工生产的主要有害物质

下面介绍化工生产过程中主要有毒有害物质的理化性质及其危害。

1.4.1　一氧化碳

通常状态下，一氧化碳是一种无色、无味、无臭、无刺激性的气体，标准状况下的相对密度为0.967(空气密度为1)。一氧化碳燃烧时火焰呈淡蓝色，是一种易燃易爆气体，其爆炸极限为12.5%～75%，是合成氨生产中所有有毒气体中最危险的一种。人吸入一氧化碳能引起中毒，亦称煤气中毒。一氧化碳通过呼吸进入肺部，在肺中经气体交换进入血液循环，与血红蛋白结合成难解离的碳氧血红蛋白，由于碳氧血红蛋白难以解离，使血液流动减慢，正常的生理功能受损而使人中毒。中毒症状：轻则晕倒，重则休克，严重者死亡。

1.4.2　二氧化碳

二氧化碳又称碳酸气，常温常压下无色、无臭、略带有酸味，标准状况下的相对密度为1.529(空气密度为1)，沸点为－78.5℃，溶于水。二氧化碳比空气重，所以易沉积于设备、容器的底部，以及窨井、地沟、地窖等低洼、不通风的场所。二氧化碳能被液化，液体二氧化碳再经蒸发吸热而凝固，亦称干冰。皮肤接触干冰，可发生局部冻伤。大气中含有约0.04%的二氧化碳。一般情况下，二氧化碳是无毒的，但高浓度的二氧化碳对人体有毒性作用，导致呼吸中枢系统麻痹。其毒性作用有两方面，一是高浓度二氧化碳使空气中氧含量降低而导致抗体缺氧窒息，甚至死亡，二是高浓度二氧化碳本身有刺激和麻痹作用。通常两种作用同时发生。

1.4.3　硫化氢

标准状况下，硫化氢是一种无色、低浓度时具有臭鸡蛋气味的气体，相对密度为1.189(空气密度为1)，能溶于水，0℃时在水中的溶解度为0.06 g。硫化氢是一种易燃易爆气体，燃烧时火焰呈淡蓝色，与空气混合的爆炸极限为4.3%～44.5%。物质腐烂时能产生硫化氢，常积聚在阴沟、低洼处。硫化氢是一种神经性毒物，经呼吸道吸入人体引起中毒。在以天然气为原料的合成氨厂里，硫化氢存在于天然气中，生产车间并无高浓度的硫化氢。在以煤为原料的合成氨厂里，硫化氢存在于工业煤气中。硫化氢不仅对人体有毒害作用，在合成氨生产流程中，还会使后工序的催化剂中毒，所以，天然气或工业煤气都要进行脱硫后才能进入工序生产。

1.4.4　氨气

氨气是一种具有强烈刺激性和特殊臭味的无色气体，标准状况下的相对密度为0.597(空气密度为1)；沸点为－33.4℃，熔点为－77.7℃；极易溶于水，20℃时，1体积水可溶解800体积的氨气。氨气的水溶液可称为氨水，呈碱性。氨气是一种可燃烧的气体，燃烧时火焰呈黄绿色。氨气在空气中混合后的爆炸极限为15.5%～27%，在此范围内，若遇到火花或明火立即爆炸。

氨气在大气下冷却至－33.4℃，则液化成液氨。在工业生产中因系统压力提高，故液化温度也相应提高。液氨在减压的情况下汽化，并吸收大量的热，因此，常作为制冷剂。利用这一性质，在合成氨系统设置氨冷器，用自产的液氨去冷却分离循环气中的氨气，同时将氨气用水泥回收成液氨，循环使用。

氨气对人体有毒，同时能灼伤皮肤和眼睛。氨气通过呼吸道进入体内，刺激和灼伤呼吸系统引起中毒，严重时，可引起心脏和中枢神经痉挛。长期接触低浓度的氨气，能引起慢性咽炎、鼻炎、支气管炎、结膜炎等症状。

1.4.5　氮气

氮气是空气的主要成分之一，含量为78.93%，也是合成氨的主要原料之一。氮气是一种无色、无味、化学性质稳定的气体，沸点为－195.6℃。氮气本身没有毒性，但当环境中氮气含量增高时，会使氧气含量降低，从而引起呼吸困难而窒息，严重时会因缺氧而死亡，所以高浓度的氮气是一种危害性很大的气体。由于氮气的化学稳定性好，故在进行容器管道检修时，常用作其中易燃易爆气体的置换气体。

空气中氧含量约为21%，其余大部分是氮气。当氧含量下降至18%时，人就会感觉不适，下降至16%，会发生窒息症状。

1.4.6　煤气

煤气是以煤、焦、液态氢和气体氢为原料，经汽化或转化而制得合成气的总称，这种合成气主要用于合成氨和甲醇。无论采用哪种路线，都得到以含氢和一氧化碳为主的半水煤气或水煤气(统称合成气)。半水煤气为合成氨的原料气，一般气体成分按$(CO+H_2)/N_2$为3.0～3.2控制，故半水煤气的大体成分为H_2(50%～55%)、CO(18%～20%)、CH_4(0.3%)、CO_2(6.6%)、N_2(22%～23%)、O_2(0.2%)。因其中H_2和CO含量均较高，故半水煤气是一种易燃易爆气体，也是一种对人体有毒的气体。半水煤气在空气中的爆炸极限为6.9%～69.5%。前面所讲的一氧化碳中毒，实际上就是煤气中毒，其中毒症状和急救方法与一氧化碳相同。

1.4.7 天然气

天然气的主要成分是甲烷和少量的其他烃类物质及硫化物。因会有少量的硫化物，故天然气往往有一定的气味。标准状况下，天然气的相对密度为 0.555(空气密度为 1)，熔点为－182.5℃，沸点为－161.5℃，是一种易燃易爆的气体，与空气混合的爆炸极限为 5%～15%。天然气中的硫化物对人体有一定的毒害作用。纯的甲烷对人体是没有毒性的，但甲烷在空气中含量增高时会使氧含量降低，从而导致缺氧窒息。若发生天然气窒息症状，其急救方法与氮气的相同。

1.4.8 甲醇

甲醇是结构最为简单的饱和一元醇，相对分子质量为 32.04，沸点为 64.7℃。因在干馏木材中首次被发现，故甲醇又称“木醇”或“木精”。人经口中毒最低剂量按体重约为 100 mg/kg，经口摄入(0.3～1) g/kg 可致死。甲醇用于制造甲醛和农药等，并用作有机物的萃取剂和酒精的变性剂等。其成品通常由一氧化碳与氢气反应制得。甲醇的毒性对人体的神经系统和血液系统影响最大，它经消化道、呼吸道或皮肤摄入都会产生毒性反应，甲醇蒸气能损害人的呼吸道黏膜和视力。工业酒精中大约含有 4%的甲醇，饮用后会产生甲醇中毒，甲醇的致命剂量大约是 70 mL。在甲醇生产工厂，中国有关部门规定，空气中甲醇的短时间接触容许浓度(Permissible Concentration-Short Term Exposure Limit, PC－STEL)为 50 mg/m^3、时间加权平均容许浓度(Permissible Concentration-Time Weighted Average, PC－TWA)为 25 mg/m^3，在有甲醇气体的现场工作必须戴防毒面具，工厂废水要处理后才能排放，允许含量小于 200 mg/L。

1.4.9 防护措施

车间允许毒物浓度和作业禁忌法表如表 1－1 所示。

表 1－1 车间允许毒物浓度和作业禁忌法表

毒 物 名 称	允许浓度/(mg/m^3)	作业禁忌法表
一氧化碳	30	高血压、动脉硬化、肺气肿、冠心病、重症贫血
硫化氢	10	重症贫血
氨	30	慢性喉炎、支气管炎、肺气肿、肺结核、皮肤病
甲醇	50	内分泌疾病、神经系统疾病、视神经疾病

虽然有很多化工生产的原料和半成品是有毒有害的气体或液体，但都是在密闭的流程中进行生产的。在生产和维修的过程中，只要我们加强管理，增强防护，预防工作到位，是完全可以避免的。在这方面，我们应做好以下工作。

(1) 消除恐惧心理，提高防范意识，在实际工作中，认真落实“安全第一，预防为主，综合治理”的安全生产方针。工厂各级管理机构的各类员工都要认真学习安全知识，提高安全意识，杜绝违章指挥和作业。在生产车间和维修现场，要加强排查，防微杜渐，消除事故隐患和“跑、冒、滴、漏”现象。

(2) 加强生产场所的管理和对有毒有害气体的监测，使其在允许的浓度范围内。

(3) 现场检修时必须对检修的设备、管道进行冲洗、置换等处理，应切断与毒源相连的通道(一般都要在相连的阀门后加盲板隔断)。

(4) 安全生产系统进行停产大修时，首先要由安全和技术管理部门制定大修方案，进行全系统的降温、降压、冲洗、置换等处理，检测合格后方能进行检修工作。

(5) 严格执行《化工企业安全管理制度》及相关禁令。

(6) 为确保现场作业人员的安全，各相关的岗位和场所应配备相应的防护用具。

① 氧气呼吸器。凡具有有毒有害物质的生产场所都应配备。氧气呼吸器是用于有毒有害气体浓度较高、作业时间相对较长的场所。使用氧气呼吸器时，首先要检查氧气压力表，其压力必须在 10 MPa 以上方能使用，降到 3 MPa 时应停止使用；再则要检查口罩是否完好，若有漏气现象就不能使用。

② 长管式防毒面具。主要用于罐内作业时间较长的场所，使用时要注意检查口罩和长管是否完好，要均不漏气时才能使用。长管的管口应放置在新鲜空气处。

③ 过滤式防毒面具。用于有毒有害气体浓度较低、作业时间较短的场所，如抽、加盲板，抢开、关阀门等。使用时首先要检查口罩是否完好、滤毒罐和软管的连接是否完好，要在不漏气的情况下才能使用。另外，还要查看滤毒罐是否有效，若失效，应更换滤毒罐。因滤毒罐里装的是吸附剂，若长时间未用，会吸附空气中的水分等而导致失效，一般规定滤毒罐自然增20 g就失效了，不能再用。氮肥生产车间常备两种滤毒罐：4 型罐体为灰色，用于防护氨、硫化氢；5 型罐体为白色，用于防护一氧化碳。

④ 防护服。若发生液氨泄漏急须到现场处理时，必须穿好专用的防护服，戴上防护手套，背上氧气呼吸器，才能前往处理。否则，会发生灼伤和中毒事故。

常用防毒面具的选择使用表如表 1-2 所示。需要说明的是，当使用大型滤毒管防御氢氰酸、氯化氢、磷化氢、砷化氢、氨气等时，毒气体积分数应小于 1%；当使用各型滤毒罐防御汞时，毒气体积分数应小于 0.001%。

表 1-2　常用防毒面具的选择使用表

名　　称	连接方式	使　　用　　范　　围
长管式防毒面具	导管式	毒物体积分数： 大型罐小于 2%(NH_3，<3%)，小型罐小于 1%(NH_3，<2%)
过滤式防毒面具	直接式	毒物体积浓度小于 0.5%
氧气呼吸器	背负式	毒气浓度过高，毒性不明或缺氧的可移动性作业

1.5　中毒、灼伤事故的现场抢救

化工生产过程具有高温高压、易燃易爆、有毒有害等特点，虽然加强了预防，但中毒事故的发生也难以避免。在生产和设备检修过程中，发生急性中毒多半是因设备损坏或泄漏未及时发现，导致毒物大量逸出。中毒事故发生后，要做到及时、正确地抢救，这对于抢救严重中毒者的生命、减轻毒害程度、防止并发症的发生具有十分重要的意义。

在生产或检修现场，对中毒、灼伤患者进行抢救，应注意并遵循下列原则。

(1) 救护者应做好个人防护

救护者在进入毒区抢救前，首先要冷静沉着，并按规定做好个人呼吸系统和皮肤的防护，戴好氧气呼吸器(切记打开氧气阀门，检查氧气压力)或长管式防毒面具，穿好专门的防护服，如要攀登救护，还需要系上安全带，有专人监护。否则，由于救人心切而没有采取必要的自身防护措施，非但中毒者不能获救，救护者也会中毒甚至死亡，使事态扩大。

(2) 切断毒物来源

救护者进入事故现场后，应迅速将中毒者撤离毒区，在对中毒者进行迅速有效的救护时，应判明毒物来源，采取果断措施切断，防止毒物继续外逸(如关闭泄漏的管道、阀门，堵、加盲板，停止加料，必要时应停车处理)。对于已经扩散出来的毒气应立即开动通风机和排风机，打开窗户，进行排毒换气，以及采取中和处理等措施，以降低毒物在空气中的浓度，为抢救工作创造安全条件。

(3) 防止毒物继续侵入人体

救护人员在抢救、搬动中毒者的过程中要注意人身安全，保护外伤部位，不得强拉硬拖，以防造成二次伤害。中毒者被移至空气新鲜处后，要松解颈、胸部纽扣和腰带，鼻子朝上，头后仰，使其呼吸道畅通，同时要注意保暖和保持安静，密切关注中毒者的神智、呼吸状态和循环系统的功能。若皮肤受到灼伤，不论是否吸收，均应迅速脱去被污染的衣物、鞋袜、手套等，并立即彻底清洗被污染的皮肤；如遇水溶性的毒物，可用大量的水冲洗，用水冲洗时，要注意防止感冒。

(4) 促进生理器官功能的恢复

中毒者若停止呼吸，要立即进行人工呼吸，同时针刺人中、涌泉、太冲等穴位。对于氨、氧化氮等中毒者，不能使用压迫式人工呼吸法，因为氨和氧化氮对皮肤有灼伤作用，若使用压迫式人工呼吸法，会使患者的呼吸系统出血，造成更为严重的后果。

(5) 及时解毒，促使毒物排出，让中毒者尽快康复

在现场及时处理中毒、灼伤者后，应立即将其送往医院治疗，及时采取各种有效措施解毒和促使毒物排出，消除毒物对机体的危害，让中毒者尽快康复。安全为了生产，生产必须安全，安全生产，人人有责。虽然化工生产具有一定的危险性，在生产和检修过程中，作业人员有时也会接触有毒有害物质，但是总体来说，所有化工装置都是安全的，在设计安装时就考虑了安全因素，如压力容器和管道设置安全阀，防止超压；温度、液位设有连锁和报警装置，确保正常运行；生产车间安装有毒气体检测仪表，使其浓度控制在卫生标准容许范围内等。只要我们严格遵守安全生产制度，严格按安全规程操作，严格执行工艺指令，安全生产就有了保证。

思考题

1. 化工生产的特点有哪些？
2. 化工生产的禁令有哪些？
3. 化工生产中如何做好个人或安全防护？应注意哪些问题？

第 2 章　化工生产过程

2.1　化工生产过程及流程

2.1.1　化工生产过程

化工生产过程是指对原料进行化学加工，最终获得有价值产品的生产过程。一般可将其概括为原料预处理、化学反应、产品的分离和精制三大步骤。

1. 原料预处理

原料预处理的主要目的是使初始原料达到反应所需要的状态和规格。例如，固体须破碎、过筛；液体须加热或汽化；有些反应物要预先脱除杂质，或配制成一定的浓度。在多数生产过程中，原料预处理本身就很复杂，要用到许多物理和化学的方法和技术，有些原料预处理成本占总生产成本的大部分。

2. 化学反应

通过化学反应完成由原料到产物的转变是化工生产过程的核心。反应温度、压力、浓度、催化剂（多数反应需要）等其他的物料性质及反应设备的技术水平等各种因素对产品的数量和质量有重要影响，是化学工艺学研究的重点内容。

化学反应类型繁多，若按反应特性分类，有氧化、还原、加氢、脱氧、歧化、异构化、烷基化、脱烷基、分解、水解、水合、耦合、聚合、缩合、酯化、磺化、硝化、卤化、重氮化等众多反应；若按反应体系中物料的相态分类，有均相反应和非均相反应（多相反应）；若根据是否使用催化剂来分类，有催化反应和非催化反应。

实现化学反应过程的设备称为反应器。工业反应器的类型众多，不同反应过程所用的反应器形式不同。反应器若按结构特点分类，有管式反应器（可装填催化剂，也可空管）、床式反应器（装填催化剂，有固定床、移动床、流化床及沸腾床等）、釜式反应器和塔式反应器等；若按操作方式分类，有间歇式、连续式和半连续式三种；若按换热状况分类，有等温反应器、绝热反应器和变温反应器，换热方式有间接换热式和直接换热式。

3. 产品的分离和精制

分离和精制的目的是获取符合规格的产品，并回收、利用副产物。在多数反应过程中，诸多原因致使反应后产物是包括目的产物在内的许多物质的混合物，有时目的产物的浓度甚至很低，必须对反应后的混合物进行分离、提浓和精制才能得到符合规格的产品。同时要回收剩余反应物，以提高原料利用率。

分离和精制的方法和技术是多种多样的，通常有冷凝、吸收、吸附、冷冻、闪蒸、精馏、萃取、渗透膜分离、结晶、过滤和干燥等，不同生产过程可以有针对性地采用相应的分离和精制方法。分离出来的副产物和“三废”也应加以利用或处理。

2.1.2 化工生产工艺流程

1. 工艺流程和流程图

原料需要经过物质和能量转换的一系列加工，方能转变成所需产品。实施这些转换需要有相应的功能单元来完成，按物料加工顺序将这些功能单元有机地组合起来，则构筑成工艺流程。将原料转变成化工产品的工艺流程称为化工生产工艺流程。

化工生产中的工艺流程各式各样，不同产品的生产工艺流程固然不同；同一产品用不同原料来生产，工艺流程也大不相同；有时即使原料相同，产品也相同，若采用的工艺路线或加工方法不同，在工艺流程上也有区别。

工艺流程多采用图示方法来表达，称为工艺流程图，即将一个过程的主要设备、机泵、控制仪表、工艺管线等按其内在联系结合起来，实现从原料到产品的过程所构成的图。

在化学工艺学教科书中主要采用工艺流程示意图，它简明地反映出由原料到产品过程中各物料的流向和经历的加工步骤，从中可了解每个操作单元或设备的功能及相互之间的关系、能量的传递和利用情况、副产物和“三废”的排放及其处理方法等重要工艺和工程知识。

2. 化工生产工艺流程的组织

工艺流程的组织或合成是化工过程的开发和设计中的重要环节。组织工艺流程需要有化学、物理的理论基础及工程知识，要结合生产实践、借鉴前人的经验。同时，要运用推论分析、功能分析、形态分析等方法论来进行流程的设计。

推论分析法是从“目标”出发，寻找实现此“目标”的“前提”，将具有不同功能的单元进行逻辑组合，形成一个具有整体功能的系统。

功能分析法是缜密地研究每个单元的基本功能和基本属性，然后组成几个可以比较的方案以供选择。因为每个功能单元的实施方法和设备型式通常有许多种选择，因而可组织出具有相同整体功能的多种流程方案。

形态分析法是对每种可供选择的方案进行精确的分析和评价，择优汰劣，选择其中最优方案。评价需要有判据，而判据是针对具体问题来拟定的，原则上应包括：① 是否满足所要求的技术指标；② 技术资料的完整性和可信度；③ 经济指标的先进性；④ 环境、安全和法律等。

2.2 化工过程的主要效率指标

2.2.1 生产能力和生产强度

1. 生产能力

生产能力指一个设备、一套装置或一个工厂在单位时间内生产的产品量，或在单位时间内处理的原料量，其单位为 kg/h、t/d 或 kt/a 等。

化工过程有化学反应以及热量、质量和动量传递等过程，在许多设备中可能同时进行上述几种过程，需要分析各种过程各自的影响因素，然后进行综合和优化，找出最佳操作条件，使总过程速率加快，才能有效地提高设备生产能力。设备或装置在最佳操作条件下可以达到的最大生产能力，称为设计能力。由于技术水平不同，同类设备或装置的设计能力可能不同，使用设计能力大的设备或装置能够降低投资和成本，提高生产率。

2. 生产强度

生产强度为设备或装置的单位特征几何量的生产能力，即设备或装置的单位体积的生产能力，或单位面积的生产能力，其单位为 $kg/(h \cdot m^3)$ 或 $kg/(h \cdot m^2)$ 等。生产强度指标主要用于比较那些相同反应过程或物理加工过程的设备或装置的优劣。设备或装置中进行的过程速率高，其生产强度就高。

在对比分析催化反应器的生产强度时，通常要看在单位时间内，单位体积或单位质量催化剂所获得的产品量，即催化剂的生产强度，有时也称为时空收率，其单位为 $kg/(h \cdot m^3)$ 或 $kg/(h \cdot kg)$。

2.2.2　转化率、选择性和收率(产率)

化工总过程的核心是化学反应，提高反应的转化率、选择性和产率是提高化工过程效率的关键。

1. 转化率

转化率是指某一反应物参加反应而转化的数量占该反应物起始量的比例或百分率，用符号 X 表示，其定义式为

$$X = \frac{\text{某一反应物的转化量}}{\text{该反应物的起始量} } \tag{2-1}$$

转化率表征原料的转化程度，反映了反应进度。对于同一反应，若反应物不仅只有一个，那么不同反应组分的转化率在数值上可能不同。对于反应

$$\nu_A A + \nu_B B \longrightarrow \nu_R R + \nu_S S$$

反应物 A 和 B 的转化率分别是

$$X_A = (n_{A,0} - n_A)/n_{A,0} \tag{2-2}$$

$$X_B = (n_{B,0} - n_B)/n_{B,0} \tag{2-3}$$

式中，X_A、X_B分别为组分 A 和 B 的转化率；$n_{A,0}$、$n_{B,0}$分别为组分 A 和 B 的起始量；n_A、n_B分别为组分 A 和 B 在反应器内某一时刻的剩余量。

人们常常对关键反应物的转化率感兴趣，所谓关键反应物指的是反应物中价值最高的组分，为使其尽可能转化，常使其他反应组分过量。对于不可逆反应，关键组分的转化率最大为 100%；对于可逆反应，关键组分的转化率最大为其平衡转化率。

计算转化率时，反应物起始量的确定很重要。对于间歇过程，以反应开始时装入反应器的

某反应物的量为起始量；对于连续过程，一般以反应器进口物料中某反应物的量为起始量。但对于采用循环流程(图 2－1)的过程来说，则有单程转化率和全程转化率之分。

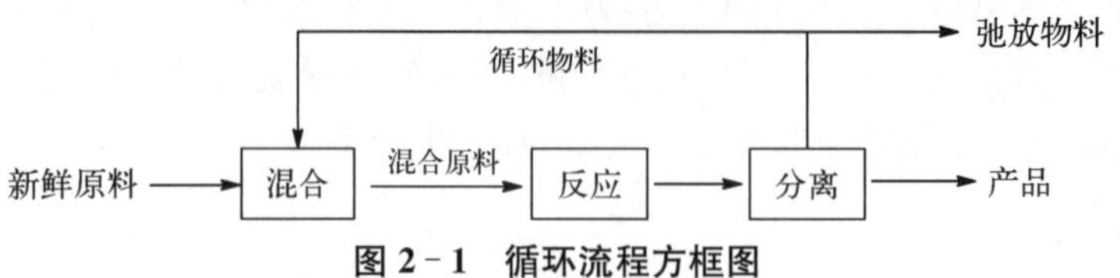

图 2－1　循环流程方框图

单程转化率指原料每次通过反应器的转化率，例如原料中组分 A 的单程转化率为

$$X_{A}=\frac{\text{组分 A 在反应器中的转化量}}{\text{反应器进口物料中组分 A 的量}} \tag{2-4}$$

式中，反应器进口物料中组分 A 的量为新鲜原料中组分 A 的量与循环物料中组分 A 的量之和。

全程转化率又称总转化率，系指新鲜原料进入反应系统到离开该系统所达到的转化率，例如原料中组分 A 的全程转化率为

$$X_{A,\,tot}=\frac{\text{组分 A 在反应器中的转化量}}{\text{新鲜原料中组分 A 的量}} \tag{2-5}$$

2. 选择性

对于复杂反应体系，同时存在有生成目的产物的主反应和生成副产物的许多副反应，只用转化率来衡量是不够的。尽管有的反应体系原料转化率很高，但大多数转变成副产物，目的产物很少，意味着许多原料浪费了。所以需要用选择性这个指标来评价反应过程的效率。选择性系指体系中转化成目的产物的某反应物的量与该反应物参加所有反应而转化的总量之比，用符号 S 表示，其定义式为

$$S=\frac{\text{转化为目的产物的某反应物的量}}{\text{该反应物的转化总量}} \tag{2-6}$$

选择性也可按式(2－7)计算：

$$S=\frac{\text{实际所得的目的产物量}}{\text{按某反应物的转化总量计算应得到的目的产物理论量}} \tag{2-7}$$

式(2－7)中的分母是按主反应式的化学计量关系来计算的，并假设转化的所有反应物全部转变成目的产物。

在复杂反应体系中，选择性是一个很重要的指标，它表达了主、副反应进行程度的相对大小，能确切反映原料的利用是否合理。

3. 收率(产率)

收率亦称为产率，是从产物角度来描述反应过程的效率，符号为 Y，其定义式为

$$Y=\frac{\text{转化为目的产物的某反应物的量}}{\text{该反应物的起始量}} \tag{2-8}$$

$$Y = XS \tag{2-9}$$

当有循环物料时，也有单程收率和总收率之分。与转化率相似，对于单程收率，式(2-8)中的分母系指反应器进口处混合物中的该原料量，即新鲜原料与循环物料中该原料量之和。而对于总收率，式(2-8)中分母系指新鲜原料中该原料量。

4. 质量收率

质量收率的定义系指投入单位质量的某原料所能生产的目的产物的质量，即

$$Y_m = \frac{\text{目的产物的质量}}{\text{某原料的起始质量}} \tag{2-10}$$

例 1　乙烷脱氢生产乙烯时，原料乙烷处理量为 8 000 kg/h，产物中乙烷为 4 000 kg/h，获得产物乙烯为 3 200 kg/h，求乙烷转化率、乙烯的选择性及收率。

解：乙烷转化率 $=(8\,000-4\,000)/8\,000\times100\%=50\%$

乙烯的选择性 $=(3\,200\times30/28)/(8\,000-4\,000)\times100\%=85.7\%$

乙烯的收率 $=50\%\times85.7\%\times100\%=42.9\%$

例 2　丙烷脱氢生产丙烯时，原料丙烷处理量为 3 000 kg/h，丙烷单程转化率为 70%，丙烯选择性为 96%，求丙烯产量。

解：丙烯产量 $=3\,000\times70\%\times96\%\times42/44=1\,924.4$(kg/h)

2.2.3　平衡转化率和平衡产率

可逆反应达到平衡时的转化率称为平衡转化率，此时所得产物的产率为平衡产率。平衡转化率和平衡产率是可逆反应所能达到的极限值(最大值)，但是反应达到平衡往往需要相当长的时间。随着反应的进行，正反应速率降低，逆反应速率升高，所以净反应速率不断下降直到零。在实际生产中应保持高的净反应速率，不能等待反应达到平衡，故实际转化率和产率比平衡值低。若平衡产率高，则可获得较高的实际产率。化学工艺学的任务之一是通过热力学分析，寻找提高平衡产率的有利条件，并计算出平衡产率。在进行这些分析和计算时，必须用到化学平衡常数，它的定义及其应用在许多化学、化工书刊中有论述，此处仅写出其定义式。

对于反应

$$\nu_A A + \nu_B B \rightleftharpoons \nu_R R + \nu_S S$$

若为气相反应体系，其标准平衡常数表达式为

$$K_p = \frac{\left(\frac{p_R}{p^\theta}\right)^{\nu_R}\left(\frac{p_S}{p^\theta}\right)^{\nu_S}}{\left(\frac{p_A}{p^\theta}\right)^{\nu_A}\left(\frac{p_B}{p^\theta}\right)^{\nu_B}} \tag{2-11}$$

式中，p_A、p_B、p_R、p_S 分别为反应物 A、B 和产物 R、S 的平衡分压(其单位与 p^θ 相同)(纯固体或液体取 1)；ν_A、ν_B、ν_R、ν_S 分别为组分 A、B、R、S 在反应式中的化学计量系数；p^θ 为标准态压力。

值得注意的是，现在国际上规定标准态压力 p^θ 为 100 kPa，过去曾定为 101.325 kPa，因此

它们对应的标准平衡常数值是略有区别的。另外，在较早出版的书刊文献中，压力单位多用标准大气压(atm)，所以组分的平衡分压单位也用 atm，标准态压力 $p^{\theta}=1$ atm，故平衡常数的表达式变成

$$K_p=\frac{p_R^{\nu_R}p_S^{\nu_S}}{p_A^{\nu_A}p_B^{\nu_B}} \tag{2-12}$$

因此，在查找文献和手册中的平衡常数时，一定要注意 K_p 的表达式是何种形式。

理想气体的 K_p 只是温度的函数，与反应平衡体系的总压和组成无关。在低压或压力不太高(3 MPa 以下)和温度较高(200℃以上)的条件下，真实气体的性质接近理想气体，此时可用理想气体的平衡常数及有关平衡数据，即可忽略压力与组成的影响。

在高压下，气相反应平衡常数应该用逸度商来表达，即

$$K_f=\frac{\left(\frac{f_R}{p^{\theta}}\right)^{\nu_R}\left(\frac{f_S}{p^{\theta}}\right)^{\nu_S}}{\left(\frac{f_A}{p^{\theta}}\right)^{\nu_A}\left(\frac{f_B}{p^{\theta}}\right)^{\nu_B}} \tag{2-13}$$

式中，f_A、f_B、f_R、f_S分别为反应达到平衡时组分 A、B、R、S 的逸度。

各组分的逸度与其分压的关系为

$$f_i=\gamma_i p_i \tag{2-14}$$

式中，p_i为组分 i 的分压，其单位与 p^{θ}相同；γ_i为组分 i 的逸度系数，其与温度、压力和组成有关。

由此可推导出

$$K_f=K_{\gamma}K_p \tag{2-15}$$

$$K_{\gamma}=\frac{\gamma_R^{\nu_R}\gamma_S^{\nu_S}}{\gamma_A^{\nu_A}\gamma_B^{\nu_B}} \tag{2-16}$$

K_f只与温度有关，而与压力无关，但 K_p和 K_{γ}与温度和压力均有关。只有当真实气体性质接近理想气体时，其逸度系数接近于 1，此时 $K_f=K_p$，与压力无关。

若为理想溶液反应体系，其平衡常数 K_c的表达式为

$$K_c=\frac{\left(\frac{c_R}{c^{\theta}}\right)^{\nu_R}\left(\frac{c_S}{c^{\theta}}\right)^{\nu_S}}{\left(\frac{c_A}{c^{\theta}}\right)^{\nu_A}\left(\frac{c_B}{c^{\theta}}\right)^{\nu_B}} \tag{2-17}$$

式中，c_A、c_B、c_R、c_s 分别为组分 A、B、R、S 的平衡浓度，单位为 mol/dm^3(纯溶剂取1 mol/dm^3)；c^{θ}为标准浓度，统一规定为 1 mol/dm^3。

真实溶液反应体系的平衡常数形式与(2－17)相似，但式中各组分浓度应该用活度来代替。只有当溶液浓度很稀时，才能用式(2－17)来计算平衡常数。

平衡常数可通过实验测定，现在许多化学和化工手册、文献资料、计算机有关数据库中收

集有相当多反应体系的平衡常数，或带有温度的关系图表，有的也给出了相应的计算公式，而且也有许多物质的逸度系数或它们的曲线、表格等。但查找时一定要注意适用的温度、压力范围及平衡常数的表达形式。

下面是计算平衡转化率和平衡产率的例子。

设某气相反应为 A+2B→R，反应前组分 A 有 a mol，组分 B 有 b mol，无组分 R，反应达到平衡时组分 A 的平衡转化率为 X_A，则 A 的转化量为 aX_A mol。

那么平衡体系中组分 A 的量为 $(a-aX_A)$ mol、组分 B 的量为 $(b-2aX_A)$ mol 和组分 R 的量为 aX_A mol，体系总量为 $(a+b-2aX_A)$ mol、总压为 p。则各组分的平衡摩尔分数 y 和平衡分压 p 分别为

$$y_A=(a-aX_A)/(a+b-2aX_A) \qquad p_A=y_Ap \tag{2-18}$$

$$y_B=(b-2aX_A)/(a+b-2aX_A) \qquad p_B=y_Bp \tag{2-19}$$

$$y_B=aX_A/(a+b-2aX_A) \qquad p_R=y_Rp \tag{2-20}$$

所以有

$$K_p=\frac{p_R/p^\theta}{(p_A/p^\theta)(p_B/p^\theta)^2}=\frac{y_R}{y_Ay_B^2}\left(\frac{p}{p^\theta}\right)^{-2}=\frac{aX_A(a+b-2aX_A)^2}{(a-aX_A)(b-2aX_A)^2}\left(\frac{p}{p^\theta}\right)^{-2} \tag{2-21}$$

根据反应温度和总压可从有关手册或文献中查得对应的平衡常数 K_p，a 和 b 是已知的反应物起始量，由此可计算出 X_A，继而可算出平衡组成。应注意，总压 p 与标准态压力 p^θ的单位应相同。

对于本例，每转化 1 mol 反应物 A 生成 1 mol 产物 R，则产物 R 相对于原料 A 的平衡产率为

$$Y_{R(1)}=\frac{aX_A}{a}=X_A$$

然而，每转化 2 mol 反应物 B 生成 1 mol 产物 R，则产物 R 相对于原料 B 的平衡产率为

$$Y_{R(2)}=\frac{2aX_A}{b}=X_B$$

2.3　反应条件对化学平衡和反应速率的影响

反应温度、压力、浓度、反应时间、原料的纯度和配比等众多条件是影响反应平衡和速率的重要因素，关系到生产过程的效率。在本书其他各章中均有具体过程的影响因素分析，此处仅简述以下几个重要因素的影响规律。

2.3.1　温度的影响

1. 温度对化学平衡的影响

对于不可逆反应，无须考虑化学平衡，而对于可逆反应，其平衡常数与温度的关系为

$$\lg K = -\frac{\Delta H^{\theta}}{2.303RT} + C \tag{2-22}$$

式中，K 为平衡常数；ΔH^{θ}为标准反应焓差；R 为气体常数；T 为反应温度；C 为积分常数。

对于吸热反应，$\Delta H^{\theta} > 0$，K 值随着温度升高而增大，有利于反应产物的平衡产率增加。

对于放热反应，$\Delta H^{\theta} < 0$，K 值随着温度升高而减小，平衡产率降低，故只有降低温度才能使平衡产率增高。

2. 温度对反应速率的影响

反应速率系指单位时间、单位体积某反应物的消耗量，或某产物的生成量。反应速率方程通常可用浓度的幂函数形式表示，例如对于反应

$$a\mathrm{A} + b\mathrm{B} \rightleftharpoons d\mathrm{D}$$

其反应速率方程为

$$r = kc_{\mathrm{A}}^{\alpha_{\mathrm{A}}} c_{\mathrm{B}}^{\alpha_{\mathrm{B}}} c_{\mathrm{D}}^{\alpha_{\mathrm{D}}} - k^{-1} c_{\mathrm{A}}^{\beta_{\mathrm{A}}} c_{\mathrm{B}}^{\beta_{\mathrm{B}}} c_{\mathrm{D}}^{\beta_{\mathrm{D}}} \tag{2-23}$$

式中，r 为反应速率；c_{A}、c_{B}和 c_{D}分别代表组分 A、B 和 D 的瞬时浓度；α_{A}、α_{B}和 α_{D}分别代表组分 A、B 和 D 的正反应反应级数；β_{A}、β_{B}和 β_{D}分别代表组分 A、B 和 D 的逆反应反应级数。反应的总级数

$$n = \alpha_{\mathrm{A}} + \alpha_{\mathrm{B}} + \alpha_{\mathrm{D}} + \beta_{\mathrm{A}} + \beta_{\mathrm{B}} + \beta_{\mathrm{D}} \tag{2-24}$$

反应速率常数与温度的关系见阿伦尼乌斯方程，即

$$k = A\exp(-E/RT) \tag{2-25}$$

式中，k 为反应速率常数；A 为指前因子(或频率因子)；E 为反应活化能；R 为气体常数；T 为反应温度。

由式(2-25)可知，k 总是随温度的升高而增加(有极少数例外者)。反应温度每升高 10℃，反应速率常数增大 2～4 倍，其在低温范围增加的倍数比高温范围大些，活化能大的反应的反应速率常数随反应温度升高而增长更快。

对于不可逆反应，逆反应速率忽略不计，故产物生成速率总是随温度的升高而加快；对于可逆反应，正、逆反应速率之差即为产物生成的净速率。温度升高时，正、逆反应速率常数都增大，所以正、逆反应速率都提高，净速率是否增加呢？经过对反应速率方程式的分析得知，对于吸热的可逆反应，净速率 r 总是随着温度的升高而增加；而对于放热的可逆反应，净速率 r 随温度变化有三种可能性，即

$$\left(\frac{\partial r}{\partial T}\right)_c > 0, \qquad \left(\frac{\partial r}{\partial T}\right)_c = 0, \qquad \left(\frac{\partial r}{\partial T}\right)_c < 0$$

当温度较低时，净速率随温度的升高而增加；当温度超过某一值后，净速率开始随着温度的升高而下降。净速率有一个极大值，此极大值对应的温度称为最佳反应温度，亦称最适宜反应温度。

2.3.2　浓度的影响

根据反应平衡移动原理，反应物浓度越高，越有利于平衡向产物方向移动。当有多种反应物参与反应时，通常使价廉易得的反应物过量，进而提高价贵或难得的反应物的利用率。从式(2-23)可知，反应物浓度越高，反应速率越快。一般在反应初期，反应物浓度高，反应速率大，随着反应的进行，反应速率逐渐下降，因此提高反应物浓度是增大反应速率的有效方法。对于液相反应，可以采用能提高反应物溶解度的溶剂，或者在反应中蒸发或冷冻部分溶剂等措施；对于气相反应，可采用适当压缩或降低惰性物质的含量等措施。

对于可逆反应，反应物浓度与其平衡浓度之差是反应的推动力，此推动力越大，则反应速率越高。所以，在反应过程中不断从反应区域取出生成物，可以使反应远离平衡，这样既保持高的反应速率，又使平衡不断向产物方向移动，这是提高平衡限制性反应产率的有效方法之一。近年来，反应-精馏、反应-膜分离、反应-吸附(或吸收)等新技术、新过程应运而生，这些过程使反应与分离一体化，产物一旦生成，立刻被移出反应区，因而使反应始终处于远离平衡的状态。

2.3.3　压力的影响

一般来说，压力对液相和固相反应体系的平衡影响较小。气体的体积受压力影响大，故压力对有气相物质参加的反应平衡影响很大，其规律如下：

① 对于分子数增加的反应，降低压力可以提高平衡产率；

② 对于分子数减少的反应，压力升高，产物的平衡产率增大；

③ 对于分子数没有变化的反应，压力对平衡产率无影响。

在一定的压力范围内，加压可减小气体反应体积，且对加快反应速率有一定好处，但效果有限；压力过高，能耗增大，对设备要求高，反而不经济。惰性气体的存在可降低反应物的分压，对增大反应速率不利，但有利于分子数增加的反应达到平衡。

2.3.4　停留时间的影响

停留时间是指物料从进入设备到离开设备所需要的时间，若有催化剂存在时指物料与催化剂的接触时间，单位用秒(s)表示。一般停留时间越长，原料转化率越高，产物的选择性越低，设备的生产能力越小，空速越小；反之亦然。

在实际生产中停留时间和空速并非简单的反比关系，停留时间越长，反应越接近于平衡，单程转化率越高，循环原料量和能耗都会降低。但停留时间过长，副反应发生的概率、催化剂中毒的概率都会加大，进而降低催化剂的寿命和总体反应的选择性，同时单位时间内通过设备的原料量就会减少，降低设备的生产能力。因此对于一个具体的化学反应，其停留时间应根据达到所需的转化率所要求的时间及催化剂功效的衰减情况通盘考虑，进而确定。

2.3.5　空速的影响

空速为单位时间通过单位体积的催化剂的标准气体体积量。在数学关系上空速为停留时间的倒数，一般空速越大，停留时间越短，原料转化率越低，产物的选择性越高，设备的生产能力越大;反之亦然。以合成氨为例,空速直接影响合成系统的生产能力,空速太小,生产能力低,不能完成任务;空速过大,减少了气体在催化剂床层的停留时间,合成率降低,循环气量要增大,能耗增加,同时气体中氨含量下降,增加了分离产物的困难。过大的空速对催化剂床层的稳定操作不利,导致温度下降,影响正常生产。

2.3.6 原料配比的影响

原料配比是指化学反应有两种以上的原料时,原料的物质的量(或质量)之比,一般多用原料摩尔配比表示。原料配比的选择应根据反应物的性能、反应的热力学和动力学特征、催化剂性能、反应效果及经济核算等多种因素综合分析后予以确定。

从化学平衡的角度看,在两种以上的原料中,提高任一种反应物的浓度,均可达到提高另一种反应物转化率的目的。在提高某种原料配比时,该原料的转化率会下降。由于化学反应严格按反应式的化学计量比例进行,因而该过量的物料随反应进行程度的加深,其过量的倍数就越大。如果两种以上的原料混合物属于爆炸性混合物,则首要考虑的问题是其配比应在爆炸范围之外,以保证生产的安全进行。

2.3.7 原料纯度的影响

在化工生产过程中从经济的角度来考虑,对原料的处理所消耗的经济成本越低越好,但未经处理的原料中会含有一些对催化剂有毒害作用的物质,还有虽然对催化剂无害但是却会恶化反应条件的有害物质,另外有些既对催化剂无毒,又对反应无害的惰性物质,它们的存在会减小有效原料的比例浓度,进而降低反应的速率。

对于催化剂毒物和容易恶化反应条件的有害物质,一定要脱除到反应要求的微量以下,惰性物质也要控制其含量。生产中需要使用空气时要进行提前净化,如吸附除尘、水洗和碱洗脱除酸性气体等。对过程中的循环物料主要是脱除惰性物质,以提高反应的速率。

对于某些气固相反应,经分离产物后,大量未反应的原料须循环使用,但不能全部循环,必须有部分气体放空,或进入火炬烧掉,或经脱除惰性气体后再与新鲜原料混合进入反应器进行反应,这样做的目的就是控制惰性气体含量,提高反应物的纯度,提高反应速率,以期提高设备的生产能力。

2.3.8 催化剂的影响

在化学反应里能改变其他物质的化学反应速率,而本身的物化性质在反应始态和终态都没有发生变化的物质叫作催化剂。催化剂是一种改变反应速率但不改变反应总标准吉布斯自由能的物质,这种作用称为催化作用,涉及催化剂的反应称为催化反应。催化剂自身的组成、化学性质和质量在反应前后不发生变化,它和反应体系的关系就像锁与钥匙的关系一样,具有高度的选择性(或专一性)。一种催化剂并非对所有的化学反应都有催化作用,某些化学反应并非只有唯一的催化剂。据统计,有 90%以上的工业过程中使用催化剂,如化工、石化、生化、环保等。催化剂在现代化学工业中占有极其重要的地位,例如合成氨生产采用铁催化剂,硫酸生产采用钒催化剂,乙烯的聚合及用丁二烯制橡胶等三大合成材料的生产中都采用不同的催化剂。

2.4 催化剂的性能及使用

催化剂在化工生产中占有相当重要的地位，其作用主要体现在以下几方面。

(1) 提高反应速率和选择性

有许多反应，虽然在热力学上是可能进行的，但反应速率太慢或选择性太低，不具有实用价值，一旦发明和使用催化剂，则可实现工业化，为人类生产出重要的化工产品。

例如，近代化学工业的起点合成氨工业就是以催化作用为基础建立起来的。近年来合成氨催化剂性能得到不断改善，提高了氨产率，有些催化剂可以在不降低产率的前提下将操作压力降低，使吨氨能耗大为降低。再如乙烯与氧反应，如果不用催化剂，乙烯会完全氧化生成 CO_2 和 H_2O，毫无应用意义。当采用银催化剂后，则促使乙烯选择性地氧化生成环氧乙烷，它可用于制造乙二醇、合成纤维等许多实用产品。

(2) 改进操作条件

采用或改进催化剂可以降低反应温度和操作压力，可以提高化学加工过程的效率。

例如，乙烯聚合反应若以有机过氧化物为引发剂，要在 200～300℃及 100～300 MPa 下进行；采用四氯化钛-烷基铝络合物催化剂后，反应只需在 85～100℃及 2 MPa 下进行，条件十分温和。

(3) 有助于开发新的反应过程，发展新的化工技术

工业上一个成功的例子是甲醇羰基化合成醋酸的过程。工业醋酸原先是由乙醛氧化法生产，原料价贵，生产成本高。20 世纪 60 年代，德国巴斯夫公司借助钴络合物催化剂，开发出以甲醇和 CO 羰基化合成醋酸的新反应过程和工艺；美国孟山都公司于 20 世纪 70 年代又开发出铑络合物催化剂，使该反应的条件更温和，醋酸收率高达 99%，成为当今生产醋酸的先进工艺。

(4) 在能源开发和消除污染中可发挥重要作用

前面已述催化剂在石油、天然气和煤的综合利用中的重要作用，借助催化剂从这些自然资源出发生产出数量更多、质量更好的二次能源。一些新能源的开发也需要催化剂，例如光分解水获取氢能源，其关键是催化剂。

在清除污染物的诸多方法中，催化法是具有巨大潜力的一种。例如，汽车尾气的催化净化、有机废气的催化燃烧、废水的生物催化净化和光催化分解等。

2.4.1 催化剂的基本特征

在一个反应系统中因加入某种物质而使化学反应速率明显加快，但该物质在反应前后的数量和化学性质不变，称这种物质为催化剂。催化剂的作用是能与反应物生成不稳定的中间化合物，改变了反应途径，活化能得以降低。由阿伦尼乌斯公式可知，活化能降低可使反应速率常数增大，从而加快反应速率。

有些反应所产生的某种产物也会使反应速率迅速加快，这种现象称为自催化作用。能明显降低反应速率的物质称为负催化剂或阻化剂。工业上用得最多的是加快反应速率的催化剂，以下阐述的内容仅与此类催化剂有关。

催化剂有以下三个基本特征。

(1) 催化剂是参与反应的,但反应终了时,催化剂本身未发生化学性质和数量的变化,因此催化剂在生产过程中可以在较长时间内使用。

(2) 催化剂只能缩短达到化学平衡的时间(即加速作用),但不能改变平衡。即是说,当反应体系的始末状态相同时,无论有无催化剂存在,该反应的自由能变化、热效应、平衡常数和平衡转化率均相同。由此特征可知:① 催化剂不能使热力学上不可能进行的反应发生;② 催化剂是以同样的倍率提高正、逆反应速率的,能加速正反应速率的催化剂,也必然能加速逆反应速率。

(3) 催化剂具有明显的选择性,特定的催化剂只能催化特定的反应。催化剂的这一特性在有机化学反应领域中起到非常重要的作用,因为有机反应体系往往同时存在许多反应,选用合适的催化剂可使反应向需要的方向进行。

2.4.2 催化剂的分类

按催化反应体系的物相均一性分类,催化剂分为均相催化剂和非均相催化剂。

按反应类别分类,催化剂分为加氢、脱氢、氧化、裂化、水合、聚合、烷基化、异构化、芳构化、羰基化、卤化等众多类型。

按反应机理分类,催化剂分为氧化还原型催化剂、酸碱催化剂等类型。

按使用条件下的物态分类,催化剂分为金属催化剂、氧化物催化剂、硫化物催化剂、酸催化剂、碱催化剂、络合物催化剂和生物催化剂等。

金属催化剂、氧化物催化剂和硫化物催化剂是固体催化剂,它们是当前使用最多、最广泛的催化剂,在石油炼制、有机化工、精细化工、无机化工、环境保护等领域中被广泛采用。

2.4.3 工业催化剂使用中的有关问题

在采用催化剂的化工生产中,如何正确地选择并使用催化剂是一个非常重要的问题,其关系到生产效率和效益。通常对工业催化剂的以下几种性能有一定的要求。

1. 工业催化剂的使用性能指标

(1) 活性系指在给定的温度、压力和反应物流量(或空速)下,催化剂使原料转化的能力。催化剂活性越高,则原料的转化率越高;在转化率及其他条件相同时,催化剂活性越高,则需要的反应温度越低。工业催化剂应有足够高的活性。一般用原料的转化率来表示催化剂的活性。

(2) 选择性系指反应所消耗的原料中有多少转化为目的产物。选择性越高,生产单位量目的产物所消耗的原料定额越低,也越有利于产物的后处理,故工业催化剂的选择性应较高。当催化剂的活性与选择性难以两全其美时,若反应原料昂贵或产物分离很困难,宜选用选择性高的催化剂;若原料价廉易得或产物易分离,则可选用活性高的催化剂。一般用产物的选择性来表示催化剂的选择性。

(3) 寿命系指其使用期限的长短,寿命的表征是生产单位量产品所消耗的催化剂量,或在满足生产要求的技术水平上催化剂能使用的时间长短,有的催化剂使用寿命可达数年,有的则只能使用数月。虽然理论上催化剂在反应前后化学性质和数量不变,可以反复使用,但实际上当生产运行一定时间后，催化剂性能会衰退，导致产品产量和质量均达不到要求的指标，此时，催化剂的使用寿命结束，应该更换催化剂。催化剂的寿命受以下几方面性能影响。

① 化学稳定性。系指催化剂的化学组成和化合状态在使用条件下发生变化的难易。在一定的温度、压力和反应组分长期作用下，有些催化剂的化学组成可能流失，有的化合状态变化，这些因素都会使催化剂的活性和选择性下降。

② 热稳定性。系指催化剂在反应条件下对热破坏的耐受力。在热的作用下，催化剂中的一些物质可能发生晶型转变、微晶逐渐烧结、络合物分解、生物菌种和酶死亡等，这些变化导致催化剂性能衰退。

③ 机械稳定性。系指固体催化剂在反应条件下的强度是否足够。若反应中固体催化剂易破裂或粉化，使反应器内流体流动状况恶化，严重时发生堵塞，迫使生产非正常停工，经济损失重大。

④ 耐毒性。系指催化剂对有毒物质的抵抗力或耐受力。多数催化剂容易受到一些物质的毒害，中毒后的催化剂活性和选择性显著降低或完全失去，缩短了它的使用寿命。常见的毒物有砷、硫、氯的化合物及铅等重金属，不同催化剂的毒物是不同的。在有些反应中，特意加入某种物质去毒害催化剂中促进副反应的活性中心，从而提高了选择性。

(4) 其他如廉价、易得、无毒、易分离等也是工业生产中选择催化剂的考虑因素。

2. 催化剂的活化

许多固体催化剂在出售时的状态一般是较稳定的，但这种稳定状态不具有催化性能，催化剂使用厂必须在反应前对其进行活化，使其转化成具有活性的状态。不同类型的催化剂要用不同的活化方法，有还原、氧化、硫化、酸化、热处理等，每种活化方法均有各自的活化条件和操作要求，应该严格按照操作规程进行活化，才能保证催化剂发挥良好的作用。如果活化操作失误，轻则使催化剂性能下降，重则使催化剂报废，经济损失巨大。

3. 催化剂的失活和再生

引起催化剂失活的原因较多，对于络合催化剂，主要是超温，大多数配合物在 250℃以上就分解而失活；对于生物催化剂，过热、化学物质和杂菌的污染、pH 失调等均是失活的原因；对于固体催化剂，其失活原因主要有以下三点：① 超温过热，使催化剂表面发生烧结、晶型转变或物相转变；② 原料气中混有毒物杂质，使催化剂中毒；③ 有污垢覆盖催化剂表面。

催化剂中毒有暂时性和永久性两种情况。暂时性中毒是可逆的，当原料中除去毒物后，催化剂可逐渐恢复活性。永久性中毒则是不可逆的，不能再生。

催化剂积碳可通过烧碳实现催化剂再生。但无论是暂时性中毒后的再生还是积碳后的再生，均会引起催化剂结构的损伤，致使其活性下降。

因此，应严格控制操作条件，采用结构合理的反应器，使反应温度在催化剂最佳使用温度范围内合理地分布，防止超温；反应原料中的毒物杂质应该预处理加以脱除，使毒物含量低于催化剂耐受值以下；在有析碳反应的体系中，应采用有利于防止析碳的反应条件，并选用抗碳性能高的催化剂。

4. 催化剂的运输、贮存和装卸

催化剂一般价格较贵，要注意保护。在运输和贮存中应防止其受污染和破坏；固体催化剂在装填于反应器中时，要防止污染和破裂。装填要均匀，避免出现“架桥”现象，以防止反应工况恶化。许多催化剂在使用后、停工卸出之前，需要进行钝化处理，尤其是金属催化剂一定要经过低含氧量的气体钝化后，才能暴露于空气，否则遇空气会发生剧烈氧化自燃，烧坏催化剂和设备。

2.5 反应过程的物料衡算和热量衡算

物料衡算和热量衡算是化学工艺的基础，通过物料、热量衡算，计算生产过程的原料消耗指标、热负荷和产品产率等，为设计和选择反应器等设备的尺寸、类型及台数提供定量依据；可以核查生产过程中各物料量及有关数据是否正常，有否泄漏，热量回收、利用水平和热损失的大小，从而查出生产上的薄弱环节和限制部位，为改善操作和进行系统的最优化提供依据。在化工原理课程中已学过去除反应过程以外的化工单元操作过程的物料、热量衡算，所以本节只涉及反应过程的物料、热量衡算。

2.5.1 反应过程的物料衡算

1. 物料衡算基本方程式

物料衡算总是围绕一个特定范围来进行，可称此范围为衡算系统。衡算系统可以是一个总厂、一个分厂或车间、一套装置、一个设备，甚至一个节点等。物料衡算的理论依据是质量守恒定律，按此定律写出衡算系统的物料衡算通式为

$$m_{\text{in}} = m_{\text{out}} + m_{\text{accumulate}} \tag{2-26}$$

式中，m_{in}为输入物料的总质量；m_{out}为输出物料的总质量；$m_{\text{accumulate}}$为系统内积累的物料质量。

2. 间歇操作过程的物料衡算

间歇操作属于批量生产，即一次投料到反应器内进行反应，反应完成后一次出料，然后再进行第二批生产。其特点是在反应过程中浓度等参数随时间而变化。分批投料和分批出料也属于间歇操作。

间歇操作过程的物料衡算是以每批生产时间为基准，输入物料量为每批投入的所有物料质量的总和(包括反应物、溶剂、充入的气体、催化剂等)，输出物料量为该批卸出的所有物料质量的总和(包括目的产物、副产物、剩余反应物、抽出的气体、溶剂、催化剂等)，投入料总量与卸出料总量之差为残存在反应器内的物料量及其他机械损失。

3. 稳态流动过程的物料衡算

生产中绝大多数化工过程为连续操作，设备或装置可连续运行很长时间，除了开工和停工阶段外，绝大多数时间内是处于稳定状态的流动过程，物料不断地流进和流出系统。其特点是系统中各点的参数(如温度、压力、浓度和流量等)不随时间而变化，系统中没有积累。当然系统中不同点或截面的参数可相同，也可不同。

对于无化学反应过程，诸如混合、蒸馏、干燥等也可用物质的量来进行衡算。对于化学反应过程，输入物料的总物质的量则不一定等于输出物料的总物质的量。对其中某个组分 i 的

衡算式可写为

$$\left(\sum m_i\right)_{\text{in}}=\left(\sum m_i\right)_{\text{out}}+\Delta m_i \tag{2-27}$$

式中，$\left(\sum m_i\right)_{\text{in}}$ 为输入各物料中组分 i 的质量之和；$\left(\sum m_i\right)_{\text{out}}$ 为输出各物料中组分 i 的质量之和；Δm_i 为参加反应消耗的组分 i 的质量（当组分 i 为反应物时，$\Delta m_i>0$；当组分 i 为生成物时，$\Delta m_i<0$；当组分 i 为惰性物质时，$\Delta m_i=0$）。

因为式(2-27)中均为组分 i 的量，相对分子质量相同，故也可以用物质的量来进行组分变 i 的物料衡算；惰性物质不参加反应，若在进、出物料中数量不变，常用来作中间物料进行物料衡算，使计算简化。

另外，在一般的化学反应中，原子本身不发生变化，故可用原子的物质的量来做物料衡算。原子衡算法可以不涉及化学反应式中的化学计量关系，故对于复杂反应体系的计算是很方便的。对于稳态流动过程，有输入物料中所有原子的物质的量之和等于输出物料中所有原子的物质的量之和或输入各组分中某原子的物质的量之和等于输出各组分中该原子的物质的量之和。

4. 物料衡算步骤

化工生产的许多过程是比较复杂的，在对其做物料衡算时，应该按一定步骤来进行，这样才能给出清晰的计算过程和正确的结果。物料衡算通常遵循以下步骤。

(1) 绘出流程的方框图，以便选定衡算系统。图形表达方式宜简单，但代表的内容要准确，进、出物料不能有任何遗漏，否则衡算会造成错误。

(2) 写出化学反应方程式并配平。如果反应过于复杂或反应不太明确，写不出反应式，此时应用上述的原子衡算法来进行计算，不必写出反应式。

(3) 选定衡算基准。衡算基准是为进行物料衡算所选择的起始物理量，包括物料名称、数量和单位，衡算结果得到的其他物料量均是相对于该基准而言的。衡算基准的选择以计算方便为原则，可以选取与衡算系统相关的任何一种物料或其中某个组分的一定量作为基准。例如，可以选取一定量的原料或产品（1 kg、100 kg、1 mol、1 m^3 等）为基准，也可选取单位时间（1 h 、1 min、1s 等）为基准。用单位量原料为基准，便于计算产率；用单位时间为基准，便于计算消耗指标和设备生产能力。如何选择衡算基准是一个技巧问题，在计算中要重视训练，基准选择恰当可以使计算大为简化。

(4) 收集或计算必要的各种数据，要注意数据的适用范围和条件。

(5) 设未知数，列方程式组，联立求解。有几个未知数则应列出几个独立的方程式，这些方程式除物料衡算式外，有时尚需其他关系式，诸如组成关系约束式、化学平衡约束式、相平衡约束式、物料量比例等。

(6) 计算和核对。

(7) 报告计算结果。通常将已知及计算结果列成物料收支平衡表，表格可以有不同形式，但要全面反映输入及输出的各种物料、包含组分的绝对量和相对含量。

2.5.2　反应过程的热量衡算

1. 封闭系统反应过程的热量衡算

对于化学反应体系，其宏观动能和位能的变化相对于反应热效应和传热量而言是极小的，

可以忽略不计。通常涉及的能量形式是内能、功和热量，它们的关系遵从

$$\Delta U = Q - W \tag{2-28}$$

式中，ΔU 为内能变化；Q 为系统与环境交换的热量（规定由环境向系统传热时，Q 取正号；而由系统向环境传热时，Q 取负号）；W 为系统与环境交换的功（规定由环境向系统做功时，W 取负号；而由系统向环境做功时，W 取正号）。

2. 稳态流动反应过程的热量衡算

绝大多数化工生产过程都是连续操作的，有物料的输入和输出，属于开口系统。对于一个设备或一套装置来说，进、出系统的压力变化不大（即相对总压而言，压降可忽略不计），可认为是恒压过程。稳态流动反应过程就是一类最常见的恒压过程，该系统内无能量积累，输入该系统的能量为输入物料的内能 U_{in} 和环境传入的热量 Q_p 之和（如果热量由系统传给环境，Q_p 应取负号，故也可放在输入端），输出该系统的能量为输出物料的内能 U_{out} 和系统对外做的功之和（如果是环境对系统做功，W 应取负号，故仍可放在输出端）。其能量衡算式为

$$U_{in} + Q_p = U_{out} + W \tag{2-29}$$

大多数反应过程不做非体积功，所以式(2-29)可写成

$$U_{in} - U_{out} = W_{体} - Q_p \tag{2-30}$$

对于恒压过程，有 $p_{in} = p_{out} = p_{外}$，其中 p_{in} 为输入端压力，p_{out} 为输出端压力，$p_{外}$ 为外压力。设输入体积为 V_{in}，输出体积为 V_{out}，那么式(2-30)可写成

$$\begin{aligned} U_{in} - U_{out} &= p_{外}(V_{out} - V_{in}) - Q_p = p_{外} V_{out} - p_{外} V_{in} - Q_p \\ &= p_{out}V_{out} - p_{in}V_{in} - Q_p \end{aligned} \tag{2-31}$$

整理得到

$$(U_{in} + p_{in}V_{in}) + Q_p = (U_{out} + p_{out}V_{out}) \tag{2-32}$$

根据物理化学中的定义可知 $U + pV = H$，其中 H 为焓，是状态函数。式(2-32)可写成

$$H_{in} + Q_p = H_{out} \quad 或 \quad Q_p = H_{out} - H_{in} = \Delta H \tag{2-33}$$

式(2-33)也适用于宏观动能变化和位能变化可忽略不计的传热、传质过程，如热交换器、蒸馏塔等。

对于稳态流动系统，始态的焓 H_{in} 为输入的所有物料的焓之和，终态的焓 H_{out} 为输出物料的焓之和。图 2-2 为稳态流动反应过程的热量衡算方框图。

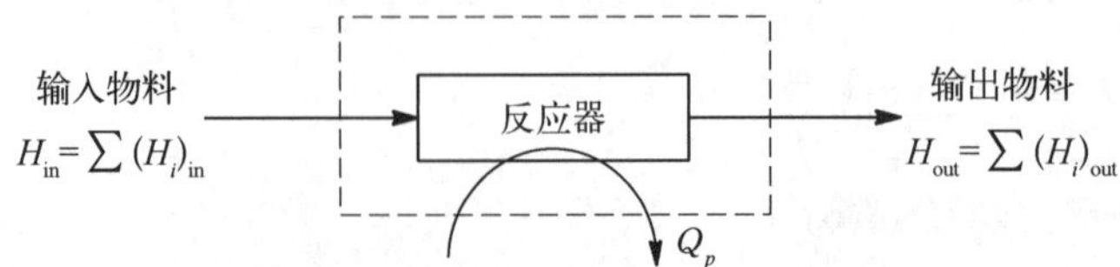

图 2-2　稳态流动反应过程的热量衡算方框图

如果反应器与环境无热交换，Q_p 等于零，称之为绝热反应器，输入物料的总焓等于输出物料的总焓；Q_p 不等于零的反应器有等温反应器和变温反应器。等温反应器内各点及出口温度相同，入口温度严格地说也应相同，在生产中可以有一些差别。而变温反应器的入口、出口及器内各截面的温度均不相同。

由于内能绝对值难以测定，因此焓的绝对值也难以测定。但是，由一种状态变化到另一种状态的焓变是可测定的。因为焓与状态有关，现在科学界统一规定物质的基态为温度是 298.15 K、压力是 101.325 kPa（现为 100 kPa）及物质处于最稳定物相的状态，并规定处于基态的元素或纯单质的焓为"零"。

根据以上规定，可知每种物质在任意状态的焓为

$$H_i = \Delta H_i = n\Delta H_{\mathrm{F}i(298.15\,\mathrm{K})} + n\bar{c}_{pi}(T - 298.15) \tag{2-34}$$

式中，n 为物质的量；$\Delta H_{\mathrm{F}i(298.15\,\mathrm{K})}$ 为组分 i 在温度为 298.15 K 时的标准生成热；$\bar{c}_{pi}$ 为组分 i 的平均等压摩尔热容。$n\Delta H_{\mathrm{F}i(298.15\,\mathrm{K})}$ 是在基态由元素转变成该物质的生成焓变（或标准生成热），$n\bar{c}_{pi}(T - 298.15)$ 是该物质由 298.15 K 恒压变温到温度 T 的显焓变。由此，式(2-33)可写为

$$\begin{aligned} Q_p = &\sum[n\Delta H_{\mathrm{F}i(298.15\,\mathrm{K})} + n\bar{c}_{pi}(T - 298.15)]_{\mathrm{out}} \\ &- \sum[n\Delta H_{\mathrm{F}i(298.15\,\mathrm{K})} + n\bar{c}_{pi}(T - 298.15)]_{\mathrm{in}} \end{aligned} \tag{2-35}$$

许多物理化学手册、化工工艺手册和化工设计有关文献中收集有大量生成热、熔融热、蒸发热和热容等数据，可供查阅和利用。

在做热量衡算时，应注意以下几点。

(1) 首先要确定衡算对象，即明确系统及其周围环境的范围，从而明确物料和热量的输入项和输出项。

(2) 选定物料衡算基准。在进行热量衡算前，一般要进行物料衡算求出各物料的量，有时物料衡算方程式和热量衡算方程式要联立求解，均应有同一物料衡算基准。

(3) 确定温度基准。各种焓值均与状态有关，多数反应过程在恒压下进行，温度对焓值影响很大，许多文献资料、手册的图表、公式中给出的各种焓值和其他热力学数据均有其温度基准，一般多以 298.15 K（或 273.15 K）为基准温度。

(4) 注意物质的相态。同一物质在相变前后是有焓变的，计算时一定要清楚物质所处的相态。

化学反应过程一般在非标准状态下进行，涉及的焓变类型较多，见图 2-3。图中 T_1、T_2 和 p_1、p_2 分别为任意状态下的温度和压力，T_0、p_0 为标准温度、压力。因为焓是状态函数，与变化途径无关，所以非标准状态下反应过程的总焓变可写为

$$\Delta H = \sum H_{\mathrm{out}} - \sum H_{\mathrm{in}} = \Delta H_1 + \Delta H_2 + \sum \Delta H_R^{\theta} + \Delta H_3 + \Delta H_4 \tag{2-36}$$

式(2-36)中涉及的焓变有三类，分述如下。

(1) 相变过程的焓变

它是在温度、压力和组成不变的条件下，物质由一种相态转变为另一种相态而引起的焓

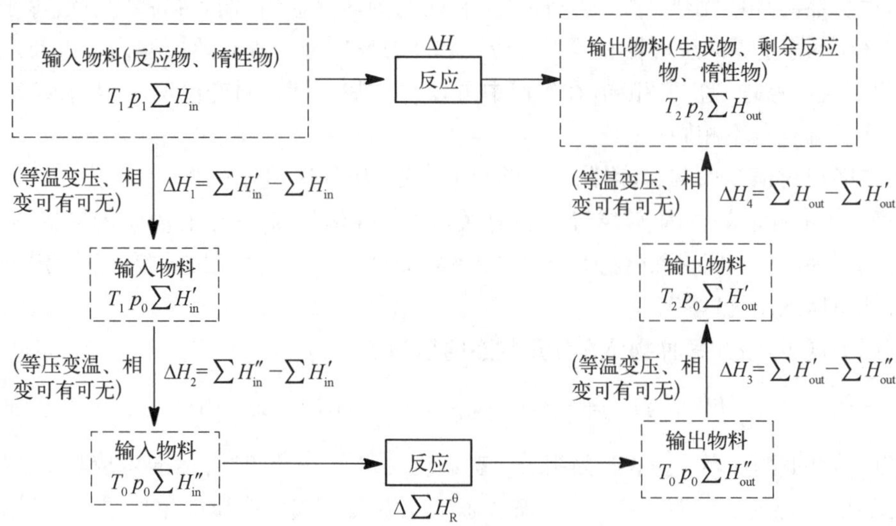

图 2 - 3　化学反应过程的焓变方框图

变。相态发生变化时系统与环境交换的热量称为相变热,在数值上等于相变过程的焓变,如蒸发热、熔融热、溶解热、升华热、晶形转变热等都属于相变热。在许多化学、化工的文献资料和手册中有各种物质的相变热,也可用实验测定获得。应注意,在不同温度、压力下,同种物质的相变热数值是不同的,用公式计算时还应注意其适用范围和单位。

(2) 反应的焓变

它是在相同的始、末温度和压力条件下,由反应物转变为产物并且不做非体积功的过程焓变。此时系统所吸收或放出的热量称为反应热,在数值上等于反应过程的焓变(ΔH_R)。放热反应的 $\Delta H_R<0$,反之,吸热反应的 $\Delta H_R>0$。反应热的单位一般为 kJ/mol。应注意同一反应在不同温度的反应热是不同的,但压力对反应热的影响较小,根据式(2 - 36)可求出实际反应条件下的反应热。标准反应热(ΔH_R^θ)可在许多化学、化工的文献资料和手册中查到,此外还可以用物质的标准生成焓变(数值上等于标准生成热)来计算标准反应热,即

$$\Delta H_R^\theta=\sum_{i=1}^{n}(\nu_i\,\Delta H_{Fi}^\theta)_{生成物}-\sum_{i=1}^{n}(\nu_i\,\Delta H_{Fi}^\theta)_{反应物} \tag{2-37}$$

式中,ΔH_R^θ 为标准反应热(反应温度为 T_0,即 298.15 K;压力为 p_0,即 101.325 kPa);ν_i 为化学反应计量系数;ΔH_{Fi}^θ 为组分 i 的标准生成热。标准生成热的定义为在标准状态(298.15 K 和 101.325 kPa)下,由最稳定的纯净单质生成单位量的最稳定某物质的焓变,单位为 kJ/mol。

(3) 显焓变

它是只有温度、压力变化而无相变和化学变化的过程焓变。该变化过程中系统与环境交换的热又称为显热,在数值上等于显焓变。对于等温变压过程,一般用焓值表或曲线查找物质在不同压力下的焓值,直接求取显焓变。对于理想气体,等温过程的内能变化和显焓变均为零。对于变温过程,如果有焓值表可查,则应尽量利用,查出物质在不同状态下的焓值来求焓差;也可利用热容数据来进行计算,其中又分等容变温和等压变温两种变化过程。

对于等容变温过程，有

$$Q_v = \Delta U = n\int_{T_1}^{T_2} c_v \mathrm{d}T \tag{2-38}$$

对于等压变温过程，有

$$Q_p = \Delta H = n\int_{T_1}^{T_2} c_p \mathrm{d}T \tag{2-39}$$

式中，n 为物质的量，单位为 mol；c_v、c_p分别为等容和等压摩尔热容，单位为 kJ/(mol · K)；T_1、T_2分别为变化前、后的温度，单位为 K。

化工生产过程多为等压过程，因此在此处介绍等压摩尔热容的求取方法。

① 经验多项式

$$c_p = a + bT + cT^2 + dT^3 \tag{2-40}$$

式中的 a、b、c、d 是物质的特性常数，可在有关手册中查到，有些手册或资料中还给出 c_p-T 关系曲线可供查找。由此，式(2-39)变成

$$Q_p = \Delta H = n\int_{T_1}^{T_2} (a + bT + cT^2 + dT^3)\mathrm{d}T \tag{2-41}$$

② 平均等压摩尔热容 $\bar{c}_p$

用在温度为 $T_1 \sim T_2$内为常数的等压摩尔热容(即平均等压摩尔热容)代入式(2-39)，则可免去积分运算，式(2-39)变成

$$Q_p = \Delta H = n\bar{c}_p(T_2 - T_1) \tag{2-42}$$

在使用平均等压摩尔热容$\bar{c}_p$时，要特别注意不同温度范围内的$\bar{c}_p$值是不同的。在许多手册的图、表中给出的$\bar{c}_p$值是 298.15 K～T 之间的平均等压摩尔热容(即 T_1=298.15 K，T_2=T)。如果 T_1不等于 298.15 K，应分两段计算，即由 T_1变化到 298.15 K，再由 298.15 K 变化到 T_2，此过程包含两个焓变。

$$T_1 \xrightarrow{\Delta H_1} 298.15\text{ K} \xrightarrow{\Delta H_2} T_2$$

$$\begin{aligned} Q_p &= \Delta H = \Delta H_1 + \Delta H_2 \\ &= n\bar{c}_{p1}(298.15 - T_1) + n\bar{c}_{p2}(T_2 - 298.15) \\ &= n[\bar{c}_{p2}(T_2 - 298.15) - \bar{c}_{p1}(T_1 - 298.15)] \end{aligned} \tag{2-43}$$

式中，$\bar{c}_{p1}$ 是温度为 298.15 K～T_1内的平均等压摩尔热容；$\bar{c}_{p2}$ 是温度为 298.15 K～T_2内的平均等压摩尔热容。当反应过程的温度变化不大时，也可近似地取 $(T_1 + T_2)/2$ 时的等压摩尔热容作为物质的平均等压摩尔热容。

③ 混合物的等压摩尔热容

$$c_p = \sum_{i=1}^{n} y_i c_{pi} \tag{2-44}$$

式中，y_i为组分 i 的摩尔分数；c_{pi}为组分 i 的等压摩尔热容，单位为 kJ/(mol · K)。

④ 液体的热容

液体的热容比较大，但随温度变化小，在工程计算中视为常数。手册中液体的 c_p 只有一个，即可代入式(2-42)计算液体的显焓变。

思考题

1. 化工生产过程的主要指标有哪些？
2. 什么是催化剂？催化剂的作用是什么？催化剂使用过程中应注意哪些问题？
3. 什么是化学反应的物料衡算和热量衡算？

第3章　化工生产工艺流程

化学工业是世界各国国民经济重要的支柱产业。在我国，化学工业是国民经济最重要的基础产业，也是制造业的主要产业之一。化工产品早已渗透到人们的衣、食、住、行、用等各个领域，丰富着人们的生活。因此，化学工业在国民经济中占据重要地位。

随着化学工业的不断发展、化工企业的大量建设，以及化学工业普遍具有过程复杂、工序多、操控要求高的特点，因此对其生产过程的操控要求非常严格。这就需要高素质和熟练的技术工人来维持化工企业健康有序的生产。

正确地认识一个工厂的化工生产工艺流程，可以正确地了解和熟悉化工生产过程，可以快速地进入生产环节，优先保证企业安全稳定生产、生产效率提高，并培养实际生产过程中及时地发现问题并解决问题的能力。

为了能使学生快速了解化工生产工艺流程，掌握化工生产工艺流程的规律，本章将对化工生产工艺流程进行分解，确立构成化工生产工艺流程的基本要素和认识化工生产工艺流程的基本原则，并建立化工生产各单元操作工艺流程的认识方法。另外，为了使学生在认识化工生产工艺流程的同时能够全面了解化工生产过程，化工生产原料的性质、计量，化工产品包装，公用工程系统及安全生产的一些相关知识也是非常重要的。

在工业生产中，从原料到制成成品各项工序安排的程序叫作工艺流程。将化工原料制成化工产品各项工序安排的程序称为化工生产工艺流程，通常用化工生产工艺流程图和工艺流程说明来表达化工生产工艺流程。

3.1　化工生产工艺流程概述

3.1.1　化工生产工艺流程图的认识

化工生产工艺流程图是化工技术人员用图对化工生产过程进行描述，特点是简单、明了和直观，主要包括工艺流程示意图和带控制点流程图。

化工生产工艺流程图主要描述的是化工生产工艺流程，对于化学化工专业技术人员，应首先学会认识并绘制化工生产工艺流程图。图 3－1 为酯化法乙酸乙酯生产工艺流程示意图。

3.1.2　化工生产工艺流程说明的认识

工艺流程说明是用文字的方式对化工生产工艺流程进行描述，其特点是描述详细，可以将

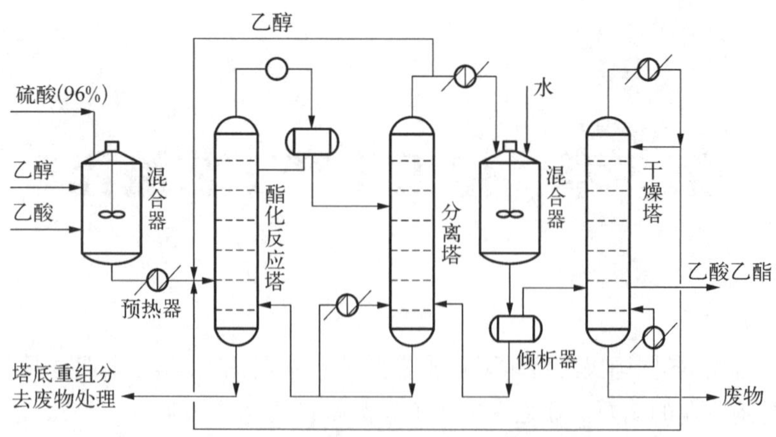

图 3-1 酯化法乙酸乙酯生产工艺流程示意图

原料、辅料、设备的名称及物料流向等详细表述出来。化学化工专业技术人员通过化工生产工艺流程图及工艺流程说明,可以对化工生产过程有较全面的了解。作为化学化工专业技术人员,要对自己工作的工厂所生产的化工产品生产工艺流程进行学习和认识,并能够绘制出化工产品生产的工艺流程图。

以酯化法乙酸乙酯生产工艺流程为例,下面为整个工艺流程说明。乙酸、过量乙醇与少量的硫酸混合后经预热进入酯化反应塔,酯化反应塔塔顶的反应混合物一部分回流,一部分在 80℃左右进入分离塔。进入分离塔的反应混合物中一般含有约 70%的乙醇、20%的酯和 10%的水(乙酸完全消耗掉),分离塔塔顶蒸出含有 83%乙酸乙酯、9%乙醇和 8%水分的三元恒沸物。送入混合器的三元恒沸物与等体积的水混合后在倾析器倾析,分成含少量乙醇和酯的较重的水层,返回分离塔的下部,经分离塔分离,酯重新以三元恒沸物的形式分出,而蓄积的含水乙醇则送回酯化反应塔的下部,经汽化后再参与酯化反应;含约 93%乙酸乙酯、5%水和 2%乙醇的倾析器上层混合物进入干燥塔,将乙酸乙酯分离出来,制得 99.5%的乙酸乙酯产品。

3.1.3 化工生产工艺流程组成的认识

化工产品的生产过程十分复杂,整个过程生产工序多、设备多、操控要求高,但是任何化工产品的生产过程都包含物料输送、化学反应、产物分离、热量传递等单元生产过程。为了便于认识化工生产工艺流程,可将化工生产工艺流程分割成物料输送工艺流程、传热工艺流程、化学反应工艺流程、物料分离工艺流程、物料的计量和包装等单元工艺流程。要想认识整个化工工艺流程,首先要逐一认识单个的单元流程,最后认识整个流程。

(1) 物料输送工艺流程　它是在化工生产过程中将物料从一个设备输送到另一个设备的工序安排的程序。化工生产过程中会使用很多设备,各设备之间都需要发生物料的转移,一般需要由管路、储罐和输送设备操控进行,我们将这些设备组成的工艺流程称为物料输送工艺流程。物料输送工艺流程是化工生产工艺流程中的纽带。合理的物料输送工艺流程不仅能提高生产效率,而且能降低能耗。它主要由输送泵、管道及储槽等设备构成。

(2) 传热工艺流程　它是在化工生产过程中控制温度、压力的工序安排的程序。用来控制化工生产过程中反应过程或者分离过程中温度和压力的工艺流程称为传热工艺流程或能量传递工艺流程。传热工艺流程包括热量传递工艺流程和冷量传递工艺流程。传热工艺流程是衡量化工生产工艺水平的一个重要指标。合理的传热工艺流程可以提高化工生产效率，降低生产能耗，减少生产成本，提高经济效益。它一般由加热器、冷却器及管路等设备构成。

(3) 化学反应工艺流程　它是化工原料在反应装置内进行化学反应得到新产品的工序安排的程序。它是化工生产工艺流程的核心过程，只有发生化学反应的生产过程才是化工生产过程。它影响着化工生产过程的技术水平。

(4) 物料分离工艺流程　它是将化学反应工艺流程中生成物分离成高纯度产品的各工序安排的程序，有时也称为传质工艺流程。在化工生产过程中，通过化学反应生产目的产品的同时会伴有许多副产品的生成。为了提高目的产品的质量，需要提高产品的纯度，而产品的纯度和工厂的效益相关。所以，化工生产过程中就必须将得到的产品混合物进行分离、提纯，从而得到较纯的物质。实际上，分离过程可以占到整个工厂95%以上的投入。一个产品的分离可能包含吸收、精馏、过滤、萃取、结晶、干燥等多个工序，所以可将物料分离工艺流程再分解成吸收、精馏、过滤、萃取、结晶、干燥等比较简单的单元物料分离工艺流程。物料分离工艺流程是化工生产工艺流程的主要组成部分之一，它直接影响产品的质量和收率情况，也影响工厂的效益。

(5) 物料计量和包装工艺流程　物料计量就是在化工生产过程中对原料、中间产物、产品进行量化的过程。包装是为便于产品的储存、运输而进行的过程。在化工企业中，物料的计量和包装流程是化工生产过程不可或缺的一部分。在化工生产过程中，需要准确、快速地对物料进行计量和包装。

单元工艺流程是为了认识生产工艺流程而人为划分的。在实际过程中，这些单元工艺流程之间是相互融合在一起的，相互交叉，分界线不明显。如在二氯乙烷生产过程中，由氯化塔、闪蒸塔、分层槽、低沸塔、高沸塔及脱水塔等设备构成的流程为化学反应工艺流程及物料分离工艺流程，而这些设备在流体输送工艺流程中的作用就等同于理想化的储罐、储槽。随着科学技术的进步，反应-分离耦合一体式装置的开发和使用简化了工艺流程，提高了生产效率。一般情况下，工艺流程都以方便认识流程为目的，然后对流程进行分割。此外，一个化工生产工艺流程里可能含有多个反应工艺流程、多个物料分离工艺流程、多个物料输送工艺流程和多个传热工艺流程，多个单元工艺流程组成一个复杂的生产工艺流程。为了快速、准确地认识化工生产工艺流程，需要及时明确化工生产工艺流程的关键设备、物料的种类和流向等。

3.2　关键设备的认识

一般情况下，在生产过程中我们将单元工艺流程又称为工段。一个化工生产工艺流程非常复杂，由若干个工段组成在一起，每个工段都是由若干关键设备、化工管路、测量显示仪组成。要想认识整个工艺流程的各个工段，需要首先认识这些内容，其中对关键设备的认识起决定性作用。

化工生产工艺流程中包含很多化工设备，化工生产过程中各设备所起到的作用各不一样。一般将在化工生产工艺流程中起主导和决定性作用的设备定义为关键设备。关键设备决定了生产流程的走向，它的性能优劣及运转状况直接影响到化工生产能否正常进行。例如，化学反应工艺流程中的反应釜、反应器、反应塔，物料输送工艺流程中的泵，传热工艺流程中的换热器；物料分离工艺流程中的精馏塔、吸收塔、过滤器、干燥器等都为关键设备。

为了清晰地认识化工生产工艺流程，关键设备的寻找是突破口。快速准确地寻找并确定关键设备是关键，一般过程如下：首先在设备上查找设备铭牌；若设备上没有铭牌，则可以根据大部分化工设备独特的外形来判断；若前面两种方式都不能确定，最后可根据所学知识、已知设备的功能和工作经验，推断确定可能的关键设备。

快速查找和识别关键设备，最简单的方法就是根据安装在设备上的铭牌或设备的外形。

铭牌即安装在机器、设备、仪表等上面的金属牌子。一般厂家生产出来的设备上都会安装铭牌，上面标有品牌商标、设备名称、设备型号、设备规格、设备出厂日期和生产厂家等信息。在查找和识别关键设备时，可以先去查找关键设备的铭牌，然后再通过设备外形等方式对关键设备进行进一步的确认。图 3-2 是一些设备铭牌式样。

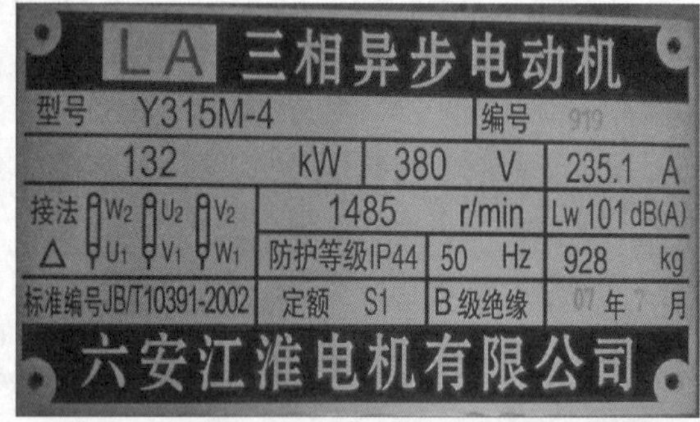

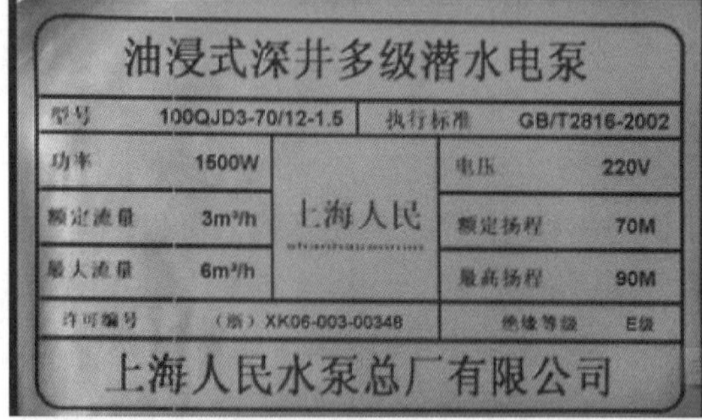

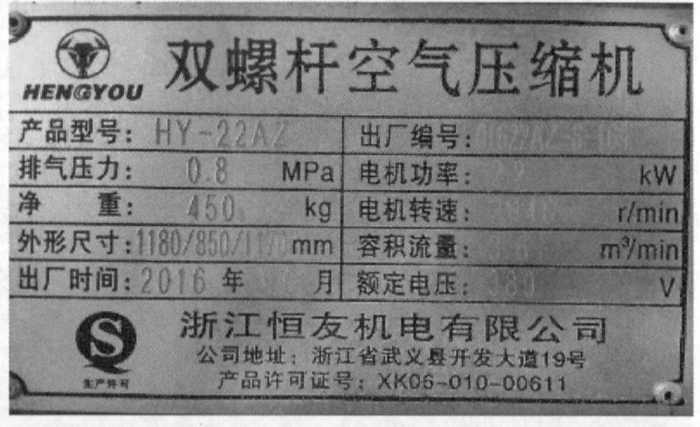

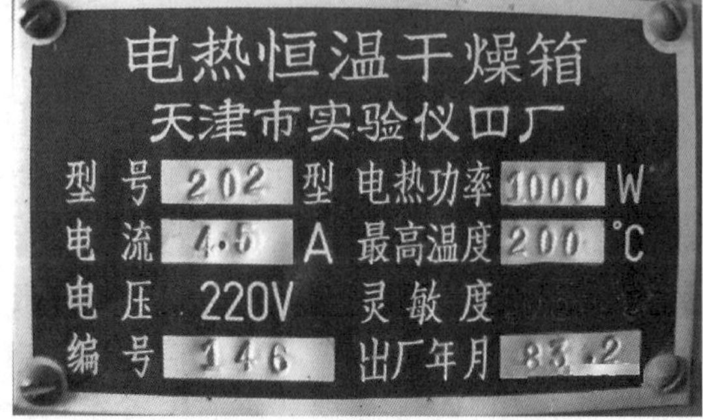

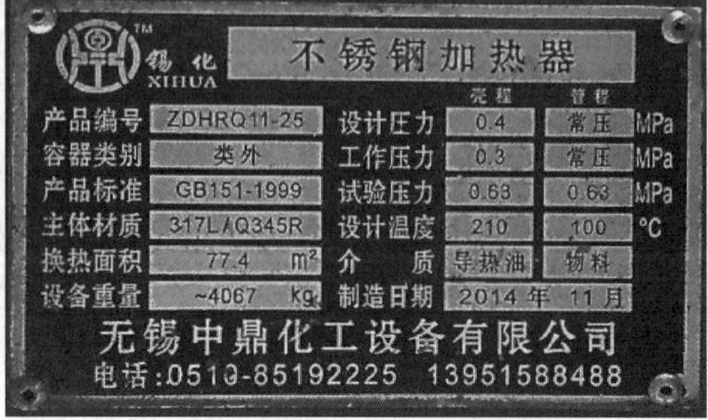

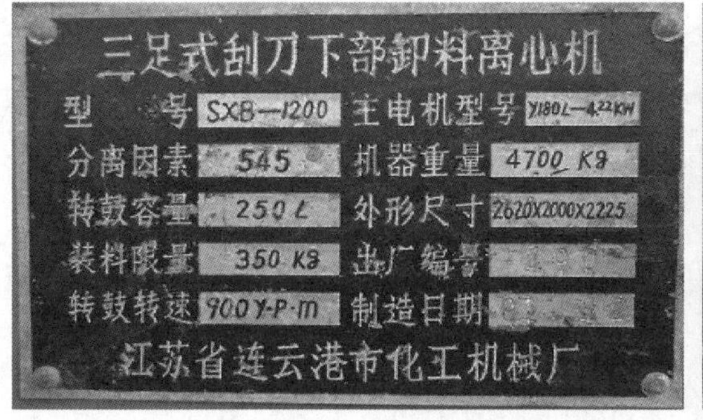

图 3-2 一些设备铭牌式样

对于设备的外形，不同种类的设备都有各自特有的外形，输送设备如泵等；传热设备如加热器、蒸发器等，反应器设备如管式、釜式和塔式等反应器，分离设备如蒸馏塔、精馏塔、吸收塔、萃取塔等，计量设备如计量槽、流量计、计量泵等。化学反应器是任何化学反应工艺流程中都有的关键设备，认识化工生产工艺流程时千万不能忽略化学反应器。

此外，化工管路也是重要的因素之一，一般主要由管子、管件和阀件三部分组成，此外还有附属于管路的管架、管卡、管撑、管廊等部件。在化工管路上，管子与管子、管子与阀门、管子与测量仪表以及管子与管件之间需要根据相应的要求有机地连接起来，构成一个完整的化工生产工艺管路流程。常用的连接方式有螺纹连接、法兰连接和焊接连接。每种连接方式都有各自的优缺点，使用的场所也各不相同。

化工测量仪表是显示化工生产过程的流量、温度、压力等参数的工具，通过化工测量仪表上显示的数值对化工生产过程进行控制，以维持化工生产过程安全、持续、稳定进行。

3.3 流程分解

为了便于对复杂的化工生产工艺流程的认识，需要根据关键设备的种类将整个复杂的化工生产工艺流程分割成多个单元工艺流程，通常有几类关键设备就可以分成几个种类的单元工艺流程。一般情况下，一个化工生产工艺流程可分割为物料输送工艺流程、传热工艺流程、化学反应工艺流程、物料分离工艺流程(包括精馏、吸收、过滤、干燥等)、物料的计量和包装等单元工艺流程。本章 3.1.3 小节已经对流程组成进行了简要的介绍，这里不再详细描述。图 3-3 为乙烯氯化生产二氯乙烷工艺流程示意图。

将乙烯氯化生产二氯乙烷的整个生产工艺流程进行简单的认识和分解，最后划分为以下几个单元工艺流程：物料输送单元工艺流程——流程中的泵等；传热单元工艺流程——流程中的换热器和冷凝器等；化学反应单元工艺流程——流程中的反应器等(如氯化塔)；精馏单元工艺流程——流程中的精馏设备等(如闪蒸塔、脱低沸塔、脱高沸塔)；吸收单元工艺流程——流程中的吸收塔等(如脱水塔)；等。

3.4 确定物料种类和流向

认识化工生产工艺流程的主要任务之一是熟悉各个管路中所流动物料的种类和流向，这

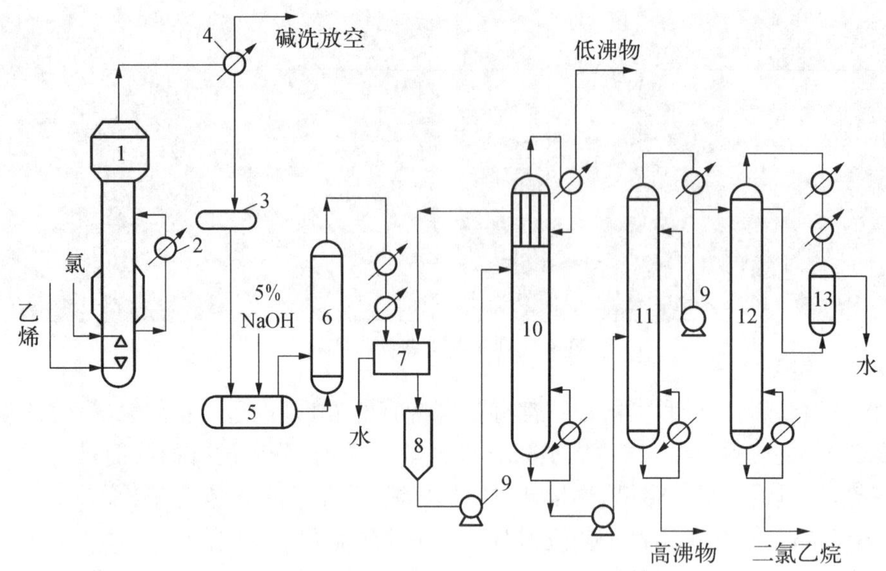

图 3-3　乙烯氯化生产二氯乙烷工艺流程示意图

1—氯化塔；2—外循环冷却器；3—中间槽；4—冷凝器；5—卧式储槽；6—闪蒸塔；7—分液槽；8—进料槽；9—泵；10—脱低沸塔；11—脱高沸塔；12—脱水塔；13—分层塔

也是一个化学化工专业技术人员在进入工厂初期必须熟练掌握的生产工艺内容之一。

不同单元工艺流程的物料种类和流向均有各自的特点，可据此辨别物料种类和流向。物料的种类可以根据化工生产工艺流程图的信息或者数据分析采集的基本信息来确定。物料的走向也可以根据化工生产工艺流程图或者根据关键设备安装特性、管路中的阀门和测量仪表来确定，例如截止阀的安装具有方向性、输送泵的出口通常安装压力表等。

3.4.1　物料输送工艺流程中物料流向的确定

物料输送管路中物料的流向一般通过下面几种方法确定。

(1) 根据电动机旋转方向来判断物料的流向。在电动机工作的情况下，可以确定电动机旋转的切线方向为物料的走向。在电动机不工作的情况下，也可以根据电动机或者转动轴上的转向箭头确定电动机旋转方向，从而根据旋转切线方向确定物料的走向。

(2) 根据输送泵进出口的压力表读数来判断物料的流向。一般情况下，物料出口的压力表读数高，物料进口的压力表读数低。通常情况下，只在泵的出口安装压力表，也可以根据情况断定安装压力表的口为物料出口，另一个口则为物料进口。

(3) 根据管路上的辅助设施，结合所学知识和经验来判断物料的流向。一般情况下，泵的进口会安装过滤器，离心泵的出口会安装止回阀，容积式输送泵的出口会安装泄压阀或安全阀，有时也会采用旁路调节来控制流量等。

(4) 真空输送时利用真空表来判断物料流向，压缩输送时利用压力表来判断物料流向。

3.4.2　传热工艺流程中物料流向的确定

一个换热器中一般有两路流体，一路是热流体，另一路是冷流体，换热器中流体的走向主要是依靠和它直接连接的其他工艺流程管路中流体的流向来确定。例如，物料输送工艺流程输送的流体与换热器直接连接，可以判断物料经过泵等输送设备从输送工艺流程出来后，从换热器的进口进入换热器，据此可以判断换热器中同一流体的流向；在与反应器、精馏塔、吸收塔等设备直接连接的换热器中，也可采用同样的办法判断同一流体的流向。此外，还可以通过理论结合经验对物料或者流体流向进行判断。例如，液体流体进入换热器必须采用下进上出，以使液体流体充满整个换热器的换热空间，充分地利用传热面积，保证能量传递的高效进行；若采用水蒸气作为热流体，为了保证冷凝水能够及时排除，水蒸气必须要从换热器的上部进入；此外，为了提高传热效果，冷、热流体一般采用逆流流向。换热器中流体的相对流向一般有顺流和逆流两种。顺流时，入口处两种流体的温差最大，并沿传热表面逐渐减小，至出口处温差为最小。逆流时，沿传热表面两种流体的温差分布较均匀。在冷、热流体的进出口温度一定的条件下，当两种流体都无相变时，逆流时的平均温差最大，顺流时最小。

若换热量相同时，采用逆流流向可增大平均温差，减小传热面积，从而减小换热器尺寸，节省设备投资；若传热面积相同时，采用逆流流向可降低加热或冷却流体的用量，降低操作费用。所以在化工设计过程或者生产过程中，都常采用冷、热流体逆向流动。除顺流和逆流这两种流向外，还有错流、折流和回流等流向。这里要注意的是，若一种流体出现相变，相变过程中温度不变，需要考虑相变热对换热量及另一流体的进出口温度的影响。

3.4.3 化学反应工艺流程中物料流向的确定

反应器一般有进出两股物料，一般可借助输送设备来确定物料流向和进出口。输送设备的出口连接着反应器的物料进口，未连接的肯定为物料出口。此外，根据生产经验也可判断反应器的物料进出口。例如，对于间歇式反应器，一般都是从反应器的顶部投入反应物料，从反应器的底部排放反应后的物料；而对于连续式反应器，反应物料通常是从反应器的底部进入，从反应器的顶部排出。

3.4.4 物料分离工艺流程中物料流向的确定

常见的物料分离工艺流程包括蒸馏、精馏、吸收、吸附、萃取、结晶、沉降、过滤和干燥等单元工艺流程。每个单元工艺流程均有各自的物料流向特点，为了方便确定物料流向，分别对以上单元工艺流程的物料流向进行简单的介绍。

对于蒸馏工艺流程，物料通过物料输送系统进入蒸馏塔，低沸点产品从塔的上部排出，经塔顶冷凝器冷凝后进入低沸点产品储罐；塔内物料从塔的底部或者中下部排出，经过塔釜冷凝器冷凝后进入高沸点产品储罐。

对于精馏工艺流程，物料进入精馏塔后，低沸点产品从塔顶排出，经塔顶冷凝器冷凝后，部分产品进入精馏塔作为塔内回流物料，其余产品进入低沸点产品储罐；高沸点产品从精馏塔塔底排出，经塔釜冷凝器冷凝后进入高沸点产品储罐。

吸收、吸附和萃取等单元工艺流程的物料流向基本相同。待吸收、吸附或者萃取的物料在进入吸收、吸附或者萃取设备后与吸收剂、吸附剂或者萃取剂相接触，吸收液、吸附液或萃取液从设备的下部排出，未被吸收、吸附或萃取的余液从设备上部排出。

结晶、沉降、过滤、干燥等单元工艺流程的操作过程简单明了，非常容易判断物料流向，这里就不再详细叙述。

3.4.5 物料计量和包装工艺流程中物料流向的确定

对于物料计量和包装工艺流程，可根据与流体输送管路相连的压力表、温度表、流量计等计量设备的数值判断物料的流向，详细方法见本章 4.1 节。此外，也可以根据计量设备的安装方式或者使用方式判断物料流向。判断方法简单，例如转子流量计中物料一般是下进上出等。

3.5 化工生产工艺流程图的绘制

化工生产工艺流程图是表述一个化工厂或者生产车间的化工生产设备、辅助装置、仪表与控制要求的基本概况图。化工生产工艺流程图是化工生产工作者了解化工生产过程的最简单、最直接的工具，是各类技术员或者化工生产工作者使用最多、最频繁的一类图纸。认识和绘制化工生产工艺流程图是化工生产技术人员的重要技能之一。

绘制一个化工生产工艺流程图，首先要正确地认识化工生产工艺流程。起初采集相关的基本信息，然后根据设备铭牌和设备外形来查找关键设备，依靠相应的管路及所用测量仪表确定物料的种类和流向，再将整个工艺流程分解成单元工艺流程，在充分地认识每个单元工艺流程后，实现对完整生产工艺流程的认识。

在彻底认识化工生产工艺流程之后，检验认识、研究化工生产工艺流程的主要成果就是通过绘制出化工生产工艺流程图。一般情况下，化工生产工艺流程图包括单元工艺流程图和总工艺流程图。将单元工艺流程图合理组合，这样就构成整个生产工艺流程，即总工艺流程图。

3.5.1 绘制单元工艺流程图

图 3－4 为几种典型的单元工艺流程图。

3.5.2 单元工艺流程的组合和绘制总工艺流程图

在充分地掌握单元工艺流程图的绘制方式后，在全面地了解整个化工生产工艺流程的基础上，结合理论知识和工作经验，将各个单元工艺流程按照生产要求组合在一起，最后绘制出完整的化工生产工艺流程图。图 3－5 为某空压站生产工艺流程图。由图可以看出，整个生产工艺流程图由物料输送工艺流程（管路、空压机和储气罐）、传热工艺流程（后冷却器）、物料分离工艺流程（气液分离器、干燥器和除尘器）等单元工艺流程组成。

化工生产工艺流程图按其内容及使用目的的不同可分为全厂总工艺流程图、方案工艺流程图、施工工艺流程图。

1. 全厂总工艺流程图

全厂总工艺流程图主要是用来描述大型化工厂全厂的概况。通常由工艺技术人员在完成初步物料平衡与能量平衡计算之后进行绘制，所以也称为物料平衡图。全厂总工艺流程图的基本特点如下：图面由带箭头的物料流程线、若干车间（工段）与物料名称的方框构成；方框内标明车间（工段）的名称；物料流程线上方标注物流的种类、来源、流向与流量。全厂总工艺流程图可以为工厂生产的组织与调度、过程的经济分析、项目初步设计提供依据。图 3－6 为某化纤厂物料平衡图。

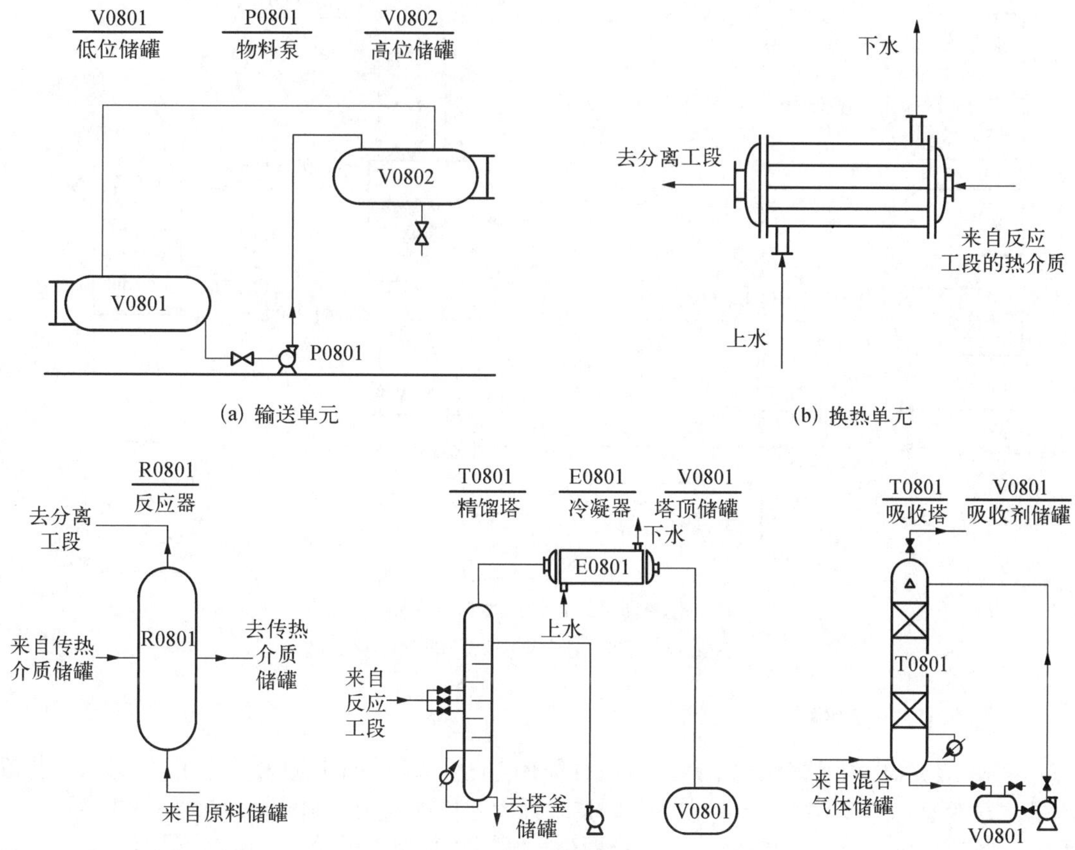

(a) 输送单元　(b) 换热单元

(c) 反应单元　(d) 精馏单元　(e) 吸收单元

图 3-4　几种典型的单元工艺流程图

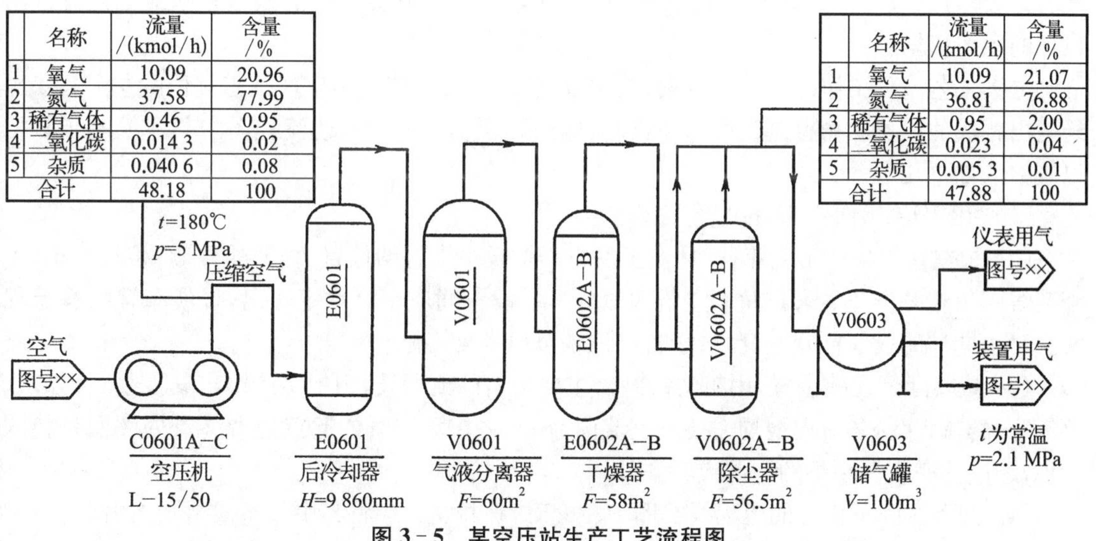

	名称	流量/(kmol/h)	含量/%
1	氧气	10.09	20.96
2	氮气	37.58	77.99
3	稀有气体	0.46	0.95
4	二氧化碳	0.014 3	0.02
5	杂质	0.040 6	0.08
	合计	48.18	100

	名称	流量/(kmol/h)	含量/%
1	氧气	10.09	21.07
2	氮气	36.81	76.88
3	稀有气体	0.95	2.00
4	二氧化碳	0.023	0.04
5	杂质	0.005 3	0.01
	合计	47.88	100

图 3-5　某空压站生产工艺流程图

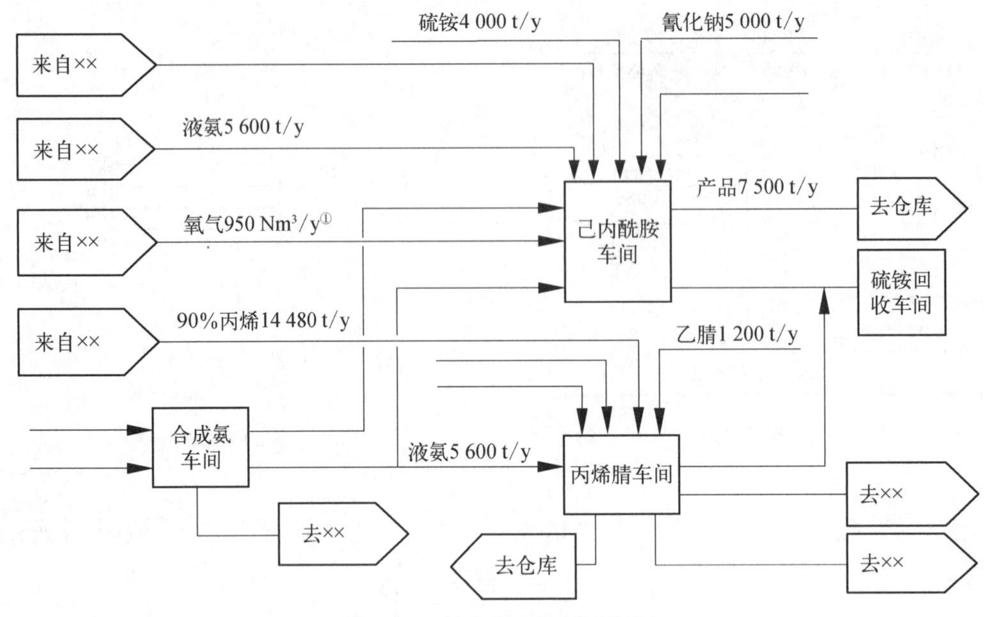

图 3-6 某化纤厂物料平衡图

注：① Nm^3/y 表示 0℃时 1 个标准大气压下每年的流量。

2. 方案工艺流程图

方案工艺流程图又称流程示意图或流程简图，是用来表示全厂或单个生产车间的工艺流程图。方案工艺流程图的基本特点如下：是一种内容详细的示意图，表述的界区范围较小，常表述的是各车间内部的工艺流程；一般采用图形与表格相结合的形式，按化工生产工艺流程自左至右对照相对位置绘制出一系列相应设备，各设备之间用物料流程线相连。特别要提醒的是，物料流程线上需要标注出各物料的名称、流量及设备特性数据等。在绘制初步设计方案工艺流程图时，可不加控制点、边框与标题栏，对图幅无特殊要求，也不必按图例绘制，但必须加注名称、编号与位号。方案工艺流程图是设计开始时工艺方案的讨论依据和施工工艺流程图设计的主要依据。

方案工艺流程图作为一种示意图，绘制方法简单，即按照化工生产工艺流程由左向右依次绘制出相应的设备和物料流程线，同时加上标注和说明。方案工艺流程图的具体绘制步骤可以概括为如下几点。

(1) 用细实线画出厂房的地平线。

(2) 根据化工生产工艺流程，从左至右只需按设备大致的位置、相似的外形、相对大小，用细实线画出相关设备的大致轮廓并依次编号。各设备间应留有一定距离，以便布置物料流程线。对于同样的设备可画一套，对于备用设备可以省略不画。

(3) 按实际管道的位置，用粗实线画出主要物料的流程线，用中实线画出其他物料(如水、蒸气等)的流程线，各流程线均需要画上流向箭头，并在流程线的起点或者终点处注明物料的名称，还应注明主要物料的来源或者去处。

(4) 两条实际不相交的流程线在图上相交时，在相交处应将其中一条线断开画出。

(5) 在方案工艺流程图的上方或下方，靠近设备图的显著位置，列出关键设备的位号和名称；也可以将设备按顺序编号，然后在空白处按编号顺序依次将设备名称列出。对于一些流程简单、设备较少的化工生产工艺的方案工艺流程图，可直接将设备名称标注在设备图上，而不需要编号。

图 3-7 为某合成氨厂方案工艺流程图。

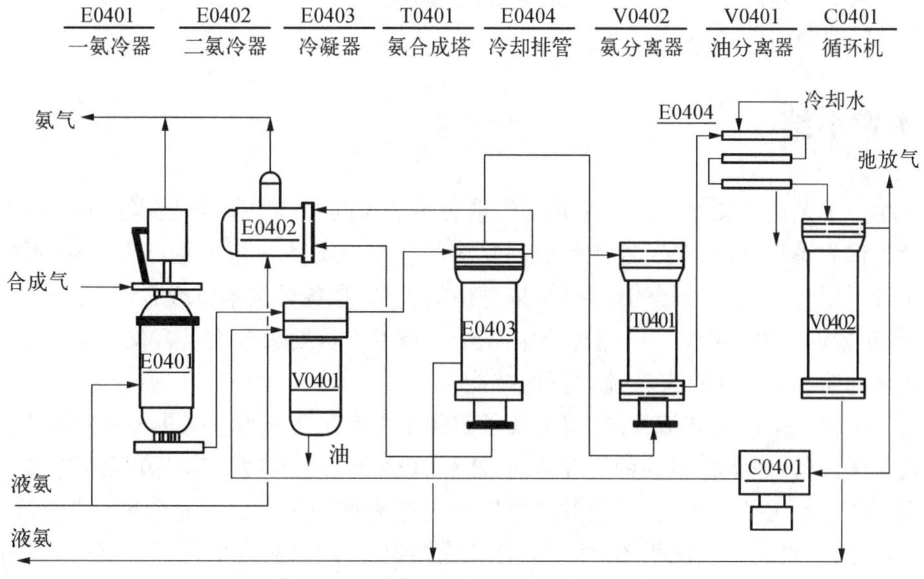

图 3-7　某合成氨厂方案工艺流程图

3. 施工工艺流程图

施工工艺流程图又称工艺管道及仪表流程图，或带控制点管道安装流程图，也是一种示意图，但是是一种绘制内容比方案工艺流程图更详尽的工艺流程图。通常情况需要画出所有的生产设备和全部管道（包括辅助管道、各种仪表控制点及阀门等管件）。施工工艺流程图主要包括带设备位号、名称和接管口的各种设备，带管道号、规格的管道和阀门等管件，以及带仪表控制点的各种管道流程线，同时对阀门等管件和仪表控制点有与图例符合的说明。某化肥厂合成工段管道及仪表流程图见附录图 2-1。

施工工艺流程图可以按照主项分别进行绘制，大的主项又可以按生产过程分别进行绘制。施工工艺流程图的具体绘制步骤可概括为如下几个步骤。

(1) 选画幅，定比例。图幅一般选用一号或二号图幅面加长的规格。图中的设备可按 1∶100 或 1∶50 的比例进行绘制，并在图上注明相应的比例。

(2) 用细实线画出厂房地平线。

(3) 根据化工生产工艺流程，用细实线由左向右依次画出相应设备的简略外形和内部特征，设备之间的管线口可先不画出，各设备间应留有一定距离，方便布置物料流程线。对于过大、过小的设备，可适当缩小、放大。

(4) 在施工工艺流程图的上方或者下方，横向标注相应的设备位号和名称。

(5) 在施工工艺流程图中，用粗实线画出主要物料流程线，用中实线画出辅助物料流程线，流程线位置接近管线的实际安装位置，两条实际不相交的流程线在图上相交时，在相交处应将其中一条线断开画出。

(6) 在物料流程线相应的位置，标注管道、阀门和仪表控制点等符号与代号。管道号包括物料代号、工段号、管径和管道等级等。

(7) 在物料流程线的起点或者终点位置，标注物料的来源与去向。

(8) 在施工工艺流程图中，对相应的仪表进行标注。

(9) 最后编制图例，填写标题栏。

3.6 本章小结

化工生产工艺流程图是表示一个化工厂或者生产车间对从原料合成到制备产品过程中的设备、管路、仪表等仪器的安装、连接和控制要求的基本概况图。化工生产工艺流程图是化工生产工作者了解化工生产过程的最简单、最直接的工具，是各类技术员或者化工生产工作者使用最多、最频繁的一类图纸。一个企业的化工生产技术人员要想全面了解化工生产过程，必须要掌握认识和绘制化工生产工艺流程图的技能。

绘制一个化工生产工艺流程图，首先要了解化工生产工艺流程。采集相关的基本信息，搜寻和查找关键设备，确定物料的种类和流向，然后将整个工艺流程分解成单元工艺流程，在充分地认识每个单元工艺流程后，实现对完整生产工艺流程的认识。在充分地认识化工生产工艺流程后，先绘制单元工艺流程图，然后结合理论知识和经验，实现单元工艺流程图的组合，完成绘制全厂总工艺流程图、方案工艺流程图、施工工艺流程图的目标。最终达到全面认识和掌握整个化工生产工艺流程的目的。

思考题

1. 化工生产工艺流程的组成部分有哪些？
2. 化工生成工艺流程的设备有哪些？如何认识？
3. 化工生产工艺流程如何分解？
4. 如何确定物料的种类和方向？
5. 简述化工生产工艺流程图的分类及绘制方法。

第 4 章　化工自动化控制

4.1　化工自动化控制概述

化工自动化控制是运用自动化的控制过程来进行化工生产的，即在化工生产中，引入一些自动化控制装置或设备，在生产上进行不同程度的自动化控制，从而有效地减少人工操作，提高工业生产效率。

化工工艺具有复杂、高温、高压及物料有毒、易燃、易爆等特点，生产中就需要有有效的检测和控制手段来保证安全，其中控制理论和自动化仪表的结合而实现的化工自动化起着决定性作用。生产过程离不开自动化检测与控制技术，例如，自动化仪表系统状态的好坏往往决定着整个生产装置能否正常运行，同时自动化检测与控制技术水平的提高又会为生产过程的稳定运行和产品质量提供有效保证。化学工业的发展过程需要化工自动化技术的应用开发，它的应用不仅可以为化工生产提供先进技术，还可以提高化工生产的稳定性和安全性，因此，自动化控制是化工企业提高效益和市场竞争力的有效手段。

4.2　化工自动化主要内容

4.2.1　自动检测

自动检测系统是指运用各类检测设备对工艺参数进行测量、指示或记录的系统，它代替了人员对设备或工艺参数的观察与记录。

4.2.2　自动信号和联锁保护

在生产过程中，由于一些偶然因素的影响，当工艺参数超出一定变化范围而出现异常情况时，可能会发生事故。因此，我们需要对某些关键性参数设立自动信号和联锁保护装置。当工艺参数超过一定范围时，在事故发生前，信号系统就自动地发出信号，提醒注意以便及时采取措施。如已到危险状态，联锁系统会立即自动采取紧急措施，打开安全阀或切断某些通路甚至紧急停车，以防止事故的发生。

随着生产过程的强化，单单依靠人员处理事故已不可能。这是因为在强化生产过程中，事故会在瞬间发生，这种情况下由人员直接处理是不现实的，而自动信号和联锁保护装置可以解决这类问题。例如，当反应器的温度或压力进入危险值时，联锁系统会立即采取措施，加大冷却剂量或关闭进料阀门，以减缓或停止反应，从而避免事故发生。

4.2.3 自动控制

生产中的工艺条件不可能是固定值。特别是化工生产，大多数是连续性生产，其中各设备相互关联，当某一设备的工艺条件发生变化时，都有可能引起其他设备中某些参数或多或少地波动，从而偏离了正常的工艺条件。因此，就需要利用一些自动控制装置对生产中某些关键性参数进行自动控制，使它们在受到外界干扰（扰动）的影响而偏离正常状态时，能自动地被控制回到规定的数值范围内，为此目的而设置的系统就是自动控制系统。

由以上所述可以看出，自动检测系统只能完成“了解”生产过程进行情况的任务；自动信号和联锁保护装置只能在工艺条件进入某种极限状态时采取安全措施，以避免生产事故的发生；只有自动控制系统才能自动地排除各种干扰因素对工艺条件的影响，使它们始终保持在预先设定的数值上，以保证生产维持在正常或最佳的工艺操作状态。

除以上三方面内容，对于一些特殊的化工过程，可以设置自动操纵系统，即根据预先设定的步骤自动地对生产设备进行某种周期性操作。例如合成氨造气车间的煤气发生炉，要求按照吹风、上吹、下吹制气、吹净等步骤周期性地接通空气和水蒸气，利用自动操纵机可以代替人工自动地按照一定的时间程序扳动空气和水蒸气的阀门，使它们交替地接通煤气发生炉，从而极大地减轻了操作工人的重复性体力劳动。

4.3 主要化工自动化控制系统

4.3.1 直接数字控制(Direct Digital Control, DDC)系统

1. DDC 系统概况

DDC 系统是一种基本的计算机控制系统，它的基本组成是计算机硬件、软件和算法，它是计算机应用于工业控制的基础。DDC 系统是在仪表控制（Instrument Control, IC）系统、操作指导控制（Operation Guide Control, OGC）系统和设定值控制（Set-Point Control, SPC）系统的基础上逐步发展形成的。由 DDC 系统可以形成监督计算机控制（Supervisory Computer Control, SCC）系统，进一步发展成集散控制系统（Distributed Control System, DCS）、现场总线控制系统（Fieldbus Control System, FCS）、过程控制系统（Process Control System, PCS）或可编辑逻辑控制（Programmable Logic Control, PLC）系统。

2. DDC 系统主要组成

计算机控制系统是从 OGC 系统、SPC 系统、DDC 系统、SCC 系统等逐步发展完善的。前两种系统属于计算机与仪表的混合系统，直接参与控制的仍然是仪表，计算机只起到指导操作和改变设定值的作用；后两种系统中由计算机承担全部任务，而且 SCC 系统属于两级计算机控制系统。DDC 系统中计算机的输入和输出均为数字量，首先将来自传感器或变送器的被控量信号（4～20 mA）经过模拟量输入（Analog Input, AI）通道转换成数字量传送给计算机，再用软件实现 PID 算法，然后将数字量经过模拟量输出（Analog Output, AO）通道转换成模拟量信号传送给执行器（电动阀或气动阀），由此构成闭环控制回路。由于计算机运算速率快，可以分时处理多个控制回路，不仅可以实现简单控制，而且可以实现复杂控制，如前馈控制、串级

控制、选择性控制、迟延补偿控制和解耦控制等。DDC 系统一般用于小型或中型生产装置的控制。

DDC 系统由被控对象、检测仪表(传感器或变送器)、执行器(电动阀或气动阀)和工业控制机组成,其中工业控制机是 DDC 系统的核心,它由主机、过程输入输出设备、人机接口和外部设备组成。

3. DDC 系统特点及优点

DDC 系统是一种闭环控制系统。由一台计算机通过多点巡回检测装置对过程参数进行采样,并将采样值与存于存储器中的设定值进行比较,再根据两者的差值和相应于指定控制规律的控制算法进行分析和计算,以形成所要求的控制信息,最后将其传送给执行机构,用分时处理方式完成对多个单回路的各种控制(如比例积分微分、前馈、非线性、适应等控制)。DDC 系统具有在线实时控制、分时方式控制以及灵活和多功能控制三个特点。

(1) 在线实时控制　DDC 系统是一种在线实时控制系统。在线控制是指受控对象的全部操作(反馈信息检测和控制信息输出)都是在计算机直接参与下进行的,无须系统管理人员干预,因此又称联机控制。实时控制是指计算机对外来信息的处理速率足以保证在所容许的时间区间内完成对被控对象运动状态的检测和处理,并形成和实施相应的控制。这个容许时间区间的大小要根据被控过程的动态特性来决定。对于一个快速的被控过程,容许时间区间较小;对于慢速的被控过程,容许时间区间较大。计算机还应当配有实时时钟和完整的中断系统,并应有相当高的可靠性,以满足实时性要求。一个在线系统不一定是实时系统,但是一个实时系统必定是在线系统。

(2) 分时方式控制　DDC 系统是按分时方式进行控制的,即按照固定的采样周期对所有的被控制回路逐个进行采样,并依次计算和形成控制信息输出,以实现一个计算机对多个被控回路的控制。计算机对每个回路的操作分为采样、计算、输出三个步骤。为了增加控制回路数(采样周期不变)或缩短采样周期(控制回路数一定),以满足实时性要求,通常将三个步骤在时间上交错地安排。例如,对第 1 个回路进行输出控制时,可同时对第 2 个回路进行计算处理,而对第 3 个回路进行采样输入。这既能提高计算机的利用率,又能缩短对每个回路的操作时间。

(3) 灵活和多功能控制　DDC 系统具有很大的灵活性和多功能控制能力,其中计算机起到多回路数字调节器的作用。通过组织和编排各种应用程序,可以实现任意的控制算法和各种控制功能。DDC 系统所能完成的各种控制功能最后都集中到应用程序中,如直接控制程序、报警程序、操作指导程序、人机联系程序、数据记录程序等。这些程序平时存储在数据库中,使用时再从数据库中调出。

4.3.2　集散控制系统(Distributed Control System, DCS)

1. DCS 概况

DCS 亦称分散控制系统,前者更符合其本质含义及体系结构。这是因为其本质是采用分散控制和集中管理的设计思想、分而自治和综合协调的设计原则,并采用层次化的体系结构。其基本构成是直接控制层和操作监控层,另外可以拓展生产管理层和决策管理层。DCS 是以

DDC 系统为基础,集成了多台操作、监控和管理计算机,形成了层次化的体系结构,构成了集中分散型综合控制系统。

2. DCS 主要组成

随着 DCS 的发展,工业上的应用越来越广泛。应用领域不同,其结构、内容及特点也有区别,但主体结构大体相同,主要由人机接口、现场控制站、通用计算机接口、上位机、通信网络五大部分构成。

(1) 人机接口　它主要包括操作员接口和工程师接口。利用操作员接口可实现对工艺过程运行的监视和操作,其通过通信网络与现场控制站连接;利用工程师接口可实现对控制功能的组态,其直接与现场控制站连接。

(2) 现场控制站　它是 DSC 的核心部分,DCS 依靠它实现对现场过程信号进行输入、输出、数据采集、反馈控制和顺序控制等。

(3) 通用计算机接口　它主要用于 DCS 与通用计算机连接通信,从而完成更高层次的控制和管理。

(4) 上位机　它主要是实现高层次的优化管理,在优化控制、成本管理与控制等单元中使用。

(5) 通信网络　它主要用于连接各个站点,以便进行相互通信、交换数据。

3. DCS 特点及优点

DCS 问世以来,其随着计算机、控制、通信和屏幕显示技术的发展而发展,并一直处于上升发展状态,广泛地应用于工业控制的各个领域。究其原因是 DCS 有一系列特点和优点,主要体现在以下六个方面:分散性和集中性,自治性和协调性,灵活性和扩展性,先进性和继承性,可靠性和适应性,友好性和新颖性。

(1) 分散性和集中性　DCS 分散性的含义是广义的,不单是控制分散,还包括地域分散、设备分散、功能分散和危险分散。分散的目的是使危险分散,进而提高系统的可靠性和安全性。DCS 的集中性是指集中监视、集中操作和集中管理。分布式 DCS 是集中性的具体体现,利用通信网络把物理分散的设备组成统一的整体,利用分布式数据库实现全系统的信息集成,进而达到信息共享的目的。因此,它可以同时在多台操作员站上实现集中监视、集中操作和集中管理。当然,操作员站的地理位置不必强求集中。

(2) 自治性和协调性　DCS 的自治性是指系统中的各台计算机均可独立工作,例如,控制站能自主地进行信号输入和输出、运算和控制;操作员站能自主地实现监视、操作和管理;工程师站的组态功能更为独立,既可在线组态,也可离线组态,甚至可以在与组态软件兼容的其他计算机上组态,形成组态文件后再装入 DCS 运行。DCS 的协调性是指系统中的各台计算机通过通信网络互联在一起,相互传送信息,相互协调工作,以实现系统的总体功能。DCS 的分散性和集中性、自治性和协调性不是互相对立的,而是互相补充的。DCS 中的分散是相互协调的分散,各台分散的自主设备是在统一集中管理和协调下各自分散独立工作,构成了统一的有机整体。正因为有了这种分散和集中的设计思想、自治和协调的设计原则,DCS 才获得进一步发展,并得到广泛的应用。

(3) 灵活性和扩展性　DCS 软件采用模块式结构,其提供输入、输出和运算功能块,可灵活地组态构成简单、复杂的各类控制系统。另外，还可以根据生产工艺和流程的改变，随时修改控制方案，在系统容量允许的范围内，只需要通过组态就可以构成新的控制方案，而不需要改变硬件配置。

(4) 先进性和继承性　DCS 综合了“4C”（计算机、控制、通信和图形显示）技术，并随着“4C”技术的发展而发展。也就是说，DCS 的硬件采用先进的计算机技术、通信技术和图形显示技术；软件采用先进的操作系统、数据库网络管理和算法语言；算法采用自适应、预测、推理、优化等先进的控制算法，建立生产过程数学模型和专家系统。DCS 问世以来，其更新换代比较快，几乎一年一更新。当出现新型 DCS 时，老式 DCS 作为新型 DCS 的一个子系统继续工作，新、老 DCS 之间还可以相互传递信息。这种 DCS 的继承性为用户消除了后顾之忧——因为新、老 DCS 之间的不兼容给用户带来经济上的损失。

(5) 可靠性和适应性　DCS 的分散性导致系统的危险分散，因而提高了系统的可靠性。DCS 采用了一系列容错与冗余技术，如控制站主机、I/O 板、通信网络和电源灯均可双重化，并采用热备份工作模式自动检查故障，一旦出现故障立即自动切换。DCS 安装了一系列故障诊断与维护软件，实时检查系统和软件故障，并采用工作屏蔽技术使工作影响尽可能小。DCS 采用高性能的电子器件、先进的生产工艺和各项干扰技术，可使 DCS 能够适应恶劣的工作环境。DCS 设备的安装位置可适应生产装置的地理位置，尽可能满足生产的需要。DCS 的各项功能可适应现代化大生产的控制和管理要求。

(6) 友好性和新颖性　DCS 为操作人员提供了友好的人机界面。操作员站采用色彩阴极射线管（Cathode Ray Tube，CRT）显示器或液晶显示器（Liquid Crystal Display，LCD）和交互式图形画面，常用的画面有总貌、组、点、趋势、报警、操作指导和流程图画面等。采用图形窗口、专用键盘、鼠标器或球标器等，操作简便。DCS 的新颖性主要表现在人机界面，采用动态画面、工业电视、合成语音等多媒体技术，图文并茂，形象直观，使操作人员有身临其境之感。

4.4　主要控制单元

4.4.1　液位控制

以贮槽液位为操作指标，以改变出口阀门开度来实现贮槽液位稳定。当贮槽液位上升时，将出口阀门开大，贮槽液位上升越多，出口阀门开得越大；反之，当贮槽液位下降时，则关小出口阀门，贮槽液位下降越多，出口阀门关得越小。为了使贮槽液位的上升和下降都有足够的余地，选择玻璃管液位计指示值中间的某一点为正常工作时的液位高度，通过改变出口阀门开度而使液位保持在这一高度，这样就不会出现贮槽液位过高而溢出或使贮槽内液体抽空而发生事故的现象。如图 4 - 1 所示，在该控制系统中，被控对象为贮槽 a，被控变量为贮槽液位 L，L 通过差压变送器（b、c 为引压管）测得并将其通过 d 送至控制器（具有指示、控制功能，是某号工段的第一个液位仪表），控制器把测量值与给定值（实际中的给定值被设定

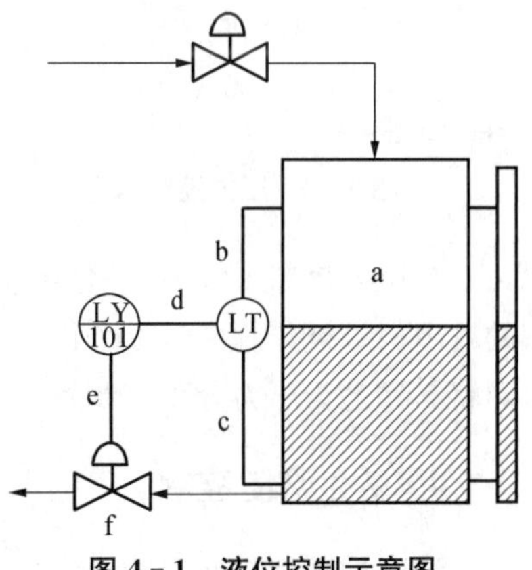

图 4 - 1　液位控制示意图

在控制器中)进行比较、计算后通过 e 送至执行器 f,执行器 f 根据控制器的信号进行动作,并作用于被控对象贮槽 a。

液位控制系统能较好地克服出口流量波动对液位的干扰,而且在出口流量尚未影响液位时就给予控制,具有超前控制的特点。但是它不能克服来自进口流量的干扰,当进口流量波动时,系统不再处于平衡状态,就会出现溢槽或抽干现象。为避免这一现象,我们需要在液位控制系统基础上再设置一个流量控制系统,但不能在其出口管道上设置执行器,而是把液位控制系统的输出值作为流量控制系统的给定值,如图 4-2 所示。

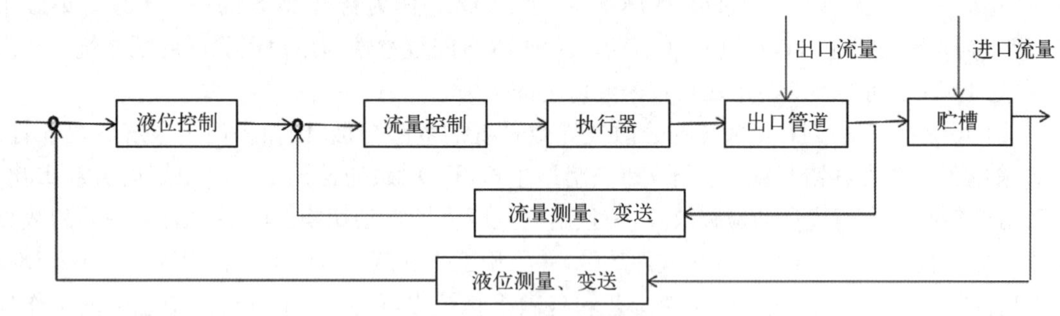

图 4-2 液体精确控制方框图

4.4.2 压力控制

压力控制的核心是维持压力稳定,其取决于容器内气体的量和气体的空间大小,当气体空间变化时,气体的量也要随之变化,否则压力就会出现波动。对于常压容器来说,可以通过放空管来实现容器内气体的进入和排出。对于加压容器,不能借助放空管,但可以设置两根管道——进气管道和出气管道,如图 4-3 所示。

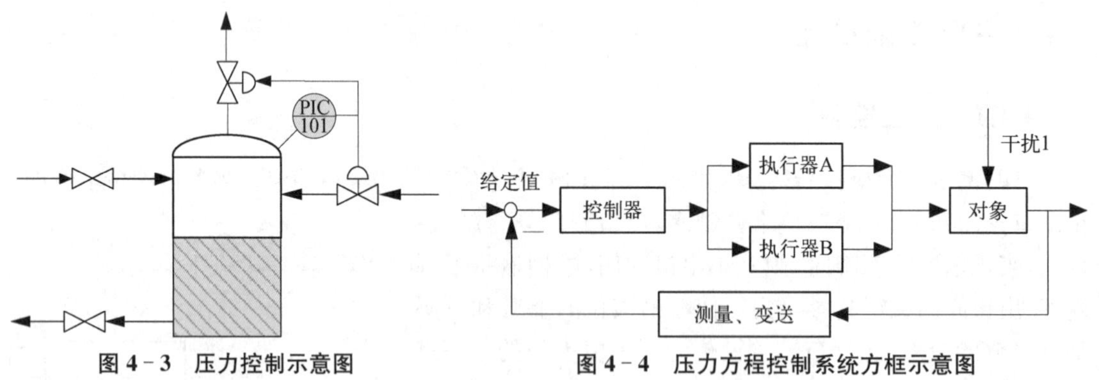

图 4-3 压力控制示意图　　**图 4-4 压力方程控制系统方框示意图**

在压力控制系统中,一台控制器的输出可以同时控制两台甚至两台以上的控制阀,控制器的输出信号被分割成若干个信号范围段,每一段信号控制一台控制阀。由于属于分段控制,因而将其称之为压力分程控制系统,如图 4-4 所示。

4.4.3 温度控制

温度控制就是使温度稳定在某一数值,一般采用换热器,如图 4-5 所示。

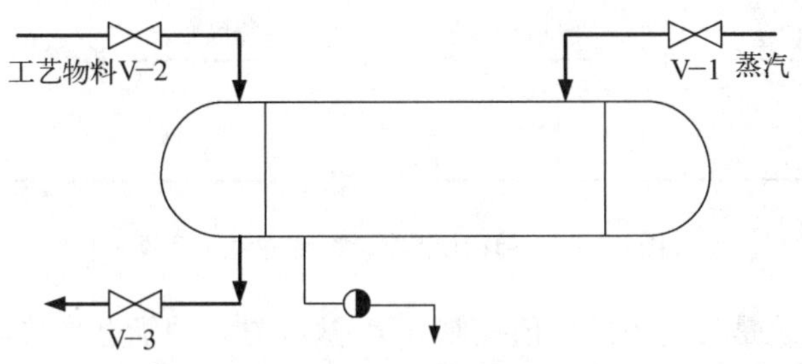

图 4-5　换热器温度控制示意图

在温度控制系统中，所有影响被控变量的因素如进口物料的流量、温度及蒸汽压力等，它们对出口物料温度的影响都可以通过反馈控制来克服。但是在这样的系统中，控制信号总是要在干扰已经造成影响、被控变量偏离给定值后才能产生，控制作用总是不及时的。特别是在干扰频繁、被控变量出现较大滞后时，控制质量的提高受到了很大的限制。为了及时克服这一干扰对被控变量的影响，可以测量进口物料流量，根据进口物料流量的变化直接去改变过热蒸汽量的大小，这就是所谓的"前馈"控制。当进口物料流量变化时，通过控制器开大或关小加热蒸汽阀，以削弱进口物料流量变化对出口物料温度的影响，如图 4-6 所示。

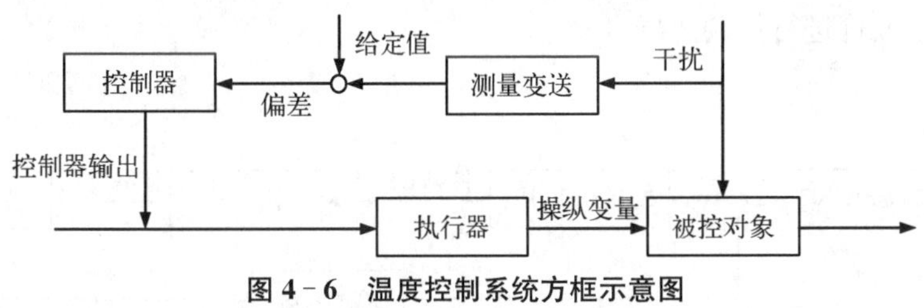

图 4-6　温度控制系统方框示意图

4.4.4　流量控制

流量控制主要通过控制流体比值使流体的浓度稳定在某一数值，如图 4-7 所示。

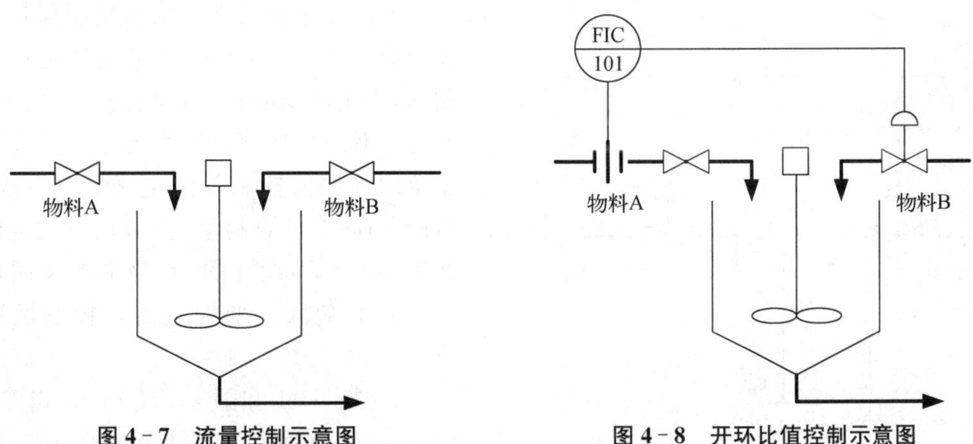

图 4-7　流量控制示意图　　图 4-8　开环比值控制示意图

在流量控制系统中，没有反馈的控制系统叫开环比值控制系统，有反馈的控制系统叫闭环比值控制系统。开环比值控制示意图及其系统方框示意图分别如图 4-8 和图 4-9 所示。

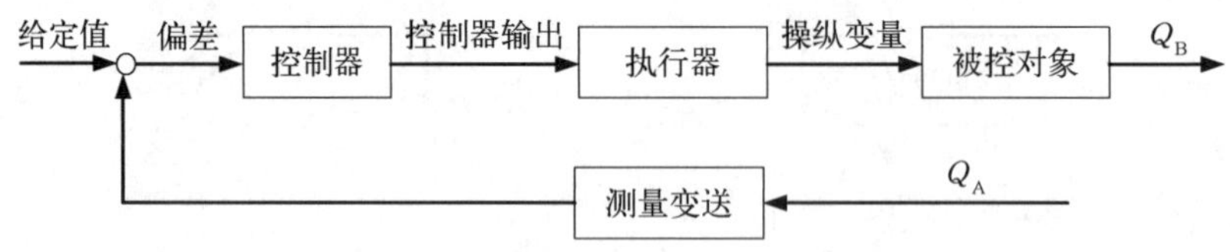

图 4-9　开环比值控制系统方框示意图

开环比值控制系统是最简单的比值控制方案，这种方案的优点是结构简单，只需一台纯比例控制器，其比例度可以根据比值要求来设定。但是这种开环比值控制系统只能保持执行器的阀门开度与主流量 Q_A之间呈一定比例关系。因此，当副流量 Q_B因阀门两侧压力差发生变化而波动时，该系统不起到控制作用，此时就无法保证 Q_A与 Q_B的比值关系。也就是说，这种比值控制方案对 Q_B本身无抗干扰能力。因此，开环比值控制系统只能适用于副流量较平稳且对流量比值要求不高的场合。

闭环比值控制系统又分为单闭环比值控制系统和双闭环比值控制系统，图 4-10 为单闭环比值控制系统方框示意图。单闭环比值控制系统的 Q_A类似于串级控制系统中的主流量，但其并没有构成闭环系统，而 Q_B的变化并不影响 Q_A。尽管它也有两个控制器，但只有一个闭合回路。这种控制方式的形式较简单，实施起来较方便，因而得到了广泛的应用，尤其适用于主物料在工艺上不允许进行控制的场合。

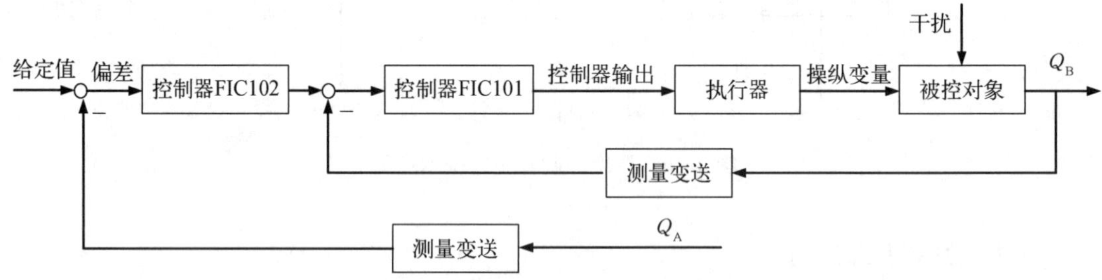

图 4-10　单闭环比值控制系统方框示意图

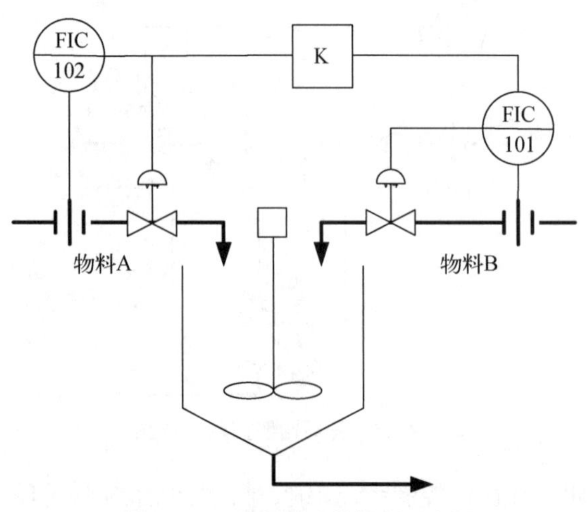

图 4-11　双闭环比值控制示意图

单闭环比值控制系统虽然能保持两种物料量比值一定，但由于主流量是不受控制的，当主流量变化时，总物料量就会跟着变化。双闭环比值控制系统是为了克服由于单闭环比值控制系统主流量不受控制，生产负荷(与总物料量有关)在较大范围内波动的不足而设计的，它是由在单闭环比值控制的基础上增加主流量控制回路构成的。

如图 4-11 和图 4-12 所示，当 Q_A 变化时，一方面通过主流量控制器 FIC102 对它进行控制，另一方面它通过比值控制器 K(可以是乘法器)乘以适当的系数后作为副流量控制器 FIC101 的给定值，使 Q_B 随 Q_A 的变化而变化。由图 4－12 可以看出，该系统具有两个闭合回路，分别对主、副流量进行定值控制。同时，由于比值控制器的存在，在主流量由受到干扰作用开始到重新稳定于给定值的这段时间内，副流量能跟随主流量的变化而变化。这样不仅实现了比较精确的流量比值，而且确保了两种物料总量基本不变，这是它的一个主要优点。双闭环比值控制系统的另一个优点是提降生产负荷比较方便，只要缓慢地改变主流量控制器给定值，就可以提降主流量，同时副流量也就自动跟踪提降，并保持两者比值不变。该控制系统结构比较复杂，使用的仪表较多，投资较大，系统调整比较麻烦。双闭环比值控制系统主要适用于主流量干扰频繁、工艺上不允许生产负荷有较大波动或经常需要提降生产负荷的场合。

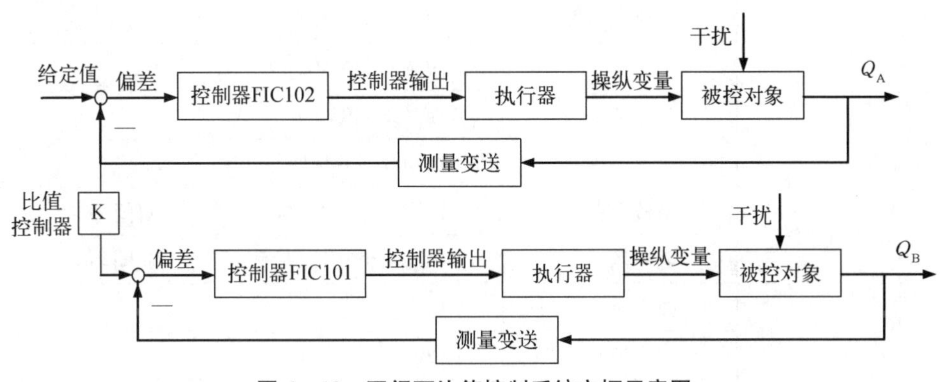

图 4－12　双闭环比值控制系统方框示意图

4.5　化工自动化控制系统操作要求

熟悉操作要求可以使操作人员在短时期内积累较多化工自动化控制系统操作的经验。为了更好地熟悉这些化工自动化控制系统，我们简要梳理如下。

4.5.1　熟悉整个系统

熟悉工艺流程，熟悉操作设备，熟悉控制系统，熟悉开车规程。必须在动手开车之前达到这“四熟悉”，这是运行复杂化工过程之前必须遵守的一项原则。

工艺流程的快速入门方法是读懂带指示仪表和控制点的工艺流程图。工程设计中称此图为管道仪表流程图(Piping and Instrument Diagram，PID)。还应当记住开车达到某一工况后的各个重要参数，如压力 P、流量 F、液位 L、温度 T、分析检测变量 A(浓度等具体的量化数值)。若有条件了解真实系统，应当对照 PID 确认管路的走向、管道的直径、阀门的位置、检测点和控制点的位置等，这样可进一步了解设备内部的结构。同时各单元所采用控制系统有所不同，如表 4－1 所示。

开车准备工作涉及所有控制室、现场的手动和自动执行机构，如控制室的调节阀(操作器)、电开关、事故联锁开关等，现场的快开阀门、手动可调阀门、调节阀、电开关等。仿真开车过程中要频繁使用这些操作设备，因此必须熟悉有关设备出位号，以及在流程中的位置、功能和所起的作用。

表 4-1　各单元所采用控制系统一览表

序号	控制系统	单　元	仪 表 位 号	备　注
1	串级控制	液位控制	LIC101、FIC102	
		精馏塔	LIC103、FIC103	
			LIC101、FIC102	
		吸收-解吸	TIC107、FIC108	
		管式加热炉	TIC106	以控制燃料油为主
		催化剂萃取	LIC4009、FIC4021	
		流化床	AC402、FC402	
			AC403、FC404	
			PC403、LC401	
2	比值控制	液位控制	FIC103、FFIC104	双闭环
		固定床	FIC1425、FIC1427	双闭环
3	分程控制	离心泵	PIC101	
		液位控制	PIC101	
		换热器	TIC101	
		压缩机	PRC304	
		间歇反应釜	TIC101	
		精馏塔	PC102	

控制系统在化工生产工艺过程中所起的作用越来越大。为了维持平稳生产和提高产品质量，控制系统已成为化工生产工艺过程的重要组成部分。如果不了解自动控制系统及其使用方法，就无法实施开车。

开车规程通常是在总结大量实践经验的基础上，考虑到生产安全、节能、环保等多方面做出的规范。这些规范体现在相应仿真软件的开车步骤与相关的说明中。熟悉开车规程不只是对操作规程的机械背诵，而是应当在理解的基础上加以记忆。

4.5.2　熟悉操作变量和被控变量

对于每一个控制系统，应清楚其操作变量和被控变量。所谓操作变量就是具体实现控制作用的变量，所谓被控变量就是化工生产工艺过程中所要保持恒定的变量。

4.5.3　熟悉强顺序性和非顺序性操作步骤

所谓强顺序性操作步骤是指操作步骤之间有较强的顺序关系，操作前后顺序不能随意更改。要求强顺序性操作步骤主要有两个原因：第一是考虑到生产安全，不按操作顺序开车就会引发事故；第二是基于生产工艺的自身规律，不按操作顺序就开不了车，或引发多种事故。

例如，离心泵不按低负荷起动规程开车，步骤评分得不到；加热炉中无流动物料就点火升温，必然导致轴瓦超温和炉管过热事故；脱丁烷塔回流罐液位很低时就开全回流，必然会抽空。

所谓非顺序性操作步骤是指操作步骤之间没有顺序关系，操作前后顺序可以随意更改。例如，间歇反应前期的备料工作，先准备哪一种都可以；往复压缩机冲转前的各项准备工作大多是非顺序性的。

4.5.4 熟悉阀门应当开大还是关小

当手动操作调节阀时，必须首先清楚该阀门应当开大还是关小。阀门的开和关与当前所处的工况及生产工艺直接相关。以离心泵上游的水槽液位系统为例。液位调节器所连接的调节阀在水槽上方的入口管线上，该阀门为气开式。当液位超高时，调节阀应当关小，此时水槽入口和出口的水都在连续地流动。只有当入口流量和出口流量相等时，水槽液位才能稳定在某一高度。如果液位超高，通常是入口流量大于出口流量导致的液位向上积累，则必须适当关小入口阀。当液位超过给定值时，液位调节器呈现正偏差，此时若输出信号减小，称为正作用。若调节阀安装在出口管线上，情况则相反，称为反作用。

4.5.5 把握粗调和细调的分寸

当手动操作调节阀时，粗调是指大幅度开或关阀门，细调是指小幅度开或关阀门。粗调通常是当被调变量与期望值相差较大时采用，细调是当被调变量接近期望值时采用。当生产工艺容易出现波动时，或在对压力和热负荷的大幅度变化会造成不良后果的场合，粗调的方法必须慎用，而细调是安全的方法。此外，对于有些流量，当不清楚阀门应当开大还是关小时，更应当采用细调，在找出解决方法后，再进行粗调。

参数调整的正确方法如下：每进行一次阀门操作，应适当等待一段时间，观察系统是否达到新的动态平衡，权衡被调变量与期望值的差距后再做新的操作。越接近期望值，越应细调。这种方法看似缓慢，实则是稳定工况的最快途径，因为任何过程变化都是有惯性的。有经验的操作人员总是具备超前意识，因而操作有度，能顾及后果。

4.5.6 控制系统有问题立即改为手动

控制系统有问题时立即切换为手动是一条操作经验。但需要说明的是，控制系统的故障不一定出现在调节器本身，也可能出现在检测仪表、执行机构、信号线路等方面。在切换为手动后，可以直接到现场手动调整调节阀或旁路阀。

4.5.7 找准事故源

找准事故源、从根本上解决问题，这是处理事故的基本原则。如果不找出事故的根源，只采用一些权宜方法处理，可能只解决一时之困，到头来问题依然存在，甚至付出了更多的能耗及产品质量下降等代价。例如，脱丁烷塔塔釜加热量过大会导致出现一系列事故状态，如塔压升高、分离度变差，由于塔压是采用全凝器的冷却量控制，冷却水用量加大，导致能耗双重加大。权宜措施是用回流罐顶放空阀泄压。但这种方法只能解决塔压升高单一问题，一旦放空阀关闭，事故又会重演。因此，必须从加热量过大的根源上解决才能彻底排除事故。当然对于复杂的流程，找准事故源常常不是一件容易的事情，需要有丰富的经验、冷静的分析、及时且果断的措施，在允许的范围内甚至要做较多的对比试验。

4.5.8 根据物料流数据判断操作故障

从物料流数据可以判断出：系统是否处于动态物料平衡状态；若非动态物料平衡状态，问题出于何处；在同一流动管路中，可能有哪些阀门未开或开度不够；是否忘记关小分流阀门，导致流量偏小；管路是否出现堵塞；是否有泄漏及泄漏可能发生的部位；装置当前处于何种运行负荷；装置当前运行是否稳定；不同物料之间的配比是否合格等。因此，操作过程中应随时关注物料流数据的变化，以便及时发现问题并排除故障。

4.5.9 投用联锁控制系统应谨慎

联锁控制系统是在事故状态下自动进行热态停车的自动化装置。若开车过程的工况处于非正常状态，联锁动作的触发条件是确保其处于正常工况的逻辑关系，因此只有当工况处于联锁动作的条件之内并保持稳定后才能投用联锁控制系统，否则联锁控制系统会频繁误动作，甚至无法实施开车。开车前，操作人员必须从原理上清楚联锁控制系统的功能、作用、动作机理和条件，这样才能正确投用联锁控制系统。

4.6 化工自动化控制在化工生产中的应用

4.6.1 系统监测

仪表的实时监测是化工生产环节中重要的环节之一。实时监测可以有效地降低化工生产中的安全隐患，维修人员可以对实时监测所记录的实时数据加以分析，以进行生产设备的维护及修理。实时监测不仅可以通过减少维修生产设备的时间来提高整个化工生产的效率，还可以通过降低事故率来保证人员安全和减少损失。在化工生产场所，仪表是必不可少的仪器之一，化工生产中对温度、液面高度和压强等参数都有严格的要求，操作人员可以根据仪表显示的数据估测当时的工况、预测故障与安全事故的发生。

4.6.2 故障诊断系统

化工生产中生产设备故障分析与诊断是自动化技术的重要内容。故障诊断系统是指通过自动化技术的控制，在第一时间对生产设备的故障进行报告，并提供有效科学的处理方法。故障诊断系统可以将故障信息在生产设备出现故障和发生事故之间及时地汇报给操作人员，极大地减少了事故出现的概率，保证了化工生产链的连续性和完整性，提高了维修故障生产设备的工作效率，确保了生产质量与安全。

4.6.3 紧急停车系统

在化工生产中，很多生产环节都是以很高的速率运行的，一旦发生安全事故，大量的生产设备不能及时停止，很可能会增大安全事故的规模。紧急停车系统是指在生产过程中当某一环节出现故障或者直接发生安全事故时，按照已经设计好的逻辑顺序，自动地依次停止各生产环节，及时阻止事故的发生或将事故所造成的损失降到最低。紧急停车系统应该独立设置，尽量不要与其他生产环节的生产设备设置在同一系统中，这样做是为了其他生产设备出现故障时不会影响紧急停车系统，同样地，当其他生产环节正常工作时，紧急停车系统不会对其产生影响。紧急停车系统的设置要遵循中间环节最少、减少冗余的原则，从而保证其最大的工作效率。

4.7　化工自动化控制的发展趋势

基于现有的技术水平和工业生产的发展需求，化工自动化控制也随之发展。20 世纪 60 年代，以贝尔曼、卡尔曼、庞特里亚金等的理论为基础，产生了在状态空间上的理论，这就是现代的控制理论。在随后的 10 年、20 年的研究中，自动化控制过程由单一的独立操作系统运行逐渐转化到稳定的整个操作系统运行。而自动化控制带来的经济效益随着规模控制的扩大而明显提高。运用一套好的运行系统，才能够使整个生产装置处于良好的运行状态，这样产品的质量才会得到保证和有效地控制。例如，企业减少成本的最好方式是最大限度地减少无效的应用，所以精确地计算好物料的应用才能够带来最大的经济效益，同时不影响产品的质量。化工企业在市场竞争与提高效益方面的一个重要手段就是采用化工自动化控制。近几年，全球范围的仪表系统都在向着数字智能化、网络微型化快速地发展。石化企业的仪表自动检测系统水平也随之提高，一些总线型变速器的控制系统得到了前所未有的提升。总线型变速器相对于一般的智能型变速器有很大的优势，它采用了仪表的数字化、简单的结构，具有较高的分辨率、安全稳定性。化工自动化控制的发展不仅仅是时代的要求，还是人们需求的产物，在未来的发展中，化工自动化控制在我国工业发展的浪潮中将展现出惊人的成果，引领发展潮流。

思考题

1. 自动化控制在化工生产中的主要内容有哪些？有哪些应用？
2. 化工生产中主要的自动化控制系统和单元有哪些？
3. 自动化控制的仪表主要有哪些？如何表示？
4. 什么叫链锁控制系统？

第5章 公用工程简介

公用工程是工程中不可或缺的组成部分。除工艺部分外，公用工程主要是指与工厂的各个车间、工段及部门有密切关系，且为其所共有的一类动力辅助设施的总称，一般包括给水、排水、供电、供汽、供热、采暖、通风、环保和通信等系统，此外还包括办公及生活、交通道路及景观绿化等设施。

5.1 供电系统

化工企业作为连续性生产企业，对供电系统的可靠性要求很高，特别是近年来，随着化工企业生产规模的不断扩大，自动化控制水平的逐步提高，对供电网络的自动化监控系统提出了更高的要求。

5.1.1 设计原则

(1) 遵守规程，执行政策。必须遵守国家的有关规定及标准，执行国家的有关方针及政策，包括节约能源、节约有色金属等技术经济政策。

(2) 安全可靠，先进合理。应做到保障人身和设备的安全、供电可靠、电能质量合格、技术先进和经济合理，采用效率高、能耗低和性能先进的电气产品。

(3) 近期为主，考虑发展。应根据工作特点、规模和发展规划，正确处理近期建设与远期发展的关系，做到远近结合，适当考虑扩建的可能性。

(4) 全局出发，统筹兼顾。应按负荷性质、用电容量、工程特点和地区供电条件等，合理确定设计方案。工厂供电设计是整个工厂设计的重要组成部分。工厂供电设计的质量直接影响到工厂的生产及发展。作为从事工厂供电工作的人员，有必要了解和掌握工厂供电设计的有关知识，以便适应设计工作的需要。

根据 HG/T 20664—1999《化工企业供电设计技术规定》，有特殊供电要求的负荷必须由应急电源系统供电。应急电源的要求应参照 GB 50092—2009《供配电系统设计规范》的相关要求。常用的应急电源有以下几种：直流蓄电池不中断电源装置；静止型交流不中断电源(Uninterruptible Power System，UPS)装置；快速起动的柴油发电机组(或其他类型的发电机组)。但是在化工生产工艺过程中，凡是需要采取应急措施者，均应首先在工艺和设备设计中采取非电气应急措施，仅当这些措施不能满足要求时，由主导专业提条件列为有特殊供电要求的负荷。其负荷量应严格控制到最低限度。在正常工作电源中断供电时，应急电源必须在工艺允许停电的时间内迅速向有特殊供电要求的负荷供电。

5.1.2　化工企业的负荷等级划分

在用负荷等级及要求进行企业供配电设计中，首先面对的问题是如何选用电源问题，要正确选用电源，就应当对用电单位和用电设备进行负荷分级。负荷分级应根据用电单位(电能用户)和用电设备的规模、功能、性质及其在人身安全上、经济损失上的重要性进行确定。负荷分级的目的和意义在于根据不同的负荷级别确定用电单位和用电设备的供电要求和供电措施，以保证供电系统的安全性、可靠性、先进性和合理性。国际上普遍的做法是将负荷按应急电源自动切换的允许中断供电时间划分为 0 s、小于 0.15 s、0.5 s、15 s 和大于 15 s 五个级别，完全是从安全性和用户需求的角度出发的。而我国则是沿用苏联的做法，按用电单位或用电设备突然中断供电所导致后果的危险性和严重程度分为一、二、三级，是基于 GB 50052—2009《供配电系统设计规范》和 HG/T 20664—1999《化工企业供电设计技术规定》的原则并从安全和经济损失两个方面来确定。

(1) 一级负荷　当企业正常工作电源突然中断时，企业的连续性生产被打乱，重大设备被损坏，恢复供电后需要长时间才能恢复生产，重要原料生产的产品大量报废，而对重点企业造成重大经济损失的负荷。

(2) 二级负荷　当企业正常工作电源突然中断时，企业的连续性生产被打乱，主要设备被损坏，恢复供电后需要较长时间才能恢复生产，产品大量报废、大量减产，而对重点企业造成较大经济损失的负荷。通常大中型化工企业属于二级负荷的重点企业。

(3) 三级负荷　所有不属于一、二级负荷(包括有特殊供电要求的负荷)应为三级负荷。

化工企业中有特殊供电要求的负荷，通常有以下几种类型。(1) 中断供电时，将发生爆炸及有毒物质泄漏的相关负荷。如：① 安全停车自动程序控制装置(仪表、继电器、程控器等)及其执行机构(某些进料阀、排料阀、排空阀等)，以及配套的处理设施；② 对于设备内不能排放的爆炸危险物料，当其可能发生局部大量放热的聚合反应时，为避免危险后果所需的搅拌设备、终止剂投放设备、冷却水专用供应设备；③ 爆炸危险物料使用的大型压缩机组的安全轴封及正压通风系统等的电气设备。(2) 中断供电时，现场处理事故、抢救及撤离人员所必需的事故照明、通信系统、火灾报警设备、消防系统的用电负荷等。(3) 生产工艺控制的 DCS、电气设备微机保护、监控系统、管理系统的用电负荷。(4) 有特殊供电要求的负荷，应划入装置或企业的最高负荷等级内。

现在化工企业针对 DCS 及现场监控、控制、调节的执行机构一般都有利用 UPS 来保证不断电的措施，同时对关键控制阀都可根据生产工艺要求设置其在失去驱动力后的状态方式。

5.2　防雷和接地

雷击对建筑物、设备、人、畜危害甚大。对于化工企业来说，化工装置是存在易燃易爆介质的危险场所，其操作压力高、装置规模大，这些更增加了其危险程度，因此化工企业的防雷显得特别重要。厂区内各建筑物和构筑物根据 GB 50057—94《建筑防雷设计规范》设置防雷保护系统，防雷保护系统由避雷网(带)、引下线、测试卡和接地极等组成。

防雷的设备主要有接闪器和避雷器。其中，接闪器是专门用来接受直接雷击(雷闪)的金属物体。接闪的金属称为避雷针，接闪的金属线称为避雷线或架空地线，接闪的金属带称为避雷带，接闪的金属网称为避雷网。

避雷器是用来防止雷电产生的过电压沿线路侵入变配电所或其他建筑物内，以免危及被保护设备的绝缘。避雷器应与被保护设备并联，装在被保护设备的电源侧。当线路上出现危及设备绝缘的雷电过电压时，避雷器的火花间隙被击穿或由高阻变为低阻，使过电压对大地放电，从而保护了设备的绝缘。避雷器的型式主要有阀式和排气式。

工业建筑物和构筑物的防雷等级按其重要性、使用性质、发生雷电事故的可能性和后果、防雷要求可分为三级。根据不同车间的环境特点，分别采用不同的防雷措施。

5.2.1 厂区建(构)筑物防雷措施

为防止电磁感应产生火花，一级和二级建(构)筑物内平行敷设长金属物，如管道、构架和电缆外皮等。当其净距小于 100 mm 时，应每隔 30 m 用金属线跨接；当交叉净距小于 100 mm 时，其交叉处也应跨接。

当管道连接处(如弯头、阀门、法兰盘等)不能保持良好的金属接触时(过渡电阻大于 0.03 Ω)，连接处应用金属线跨接。用丝扣紧密连接(不少于 5 根螺栓)接头和法兰盘，非腐蚀环境下可不跨接。

变配电所的防雷措施主要有以下两种。

(1) 装设避雷针。室外配电装置应装设避雷针来防护直接雷击。如果变配电所处在附近高建(构)筑物上防雷设施保护范围内或变配电所本身为室内型时，不必再考虑直接击雷的防护。

(2) 高压侧装设避雷器。这主要用来保护主变压器，以免雷电过电压沿高压线路侵入变配电所，损坏变配电所的这一最关键的设备。为此要求避雷器应尽量靠近主变压器安装。

5.2.2 露天储罐、气罐及户外架空管道防雷措施

(1) 露天储罐装设有爆炸危险的金属封闭气罐和工艺装置的防雷

当这些设施的壁厚大于 4 mm 时，一般不装接闪器，但应接地且接地点不应少于两处，两接地点间距离不宜大于 30 m。要求冲击接地电阻不大于 30 Ω。宜在其放散管和呼吸阀的管口或其附近装设避雷针，高出管顶不应小于 3 m，管口上方 1 m 应在保护范围内。

(2) 露天储罐的防雷

粗醋酸乙烯储罐属于带有呼吸阀的易燃液体储罐，当罐顶钢板厚度不小于 4 mm 时，可在罐顶直接安装避雷针，但与呼吸阀的水平距离不得小于 3 m，保护范围高出呼吸阀不得小于 2 m，冲击接地电阻不大于 10 Ω。精顺酐储罐为浮顶储罐，壁厚大于 4 mm，浮顶与罐体应用 25 mm^2 软铜线或铜丝可靠连接。

(3) 输送管道的防雷

对于户外输送易爆气体和可燃液体的管道，可在管道的始端、终端、分支处、转处及直线部分每隔 100 m 处接地，每处接地电阻不应大于 30 Ω。

当上述管道在有爆炸危险建(构)筑物的平行敷设间距小于 10 m 时，在接近建(构)筑物的

一段，其两端及每隔 30～40 m 处接地，每处接地电阻不大于 20 Ω；对于平行敷设间距小于 100 mm 的管道，每隔 20～30 m 用金属线跨接；平行敷设间距小于 100 mm 处应跨接。

当上述管道连接处（如弯头、阀门、法兰盘等）不能保持良好的电气接触时，应采用金属线跨接。接地引下线可利用金属支架，若是活动金属支架，在管道与支持物之间必须增设跨接线；若是非金属支架，必须另设引下线。

5.2.3　防静电与接地保护

电气设备的某部分与大地之间保持良好的电气连接，称为接地。埋入地中并直接与大地接触的金属导体称为接地体或接地极。专门为接地而人为装设的接地体称为人工接地体。兼作接地体的直接与大地接触的各种金属构件、金属管道及建筑物的钢筋混凝土基础等称为自然接地体。连接接地体与设备、装置接地部分的金属导体称为接地线。接地线在设备、装置正常运行情况下是不载流的，但在故障情况下要通过接地故障电流。

接地体与接地线合称为接地装置。由若干接地体在大地中相互用接地线连接起来的一个整体称为接地网。其中接地线又分为接地干线和接地支线。接地干线一般应采用不少于两根导体在不同地点与接地网连接。

在正常情况下，各种用电器的金属外壳是不带电的。如果用电设备绝缘体损坏，会使金属外壳带电，若没有接地装置，会造成人员的伤亡，甚至酿成火灾和爆炸。因此，需要对各金属设备进行防静电接地保护。电气系统工作接地、电气设备保护接地和工艺设备管道的静电接地共用接地系统。

下列设备须进行接地：

(1) 发电机、变压器、静电电容器组的中性点；

(2) 电流互感器、电压互感器的二次线圈；

(3) 避雷针、避雷带、避雷线、避雷网及保护间隙等；

(4) 三线制直流回路的中性线。

由于供电系统的中性点直接接地，化工企业多采用 TN－C－S 接地系统，每一个建筑单位的电源进户处均进行重复接地，接地装置与防雷系统共用。防爆车间内所有电气设备正常不带电的金属外壳均设置专用接地线。该接地系统由直径为 20 mm 的接地体和直径为 70 mm 的接地电缆（绿色/黄色）组成的接地网互相连接而构成，其接地电阻不大于 4 Ω。按照 HGJ 28—90《化工企业静电接地设计规程》，防爆车间和场所的金属管架、设备外壳、钢平台等均做等电位连接，与接地装置、建筑物内钢筋连为一体。

5.3　供排水系统

5.3.1　供排水系统设计原则

(1) 符合国家法律法规的给排水工程，达到防治水污染、改善和保护环境、提高人民生活水平和保障安全的要求。

(2) 根据当地的总体规划，结合地形特点、水文条件、水体状况、气候状况及原有的给排水设施等综合考虑,全面论证,选择经济合理、安全可靠、适合当地实际情况的给排水设计方案。

(3) 做好污水的再生利用、污泥的合理处理,设计节能环保的给排水系统。

5.3.2 供水系统

工厂企业生产离不开水,化工企业中主要用水有冷却用水、工艺用水、冲洗用水、生活用水、消防用水、锅炉用水等。化工企业供水系统的用水可按其用途分为四类,分别为生产用水、生活用水、消防用水和施工用水。水的用途不同,对水质的要求不同。即使同类用途,不同企业的不同工艺对水质的要求差别也很大。供水系统就是对原水进行加工处理,为生产提供各种合格、足量用水的公用工程系统。化工企业的供水方式一般分为直流供水、重复供水和循环供水等。

供水系统可分为五个主要供水子系统,即生活用水系统、工艺用水系统、冷却水系统、消防供水系统和杂用水系统。室内生活供水管道与室外生活供水管道的交接点为距离建筑外墙 1 m 处;室内生活污水管道与室外污水检查井的井中心交接点为距离建筑外墙 2～3 m 处;废水管道与室外污水检查井的井中心交接点为距离建筑外墙 2～3 m 处。根据实际地理位置和气候水文情况,供水系统设计方式如下。

(1) 供水管网由生活用水管网和生产用水管网两套独立管网组成。供水管网沿地块内部规划主次支路成环状管网布置,以保证供水安全的可靠性,便于地块多方位开口接管。供水管在道路下的管位沿路西、路北布置。

(2) 消防为二路供水,采用环状供水管相连接,设倒流防止器。

(3) 管径小于 80 mm 者,采用内外壁涂塑钢管,并以丝扣连接。管径不小于 80 mm 者,采用管内壁涂塑球墨供水铸铁管,并以橡胶圈接口,且设置支墩。管内壁涂塑材质应符合 GB/T 17219—1998《生活饮用水输配水设备及防护材料的安全性评价标准》的要求。

(4) 水表井和阀门井均采用砖砌筑。井盖采用球墨铸铁盖座,位于行车道上者为重型,位于非行车道上者为轻型。

供水系统由水的输送和水的处理两方面组成。水的输送包括从原水到水处理装置及从水处理装置向各用户两部分,依赖于水泵、输水管线、储水设施及相应的回水系统。它的工艺流程和前面介绍的流体输送工艺流程是一样的,只不过流体是规格不同的水。

水处理的内容很多,根据原水及用水水质的不同有许多工艺方法,究其实质有两个方面内容,一是去除水中杂质,二是对水质进行调整。天然水杂质有悬浮性固体和溶解性固体两大类。去除悬浮性固体采用混凝、沉淀、过滤等方法,以降低水的浑浊度为主要目标,这个过程为水的预处理。经过预处理得到的水可作为补充循环冷却水、消防用水、某些工艺用水及对水质要求不高的其他用水。除去水中的溶解性固体常用离子交换法,也可以采用电渗析、反渗透等其他方法。

5.3.3 冷凝水系统

冷凝水系统是为了节约用水、保护环境和降低水处理成本而建立的水回收系统。化工企业冷凝水有两类:一类是蒸汽冷凝水,来自透平和蒸汽管网;另一类是工艺冷凝水,来自生产工艺过程。

蒸汽冷凝水受到的污染小，杂质少，经过过滤处理后可直接作为软化水使用。而工艺冷凝水受到的污染较多，污染成分复杂的冷凝水回收利用比较困难，而污染成分较简单的冷凝水进行回收利用是完全可能的。

5.3.4　排水系统

有供水必有排水，化工企业的排水一般是按质分流的，即分为清水和污水两个排水系统。污染浓度超过环保规定指标的水需要送至污水处理装置进行处理，将这部分水进行收集、输送、处理，这就是污水排水系统。另一部分受污染较小的水，例如普通生活废水、冷却系统排放水、雨水等，将这部分水收集、输送、处理，这就是清水排水系统。在日常运行中，清水和污水两个排水系统必须独立，不得相互串通。

具体地，生产工艺过程的生产排水主要有循环水系统排污、工艺系统生产过程排水、生产设备排污、机修化验用水等。厂区内的生活排水主要有冲厕水、洗手水、设备清洗水及地面水等。除生产排水和生活排水外，还有雨水排水。

生产生活排水分别处理后再回用。一方面，有利于降低生活排水中的有机物对回用水用户的影响，经处理后可排放到地下、河流里，部分循环回用；另一方面，暴雨时生产排水量仅占雨水量的3%～5%，生产排水主要来源于循环水系统排污，含有较少有毒有害物质。暴雨时混合水溢流对环境的影响较轻微。实际生产中根据现实需要确定选用哪种方式。

5.4　供风系统

空压站为工艺装置提供足够的工业和仪表用压缩空气，以保证工艺装置的正常运行。

化工装置，特别是大中型化工装置，作为公用工程辅助系统，需要大量压缩空气，其由专设的供风系统提供。压缩空气一般分为净化压缩空气和非净化压缩空气，前者严格要求空气中的含湿量（露点温度）、含油量和含尘量，此类空气多用于仪表调节控制系统（又称为仪表风）及物料的输送等；后者一般用于装置其他的辅助需要，常称为压缩风。为保证供风系统送出的压缩空气质量，化工装置的供风系统通常选用无油润滑的空气压缩机组，按装置需用量连续不断地提供压力约为0.8 MPa的压缩空气。

(1) 空气压缩机组

空气压缩机组是供风系统的核心设备，是提供公用空气的气源。为减轻后处理的繁杂，一般中小型供风系统最广泛采用的是二级螺杆式无油润滑的活塞压缩机，大型供风系统则采用离心式大风量空气压缩机。为了保证供风系统的正常运行，供风系统中的压缩机一般都有备机，以防止因供电等意外中断造成压缩机停车，使化工装置的供风系统中断，危及整个装置的安全生产。因此，供风系统除设有一定容量的空气储气罐外，在一些单系列、大型化工装置中使用的以电力驱动的空气压缩机电源供应上，还安装有自动启动的柴油事故发电机组，以应对这类特需用电设备的供电。

(2) 仪表空气

仪表空气（仪表风）是化工装置的仪表调节控制系统的工作风源。在化工装置中，仪表空气须连续稳定供应，不能带水和油等杂质，露点温度应小于－40℃。仪表空气带杂质将会造成仪表调节和控制的失灵。

(3) 仪表空气干燥

为了满足仪表空气低露点温度的要求，仪表空气干燥多采用吸附剂吸附水分的干燥方法，常用的吸附剂有细孔硅胶、铝胶和分子筛等。根据吸附剂不同的再生方法及空气进入吸附剂前是否预冷去水，仪表空气干燥方法通常分为非加热变压再生吸附、外鼓风加热换气式再生吸附、冷冻-吸附组合型等。

5.5 供汽系统简介

蒸汽分成高压、中压和低压三个等级，部分装置可能使用超高压蒸汽。通常由锅炉或化工装置的废热锅炉提供蒸汽驱动压缩机和泵的透平，并作为换热器的热源。抽汽式透平可提供低一级的中压蒸汽或低压蒸汽。蒸汽除可供加热外，还用于吹扫、伴热、采暖、消防、稀释等。当中、低压供汽系统蒸汽量不够时，可用高一级的蒸汽通过减温、减压后补入。

应根据不同工况，如正常工况，开车工况，夏季工况，冬季工况，蒸汽大用户的备用工况(用汽、电备用)，蒸汽用户的连续、间隙工况等进行设计，以确保化工装置能在不同工况下运行。

供汽系统的汽源应满足化工企业在正常和事故状态时供汽的可靠性和连续性。除了工艺原因外，动力系统的运行也会影响事故状态时的供汽需求，包括锅炉计划外维修、供电系统故障、供汽系统破坏。因此，供汽系统的供汽能力须符合下列要求：

(1) 供汽量要大于正常生产中高峰负荷时的需要，此时锅炉的供汽量为正常生产负荷的 20%～130%；

(2) 当最大的一个锅炉停止使用时，余下锅炉的供汽能力仍能满足正常生产的需要；

(3) 锅炉的安装容量至少等于事故状态的最大蒸汽需要量，此时允许锅炉在按 10%额定负荷下运行 2 h。

5.6 供氮系统

氮气在化工装置中主要有两方面的用途：一类是各工艺过程用氮(工艺氮)，直接作为化工生产的原料，如用于氮的合成及氮洗等工艺过程；另一类是公用氮气，在化工装置中主要用作惰性气体，在普遍存在可燃可爆物质的石油和化工装置中，对防止爆炸、燃烧，保证安全生产具有重要的辅助作用。在装置引入可燃可爆的物料前，必须使用符合要求的氮气对系统设备、管道中的空气予以置换，并按照要求使系统内氧含量降至 0.2%～0.5%(体积分数)。在装置停车后，当设备及其所装还原催化剂需要暴露，以及设备、管道需要进行动火检修时，也须使用氮气进行降温和对其中所存在可燃可爆物质进行置换至符合要求。氮封装置主要用于保持物料容器顶部保护气(通常为氮气)的压力恒定，避免容器内物料与空气直接接触，阻止物料的挥发、被氧化，同时保护容器的安全。此外，公用氮气还用于需还原催化剂还原过程的速率控制(稀释还原气体)、催化剂停用期间的防氧化保护、易燃烧粉粒物质的氮气输送、离心式压缩机等油封和油储罐等气封、火炬分子封，以及一些需要热氮循环升温开车等许多场合。

化工装置的氮气来源通常由化工装置对氮气使用目的、需用量和纯度等方面的因素而决定。

思考题

1. 主要的公用工程有哪些?
2. 蒸汽的分类有哪些?各有哪些用途?
3. 化工企业中供排水系统有哪些?设计原则是什么?

第 2 篇
化工生产认识实习

第 6 章　合成氨认识实习

6.1　概述

氨是在 1754 年由德国的普里斯特利在做加热氯化铵和石灰的实验时发现的。1913 年，德国的奥堡巴登苯胺纯碱公司建成了世界上第一套以煤为原料的合成氨生产装置，1914 年进入正常生产。

6.1.1　氨的性质

(1) 物理性质

在常温常压下，氨是有强烈刺激性气味的无色气体，能灼伤皮肤、眼睛、呼吸道黏膜。在标准状态下，氨的相对密度为 0.597(空气的密度为 1)，临界温度为 132.4℃，临界压力为 11.277 MPa，沸点为－33.5℃，熔点为－77.7℃。氨易被液化，在 0.1 MPa 下将氨冷却到－33.50℃，或在常压下将其加压到 0.7～0.8 MPa，氨就凝结成无色的液体，同时放出大量的热。液氨的相对密度为 0.667(20℃时，水的密度为 1)，如果人体与液氨接触，则会被严重冻伤。液氨很容易汽化，降低压力就急剧蒸发，并吸收大量的热，故常用作制冷剂。氨极易溶于水，20℃时，一体积的水可溶解 800 体积的氨，溶解时放出大量的热，由此法制得的合成氨溶液称为氨水，含氨 15％～30％(质量分数)的氨水为商品氨水。氨水呈弱碱性，易挥发。

(2) 化学性质

氨与酸或酸酐可以直接作用，生成各种铵盐。如：

$$2NH_3 + H_2SO_4 = (NH_4)_2SO_4$$

$$NH_3 + HNO_3 = NH_4NO_3$$

$$NH_3 + HCl = NH_4Cl$$

$$NH_3 + H_2O + CO_2 = NH_4HCO_3$$

$$NH_3 + NH_4HCO_3 = (NH_4)_2CO_3$$

$$2NH_3 + CO_2 = O{=}C(NH_2)(ONH_4)$$

$$O{=}C(NH_2)(ONH_4) = O{=}C(NH_2)(NH_2) + H_2O$$

在铂催化剂的作用下，氨与氧反应生成一氧化氮，一氧化氮再与水反应，便得到硝酸。在一定的温度和压力下，氨与尿素(液态)还能发生聚合反应而生成一种聚合物，生成三聚氰胺就是依据此化学原理。此外，氨在高温(800℃以上)条件下可分解成氮和氢。

氨的自燃点为 651.11℃，燃烧时呈蓝色火焰。氨与空气或氧气按一定比例混合后，遇火能发生爆炸。常温下氨在空气中的爆炸极限为15.5%～28%，在氧气中为13.5%～82%。液氨或干燥的氨气对大部分金属都没有腐蚀作用，但在有水的条件下，对铜、银、锌等有腐蚀作用。氨具有毒性，若空气中氨气浓度达500～700 mg/m^3时，可发现呼吸道严重中毒症状；如达3 500～7 500 mg/m^3时，可出现死亡。

6.1.2 氨的用途

氨主要用于生成各种农田化肥，如尿素、磷酸氢铵、氯化铵、硝酸铵等。当然，氨本身就是一种高效肥料，一些国家已经大量使用液氨作化肥。因此，合成氨工业是化肥工业的基础，对农业增产起着十分重要的作用。同时，氨还是很多工业部门的重要原料，如化学工业、食品工业、国防工业、医药工业、农药工业等都需要用到氨。工农业生产对合成氨的巨大需求使合成氨工业得到迅速发展，合成氨工业的发展又促进和带动了高温高压、低温冷冻、催化剂、新材料、气体分离等方面技术的开发与应用，而且这种促进和带动必将对国民经济的发展产生巨大的作用。

6.1.3 合成氨工业的发展

我国的合成氨工业始于20世纪30年代，当时只有南京和大连两家合成氨厂，且生产能力仅为年产4.6万吨。中华人民共和国成立后，合成氨工业得到迅猛发展。20世纪80年代，国内拥有不同原料路线、不同工艺流程的大中型合成氨厂1 500余家，当时仅四川就有110多家，使合成氨生产能力一度跃居世界第一。在这么多的合成氨厂中，绝大多数是国内自主开发的合成氨联产碳酸氢铵，以及联尿、联醇、联碱等工艺流程，其余的是引进国外的以天然气、重油为原料的年产30万吨的大型合成氨联产尿素装置。现在，国内的合成氨企业绝大部分已达年产10万吨的规模，并向大型化、高度自动化方向发展。

6.1.4 合成氨生产采用的原料和方法

合成氨生产普遍采用以天然气、重油、煤焦等为原料、与水蒸气作用制备合成气的方法。不管采用何种原料，其生成过程均经过以下三个工序：一是原料气的制备(简称造气)，制成含一定比例氢气、氮气、一氧化碳、二氧化碳等的混合气；二是混合气的净化与分离，先将一氧化碳转化成二氧化碳用作氨加工产品的原料；三是氢气和氮气经外压压缩，在催化剂的作用下合成氨。

合成氨的生产方法较多，主要区别在于造气原料的选用，原料不同，采用的工艺流程亦不同。净化和分离流程与氨加工产品有关，只有氨合成是基本相同的。具体采用何种原料，均要本着“因地制宜，就地取材”的原则，主要取决于能否大量、经济地获得该原料。国内以天然气、煤焦为原料的厂家较多。天然气是合成氨生产的首选原料，从建厂投资、生产成本、生产条件、环境等方面与煤焦相比，具有投资少、成本低、条件好、清洁卫生的优势。

6.2 以天然气为原料的合成氨工艺流程

以天然气为原料的合成氨工艺普遍采用蒸汽转化法。天然气经加压脱硫后与水蒸气混合，在一段转化炉的管内进行转化反应，反应所需的热量由管外燃料燃烧供给。一段转化气进入二段转化炉，此时通入空气，空气中的氧气在二段转化炉的顶部同一段转化气中的氢气或其他易燃气体燃烧，放出的热量以供天然气的继续转化，既除掉了空气中的氧气，又把合成氨所需的氮气引入了系统。出二段转化炉的气体依次进入中、低温变换炉，气体中的一氧化碳在不同的温度下与水蒸气反应生成氢气和二氧化碳。经过以上几个工序得到气体的主要成分是氢气、氮气、二氧化碳。再用二乙醇胺或碳酸钾溶液脱除二氧化碳并用甲烷化法清除残余的一氧化碳和二氧化碳，得到纯净合格的氢氮混合气，经气液分离后送到尿素车间作为合成尿素的原料。

图 6－1 是以天然气为原料的合成氨工艺流程图。

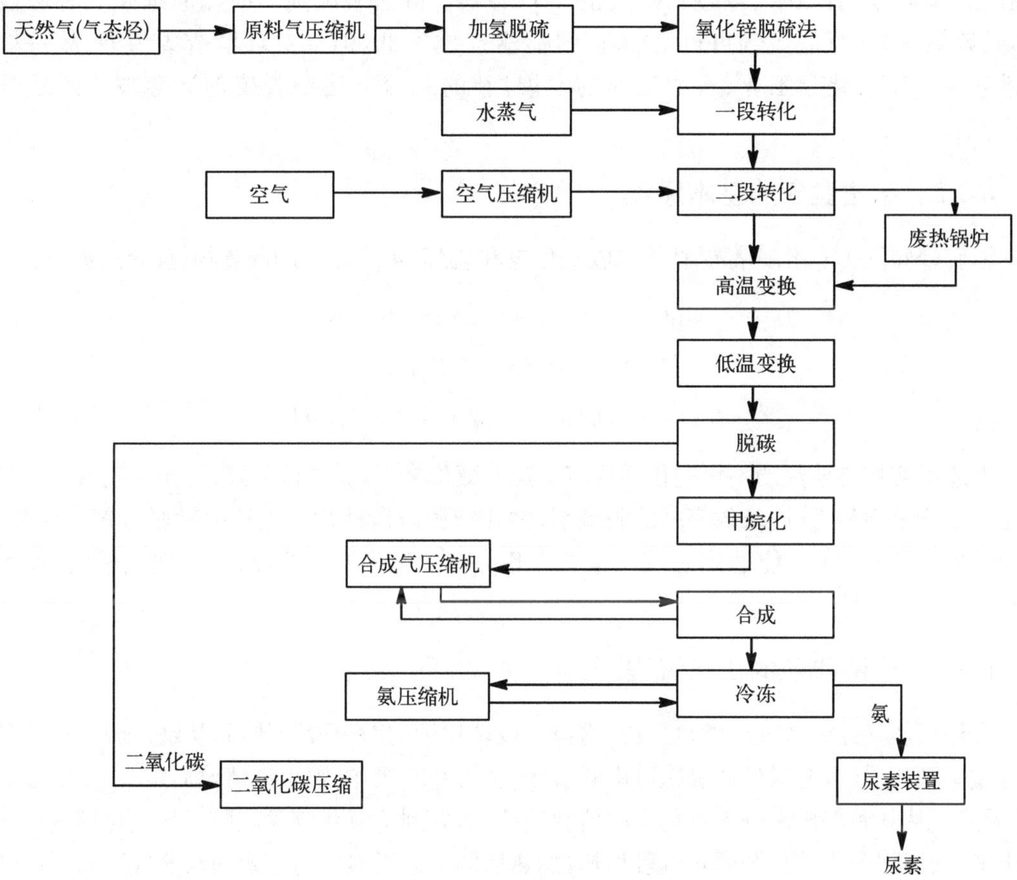

图 6－1　以天然气为原料的合成氨工艺流程图

6.3　脱硫

6.3.1　脱硫工序的作用

无论采用何种原料生产合成氨，其原料气中都会有一定数量的硫化物，主要有硫化氢（H_2S），其次有二硫化碳（CS_2）、硫氧化碳（COS）、硫醇（RHS）等有机硫化物。以煤为原料制成的合成气中，一般硫化氢含量为 1～10 g/Nm^3，有机硫化物含量为 0.1～1 g/Nm^3，若是高硫煤，则硫化氢含量高达 20～30 g/Nm^3。天然气中硫化物的含量因产地不同而差别很大，但大多含硫化物 100～150 mg/Nm^3。原料气中硫化物的存在不但加剧了管道和设备的腐蚀，而且能引起多种催化剂（尤其是用于转化的镍催化剂）中毒而降低其活性。在合成氨生产中，对原料气中硫含量要求相当严格，所以必须除去，剩余含量越少越好。

脱硫工序的作用就是将原料气中的硫化物脱除，达到总硫含量在 0.5 ppm 以下的要求。

脱硫的方法和使用的脱硫剂均很多。根据采用脱硫剂的物理形态，总体可分为干法脱硫和湿法脱硫两种。常采用的干法脱硫剂（固体）有锰矿（MnO_2）、氧化锌、活性炭、氧化铁等。干法脱硫剂的脱硫反应是不可逆的，所以在使用到一定程度后必须更换。常采用的湿法脱硫剂（液体）有氨水、蒽醌二磺酸钠（ADA）等。湿法脱硫剂的脱硫原理是一种吸收反应，脱硫效果好，且脱硫剂可再生循环使用，生产成本低，但会对环境造成污染，故一般都不准采用。随着化学工业、石油工业的发展，新的脱硫方法和脱硫剂还会被不断地开发出来。

6.3.2 干法脱硫的基本原理

锰矿（MnO_2）、氧化锌都能直接吸收硫化氢和硫醇，生成相应的硫化物，反应式如下：

$$MnO_2 + 2H_2S = MnS_2 + 2H_2O$$

$$ZnO + H_2S = ZnS + H_2O$$

$$ZnO + C_2H_5SH = ZnS + C_2H_5OH$$

上述反应均为放热的不可逆化学反应。锰矿廉价易得，脱硫效果好，可作为脱硫剂。氧化锌是一种比表面积大、脱硫效率高的脱硫剂，常在精脱阶段使用。上述两种脱硫剂经常使用，不但脱硫效果好，完全能达到总硫含量在 0.5 ppm① 以下的要求，而且处理气量大，使用时间长。

6.3.3 干法脱硫的工艺流程

界外天然气经天然气压缩机加压，送至一段转化炉的对流段预热后，从锰矿脱硫罐的顶部进入锰矿脱硫层（两个锰矿脱硫罐可串联操作，也可并联操作，视生产情况而定）。经初步脱硫后，天然气从其底部出来进入氧化锌脱硫罐顶部，而后到达氧化锌脱硫层。从氧化锌脱硫罐底部出来，又回到一段转化炉的对流段加热，加热后的工艺天然气与系统的水蒸气进入一段转化炉进行转化反应。具体工艺流程图如图 6－2 所示。

6.3.4 脱硫方法的选择

界外脱硫方法虽然多种多样，选用原则应根据原料气中硫的形态及含量多少、脱除硫的要求、脱硫剂供应条件以及原料净化的整个流程，通过技术论证比较后，选择适当的脱硫方法，大致可分为以下几种情况。

---

① 1 ppm$=10^{-6}$。

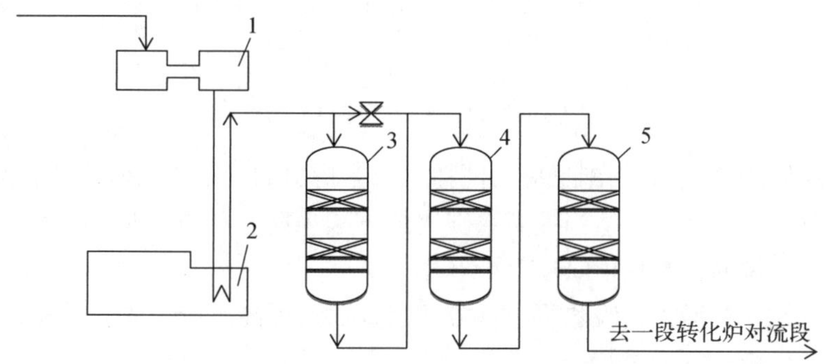

图6-2 干法脱硫工艺流程图

1—天然气压缩机；2—一段转化炉对流段；3、4—锰矿脱硫罐；5—氧化锌脱硫罐

(1) 有机硫化物的脱除以干法为主，可将总硫含量降到1 ppm以下。如果总硫含量在10 ppm左右，而且大多是H_2S和RHS，选用活性炭法就可以达到要求。

(2) 当原料气中H_2S含量低而CS_2含量较高时，可选用ADA等湿法脱硫剂。如果原料气为焦炉气，因气体中含有氨，可选用氨水催化法脱硫。

(3) 若原料气中H_2S和CS_2含量都高，可选用物理吸收的低温甲醇洗涤法脱硫，再用干法精脱，这样才能达到要求。

(4) 若原料气中H_2S含量高达30～45 g/Nm^3，先要用烷基醇胺法将硫含量脱除到ppm量级后，若工艺要求必须降到0.5 ppm以下，再采用氧化锌法处理。也就是说，可以采用干湿法联合脱硫。

6.4 转化

6.4.1 转化工序的作用

以天然气为原料的合成氨工艺采用的是蒸汽转化法。此法不仅适用于天然气，也适用于油田气、炼油气等以甲烷为主的气体。但由于原料气不同，所以催化反应的条件亦有所不同。

转化工序的作用是将脱硫合格后的天然气和从系统来的中压蒸汽混合，加热到500℃左右，在镍催化剂的作用下转化成半水煤气，将其作为合成氨和氨加工产品的原料气。

6.4.2 转化工序的基本原理

天然气和水蒸气的转化分两段进行，亦称连续转化。在一段转化炉中，天然气中的甲烷与水蒸气发生如下反应：

$$CH_4 + H_2O \rightleftharpoons 3H_2 + CO$$

$$CH_4 + 2H_2O \rightleftharpoons 4H_2 + CO_2$$

这是在一段转化炉中发生的主反应，在主反应进行的同时，还可能发生一些副反应(亦称析碳反应)：

$$CH_4 = C + 2H_2$$

$$2CO = C + CO_2$$

$$CO + H_2 = C + H_2O$$

主反应是我们所希望的，而副反应会消耗原料。析出的碳附着在催化剂表面，使催化剂的活性降低。工业生产中常要用适当提高水碳比的方法来防止析碳反应的发生，这里所说的水碳比是水蒸气与甲烷的含量比值[$H_2O(g)/CH_4$]。

一段主反应是体积增大的吸热可逆反应，降低压力、提高反应物浓度(提高水碳比)和升高温度有利反应向生成物方向进行。

在二段转化炉中，由一段转化炉来的混合气里尚有8%～10%的甲烷需要在二段继续转化，此时加入空气，即引入原料氨气，又使空气中的氧气在炉顶发生燃烧反应以供热。

$$CH_4 + 2CO_2 = CO_2 + 2H_2O$$

$$2H_2 + O_2 = 2H_2O$$

$$2CO + O_2 = 2CO_2$$

$$CH_4 + H_2O = 3H_2 + CO$$

$$CH_4 + 2H_2O = 4H_2 + CO_2$$

经两段转化后，甲烷含量降低至0.2%左右。除甲烷外，转化气中其他组分含量大致如下：H_2为54%，CO为18%，CO_2为6%，N_2为22%。此外，还有微量的惰性气体。

6.4.3 转化工序的工艺流程

目前采取的天然气蒸汽转化法，除一段转化炉及其烧嘴结构各有特点外，在工艺流程上均大同小异，都包括一、二段转化，原料气预热及预热回收。

天然气经脱硫后的总硫含量小于0.5 ppm，随后在压力为3.5 MPa、温度为380℃左右的条件下进入中压蒸汽，达到一定的水碳比(约3.5)时，进入对流段被加热到500℃左右，随后到达辐射段顶部被分配进入各反应管，混合气自上而下流，主要催化剂在这里一边吸热(热量由燃烧天然气供给)一边反应。离开反应管底部的转化气温度为800℃左右，甲烷含量约为10%，然后会入集气管，再沿着集气管中间的上升管上升，到达二段转化炉顶部。

工艺空气经供压设备加压到3.5 MPa左右时，进入一段转化炉对流段预热到450℃左右，然后进入二段转化炉顶部与一段转化气会合，在顶部燃烧、放热，温度升到1 100℃左右时，在通过催化剂床层时继续吸热并发生反应。离开二段转化炉的气体温度在1 000℃左右，残余气中甲烷含量在0.3%左右，经废热炉、软水预热器回收热量后，气体温度降至约370℃时送往变换工序。天然气蒸汽转化、热法净化制氨工艺流程图见图6-3。

6.4.4 转化工序操作注意事项

进入一段转化炉的气体预热温度不能过高、水碳比不能过小，否则可能发生析碳反应。向二段转化炉顶部加入工艺空气(开车阶段)时，应达到以下条件：① 一段转化炉出口总管温度

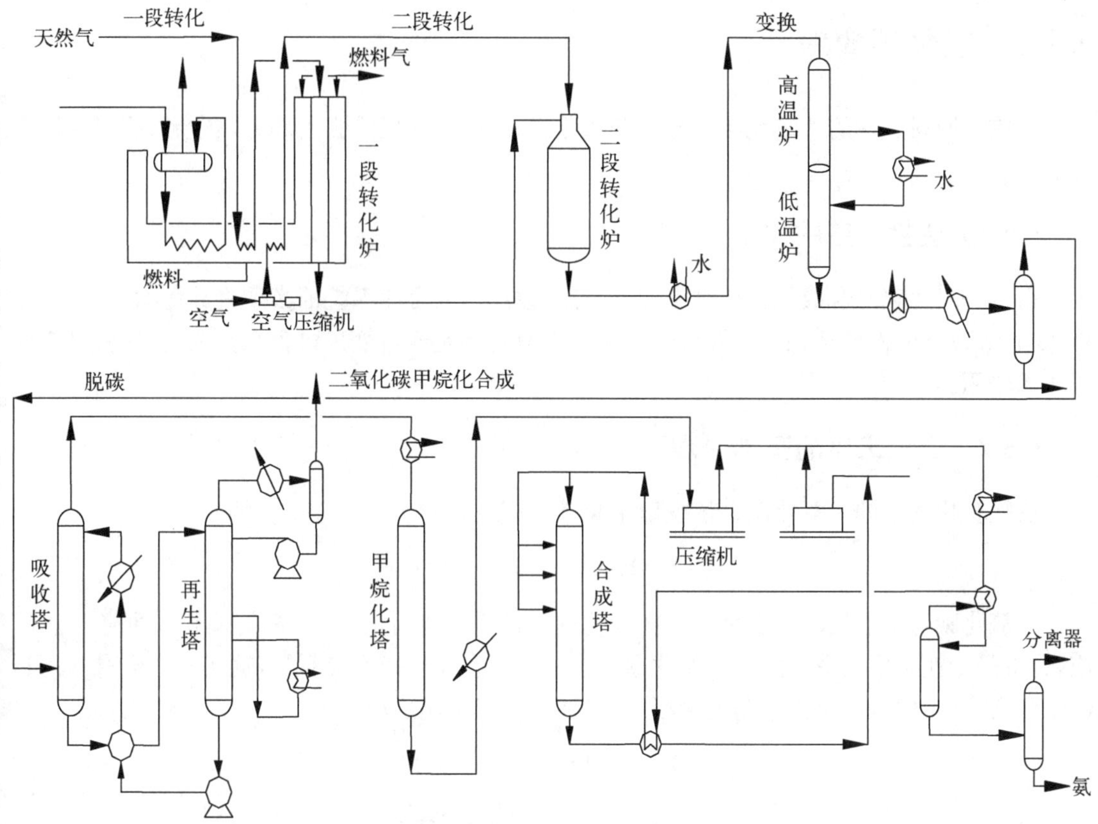

图 6－3　天然气蒸汽转化、热法净化制氨工艺流程图

在 700℃以上；② 一段转化气升温到 40℃以上；③ 工艺空气的压力比炉内压力高 0.5 MPa。上述三个条件同时具备时，才允许向二段转化炉加入工艺空气，以防止炉顶温度过低达不到燃烧温度，或一段转化气倒入空气管而引起爆炸。为防止此种情况的发生，现在很多厂家都在工艺空气管道上设计安装了安全锁保护装置，确保安全生产。

转化反应是可逆反应，要使反应向生成物方向进行，除提高温度、适当降低压力外，最重要的是增大反应物中水蒸气的浓度，即提高水碳比，使水碳比高于理论值。提高水碳比能防止析碳反应发生，但不可提得太高，这样将适得其反，一般水碳比控制在 3.5～4 即可。调节好转化气的气体成分是很重要的，要根据实际生产情况适时调节气体成分，达到后工序及合成氨所需比例的要求。

6.4.5　其他转化流程

以前国内的合成氨厂大多采用间歇式转化，此流程因能耗大、生产能力小，现已基本淘汰。现在绝大部分的合成氨厂采用天然气加压两段连续转化流程。除现行的两段连续转化流程外，近年来，国内新开发出一种换热式连续转化的节能流程，现已投入工业化生产。此流程是将出一段转化炉的高温转化气用来加热一段转化炉的反应管，充分利用系统的高位热能，省略了燃烧天然气的供热过程，同时也减少了碳的排放，是一种比较先进的流程，目前正处于推广应用阶段。

6.5 一氧化碳变换

合成氨原料气中的一氧化碳一般分两次除去，即中温变换除去大部分，剩余由低温变换来完成。

6.5.1 变换工序的作用

由于一氧化碳对合成氨催化剂有毒害作用，故在进入合成系统前必须将其清除干净，只允许 30 ppm 以下的微量存在。清除转化气中的一氧化碳是通过变换过程来完成的，这就是变换工序的作用。

6.5.2 变换工序的基本原理

清除转化气中的一氧化碳是依据以下化学反应进行的：

$$CO + H_2O = CO_2 + H_2$$

一氧化碳与水蒸气的变换反应是在催化剂的作用下进行的，是一个等体积的可逆放热反应，这也是变换工序的主反应。一氧化碳与水蒸气共存于变换反应系统，这是一个会有 C、H、O 三种元素的系统，从热力学角度分析，还可能发生以下副反应：

$$H_2 + CO = C + H_2O$$

$$3H_2 + CO = CH_4 + H_2O$$

工业生产中不希望有副反应发生，这里与天然气蒸汽转化的副反应有相似之处，即发生析碳反应。为防止副反应的发生，根据化学平衡移动原理，加大反应物中水蒸气的用量、适当降低反应温度有利于主反应的进行。为此，变换工序应考虑以下工艺条件。一是压力。压力对变换反应的平衡几乎没有影响，但加压可提高反应速率。由于变换工序处于整个合成氨系统的中间，故不可能单独升压，它与转化、脱硫、甲烷化工序同处于一个压力系统，其工作压力一般为 3.0 MPa。二是温度。变换反应是可逆的放热反应，因而存在最佳反应温度。当然温度还随气体组分和使用催化剂的不同而有差异，一般中温变换为 450～500℃，低温变换为 200～280℃。三是水蒸气比例，它是指水蒸气与一氧化碳的含量比值[$H_2O(g)/CO$]。改变水蒸气比例是变换反应最主要的调节手段，增加水蒸气用量，能提高一氧化碳的变换率，降低一氧化碳的残余容量，加速反应的进行，并使析碳和生成甲烷等副反应不易发生。由于过量水蒸气的存在，还保证了催化剂中活性组分 Fe_3O_4 的稳定而不被还原成 Fe_2O_3。

6.5.3 变换工序的工艺流程

变换工序工艺流程的设计主要是根据原料气中 CO 的含量确定。天然气蒸汽转化法与煤蒸汽汽化法制氨流程中的 CO 变换工序采用的工艺流程是不尽相同的。这里介绍的是天然气蒸汽转化法中的变换(中变-低变串联)流程。

从转化工序软水预热器来的转化气，温度为 370℃，压力为 3.0 MPa，从中变炉炉顶进入，自上而下流经中变催化剂床层进行变换反应，在催化剂床层的反应温度一般为 425～450℃。中变气从炉底出来，CO 含量为 3%，温度为 430℃左右，直接进入甲烷化第一换热器，加热从脱硫塔来的脱硫气（以氢气和氮气为主）以实现换热。出甲烷化第一换热器的脱硫气去甲烷化炉脱除微量 CO、CO_2；中变气进入中变废锅回收热量，产生中压蒸汽，温度降至 220℃，从低变炉顶端进入炉内。中变气自上而下进入低变催化剂床层，在 235～250℃继续进行变换反应。低变气从炉底出来，CO 含量为 0.3%，温度为 240℃左右，经回收热量后进入 CO_2 吸收塔。

中变-低变串联流程图如图 6-4 所示。

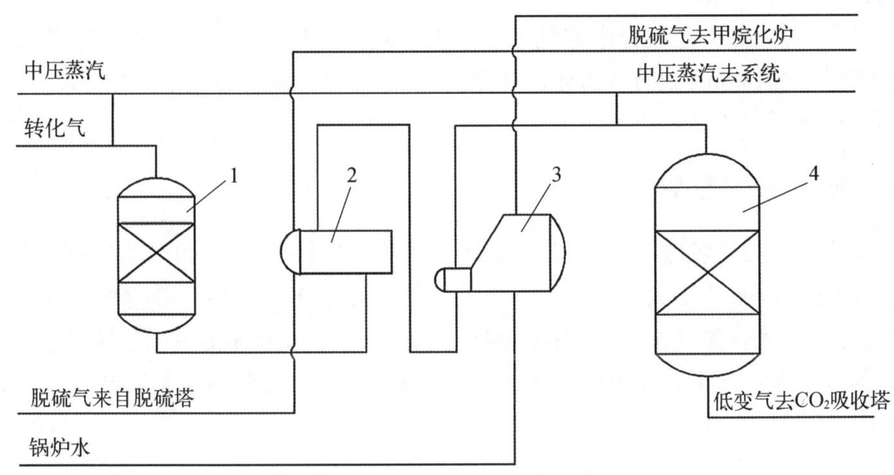

图 6-4　中变-低变串联流程图

1—中变炉；2—甲烷化第一换热器；3—中变废锅；4—低变炉

6.5.4　变换工序操作注意事项

（1）温度

因一氧化碳与水蒸气的反应是放热反应，在炉内有放出反应热的自然温升现象，故要稳定转化成分，主要是 CO 的含量，控制反应物温度；又因使用的催化剂型号不同和使用时期的变化，适时调整好热点温度。中变-低变串联流程的中变过程使用的是铁铬系催化剂，使用温度范围较宽，为 350～450℃，后期温度为 500℃左右；低变过程使用的是铜锌系催化剂，使用温度为 180～260℃，后期温度可达 280℃左右。

（2）水蒸气比例

虽说 $H_2O(g)/CO$ 可在 3～5 内调节，设计流程时也配置有蒸汽管道，但因转化气中含有一部分蒸汽，故在此工序中不能盲目加蒸汽，要根据实际情况确定。

6.5.5　多段变换流程

在以煤焦汽化制得的合成氨原料气中，CO 的含量较高，此时须采用多段中温变换，而且由于进入系统的原料气温度与湿度均较低，所以流程中增设有预热和增湿装置，饱和热水塔在此过程中就起到增湿的作用。

6.6 脱碳

6.6.1 脱碳工序的作用

经过一氧化碳变换后的低变气中一般会有20%～25%的二氧化碳。二氧化碳的存在会使催化剂中毒，并且给进一步脱除少量的一氧化碳过程带来很多困难，因此必须脱除低变气中的二氧化碳。另一方面，二氧化碳又是生产尿素、纯碱、碳酸氢铵的主要原料，可以回收利用。工业上把脱除低变气中二氧化碳的过程称为脱碳。

脱碳工序在合成氨工艺流程中起到两个重要作用：一是将制气系统(转化、变换)制得的原料气中的二氧化碳脱除，同时获得较高纯度的氢气；二是制氨和尿素的主要原料气(氢、氮气和二氧化碳)在这里分流。

6.6.2 脱碳工序的基本原理

目前，工业上采用的脱碳方法很多，根据所用吸收剂的性质不同，可分为物理吸收法、化学吸收法和物理化学吸收法三大类。这些方法采用的吸收剂多为液体。在这些脱碳方法中，被广泛采用的是化学吸收法，碳酸钾水溶液吸收二氧化碳是化学吸收法中使用最为广泛的工业脱碳方法，其基本原理如下：碳酸钾水溶液具有强碱性，而二氧化碳又是碳酸性气体，它们在吸收塔内发生中和反应，即

$$K_2CO_3 + CO_2 + H_2O \longrightarrow 2KHCO_3$$

这是一个可逆反应。生成的碳酸氢钾水溶液在减压和加热的条件下可放出二氧化碳，重新生成碳酸钾，因而吸收剂可循环使用。再生反应式为

$$2KHCO_3 \longrightarrow K_2CO_3 + CO_2 + H_2O$$

纯碳酸钾水溶液与二氧化碳的反应速率很慢，为提高反应速率，一般在105～130℃的条件下进行，故称为热碳酸钾法。采用该法可增加碳酸氢钾的溶解度，这样可以使用较高浓度的碳酸钾溶液作为吸收剂，以便提高其吸收能力。另外，在此温度范围内，吸收温度与再生温度基本相同，这样可以节省溶液再生所消耗的热量，简化了系统的流程。但是也存在一些新的问题：一是降低了二氧化碳在溶液中的溶解度；二是加剧了对碳钢设备的腐蚀。为解决上述两大问题，须向碳酸钾溶液中添加活化剂和缓蚀剂(防腐剂)。常选用的活化剂为二乙醇胺，缓蚀剂为五氧化二钒。在碳酸钾溶液中添加二乙醇胺作为活化剂进行脱碳的方法，又被称为有机胺催化热钾碱法，其优点是溶液吸收能力强、无毒、气体净化度高、回收二氧化碳的纯度高。

6.6.3 脱碳工序的工艺流程

用溶液脱碳的流程很多，其中最简单的是一段吸收一段再生流程。这种流程虽然简单，但效果较差。实际上在工业生产中，广泛采用的是两段流程吸收两段再生流程。经过两段流程脱碳后，气体中二氧化碳浓度可降至0.39%以下。现介绍两段吸收两段再生流程。

从低变炉炉底来的低变气的温度为250℃左右，其中CO_2含量为24%。其一部分进入低变

废热锅炉，一部分进入低变气再沸器，经换热降低温度后进入软水预热器，气体温度降至120℃左右，然后经过低变气分离器进入二氧化碳吸收塔底部布管，气体自下而上在塔内分别与自上而下的半贫液和贫液逆流接触，发生吸收反应。经过吸收，净化气体从塔内出来，温度为70℃左右，CO_2含量在0.39%以下的氢氮混合气进入净化气分离器，除掉夹带的液滴及大量的冷凝水后去甲烷系统(甲烷化第二换热器)。在吸收塔底部，吸收了二氧化碳而生成的富液在此引出，借助管内压力自流到再生塔上部。溶液闪蒸出部分水蒸气和二氧化碳，然后沿塔流下，在塔内与由低变气再沸器加热产生的蒸汽逆流接触，同时被蒸汽加热到沸点，放出残余的二氧化碳。由塔中部引出的丰贫液，温度约为115℃经丰贫液泵加压后进入吸收塔中部。再生塔底部的贫液温度约为120℃，经贫液水凝器冷却到约70℃，进入贫液泵加压打入吸收塔顶部。由再生塔顶部排出的温度为100～105℃、$H_2O(g)/CO_2$为1.8～2.0的再生气经酸性水凝器冷却到40℃左右，并在再生气分离器内分离掉冷凝水后，几乎是纯净的二氧化碳气被送往尿素车间，工艺流程图见图6-5。

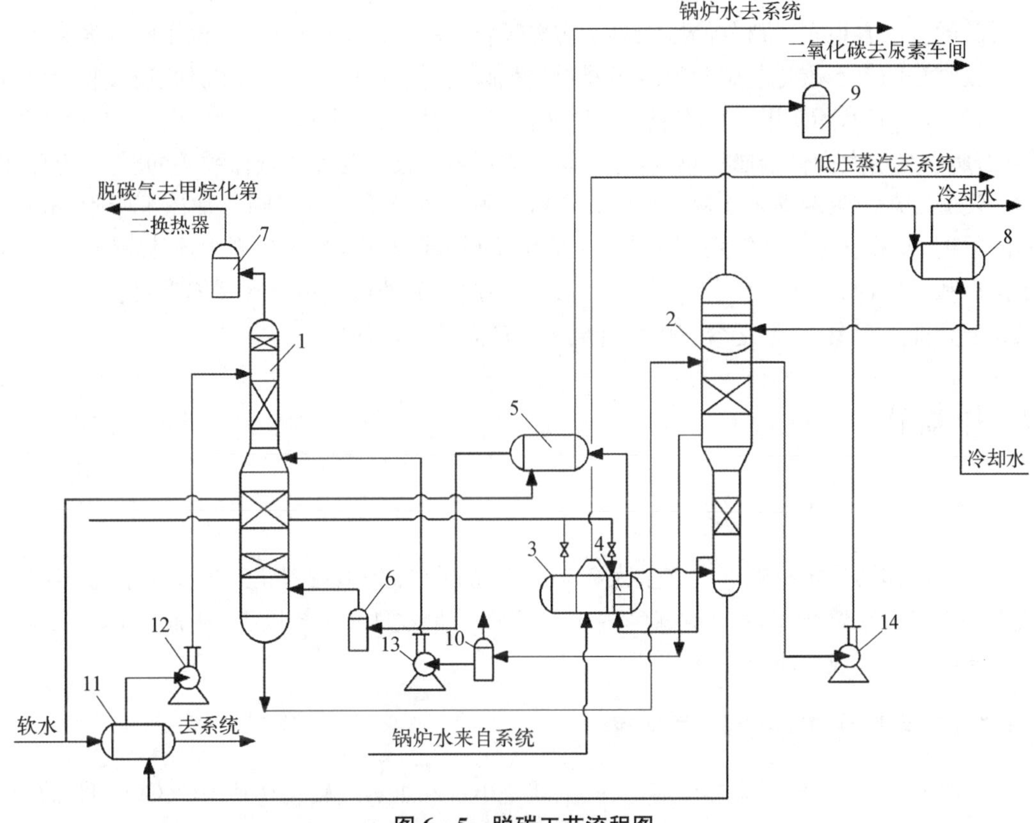

图6-5　脱碳工艺流程图

1—吸收塔；2—再生塔；3—低变废热锅炉；4—低变气再沸器；5—软水预热器；6—低变气分离器；7—脱碳气分离器；8—酸性水冷器；9—二氧化碳分离器；10—中贫液气分离器；11—贫液水冷器；12—贫液泵；13—丰贫液泵；14—酸性冷凝水泵

6.6.4　脱碳工序操作注意事项

(1) 碳酸钾溶液的浓度　一般配制质量分数为25%～30%。

(2) 活化剂浓度　一般为2.5%～5%。增加浓度可以加快溶液吸收二氧化碳的速率，增加净化度，但超过5%以后无明显效果，反而造成二乙醇胺的损失。

(3) 缓蚀剂浓度　通常为0.6%左右，视缓蚀剂不同而各有差异。

(4) 消泡剂　加入消泡剂可防止发生起泡现象，消除气体严重带液。其浓度一般在ppm量级。

(5) 吸收温度　两段吸收流程中，丰贫液吸收温度为105～110℃，吸收气体中60%～75%的CO_2；贫液吸收温度为60～80℃，吸收40%～25%的CO_2。

(6) 再生温度和压力　提高温度有利于碳酸氢钾的分解，生产上一般控制在沸点以下(105～115℃)。降低压力有利于再生，但视整个流程的压力而定。

总之，本工序要控制吸收液中各种成分的浓度以及系统的温度和压力，防止带液或控液现象的发生，确保脱碳系统的正常运行。

6.6.5　其他脱碳流程

脱碳的方法有很多，流程各异，无论是物理吸收法的加压水洗脱碳、低温甲醇洗涤脱碳，还是化学吸收法的氨水碳化脱碳和热碱溶液吸收脱碳，它们的共同之处是用吸收液吸收，然后解吸再生，使吸收液循环使用。吸收液和再生液在很高的塔器内进行吸收和解吸，且对设备均有腐蚀性，所以会增大操作维修的难度，还容易造成环境污染。为克服液体脱碳的弱点，近年来，我国开发的变压吸附脱碳正在逐步推广。变压吸附脱碳是采用分子筛在加压下吸附、减压下脱附的原理，使分子筛循环使用。此法大大降低了设备的高度，且吸附剂为固体，装在罐体内，便于操作和维修，同时还减少了对环境的污染。但此法的处理气量没有液体吸收法大，还不能满足大型企业生产要求，但适合在中型合成氨生产企业推广使用。

6.7　甲烷化

6.7.1　甲烷化工序的作用

此工序的作用是将脱碳气中含量为0.3%左右的CO、CO_2在催化剂的作用下与H_2反应生成甲烷。经过甲烷化工序的精炼气中碳氧化物含量在10 ppm以下，从而制得$n(H_2):n(N_2)=3:1$的合成氨原料气。

6.7.2　甲烷化工序的基本原理

CO、CO_2与H_2生成甲烷的反应，实际上就是甲烷和水蒸气转化生成CO、CO_2、H_2的逆反应，均采用镍催化剂。由此可知，甲烷化反应是一个强烈的放热反应，其主反应为

$$CO + 3H_2 = CH_4 + H_2O$$

$$CO_2 + 4H_2 = CH_4 + 2H_2O$$

若脱碳气中有O_2存在，O_2与H_2反应生成水：

$$O_2 + 2H_2 = 2H_2O$$

若在温度较低(低于200℃)、压力较高的条件下，还会发生以下副反应：

$$Ni + 4CO \xlongequal{} Ni(CO)_4$$

此副反应是生成羰基镍的反应。羰基镍是一种剧毒化合物，且不易分解，一旦发生此类副反应，还会降低催化剂的活性。为防止羰基镍的生成，操作中要注意炉内的热量温度不能过低。在工艺指标中，甲烷化的热量温度一般都在 280℃以上，这样生成羰基镍的副反应就不会发生。

6.7.3　甲烷化工序的工艺流程

从脱碳气分离器来的脱碳气，其中 CO、CO_2 总含量在 0.3%以下，温度为 70℃左右，进入甲烷化第二换热器与出甲烷化炉的精炼气换热升温。出甲烷化第二换热器的脱碳气再进入甲烷化第一换热器与出中变炉的中变气进一步加热升温，使脱碳气的温度达到甲烷化反应所需的温度(约为 260℃)。出甲烷化第一换热器的脱碳气从甲烷化炉顶端进入，穿过催化剂层进行甲烷化反应。出甲烷化炉的精炼气进入甲烷化第二换热器，与脱碳气换热降温；出甲烷化第二换热器的精炼气再进入水冷器，与系统来的冷却水进一步换热降温。降温后的精炼气去气液分离器，分离其中的水滴后去联合压缩机四段进口，经压缩升压后送合成氨工序。

甲烷化工艺流程图如图 6 - 6 所示。

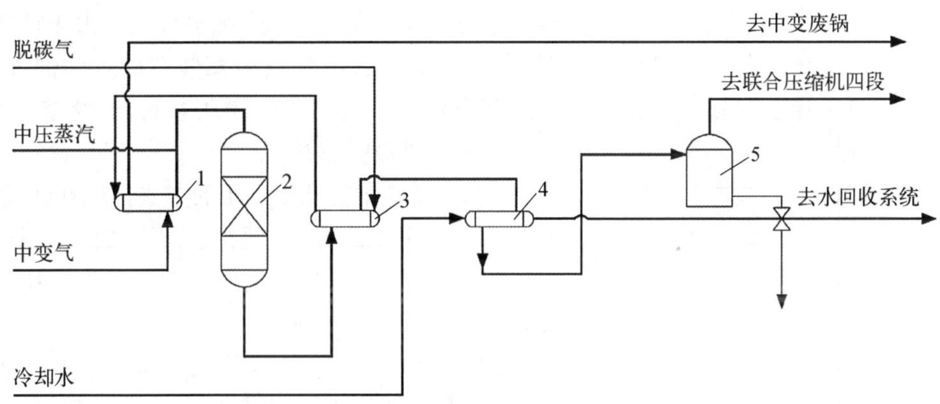

图 6 - 6　甲烷化工艺流程图

1—甲烷化第一换热器；2—甲烷化炉；3—甲烷化第二换热器；4—水冷器；5—气液分离器

6.7.4　甲烷化工序操作注意事项

甲烷化工序操作简单，无须特别注意。操作压力与前后工序有密切关系，主要需要注意的是温度。用作甲烷化的镍催化剂在 200℃时就具有活性，也能承受 800℃的高温，但不能根据催化剂的性能来确定操作温度。在实际生产中，低限温度应高于生成羰基镍的温度，高限温度应低于反应器材料允许的设计温度，因此操作温度一般在 280～420℃内。

温度还是判断催化剂有无活性或是否中毒的主要指标。如果其他条件正常，而反应器进出口温差逐渐由大变小，这就意味着催化剂活性降低。如果温差突然变小或床层热点下移，这就意味着催化剂中毒。甲烷化法是脱除合成氨原料气中少量碳氧化物的最有效方法，因此被广泛采用。甲烷化工序的典型气体组成如表 6 - 1 所示。

表 6-1 甲烷化工序的典型气体组成

组　分	进口体积分数/%	出口体积分数/%
CO①	0.4	—
$CO_2$①	0.05	—
H_2	74.5	74.1
N_2	24.3	24.7
CH_4	0.45	0.9
Ar	0.3	0.3

注：① CO 和 CO_2 的出口体积分数均小于 5 ppm。

6.7.5 其他甲烷化流程

(1) 液氨洗涤法

这是一个物理净化过程。根据 CO 具有比氨的沸点高及溶解于液氨的特性，不仅能脱除 CO，而且还能脱除 CH_4 和 Ar，这样可以制得只含惰性气含量在 100 ppm 以下的高纯度的 H_2、N_2，这是液氨洗涤法的一个突出优点。由于此法需要液氨，只适合于没有空气分离装置的重油部分氧化、煤富氧化制备合成气或与焦炉气分离制氢结合使用。

(2) 铜氨液吸收法

这是 1913 年就开始采用的方法，以前国内的小型氨肥厂大多采用此方法，现在已被淘汰而改用甲烷化法。铜氨液吸收法，是在高压和低温条件下用铜盐的氨溶液吸收 CO 并生成新的络合物，然后溶液在碱性和加热的条件下再生重复使用。通常把铜氨液吸收 CO 的操作称为铜洗，铜盐氨溶液称为铜氨液，净化后的气体称为精炼气，其机理示意图见图 6-7。

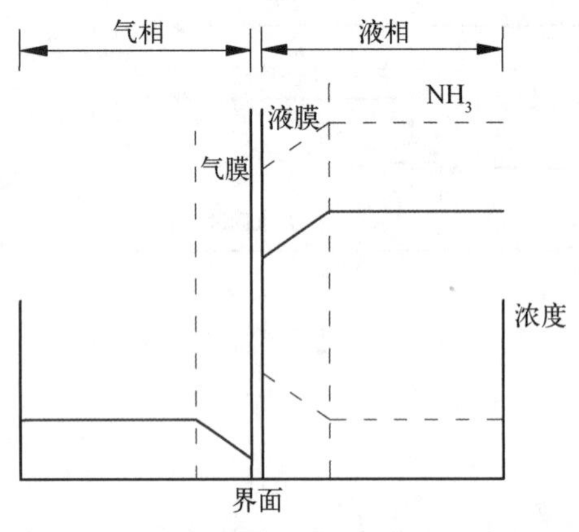

图 6-7 铜氨液吸收 CO 机理示意图

6.8 氨的合成

6.8.1 氨合成工序的作用

氨的合成是合成氨生产的最后一道工序，其任务是将经过脱硫、转化、变换、脱碳、甲烷化等五道工序制得的氢氮混合气合成氨，本工序是整个合成氨流程中的核心部分。

6.8.2 氨合成工序的基本原理

氢气和氮气在铁系催化剂的作用下，在一个高温高压的反应器(合成塔)中直接合成氨，其化学反应式为

$$N_2 + 3H_2 \xlongequal{} 2NH_3$$

氨合成反应具有以下特点。

(1) 反应是可逆的。在氢氮混合气合成氨的同时,氨也可能分解成氢气和氮气。

(2) 反应为放热反应。利用自身的反应热提供系统所需的热量,正常时不再外加热量。

(3) 反应后体积缩小。从反应式可以看出,三个分子的氢气和一个分子的氢气合成后得到两个分子的氨,这就要求合成氨的氢氮混合气必须达到 $n(H_2):n(N_2)=3:1$ 的气体组分。

(4) 此反应需要在催化剂的作用下才能较快进行。实验证明,如果没有催化剂,即使温度达到700～800℃和压强高达100～200 MPa时,反应速率极为缓慢,因此催化剂的作用是十分重要的。在合成氨生产中,很多工艺指标和操作条件都是由催化剂的性质决定的。

氢氮混合气合成氨,除上述化学反应外,没有副反应。根据其反应的特点,要使合成反应向生成氨的方向进行,就应在低温、高压的工艺条件下操作。在低温下进行氨合成,虽然平衡产率高,但反应速率过慢。有研究资料报道,氨合成反应在300℃的条件下进行,达到平衡需要若干年的时间,这就没有实际的生产意义了。目前,工业上普遍采用温度为450～550℃、压力为15～30 MPa的工艺条件进行氨合成。这就是中压法,其技术比较成熟、经济性比较好。

6.8.3 氨合成工序的工艺流程

氨合成反应属于气固催化反应,是在变温变压条件下进行的。由于只有部分氢氮混合气合成氨,其中氨含量一般只有10%～20%,故必须分离氨后将氢氮混合气在系统中经循环压缩合成。为实现氨合成的循环,必须遵循以下几个步骤:

(1) 氢氮混合气压缩并补入循环系统;

(2) 进塔循环气的预热与氨的合成,出塔含氨混合气的降温冷凝与氨的分离,进塔循环气与出塔含氨混合气在循环系统中同时逆向流动并进行换热;

(3) 热能的回收与利用;

(4) 对未反应气体补充压力并循环使用;

(5) 排放循环气的惰性气体,确保最佳氢氮比,稳定气体组分,以获得良好的合成效果。

工艺流程设计在于如何合理地安排上述五个步骤,以取得最佳的技术经济效益,同时在生产上稳妥可靠。

在氨合成工艺流程的循环系统中,需要连续补充新鲜氢氮混合气,新鲜气的补入需要选择合适的位置。由于新鲜气中不含氨,加入循环气中会降低氨的浓度,对氨的分离不利,所以从分离氨的角度考虑,理想的位置应是合成塔的进口。但是,新鲜气中含有对催化剂有毒的微量杂质,如水蒸气、CO_2、CO等,如果采用活塞式往复压缩机,不可避免还会含有油,这样入塔对氨的合成是不利的。到底在何处补入新鲜气,要视具体的流程而定。一般来说,若采用活塞式往复压缩机流程(中型规模),新鲜气在第一氨分离器后补入;若采用离心式压缩机流程(大型规模),新鲜气从压缩机上方补入,也有从合成塔进口补入。至于惰性气体放空,大多设在分离氨后的氨含量较低、惰性气体含量较高的位置。

下面介绍采用活塞式往复压缩机的氨合成工艺流程(图6-8)。

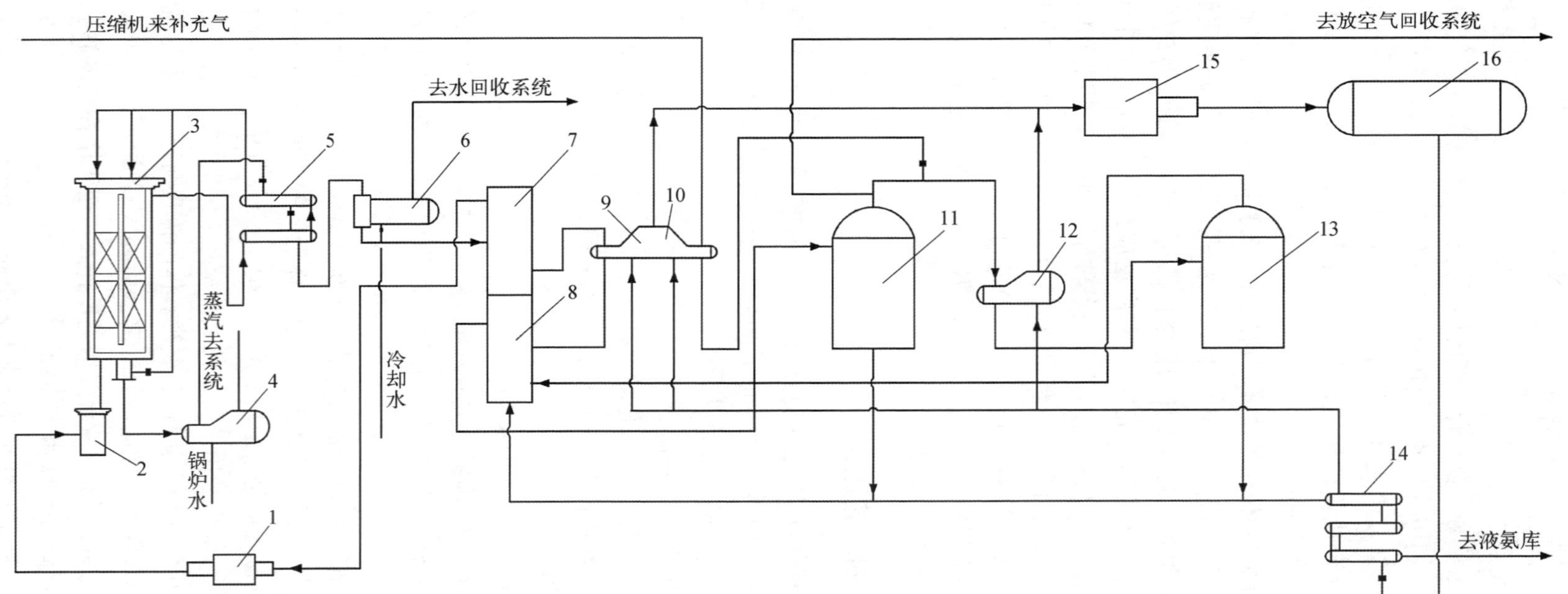

图 6-8 采用活塞式往复压缩机的氨合成工艺流程图

1—循环机；2—油水分离器；3—氨合成塔；4—合成废锅；5—塔前换热器；6—水冷却器；7—热交换器；8—冷交换器；9—第一氨冷凝器；10—补充气氨冷凝器；11—第一氨分离器；12—第二氨冷凝器；13—第二氨分离器；14—液氨冷凝器；15—冰机；16—小氨罐

此类流程由氨合成的循环系统和氨分离的冷凝循环系统组成。氨合成循环由循环机补偿压力;氨分离冷凝循环由冰机回收气氨为液氨,再循环使用。新鲜气的补入和惰性气体放空(去回收系统)均设在第一氨分离器之后与第二氨冷凝器之前的位置。

(1) 新鲜气补入

甲烷化气(精炼气)中 $n(H_2):n(N_2)=3:1$,经压缩机升压至 15 MPa,温度为 40℃左右,在气液分离器内分离油污和水汽后,进入补充气氨冷凝器进一步降温和除杂,之后直接在第一氨分离器后的管路上补入循环系统。

(2) 氨合成循环

由循环机进行压力补偿后的循环气,其中氨含量为 2%左右,压力为 15 MPa,温度为 35℃左右,经油水分离器分离其中的油水杂质后从氨合成塔塔底进入塔内的环隙预热,升温后的气体从塔上部进入塔前换热器,在这里被从塔底出来的高温气体加热升温至 350℃左右后,分两路进入氨合成塔:一路为主线,从塔顶进入;另一路为副线,用以调节反应温度,从塔底进入。进入塔内的循环气,其中氢氮混合气在催化剂的作用下合成氨,从塔底出来。从塔底出来的高温气体,氨含量约为 14%,被称为含氨混合气,简称混合气。混合气首先进入合成废锅以回收高位热能,产生中压蒸汽供系统使用。出合成废锅的混合气进入塔前换热器,通过加热进塔循环气而进一步降温。出塔前换热器的混合气进入水冷却器,用水将其冷却至大约 30℃后进入热交换器,在这里与从冷交换器来的循环气进行热交换。出热交换器的低温混合气进入第一氨冷凝器,被冷凝后进入冷交换器,混合气中的气氨在这里被从第二氨分离器来的−5℃以下的低温循环气冷凝为液氨。出冷交换器的混合气进入第一氨分离器,大部分液氨被分离出来。出第一氨分离器的混合气含氨量较低,但惰性气体含量相对较高,故放空气回收系统设置在这里。又因分离氨后混合气的压力较低,故新鲜气在这里补入为宜。出第一氨分离器的混合气连同补充气一起进入第二氨冷凝器继续冷凝,出第二氨冷凝器的混合气进入第二氨分离器,进一步分离其中的液氨。出第二氨分离器的气体,氨含量为 2%左右、温度在−5℃以下,被称为循环气。循环气从冷交换器下部进入,冷凝混合气后进入热交换器,在热交换器中被水冷却器来的混合气预热后进入循环机,进入下一个氨合成循环。从冷交换器,第一、二氨分离器分离出来的液氨进入液氨冷凝器,进一步冷凝后送去液氨库。

(3) 氨分离冷凝循环

从小氨罐来的液氨,首先进入液氨冷凝器,随后分别从第一、二氨冷凝器下部进入其流程,通过汽化吸热以冷凝管程中的混合气。出第一、二氨冷凝器的气氨进入冰机,在压缩冷凝变为液氨后送入小氨罐储存周转,进入下一个氨分离冷凝循环。

6.8.4　氨合成工序操作注意事项

氨合成工序的操作是整个合成氨生产中最复杂的工序。在确保温度、压力、流量稳定的前提下,应适时调整氢氮比,尽量提高氨净值,提高产量,降低能耗。操作要十分精心,应注意以下事项:

(1) 补充气的加入要平稳、缓慢,过快和过慢均会直接影响循环气总的氢氮比,从而影响氨产率;

(2) 严格按照安全规程和工艺指标操作,稳定系统运行;

(3) 本系统为 15 MPa 和 16 MPa 两种压力同时运行，要防止高压系统的介质导入低压系统；

(4) 氨分离冷凝系统中液氨的加入要平稳，防止液氨流速过大而发生液氨带入冰机的事故。

6.8.5 其他氨合成流程

氨合成流程主要按压力等级来分：高压法，操作压力为 70～100 MPa，温度为 550～650℃；中压法，操作压力为 15～60 MPa，温度为 450～550℃；低压法，操作压力为 10 MPa 左右，温度为 400～450℃。目前，大多采用 15～30 MPa 的中压法氨合成流程，此流程技术成熟、经济性比较好。

思考题

1. 合成氨的主要方法有哪些？现在主要采用哪种方法？
2. 脱硫的原理是什么？
3. 从合成氨原料气中除去少量硫化氢、二氧化碳和一氧化碳等气体的方法有哪些？各种方法的优缺点是什么？
4. 绘制合成氨工艺流程图。

第7章　石油加工认识实习

石油加工又称炼油，它是将原油通过各种加工工艺来生产燃料油、溶剂油、润滑油、石蜡、沥青等产品的过程。石油加工是国民经济的重要支柱，关系到其他产业的发展。

随着我国化工产业的发展，石油加工技术水平得到了提高，炼油厂由传统的燃料型逐步发展为燃料-润滑型、燃料-化工型、燃料-润滑油-化工型。石油加工能力和加工深度也取得重大的进步，加工能力逐年提高，除了常规的原油可以加工外，质量较差的高硫原油、渣油等均可以加工，而且产品类型从传统的燃料油扩展到润滑油、石蜡、沥青、烃类等。伴随着石油加工技术的发展，同步发展起来的还有石油添加剂产业。石油加工企业不仅在石油加工领域取得了巨大的成绩，而且在节能降耗、环境保护及企业管理方面取得了重要的成果，在此我们就不再赘述。

目前，石油加工主要是通过原油的预处理、一次加工过程、二次加工过程和三次加工过程生产石油化学品。原油的预处理，主要是脱盐脱水。原油的一次加工过程主要是常减压蒸馏。原油的二次加工过程包括催化裂化、催化重整、催化加氢及热加工过程等。原油的三次加工过程主要是当通过前面三种加工过程生产的产品不能满足要求时而进行的进一步加工过程，主要包括产品的精制与调和。

充分认识这些石油加工过程有利于化工生产技术人员掌握石油加工理论和技术，特别是对于石油加工企业的工人，了解和学习石油加工过程有着重要的作用。

7.1　石油加工过程概述

7.1.1　原油的预处理

从地底油层开采出来的石油中往往含盐（主要是氯化物）、带水（溶于油或呈乳化状态），不仅对原油运输和储存有危害，而且可导致设备的腐蚀和内壁结垢，影响成品油的组成，因此需要在加工前将其脱除，即脱盐脱水。

要分离油和水，可以利用两种液体的密度不同，采用沉降的方法进行油水分离。在进行沉降分离时，基本符合球形粒子在静止流体中的沉降规律，沉降速率与水滴直径的平方成正比，增大水滴直径就能大大提高沉降速率。所以，脱盐脱水之前向原油中加入一定量的软化水，充分混合，使水滴直径增大，以加速其沉降速率。石油中含有大量乳化剂（如环烷酸、胶质、沥青质等），使水和油形成了乳化液，水以松细的颗粒分散在油中不易脱除，所以在注入软化水的同时还要注入破乳剂，然后在高压电场的作用下进行沉降分离。目前，炼油厂通常都是采用这种电化学方法进行脱盐脱水操作。

7.1.2 原油的一次加工过程

常减压蒸馏是常压蒸馏和减压蒸馏的合称，也是原油的一次加工过程，常减压蒸馏基本属于物理过程。在几乎所有的炼油厂中，第一个加工装置就是蒸馏装置，例如拔顶蒸馏、常减压蒸馏等。原油在蒸馏塔内可以按挥发度的不同分成沸点范围不同的油品（称为馏分），还可以按所制定的产品方案分成相应的直馏汽油、煤油、轻柴油、重柴油馏分及各种润滑油馏分等。在蒸馏装置中，可以按不同的生产方案分割出一些二次加工过程所用的原料，如重整原料、催化裂化原料、加氢裂化原料等，包括石脑油、煤油、柴油、蜡油、渣油及轻质馏分油等，经过二次加工可以进一步提高轻质油的产率以改善产品质量。

7.1.3 原油的二次加工过程

1. 催化裂化

催化裂化是炼油厂为了提高原油加工深度，将重质油转化为轻质油，以便生产高辛烷值汽油、柴油和液化气，是重要的石油加工工艺之一。自世界上第一套催化裂化装置投产后，催化裂化石油加工工艺已有 70 多年的历史。经过若干年的发展，其加工能力居于石油加工过程前列，技术复杂程度位居于石油加工工艺首位。催化裂化装置在石油加工企业中具有举足轻重的地位。

催化裂化是原料在催化剂存在时，在 470～530℃、0.1～0.3 MPa 的条件下，发生裂解等一系列化学反应，将重质油转化成气体、汽油、柴油等轻质产品和焦炭的工艺。催化裂化的原料是重质馏分油，如减压馏分油（减压蜡油）和焦化重馏分油等。随着催化裂化技术和催化剂的不断发展，进一步扩大了原料来源，部分或全部渣油也可作为催化裂化的原料。

催化裂化工艺由三部分组成：原料油催化裂化、催化剂再生、产物分离。催化裂化过程的主要化学反应有裂化反应、异构化反应、氢转移反应、芳构化反应。催化裂化所得的产物经分馏后可得到液化气、汽油、柴油和焦炭。

2. 催化重整

催化重整是富产芳烃和高辛烷值汽油组分的主要工艺过程，其副产物氢气是加氢装置用氢的重要来源。催化重整是石油加工产业的重要工艺之一，受到了广泛重视。

自 1940 年第一套催化重整装置在美国得克萨斯州的炼油厂投产，催化重整工艺已经发展了 80 年。催化重整过程的发展包括两部分，即工艺的发展和催化剂的发展，两者相辅相成，缺一不可。

催化重整是在催化剂和氢气存在的条件下，将常压蒸馏所得的轻汽油或石脑油转化成含芳烃较高的重整汽油的工艺。催化重整主要有三方面作用：一是能把辛烷值很低的直馏汽油变成 80～90 号的高辛烷值汽油；二是能生产大量苯、甲苯和二甲苯，这些都是生产合成塑料、合成纤维和合成橡胶的基本原料；三是可副产大量廉价氢气，氢气可以作为加氢反应的来源。

由于环保和节能要求，世界范围内对汽油总的要求是要满足清洁和高辛烷值的要求。在发达国家的车用汽油组分中，催化重整汽油占 25%～30%。目前在我国，汽油主要以催化裂化汽油为主，其中烯烃和硫含量都较高。如何降低烯烃和硫含量并保持较高的辛烷值是我国炼油厂生产清洁汽油所面临的主要问题，而催化重整是解决这个问题的重要手段。

3. 催化加氢

催化加氢是石油馏分(包括渣油)在氢气存在的条件下进行催化反应的过程的通称，是重要的原油二次加工手段。按照产品的不同，催化加氢可分为加氢精制和加氢裂化。催化加氢对于提高原油的加工深度和轻质油的收率、减少大气的污染具有重要的意义。

加氢精制主要用于油品精制。在加氢精制过程中，只有小于10%的原料油转变成分子更小的成分。加氢精制过程除去了油分中的硫、氮、氧等杂原子及金属杂质，改善了油品的使用性能。

加氢裂化是在氢气和催化剂的作用下，30%～50%的原料油分子裂解为更小的分子的转化过程。它实质是催化加氢反应和催化裂化反应的耦合，现在也将中压加氢改质、临氢降凝过程归入加氢裂化过程中。加氢裂化所得主要产品为优质轻质油，特别是优质航空煤油和低凝点柴油。后文重点介绍加氢裂化工艺。

4. 热加工过程

热加工过程是指利用热能使油品发生化学反应的过程。一般情况下，其可将重质油转化成气体、转质油、燃料油或焦炭等。

热加工过程主要包括热裂化、减黏裂化和延迟焦化。热裂化由于其产品质量不好、开工周期较短，已于20世纪60年代后期逐渐被催化裂化所取代。减黏裂化和延迟焦化由于其产品用途特殊，目前仍发挥着重要的作用。减黏裂化是一种降低渣油黏度的轻度热裂化加工手段，主要目的是使重质燃料达到使用的程度或者达到进一步加工的要求。延迟焦化是在长时间反应条件下使原料深度裂化的加工手段，目的是用来生产固体石油焦炭，同时获得气体和液体产物，通过改变原料和操作条件可以调整汽油、柴油、裂化原料油、焦炭的比例。后文主要介绍延迟焦化工艺。

7.1.4 原油的三次加工过程

从原油的一次加工过程、二次加工过程得到的汽油、飞机燃料、煤油、柴油和润滑油基础油等，它们的性能仍不能满足产品的要求，一般不能直接作为商品使用，还需要进一步加工，加工的方式有产品的调和、产品的精制等。

1. 产品的调和

产品的调和应参考不同石油产品的种类和要求。炼油厂根据现有的工艺装置和产品情况，一般只生产几种基础油，再利用基础油进行调和来获得各种性能的石油产品。油品调和是指在满足各种油品指标条件下，通过技术、手段以一定的配方对基础油品进行调和，从而生产出成本最低、质量符合要求的高品质石油产品。油品调和通常是石油加工过程的最后一道工序。大多数燃料油和润滑油等石油产品都是由不同组分的基础油调和而成的调制品。

2. 产品的精制

成品油除了进行调和和添加添加剂外，往往还需要进一步精制，以除去油品中的剩余杂质，改善油品性能，最终达到满足实际要求的目的。常见的杂质有含硫、氮、氧的化合物，以及混在其中的蜡和胶质等成分。这些物质的存在使得油品有臭味、色泽深，腐蚀机械设备，不易保存。目前，除去杂质常用的方法有酸碱精制、脱臭、加氢、溶剂精制、白土精制、脱蜡等。经过精制后的石油产品就可以直接进行销售。

7.2 石油加工工艺

7.2.1 原油预处理

原油预处理过程包括原油电脱盐及分馏塔顶注氨、注水、注缓蚀剂，目的是脱除原油中的盐和减轻塔顶腐蚀，也称为原油脱盐脱水过程。

原油的二级脱盐脱水工艺流程图如图 7－1 所示。原油经换热后被注入破乳剂、软化水，经静态混合器充分混合后从底部进入一级电脱盐罐，一级脱盐率为 90%～95%。脱盐后的原油从顶部排出，经二次注水后进入混合器充分混合，随后从底部进入二级电脱盐罐，在高压电场的作用下进行脱盐脱水。脱盐脱水后的原油从顶部引出，经换热后送入初馏系统，含盐废水则从底部排出。经二级电脱盐后，总脱盐率达 99%。

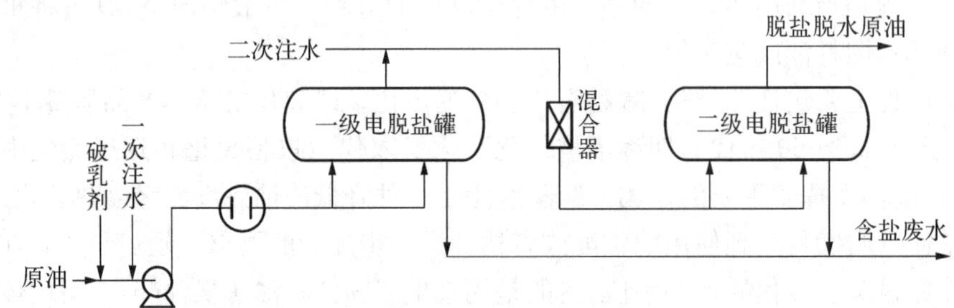

图 7－1　原油的二级脱盐脱水工艺流程图

7.2.2 常减压工艺

1. 常减压工艺的目的

常减压工艺的目的是将原油分割成各种不同沸点范围的组分，以适应产品和下游装置对原料的要求。其典型流程包括常减压蒸馏工艺流程和常压蒸馏工艺流程。常减压蒸馏装置一般包括初馏塔、常压塔和减压塔，对应三塔流程，炼油厂多采用此方案。常压蒸馏装置不设减压塔，对应两塔流程，常压重油可直接作为催化裂化原料或进行加氢处理。

2. 三段汽化常减压工艺

目前，炼油厂最常采用的原油蒸馏流程是两段汽化流程和三段汽化流程。两段汽化流程包括两个部分：常压蒸馏和减压蒸馏。三段汽化流程包括三个部分：原油初馏、常压蒸馏和减压蒸馏。

常减压工艺是否采用两段汽化流程应根据具体工艺条件对加工过程的影响来确定。例如，若原油所含的轻馏分多，则原油经过一系列热交换后，温度升高，轻馏分汽化，这会造成管路巨大的压降，其结果是原油泵的出口压力升高，换热器的耐压能力也应提高；若原油预处理的脱盐脱水效果不好，在进入换热系统后，尽管原油中轻馏分含量不高，但是水分的汽化也会造成管路中压降较大。当加工含硫原油时，在温度为160～180℃的条件下，某些含硫化合物会分解而释放出H_2S，这可以促进原油中的盐分适当水解生成HCl，从而造成蒸馏塔顶部、气相馏出管线与冷凝冷却系统等低温位的严重腐蚀。当采用两段汽化流程时，也会出现这些现象，造成操作困难，严重影响产品质量和收率，因此大型炼油厂的原油蒸馏装置多采用三段汽化流程。

三段汽化常减压工艺流程图如图7-2所示。原油在脱盐脱水预处理后，经预热至200～240℃后进入初馏塔。轻汽油和水蒸气由塔顶蒸出，冷却到常温后进入分离器，分离水和不凝气后得到轻汽油（又称为石脑油）。不凝气被称为原油拔顶气，占原油重量的0.15%～0.4%，其中乙烷含量为2%～4%、丙烷含量约为30%、丁烷含量约为50%，其余为C_5及C_5以上组分，可用作燃料或生产烯烃的裂解原料。初馏塔底部油料经常压炉加热至360～370℃后进入常压塔，塔顶出汽油，第一侧线出煤油，第二侧线出柴油，所出产品分别被称为直馏汽油、直溜煤油、直流柴油。将常压塔塔釜重油在加热炉中加热至380～400℃后送入减压塔。采用减压操作是为了避免高温下重组分的分解（裂解）。减压塔侧线油和常压塔三、四线油统称为常减压馏分油，用作炼油厂的催化裂化等装置的原料。

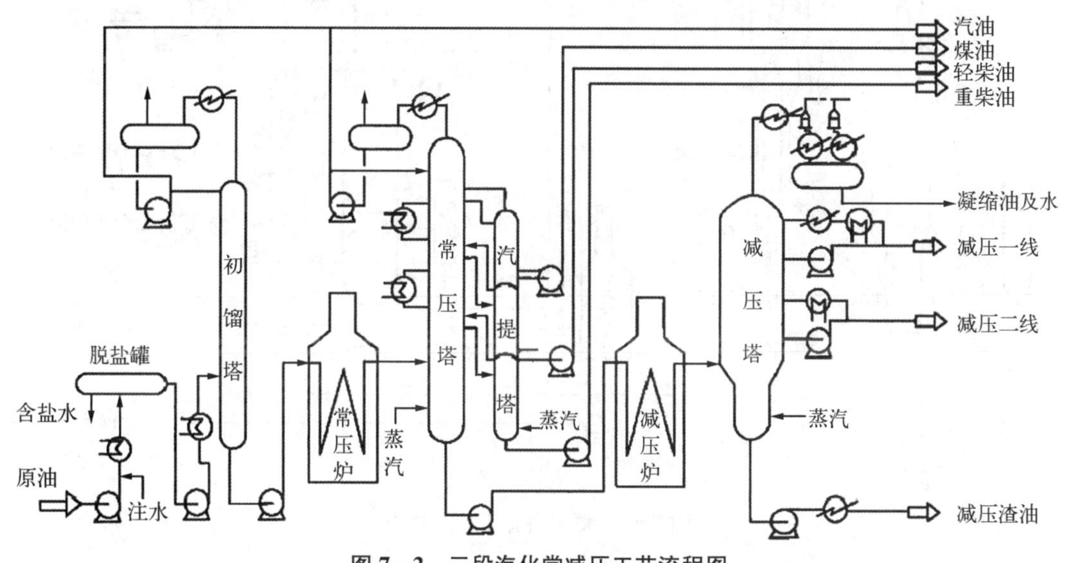

图7-2　三段汽化常减压工艺流程图

3. 加热炉

加热炉是常减压蒸馏装置的重要设备，原油分离过程需要的大量能量主要由加热炉提供。根据生产需要，设置常压加热炉和减压加热炉。常减压蒸馏装置因加热负荷较大，多采用立式管式炉，其一般由辐射室、对流室、余热回收系统、燃烧器及通风系统组成。

4. 换热流程

常减压蒸馏装置是消耗能量较大的生产装置，其燃料消耗约为原油加工量的2%。换热流程设计采用窄点技术进行优化，这样保证了最高的热回收率和最低的冷热公用工程消耗。通过采用高效的换热器、优化操作等手段，换热流程的热回收率可达86%以上，换热终温可达 300℃以上。

7.2.3 催化裂化工艺

催化裂化是原料在 500℃左右、0.1～0.3 MPa 的条件下与催化剂进行接触，经裂解等反应生成气体、汽油、柴油和焦炭的工艺过程。催化裂化装置一般由四部分组成：反应-再生系统、分馏系统、吸收-稳定系统和烟气能量回收系统。下面分别介绍这四种系统。

1. 反应-再生系统

反应-再生系统是催化裂化装置的核心部分，其类型主要有床层反应式、提升管式，提升管式又分为高低并列式和同轴式两种。尽管不同类型的反应-再生系统会略微有所差异，但是其原理都是相同的，下面就以高低并列式提升管催化裂化工艺为例进行简单介绍，其催化裂化工艺流程图如图 7-3 所示。

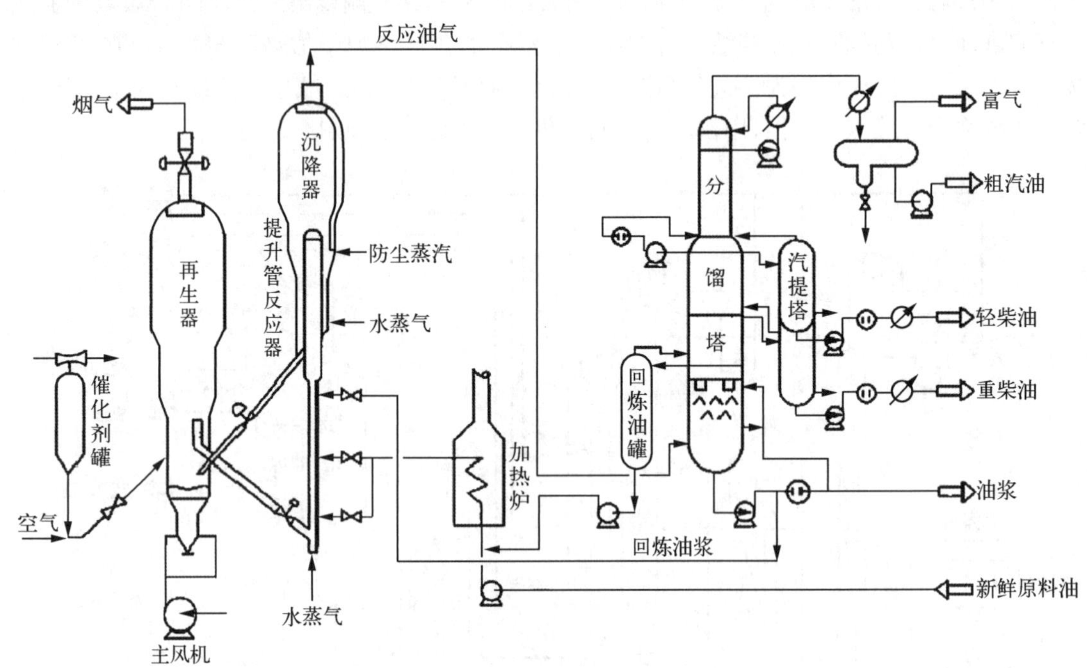

图 7-3 催化裂化工艺流程图

新鲜原料油经过换热后与回炼油混合，经加热炉加热至 300～400℃后，由原料油喷嘴以雾化状态喷入提升管反应器下部，与来自再生器的高温(600～750℃)催化剂接触并汽化，油气与雾化蒸汽、预提升蒸汽一起携带催化剂以 7～8 m/s 的速率向上运动，边流动边进行反应。在 470～510℃的反应温度下，油气在提升管反应器内的停留时间很短，一般为 2～4 s。反应后的油气经过沉降器实现快速分离，大部分催化剂落入沉降器底部，反应油气则携带少量催化剂经过旋风分离器后进入集气室，通过沉降器顶部出口进入分馏系统。

积有焦炭的待生催化剂由沉降器进入下面的汽提段，用过热水蒸气进行汽提，以脱除吸附在待生催化剂表面的少量油气，然后经过待生斜管、待生单动滑阀进入再生器，与来自再生器底部的空气接触形成流化状态，进行再生反应，以恢复催化剂的活性，并放出大量的热量。维持高床层温度为 650～680℃，再生器的顶部压力为 0.15～0.25 MPa，床层线速率为 0.7～

1.0 m/s。再生后的催化剂含碳量小，经再生斜管及再生单动滑阀返回提升管反应器循环使用。

催化剂再生时产生的再生烟气经再生器稀相段进入旋风分离器，经两级旋风分离器分离出携带的大部分催化剂，其余烟气经集气室和双动滑阀排入烟囱或者进入能量回收系统。利用再生烟气的热能和压力做功驱动主风机以节约电能。回收的催化剂经两级料腿返回床层。

在生产过程中，少量催化剂细粉随烟气排入大气或(和)进入分馏系统随油浆排出，从而造成催化剂的损耗。为了维持反应-再生系统的催化剂总量，需要定期向系统内补充新鲜的催化剂。即使催化剂损失很低，但是基于部分催化剂老化失活或者受重金属的污染，也需要补充一些新鲜催化剂，以维持系统内催化剂的活性。为此，装置内通常设有两个催化剂罐，并配备加料和卸料系统。

2. 分馏系统

分馏系统的作用是将反应-再生系统的产物进行初步分离，得到部分产品和半成品。

从反应-再生系统来的高温油气进入分馏塔下部，经装有挡板的脱过热段脱热后进入分馏段，经分馏后得到富气、粗汽油、轻柴油、重柴油、回炼油和油浆。富气和粗汽油送入吸收-稳定系统；轻柴油和重柴油经汽提、换热、冷却后出装置；回炼油返回反应-再生系统进行回炼。油浆的一部分送入反应-再生系统进行回炼，另一部分经换热后循环回分馏塔。为取走分馏塔的过剩热量以使塔内气相、液相负荷分布均匀，在分馏塔的不同位置分别设有 4 个循环回流装置，分别是塔顶循环回流、一中段回流、二中段回流和油浆循环回流。分馏塔底部的脱过热段装有约 10 块人字形挡板。由于进料是 460℃以上的带有催化剂粉末的过热油气，必须先把油气冷却到饱和状态，同时洗下夹带的催化剂粉末以便进行分馏，同时避免堵塞塔盘。塔底抽出的油浆经冷却后返回人字形挡板的上方，与由塔底上来的油气进行逆流接触，一方面使油气快速冷却至饱和状态，另一方面使油气夹带的催化剂粉末迅速沉降下来。

3. 吸收-稳定系统

吸收-稳定系统包括吸收塔、解吸塔、再吸收塔、稳定塔和相应的冷却换热设备，目的是将来自分馏系统的富气中 C_2 以下组分与 C_3 以上组分分离，同时将混入汽油中的少量气体烃分出，以降低汽油的蒸气压。

4. 烟气能量回收系统

从再生器出来的高温烟气首先进入高效旋风分离器分离出少量的催化剂粉末，使其含量降低到 0.2 g/m^3 以下，然后通过调节蝶阀进入烟气轮机膨胀做功，使压力能转化为机械能以驱动主风机转动，并提供空气给再生器。待烟气压降为 0.12 MPa、温度降为 450℃后，再将此烟气引入余热锅炉，使烟气温度降至 200℃以下，然后由烟囱进行排空。另外，为了防止烟气轮机发生故障后烟气无法处理的情况发生，烟气也可经双动滑阀直接进入余热锅炉后进行排空。烟气轮机带动反应-再生系统的主风机，余热锅炉产生的蒸汽驱动汽轮机、发电机，这样组成了同轴式四机组烟气能量回收系统。

7.2.4 加氢裂化工艺

加氢裂化是将催化加氢反应和催化裂化反应耦合在一起的复杂反应，其工艺流程的选择与催化剂性能、原料油性质、产品品种、产品质量、装置规模、设备供应条件及装置生产活性等因素有关。

目前，绝大多数加氢裂化工艺采用固定床反应器。根据原料性质、产品要求和处理量的大小，加氢裂化工艺分为一段加氢裂化和两段加氢裂化两种工艺。除固定床加氢裂化工艺外，还有沸腾床加氢裂化和悬浮床加氢裂化等工艺。

1. 一段加氢裂化工艺

一段加氢裂化又称为单段加氢裂化。其工艺流程中只有一个反应器，原料油加氢精制和加氢裂化在同一反应器内进行，反应器上部为精制段，下部为裂化段，所用催化剂须具有较好的异构裂化、中间馏分油选择性和一定的抗氮能力。这种流程一般用于粗汽油生产液化气和减压蜡油、脱沥青油生产喷气燃料和柴油等。一段加氢裂化工艺流程图如图 7-4 所示。

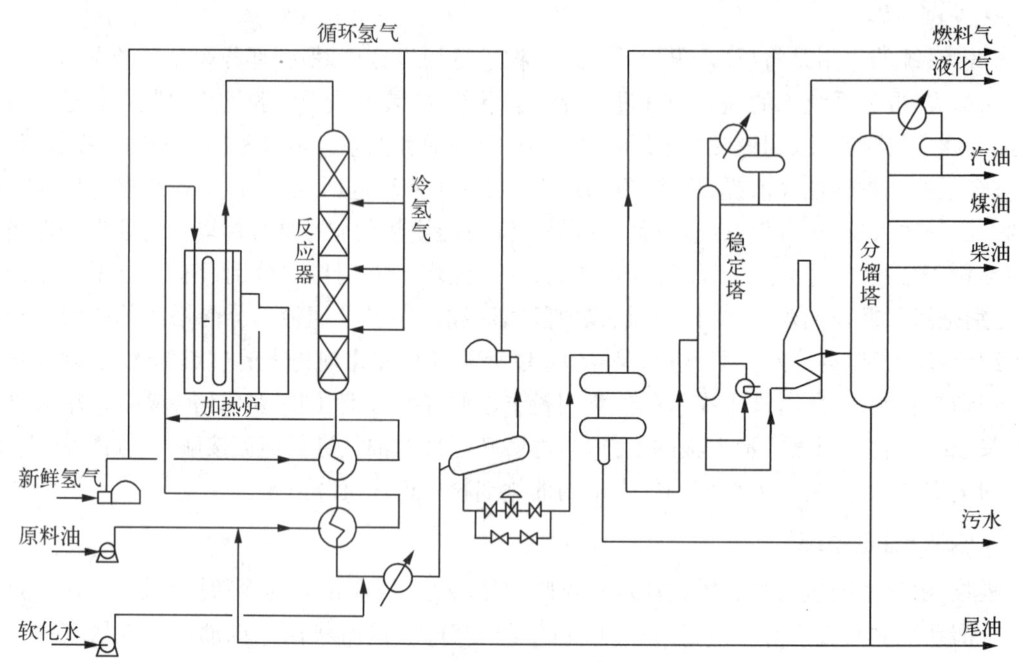

图 7-4 一段加氢裂化工艺流程图

以大庆直馏柴油馏分（温度为 330～490℃）的一段加氢裂化工艺流程为例。原料油经泵升压至 16.0 MPa，与新鲜氢气和循环氢气混合换热后进入加热炉进行加热，然后进入反应器进行反应。反应器的进料温度一般为 370～450℃，原料在温度为 380～440℃、空速为 1.0 h^{-1}、氢油体积比约为 2 500 的条件下进行反应。当反应产物与原料换热至 200℃左右时，为了防止水合物析出而堵塞管道，向其中注入软化水以溶解 NH_3、H_2S 等，然后冷却至 30～40℃时进入高压分离器。顶部分离出的循环氢气与补充的新鲜氢气混合后，经压缩机升压后返回系统使用；底部分离出的生成油减压至 0.5 MPa 后进入低压分离器，脱除污水并释放出燃料气。生成油进入稳定塔，塔顶生成燃料气，塔底生成油一部分加热回流，另一部分加热到 320℃后在 1.0～1.2 MPa 下进入分馏塔，得到轻汽油、航空煤油、低凝柴油和塔底油（尾油）。一段加氢裂化工艺可用三种方案进行操作：原料一次通过、尾油部分循环和尾油全部循环。

2. 两段加氢裂化工艺

两段加氢裂化工艺流程中有两个反应器，分别装有不同性能的催化剂。第一个反应器主要进行原料油精制，使用活性高的催化剂对原料油进行预处理；第二个反应器主要进行加氢裂化，在裂化活性较高的催化剂上进行裂化反应和异构化反应，最大限度地生产汽油和中间馏分油。两段加氢裂化工艺有两种操作方案：一种是第一段进行加氢精制、第二段进行加氢裂化；另一种是第一段除进行加氢精制外，还进行部分加氢裂化，第二段进行加氢裂化。两段加氢裂化工艺对原料的适应性大，操作比较灵活。两段加氢裂化工艺流程图如图7-5所示。

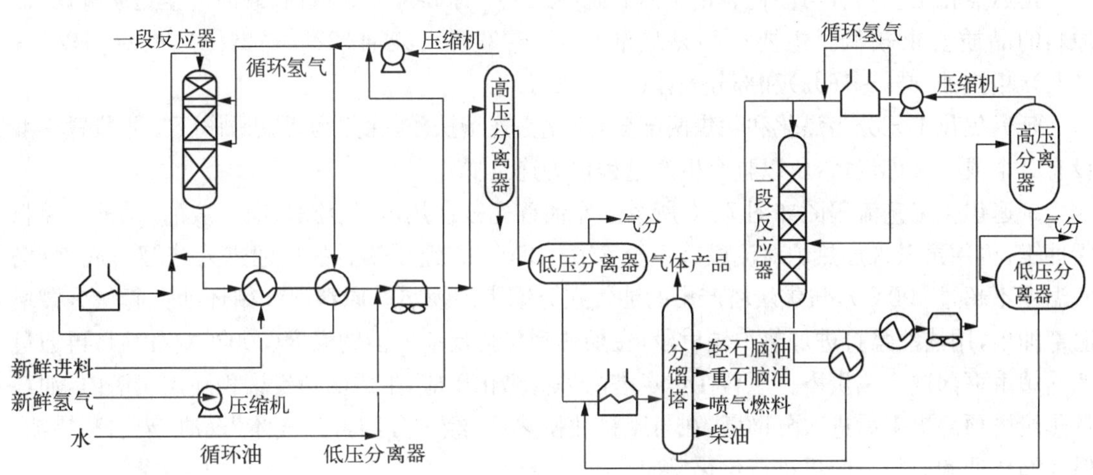

图7-5　两段加氢裂化工艺流程图

3. 固定床串联加氢裂化工艺

固定床串联加氢裂化工艺是将两个反应器进行串联，并且在反应器中填装不同的催化剂。第一个反应器装入脱硫脱氮活性好的加氢催化剂，第二个反应器装入抗 NH_3、抗 H_2S 的分子筛加氢裂化催化剂。其他部分与一段加氢裂化工艺相同。与一段加氢裂化工艺相比，该工艺的优点在于通过改变操作条件就可以最大限度地生产汽油、航空煤油和柴油。

4. 沸腾床加氢裂化工艺

沸腾床加氢裂化工艺借助流体流速来带动一定颗粒粒度的催化剂运动，形成气、液、固三相床层，从而使氢气、原料油和催化剂充分接触而完成加氢裂化反应。该工艺可以处理金属含量高和残炭值较高的原料（如减压渣油），并可使重油深度转化。但是该工艺的操作温度较高，一般为400～450℃。

5. 悬浮床加氢裂化工艺

悬浮床加氢裂化工艺可以使用非常劣质的原料，其原理与沸腾床加氢裂化工艺相似。其基本流程是将细粉状催化剂与原料油预先混合，再与氢气一同进入反应器，流动方向自下而上，并进行加氢裂化反应，催化剂悬浮于液相中且随着反应产物一起从反应器顶部流出。

7.2.5　延迟焦化工艺

焦炭化（简称焦化）属于深度热裂化过程，也是处理渣油的重要手段之一。它是生产石油焦的唯一工艺方法，其生产出来的优质焦可满足特殊行业的需求。因此，焦化过程在石油加工中占有重要的地位。

焦化是以贫氢重质残油(如减压渣油、裂化渣油及沥青等)为原料，在400～500℃的高温下进行深度热裂化。通过裂解反应，部分渣油转化为气体烃和轻质油品；通过缩合反应，部分渣油转化为焦炭。焦化的反应条件苛刻，原油中又含有较高含量的芳烃，因此缩合反应占很大比重，因而生成的焦炭多。目前，主要的工艺是延迟焦化工艺，该工艺使生焦反应从加热炉中延迟到焦炭塔中，以便于生产。

延迟焦化工艺具有与催化裂化类似的脱碳工艺。原料可以是重油、渣油甚至是沥青，其对原料的品质要求较低。主要产品是蜡油(23%～33%)、柴油(22%～29%)、焦炭(15%～25%)、粗汽油(8%～16%)和部分气体(7%～10%)。

延迟焦化工艺分为焦化和除焦两部分，焦化为连续操作，除焦为间歇操作。工业装置一般设有2个或4个焦炭塔，所以整个生产过程仍为连续操作。

延迟焦化工艺流程图如图7-6所示。原油首先被预热，焦化原料(减压渣油)先进入原料缓冲罐，再用泵送入加热炉对流段升温至340～350℃。经预热后的原油进入分馏塔底部(塔底温度不超过400℃)，与焦炭塔产出的油气在分馏塔内换热。原料油和循环油一起从分馏塔底部抽出，用热油泵打进加热炉辐射段，在加热到焦化反应所需的温度(500℃左右)后，再通过四通阀由下部进入焦炭塔。原料在焦炭塔内进行焦化反应，生成的焦炭聚积在焦炭塔内，油气从焦炭塔顶部出来后进入分馏塔，在与原料油换热后，经过分馏得到气体、汽油、柴油和蜡油。塔底循环油和原料一起再进行焦化反应。

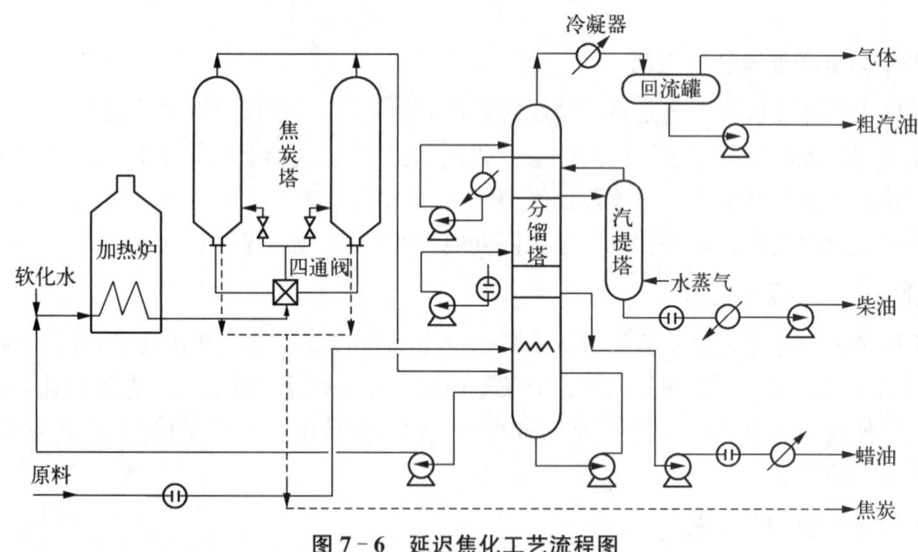

图7-6 延迟焦化工艺流程图

7.2.6 石油产品的精制

为了除去油品中的剩余杂质、改善油品性能，成品油往往需要进一步精制才能满足实际产品要求。石油产品的精制方法有很多，燃料油品生产中应用的精制方法主要有化学精制法、溶剂精制法、吸附精制法、加氢精制法、柴油冷榨脱蜡和吸收法气体脱硫。

1. 酸碱精制工艺

酸碱精制法是最早使用的一种化学精制法，其特点是工艺简单、设备投资少、操作费用低，是普遍采用的一种精制方法。现在国内炼油厂采用的是将酸碱精制与高压电场加速沉降分离相结合的一种改进酸碱精制法。

酸碱精制工艺流程一般有预碱洗、酸洗、碱洗、水洗等顺序步骤。酸碱精制工艺流程图如图 7 - 7 所示。原料油（待精制的油品）与碱液（质量分数一般为 4%～15%）在文丘里管和混合柱中充分混合和反应，然后进入预碱洗电分离器，碱渣在 2×10^4 V 左右的交流电或直流电的高压电场作用下凝聚、沉降、分离，并从预碱洗电分离器底部排出。预碱洗后的油品自顶部流出，在 25～35℃下与浓硫酸在文丘里管和混合柱中充分混合、反应，然后进入酸洗电分离器，酸渣从酸洗电分离器底部排出。酸洗后的油品自顶部排出，与碱液在文丘里管和混合柱中进行充分混合和反应，然后进入碱洗电分离器，碱渣从碱洗电分离器底部排出。酸洗后的油品依次再经过碱洗电分离器（质量分数为 10%～30%，用量为 0.2%～0.3%）和水洗电分离器。碱洗后的油品自碱洗电分离器顶部排出，在文丘里管和混合柱中与水混合，然后进入水洗电分离器，以除去碱和钠盐的水溶液，废水自水洗电分离器底部排出，精制后的成品油自水洗电分离器顶部排出。

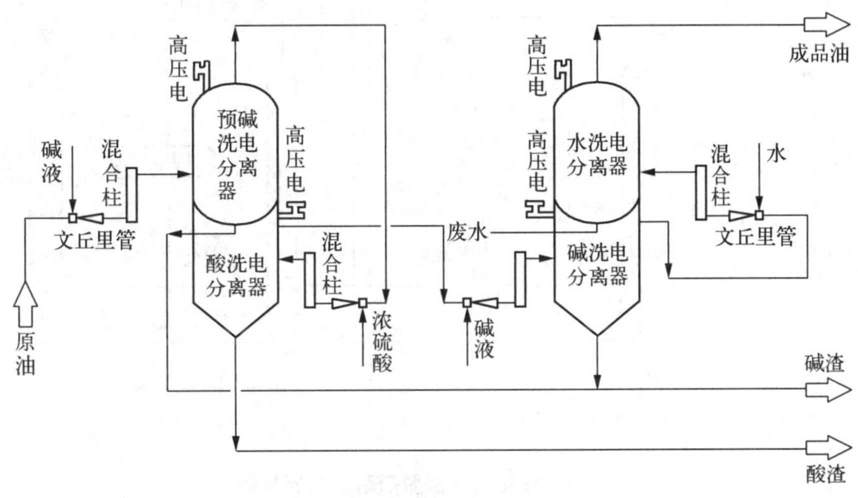

图 7 - 7　酸碱精制工艺流程图

2. 轻质油脱硫醇工艺

汽油、煤油及液化石油气等轻质油中含有较多的硫醇。硫醇具有酸性，可腐蚀设备。硫醇含量很低时也能产生极难闻的臭味，影响油品添加剂（如抗爆剂、抗氧化剂、金属钝化剂等）的使用性能，进而影响油品的性能。所以，脱除油品中的硫醇是提高油品质量的一种主要方式。

工业上常用的脱硫醇方法有氧化法、催化氧化法、抽提法和吸附法。催化氧化法是目前最常用的方法，其中常见的为梅洛克斯法。该法是以磺化酞菁钴或聚酞菁钴等金属酞菁化合物为催化剂，过程分为抽提和除臭两部分。催化氧化法脱硫醇的特点是工艺和操作简单、投资和操作费用低，而且硫醇的脱除效果好。

催化氧化法脱硫醇工艺流程图如图 7－8 所示。原料油中含有的硫化氢、酚类和环烷酸等会降低脱硫醇的效果，并缩短催化剂的寿命，所以在脱硫醇之前须用质量分数为 5%～10%的氢氧化钠溶液进行预碱洗，以除去这些酸性杂质。预碱洗后的原料油进入硫醇抽提塔，与塔上部流下的含有催化剂的碱液逆流接触，其中的硫醇与碱液反应生成硫醇钠盐，并溶于碱液从塔底排出。从硫醇抽提塔下部排出的含硫醇钠盐的碱液（含催化剂）经水蒸气加热至 40℃左右，与补充的新鲜催化剂及空气混合后进入氧化塔，氧化塔中硫醇钠盐被氧化为二硫化物，然后进入二硫化物分离罐。二硫化物由于不溶于水，积聚在上层而由二硫化物分离罐上部排出，同时，过剩的空气从顶部排出，底部排出的含催化剂的碱液被送回硫醇抽提塔循环使用。由硫醇抽提塔顶部出来的油品与空气、含催化剂的碱液混合后进入转化塔，转化塔内油品中残存的硫醇再次被氧化成二硫化物，然后进入静置分离罐。其上层油品（二硫化物仍留在油中）被送至砂滤塔内除去过剩空气（塔顶排出）和残留的碱液，所得即为精制的产品。其下层排出的含催化剂的碱液与砂滤塔底部排出的碱液混合后，经碱液泵与补充的新鲜催化剂一起混合后进入转化塔重复使用。

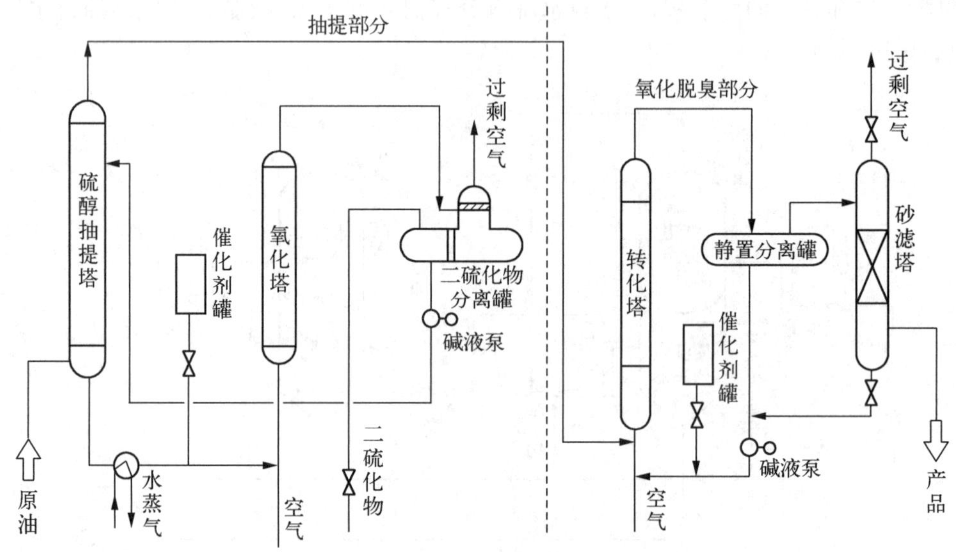

图 7－8　催化氧化法脱硫醇工艺流程图

3. 炼厂气脱硫工艺

在含硫原油的二次加工过程中，原油中大部分硫化物转化成硫化氢，并存在于炼厂气中。很多天然气中也含有硫化氢。当含硫气体作为石油加工生产的原料或燃料时，会引起设备和管线的腐蚀，使催化剂中毒，危害人体健康，污染大气。所以作为石油化工生产的原料或燃料的炼厂气和天然气，需要先脱除硫化氢后再使用。硫化氢的脱除过程中可以副产硫和硫酸。

硫化氢脱除过程大致可以分为两个类别：一类是干法脱硫，即采用固体吸附剂作为脱硫剂；另一类为湿法脱硫，即采用液体吸收剂作为脱硫剂。常采用的固体吸附剂有氧化铁、氧化锌、活性炭、泡沸石和分子筛等。湿法脱硫又可以分为化学吸收法、物理吸收法、直接转化法等。

常见的乙醇胺法气体脱硫工艺流程图如图 7－9 所示。当含硫气体冷却至 40℃时，并在气液分离器内分离出水和杂质后，进入吸收塔的下部，与塔上部引入的温度为 45℃左右的乙醇胺溶液(贫液)逆向接触。乙醇胺溶液吸收气体中的硫化氢和二氧化碳,使得气体得到净化。净化后的气体自塔顶排出,进入净化气分离器,分离出胺液后出装置。吸收硫化氢和二氧化碳的乙醇胺溶液(富液)从吸收塔底部借助吸收塔的压力排出,经调节阀减压、过滤和换热后进入解吸塔上部,在解吸塔内与下部上来的水蒸气直接接触。当升温到 120℃左右时,乙醇胺溶液中吸收的硫化氢、二氧化碳及少量烃类大部分被解吸出来,并从塔顶排出。解吸塔底部溶液流出,进入再沸器的壳程,被管程的水蒸气加热后返回解吸塔。再生后的乙醇胺溶液从解吸塔底部排出,与吸收后的乙醇胺溶液(富液)进行换热,再经冷却器降温至 40℃左右后,由循环泵打入吸收塔顶部进行循环使用。解吸塔顶部出来的酸性气体(硫化氢、二氧化碳、水蒸气和烃类的混合物气体)依次经过空气冷却器和另一个冷却器后,降温至 40℃以下,然后进入酸性气体分离器。酸性气体分离器底部分离出的碱性液体通过泵送回解吸塔顶部作为回流,分离出的酸性气体经干燥后送往硫回收装置。

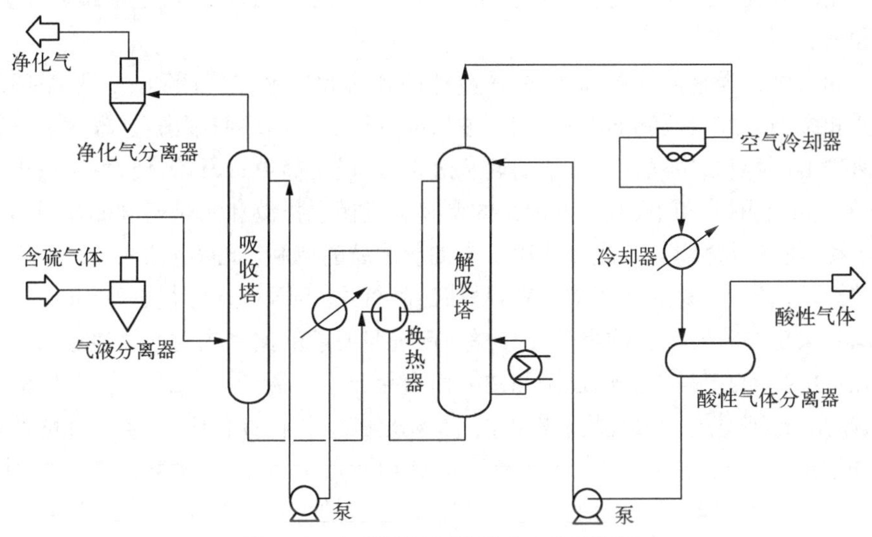

图 7-9　乙醇胺法气体脱硫工艺流程图

4. 白土精制工艺

有些油品经过酸碱精制、溶剂精制(脱硫醇和脱硫化氢)后还残留有胶质、沥青质、环烷酸、磺酸盐、硫酸酯、酸碱渣及抽提溶剂,这些极性杂质很容易被活性白土吸附而脱除。与此同时,也脱除掉了油品中影响色度的物质及光安定性很差的物质,以保证油品的色度和光安定性良好。白土精制就是用活性白土在一定温度下处理油品,以降低油品的残炭值及酸值(或酸度),改善油品的颜色及光安定性。

目前比较广泛使用的白土精制方法是接触法。该法主要用于各种润滑油的最后精制过程,工业上常称为白土补充精制。它是将白土和油混成浆状,通过加热炉加热到一定的温度并保持一定的时间,然后滤出精制油。接触法白土精制工艺流程图如图 7-10 所示。

7.2.7　石油产品的调和

不同使用目的的石油产品具有不同的规格标准,每一种石油产品的规格标准包括许多性质要求。通过一套加工装置生产出多种合格产品,在经济上往往是不合算的,甚至是不可能

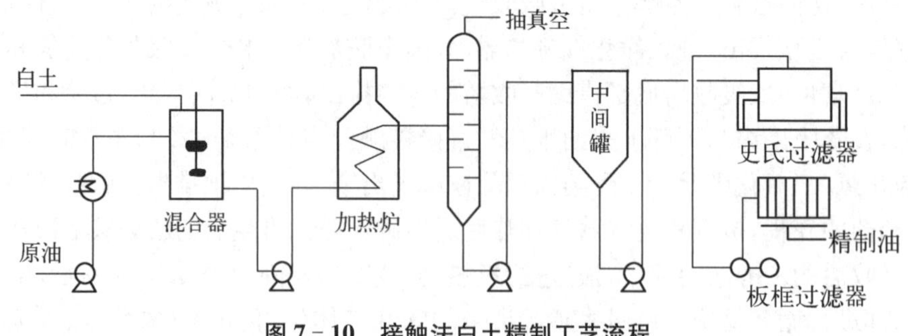

图 7-10　接触法白土精制工艺流程

的,所以大多数石油产品都是通过对基础油进行调和而成的。调和是炼油厂生产石油产品的最后一道工序。石油产品可以由几种基础油调和而成,也可以由基础油与添加剂调和而成。

石油产品的调和方法相对比较简单。常用的调和方法有两种,一种是油罐调和法,另一种是管道调和法。

油罐调和法可分为泵循环调和法、机械搅拌调和法和压缩空气调和法。泵循环调和法是先将组分油和添加剂加入调和油罐中,用泵抽出部分油品再循环回罐内,进罐时通过装在罐内的喷嘴高速喷出,促使油品混合。此法的调和效率高、设备简单、操作方便,特别适用于混合量大、混合比例变化范围大和中、低黏度油品的调和。机械搅拌调和法是通过搅拌器的转动带动罐内油品运动,使其混合均匀。此法适用于小批量油品的调和,如润滑油成品油。压缩空气搅拌调和法的挥发损失大,易造成环境污染,易使油品氧化变质,现在已很少使用。

管道调和法是将需要混合的组分油和添加剂按照要求的比例同时连续地送入总管和管道混合器中,混合均匀的产品不必通过调和油罐而直接出厂。管道调和法的特点是调和过程简便、自动化操作,特别适用于大批量、调和比例变化范围大的各种轻质油、重质油的调和。

在有些情况下,馏分油经过简单调和后很难达到产品规定的规格标准。此时,需要加入各种类型的添加剂来改善油品的性能,以满足最后的产品规定,生产出符合质量要求的产品。目前的油品添加剂主要是润滑油添加剂,包括清净剂、分散剂、抗氧抗腐剂、极压抗磨剂、油性剂、摩擦改进剂、抗氧剂、金属减活剂、黏度指数改进剂、防锈剂、降凝剂、抗泡沫剂和抗乳化剂等。

7.2.8　沥青生产工艺

沥青生产工艺的选择主要取决于原料的性质和目的产品的用途。生产沥青的工艺有多种,主要有常减压直馏沥青工艺、氧化法沥青工艺、溶剂法沥青工艺、调合法沥青工艺,以及这四种工艺之间的组合等。

1. 常减压直馏沥青工艺

常减压蒸馏是原料加工过程中的第一道工序,是一般原油深加工所必须经历的一个过程。从常减压蒸馏装置可以分离出汽油、煤油及减压馏分油,余下的残渣符合沥青标准就可以直接作为产品出厂。用这种方法生产的沥青称为常减压直馏沥青,这种沥青主要用于铺路。这种方法是生产道路沥青的最主要方法和最经济方法,占沥青总产量的 70%～80%。

生产优质常减压直馏沥青的关键在于选择合适的原油,不同原油加工后的沥青质量不同。

蒸馏法生产沥青是根据油品的沸点随压力降低而降低的原理，通过减压蒸馏实现的。一般情况下，利用喷射式蒸汽抽空器和机械抽真空的方法使减压塔内保持负压状态。减压状态避免了温度过高造成的渣油热裂化和结焦，保证了油品质量和分馏效果。对于重质原油，其密度越大，减压要求的真空度就越大。为了实现高真空度，设计采用大塔径、三级抽真空、低速转油线、压降较小的大通量规整填料等。在操作上，根据加工原油的性质不同，采用在减压塔塔底和炉管中注入蒸汽（湿式）或不注蒸汽（干式）的操作方式，从而提高减压塔的加工深度，增加减压渣油的稠度，生产出符合规格要求的道路沥青。

根据相关数据，一般来说，含蜡较低的环烷基原料和中间基原料比较适宜生产沥青。环烷基原料生产的沥青具有密度大、黏度大、凝固点低、蜡含量低等特点，而且由环烷基原料生产的道路沥青延度大、流动性能好、低温抗变形能力大，路面不易开裂、不易拥包、耐高温性能好、抗车辙能力和抗老化能力好。因此，环烷基原料是生产道路沥青的首选原料。

2. 氧化法沥青工艺

氧化法沥青工艺是将软化点低、针入度和温度敏感性大的减压渣油或溶剂脱沥青油或它们的调和物，在一定温度条件下通入空气，通过氧化使其组成发生变化，使得软化点升高、针入度和温度敏感性减小，以达到沥青规格指标和使用性能要求。通过进一步调整氧化深度可生产符合指标和要求的道路沥青、建筑沥青及其他专用沥青。

渣油氧化法沥青工艺的主要原理如下。渣油通过氧化后改变了组成，饱和烃、芳烃和胶质减少，沥青质相应增多。在胶体分散体系的结构上，由于沥青质的增多，分散相相对增多，芳烃和胶质等分散介质减少，导致分散介质的溶解能力不足，或氧化使得分子聚集而形成网络结构，因此沥青由溶胶型逐步向溶胶凝胶型和凝胶型转化。制得的沥青软化点高、针入度小，由于正庚烷不溶物增加，流动性大为减小。

3. 溶剂法沥青工艺

溶剂法沥青工艺也称溶剂法脱沥青工艺，主要是指炼油厂中广泛使用的丙烷脱沥青工艺。溶剂法沥青工艺是利用溶剂对渣油各组分的不同溶解能力，从渣油中分离出富含饱和烃和芳烃的脱沥青油，并得到含胶质和沥青质的浓缩物。前者的残炭值低、重金属含量小，可作为催化裂化或润滑油生产的原料；后者可直接或通过调和、氧化等方法生产出各种规格的道路沥青和建筑沥青。目前，溶剂法沥青工艺已成为中国生产交通道路沥青的重要工艺之一。常使用的溶剂主要是丙烷、丁烷和少数戊烷。溶剂的溶解能力随相对分子质量的增大而增大，但选择性却相应变差。若主要用于生产润滑油原料时，则多以丙烷作为溶剂来获得抽余沥青。由于受溶剂的溶解能力和操作条件的限制，丙烷脱沥青制得的沥青软化点不高、针入度偏大，质量达不到道路沥青的规格要求。若主要用于生产催化裂化或加氢裂化原料时，则以丁烷或戊烷为溶剂，不仅可以提高抽出油收率，而且可以提高沥青的软化点。

4. 调和法沥青工艺

调和法沥青工艺是指按沥青质量或胶体结构的要求调整构成沥青组分的比例，以获得能够满足使用要求的产品。使用的原料组分既可以是采用同一种原油而由不同加工方法所得的中间产品，也可以是不同原油加工所得的中间产品。对于这种工艺，原料的质量对产品的影响较小，这样拓宽了原料的来源，提升了生产灵活性，更有利于提高沥青的质量。

7.3 本章小结

认识和了解石油加工的过程和工艺，不仅有利于相关专业的学生学习石油的性质和石油加工的过程，而且方便石油加工企业的生产技术人员进一步巩固和掌握石油加工的理论知识，对维持企业持续稳定生产和保护生产工人的安全起到重要的作用。

原油主要通过预处理、一次加工过程、二次加工过程、三次加工过程生产汽油、煤油、柴油等燃料油，润滑油、沥青和焦炭等产品。原油在加工前，首先要经过脱盐脱水进行预处理，以防止腐蚀现象的出现。然后采用常减压蒸馏等一次加工过程，生产出直馏汽油、煤油、轻柴油或重柴油馏分及各种润滑油馏分油。为了提高石油加工的深度、轻质油品的产率和质量，可将一次加工过程所制备的石脑油、煤油、柴油、蜡油、渣油等重质油和轻质馏分油的产品作为原料，通过催化裂化、催化重整、加氢裂化、延迟焦化及沥青生产工艺等过程，制备优质的轻烃、汽油、煤油、柴油、润滑油、焦炭及沥青等产品。为了除去油品中含硫、氮、氧的化合物，蜡、胶质等杂质，改善油品性能，成品油往往需要通过化学精制（酸碱化学精制）、溶剂精制（乙醇胺脱酸性气）、吸附精制（白土吸附精制）、加氢精制、柴油冷榨脱蜡和吸收法气体脱硫才能满足实际产品要求。为了生产不同使用目的的石油产品，往往又需要根据其产品的要求和标准，采用已生产出来的产品作为基础油，加入不同的添加剂并通过调和，最终生产出满足不同使用规格的石油产品，这也是石油加工的最后一道工序。

思考题

1. 石油加工的一般过程是什么？
2. 简述原油预处理的目的和过程。
3. 简述常减压工艺的目的和过程。
4. 简述催化裂化工艺的目的和过程。
5. 简述加氢裂化工艺的目的和过程。
6. 简述延迟焦化工艺的目的和过程。
7. 目前石油产品精制过程主要有哪些方法？

第3篇 化工2D虚拟仿真操作

第 8 章　合成氨生产仿真操作

8.1　仿真操作的目的

(1) 通过使用合成氨生产仿真操作，进一步学习合成氨生产工艺原理，熟悉工艺步骤与重要参数，了解计算机控制系统对大型化工生产过程的作用。

(2) 通过操作计算机进行仿真实验，初步掌握生产中开停车、正常操作、事故处理等环节的内容，了解仿真操作与实际控制之间的关系，培养生产安全意识。

(3) 通过仿真实验学习，提高理论联系实际的水平，树立严谨求实的工作作风，培养独立思考与综合解决问题的能力。

8.2　氨的主要用途

氨的主要用途是化学肥料。施用氮肥对促进农业增产有重要作用，而合成氨是各种氮肥的主要来源，95%以上的商品氮肥由合成氨提供或制得。氨也是生产其他含氮化合物的基本原料，如硝酸、硝酸盐、铵盐、氰化物、肼等无机物，三大合成材料(塑料、合成纤维、合成橡胶)，染料和中间体，医药，炸药等。

8.3　合成氨生产工艺原理

1913 年，哈伯(Haber)与伯希(Bosch)采用高温高压和铁系催化剂工艺条件实现了由氮气和氢气直接工业化合成氨，并在德国奥堡投入生产，这就是著名的 Haber - Bosch 法。第一次世界大战结束后，德国因战败而被迫公开合成氨技术。在此基础上，陆续发展了不同压力的合成氨方法：低压法(10 MPa 左右)、中压法(15～60 MPa)和高压法(70～100 MPa)。20 世纪 40 年代末至 50 年代初，出现了以天然气和石脑油替代煤为原料的生产工艺，这促进了新的造气和净化技术的发展。20 世纪 60 年代，大型离心压缩机的发展使合成氨生产规模空前提高，出现了日产合成氨 1 000 t 以上的大型装置。合成氨生产工艺包括以下三大步骤。

(1) 造气　制备合成氨的原料气。原料氮气来源于空气，原料氢气主要来源于含氢气和一氧化碳的合成气，因此主要以天然气、石脑油、重质油和煤(或焦炭)等为原料。

(2) 净化　将原料气进行净化处理。从燃料化工得到的原料气中含有硫化物和碳的氧化物，这些物质对合成氨的催化剂有毒性作用，在氨合成前要经过净化脱除。净化包括脱硫、变换及脱碳等三个过程。

(3) 合成　原料气化学合成氨。净化的氢氮混合气经压缩后，在适宜的条件下进行催化反应生成氨。反应后将分离出的氨作为产品，未反应的氢氮混合气经过分离后再循环使用。

本仿真操作以天然气、蒸汽、空气为原料。合成氨的生产过程可分为三大工段：转化工段、净化工段和合成工段。

8.3.1　转化工段

(1) 原料气脱硫　原料天然气中含有 6 ppm 左右的硫化物，这些硫化物是蒸汽转化工序所用催化剂的毒物，必须予以脱除。

(2) 原料气的一段蒸汽转化　在装有催化剂(镍的化合物)的一段转化炉反应管内，蒸汽与天然气进行吸热反应，反应所需的热量由管外烧嘴提供。一段转化反应方程式如下：

$$CH_4 + H_2O = CO + 3H_2$$

$$CH_4 + 2H_2O = CO_2 + 4H_2$$

(3) 转化气的二段转化　待气态烃转化到一定程度后，送入装有催化剂的二段转化炉，同时加入适量的空气和蒸汽，与部分可燃性气体燃烧以提供进一步转化所需的热量，所生成的氮气作为合成氨的原料。二段转化反应方程式如下：

① 催化剂床层顶部空间的燃烧反应

$$2H_2 + O_2 = 2H_2O$$

$$CO + O_2 = CO_2$$

② 催化剂床层的转化反应

$$CH_4 + H_2O = CO + 3H_2$$

$$CH_4 + CO_2 = 2CO + 2H_2$$

(4) 高温变换、低温变换　二段转化炉的出口气中含有大量的 CO，这些未变换的 CO 大部分在变换炉中被氧化成 CO_2，从而提高了 H_2的产量。变换反应方程式如下：

$$CO + H_2O = CO_2 + H_2$$

(5) 锅炉给水系统　来自水处理车间的脱盐水经过脱氧、加入氨水调节 pH 后，回收生产过程中的热量，并生产高压、中压、低压蒸汽。

(6) 燃料气系统　从天然气增压站来的燃料气经调压后，进入对流段两组燃料预热盘管预热，预热后的燃料气经燃料气系统合理分配到各个烧嘴，通过燃烧为转化反应提供所需热量。

8.3.2　净化工段

(1) 脱碳　变换气中的 CO_2是合成氨催化剂(镍的化合物)的一种毒物，因此在氨合成前必须从变换气中脱除干净。脱碳工序采用吸收解吸法，可以脱除变换气中绝大部分 CO_2，脱除的 CO_2送入尿素装置或者放空。

(2) 甲烷化　甲烷化反应的目的是从合成气中完全去除碳的氧化物。它是将碳的氧化物通过化学反应转化成甲烷来实现的,甲烷在合成塔中可以看成是惰性气体。甲烷化反应方程式如下:

$$CO + 3H_2 \longequal CH_4 + H_2O$$

$$CO_2 + 4H_2 \longequal CH_4 + 2H_2O$$

(3) 冷凝液回收系统　进入本工段的工艺气体(来自转化工段的变换气)通过冷凝去除大部分的水,冷凝液一部分用于洗涤净化气,另一部分用于生产蒸汽。

8.3.3 合成工段

(1) 合成系统　氨合成反应方程式如下:

$$\frac{3}{2}H_2 + \frac{1}{2}N_2 \rightleftharpoons NH_3 + Q$$

在一定的操作条件下,合成塔出口气中氨含量约为 13.9%(摩尔分数),没有反应的气体循环返回合成塔,最后仍变为产品。

(2) 冷冻系统　通过冷冻系统将合成产品逐级闪蒸、气液分离,气体再次逐级压缩,液体作为合成氨产品采出。

8.4 合成氨生产工艺流程

天然气合成氨普遍采用蒸汽转化法,其典型工艺流程图如图 8-1 所示。经脱硫后的天然气与蒸汽混合,在一段转化炉的反应管内进行转化反应,所需热量通过反应管外燃料气燃烧供给。一段转化气进入二段转化炉,在此通入空气,燃烧掉一部分氢气或其他可燃性气体,放出

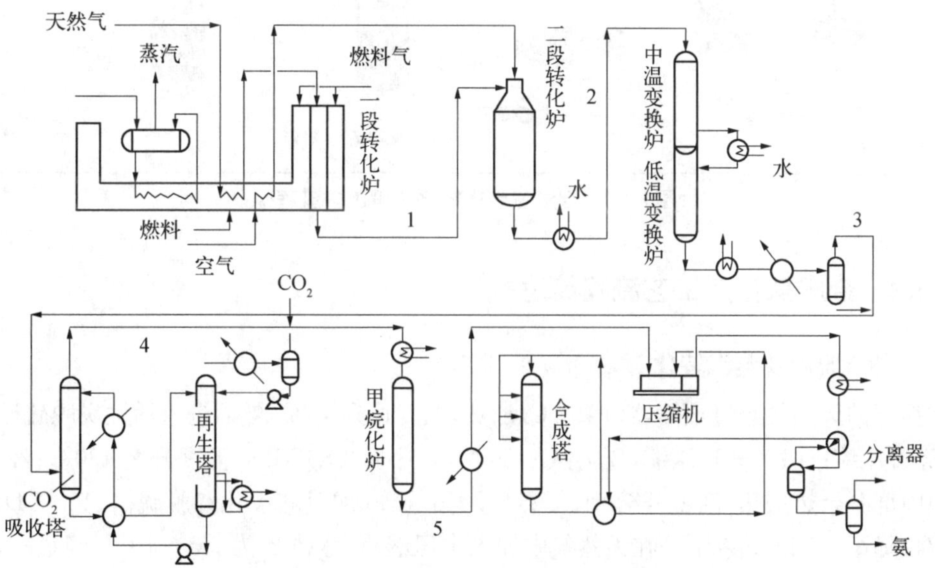

图 8-1　天然气合成氨生产典型工艺流程图

热量以供剩余的气态烃进一步转化，同时又把合成氨生产所用的氮气引入系统。二段转化气依次进入中温变换炉和低温变换炉，在不同的温度下使气体中的一氧化碳与蒸汽反应，生成等量的氢气和二氧化碳。经过以上几个工序，制得合成氨生产所用的粗原料气，主要成分是氢气、氮气和二氧化碳。粗原料气进入脱碳工序，用含二乙醇胺或氨基乙酸的碳酸钾溶液除去二氧化碳，再经甲烷化工序除去气体中残余的少量一氧化碳和二氧化碳，得到纯净的氢氮混合气。氢氮混合气经压缩机压缩到高压，然后送入合成塔进行合成反应。气体一次通过合成塔后只能有 10%～20%的氢氮混合气发生反应，因此需要将出塔气体冷却，使产品氨冷凝分离，未反应的气体重新返回合成塔。在生产过程中，凡有生产余热且有可利用之处，都设置热回收设备，这构成了全厂的蒸汽动力系统，穿插于各个工艺工序内，因此热能利用充分合理，能量消耗低。这种方法的优点是设备投资少、流程简单、生产成本及公用工程费用低。

8.4.1 合成氨生产三大工段总流程

合成氨生产转化工段、净化工段、合成工段工艺流程图如图 8 - 2 至图 8 - 4 所示。

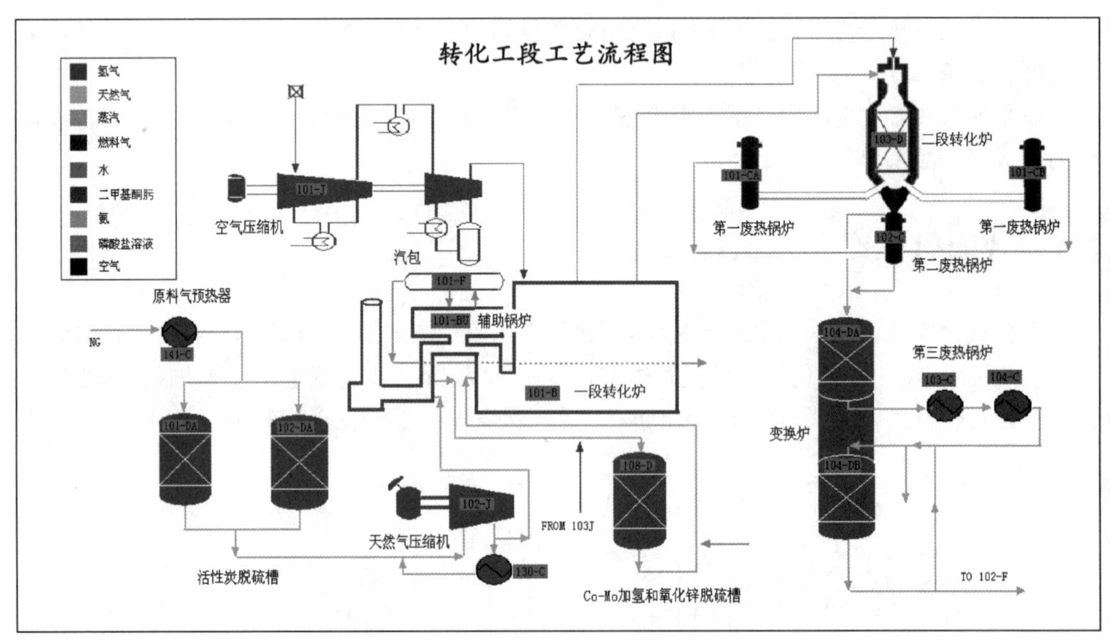

图 8 - 2 合成氨生产转化工段工艺流程图

8.4.2 合成氨生产工艺流程简述

1. 天然气脱硫及蒸汽转化

常温下的天然气经过预热器(141 - C)加热，温度达到 45℃，然后进入活性炭脱硫槽(101 - DA)；经过压缩机(102 - J)压缩，压力从 1.80 MPa 升至 3.86 MPa，温度升至 130℃；经过一段转化炉中部分余热加热，温度升至 216℃；经过 Co - Mo 加氢和氧化锌脱硫槽(108 - D)，硫含量(AR4)降至 0.5 ppm 以下。在天然气中加入中压蒸汽，水碳比为 3.5～4：1，经过一段转化炉中部分余热加热，温度升至 460.5℃，然后进入一段转化炉的辐射段(101 - B)顶部，被分配进

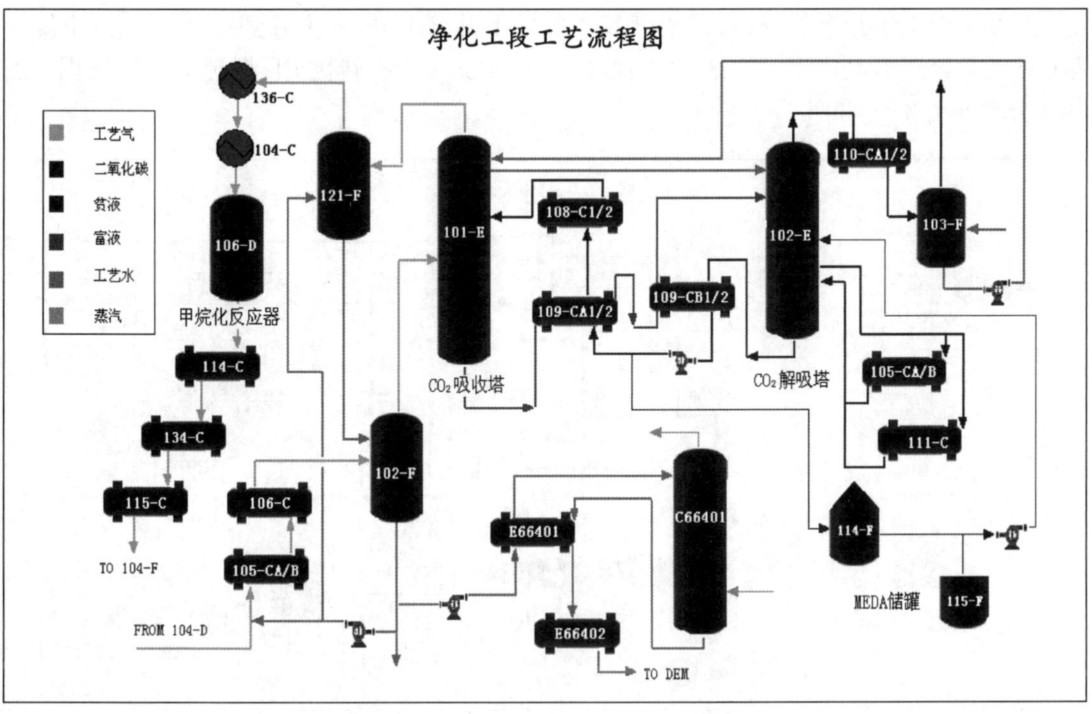

图 8-3　合成氨生产净化工段工艺流程图

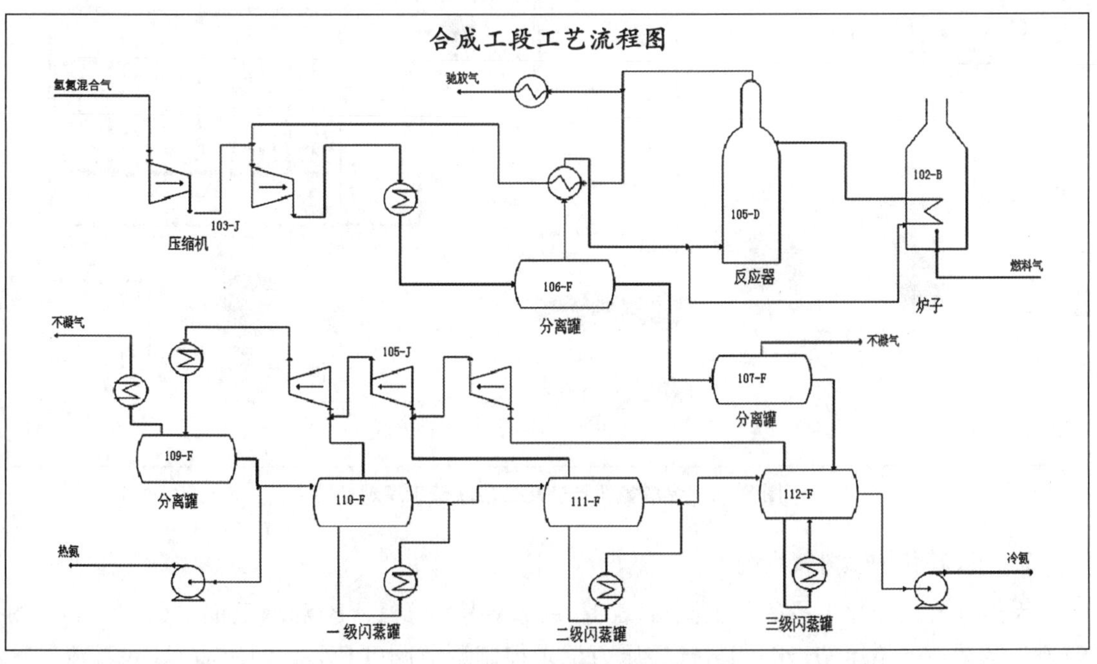

图 8-4　合成氨生产合成工段工艺流程图

入各反应管，从上而下流经催化剂床层。气体在反应管内进行蒸汽转化反应，从各反应管出来的气体由底部汇集到集气管，再沿集气管中间的上升管上升，温度升到 800℃左右，甲烷含量(AR1_4)降至 10%以下，然后送去二段转化炉。合成氨生产转化工段脱硫工序 DCS 图和现场图分别如图 8-5 和图 8-6 所示。

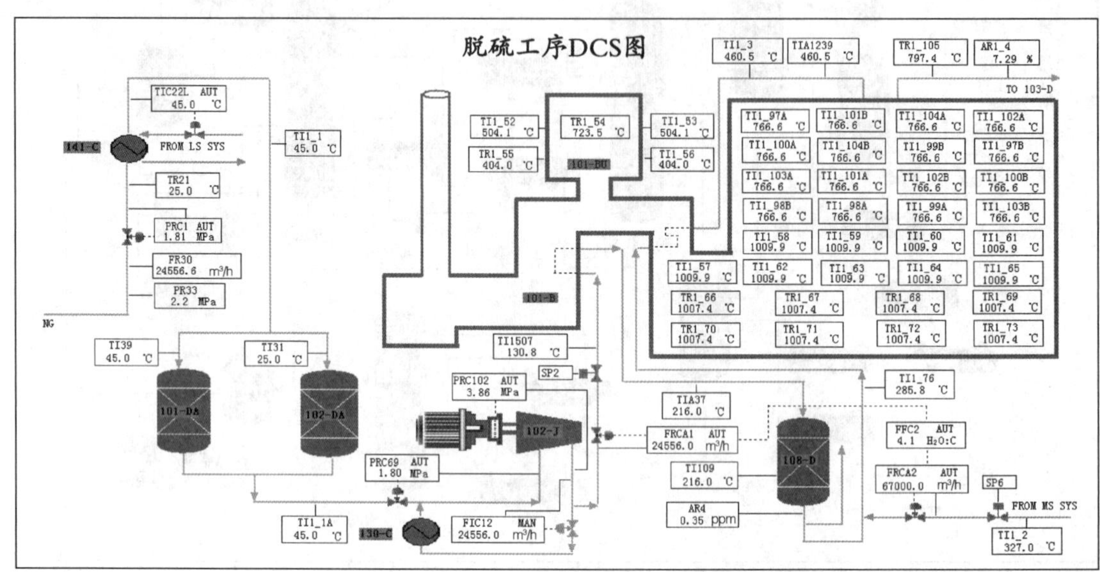

图 8-5　合成氨生产转化工段脱硫工序 DCS 图

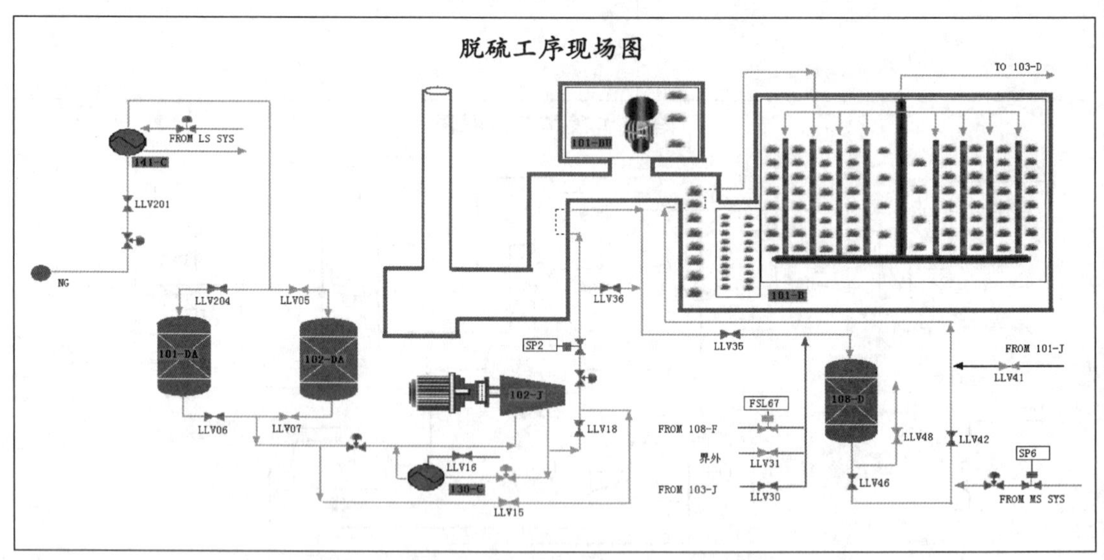

图 8-6　合成氨生产转化工段脱硫工序现场图

2. 一段转化炉燃料气系统

天然气既是转化工段的化工原料，又是一段转化炉(101-B)和辅助锅炉(101-BU)的燃料。从天然气增压站来的燃料气经压力记录控制调节阀(PRC34)调压后，进入对流段第一组燃料预热盘管预热。预热后的天然气，一路进入一段转化炉辅助锅炉(101-UB)的三个燃烧嘴(DO121～DO123)，流量由 FRC1002 控制。在 FRC1002 之前有一开工旁路，流入辅助锅炉的点火总管(DO124～DO126)的压力由 PCV36 控制。另一路进入对流段第二组燃料预热盘管预热,预热后的燃料气作为一段转化炉的 8 个烟道烧嘴(DO113～DO120)、72 个顶部烧嘴(DO001～DO072)及对流段的 20 个过热烧嘴(DO073～DO092)的燃料。去烟道烧嘴气量由 MIC10 控制,顶部烧嘴气量分别由 MIC1～MIC9 控制,过热烧嘴气量由 FIC1237 控制。反应管竖排在一段转化炉的炉膛内,管内装有催化剂,含烃气体和蒸汽的混合物由炉顶进入并自上而下进行反应。管外炉膛设有烧嘴,燃烧产生的热量以辐射方式传给管壁。燃烧天然气从辐射段顶部喷嘴喷入并燃烧,烟道气的流动方向自上而下,与管内的气体流向一致。合成氨生产转化工段一段转化炉燃料气系统 DCS 图和现场图分别如图 8-7 和图 8-8 所示。

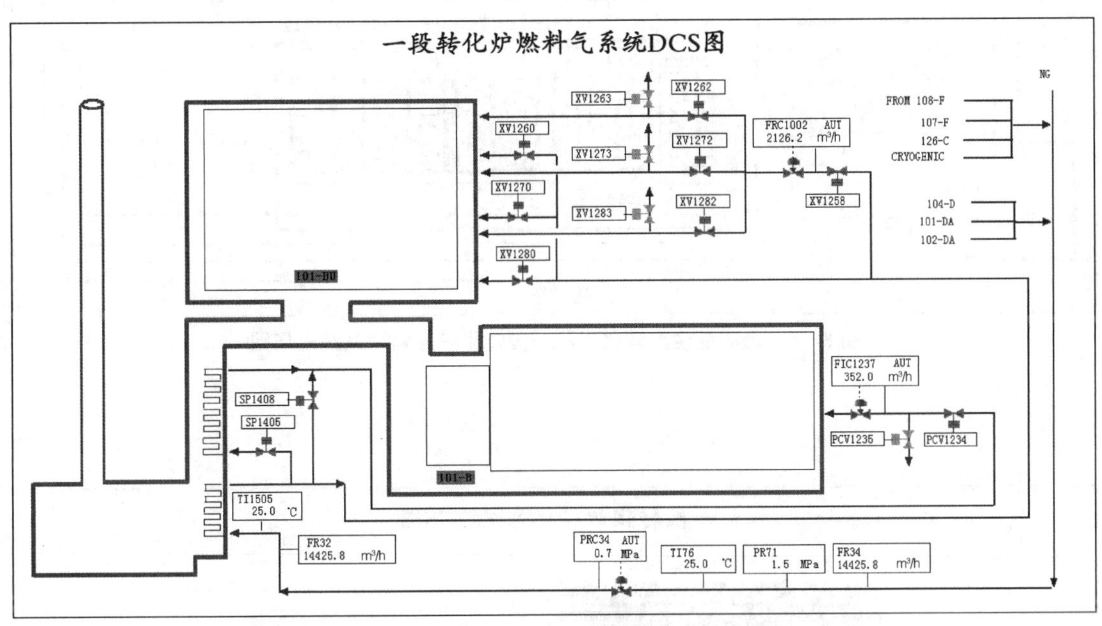

图 8-7 合成氨生产转化工段一段转化炉燃料气系统 DCS 图

3. 一段转化炉转化系统

离开一段转化炉辐射段的烟道气的温度高达 1 000℃以上,进入对流段后,依次流过混合气、空气、蒸汽、原料天然气、锅炉水和燃烧天然气的各个盘管,当温度降到 250℃时,用排风机(101-BJ)排往大气。为了平衡全厂蒸汽用量,设置一台辅助锅炉,也是以天然气为燃料,产生的烟道气在一段转化炉对流段的中央位置加入,因此与一段转化炉共用一半对流段、一台排风机和一个烟囱。辅助锅炉和几台废热锅炉共用一个蒸汽包(101-F),产生 10.5 MPa 的高压蒸汽。合成氨生产转化工段一段转化炉转化系统 DCS 图和现场图分别如图 8-9 和图 8-10 所示。

4. 二段转化及变换

当空气经过加压到压力为 3.3～2.5 MPa 时,配入少量蒸汽,并在一段转化炉的对流段预热到 450℃左右,先进入二段转化炉顶部与一段转化气汇合并燃烧,使温度升至 1 200℃左右,再通过催化剂床层。出二段转化炉的气体温度约为 1 000℃,压力为 3 MPa,残余甲烷含

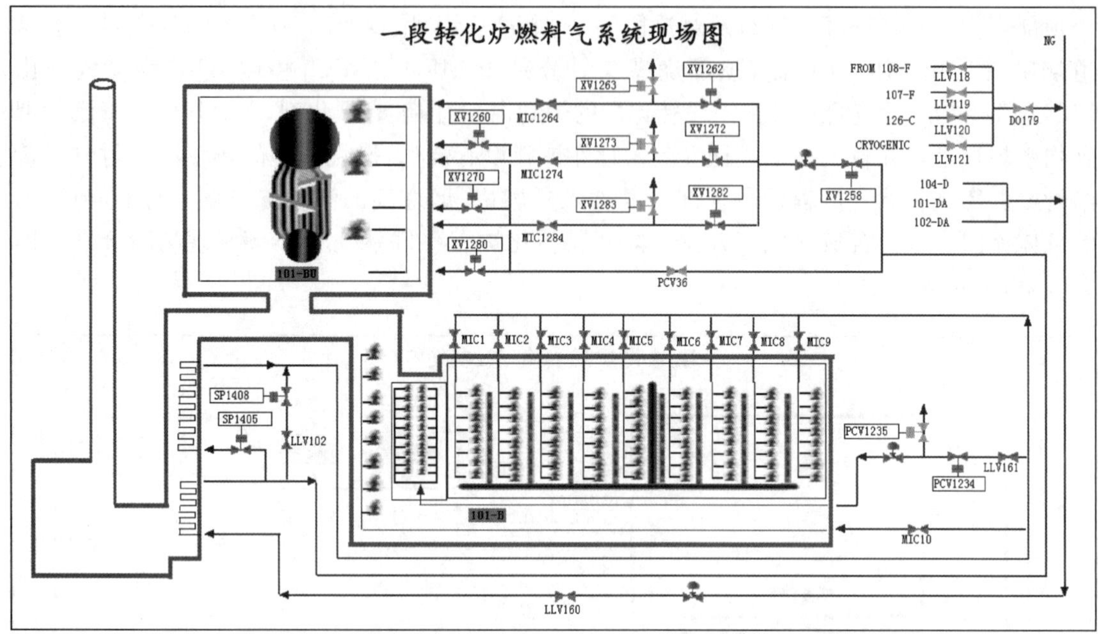

图 8-8　合成氨生产转化工段一段转化炉燃料气系统现场图

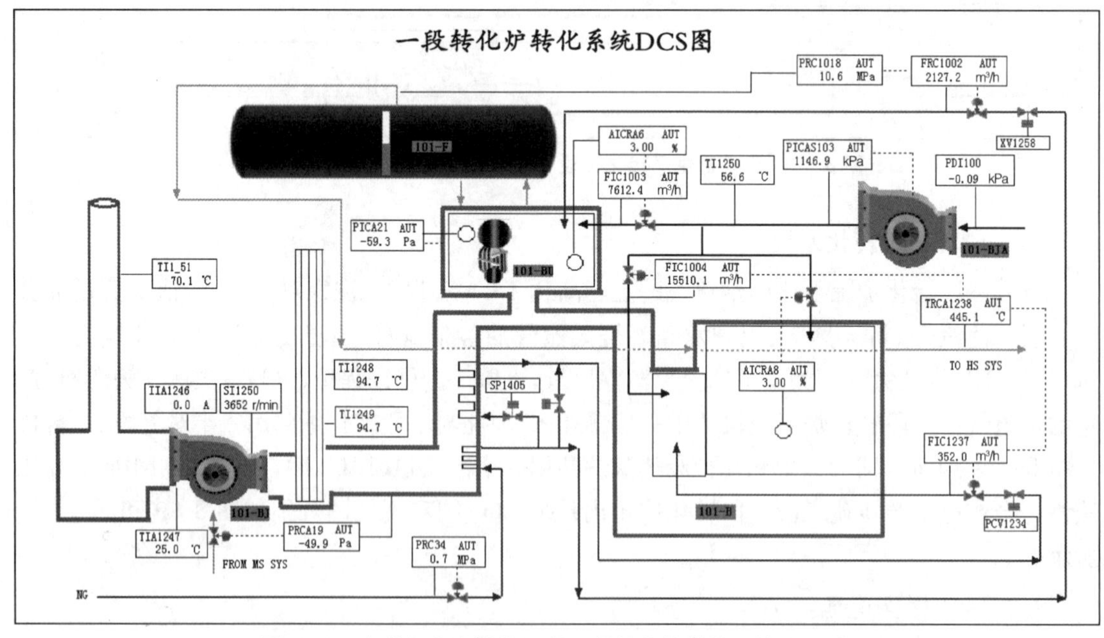

图 8-9　合成氨生产转化工段一段转化炉转化系统 DCS 图

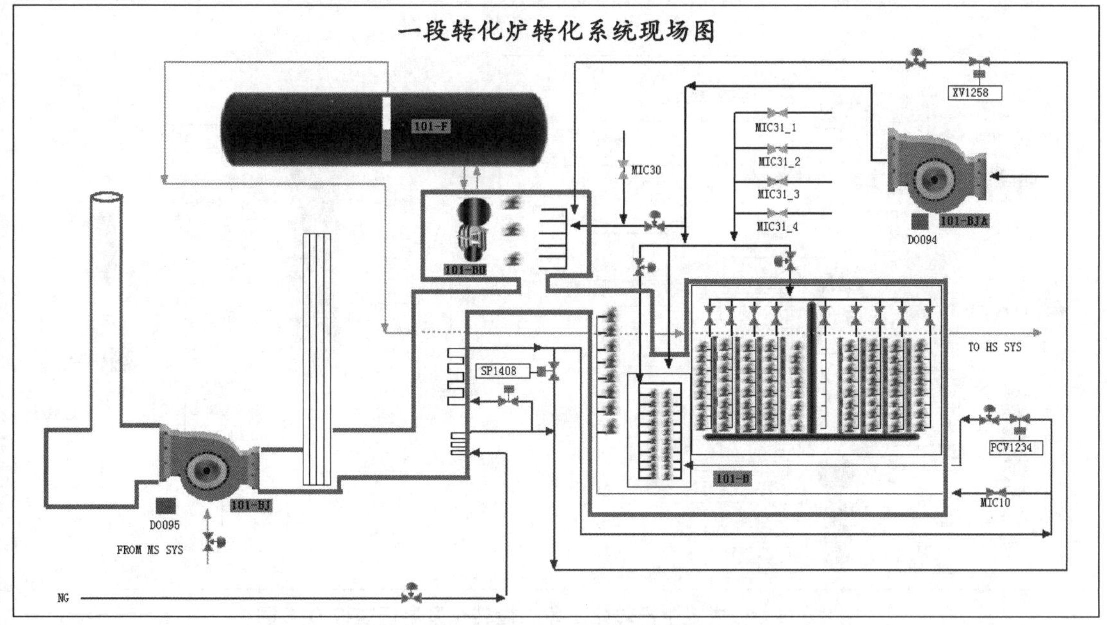

图 8-10　合成氨生产转化工段一段转化炉转化系统现场图

量(AR1_3)在 0.3%以下。从二段转化炉出来的转化气按顺序进入两台串联的废热锅炉，以回收热量并产生蒸汽。从第二废热锅炉出来的气体温度约为 370℃，送往变换工序。天然气蒸汽转化制得的转化气中含有 CO，含量一般为 12%～14%。CO 不是合成氨生产所需要的直接原料，而且在一定条件下还会与合成氨的铁系催化剂发生反应，导致催化剂失活，因此在原料气使用之前，必须将 CO 清除。清除 CO 分两步进行：第一步，大部分 CO 通过高温或中温固定床反应器(104-DA)，经过高温变换反应，CO 含量(AR9)降至 3%以下；第二步，CO 通过低温固定床反应器(104-DB)，经过低温变换反应，CO 含量(AR10)降至 0.3%左右。合成氨生产转化工段二段转化及高低变换 DCS 图和现场图分别如图 8-11 和图 8-12 所示。

5. 蒸汽系统

当合成氨生产装置开车时，将从外界引入 3.8 MPa、327℃的中压蒸汽约 50 t/h。辅助锅炉和废热锅炉所用的脱盐水从水处理车间引入，用并联的低变出口气加热器(106-C)和甲烷化出口气加热器(134-C)预热到 100℃左右，然后进入除氧器(101-U)脱氧段。在脱氧段用低压蒸汽脱除水中溶解氧后，在储水段加入二甲基酮肟除去残余溶解氧，最终溶解氧含量小于 7 ppb。

向除氧水中加入氨水调节 pH 至 8.5～9.2，经锅炉给水泵(104-J/JA/JB)，以及并联的合成气加热器(123-C)、甲烷化气加热器(114-C)及一段转化炉对流段低温段锅炉给水预热盘管加热到 295℃(TI1_44)左右进入蒸汽包(101-F)。同时在蒸汽包中加入磷酸盐溶液，蒸汽包底部水经一段转化炉对流段低温段废热锅炉(101-CA/CB)及辅助锅炉(102-C、103-C)加热部分汽化后进入蒸汽包。经蒸汽包分离出的饱和蒸汽在一段转化炉对流段过热后送至汽提罐(103-JAT)，经 103-JAT 抽出 3.8 MPa、327℃的中压蒸汽以供各中压蒸汽用户使用。

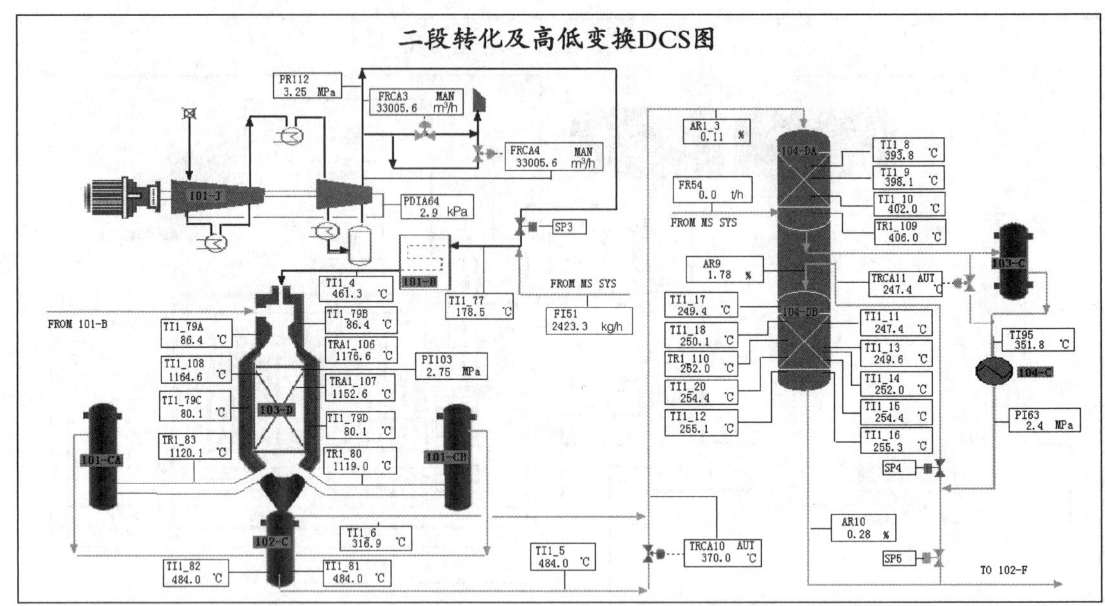

图 8-11 合成氨生产转化工段二段转化及高低变换 DCS 图

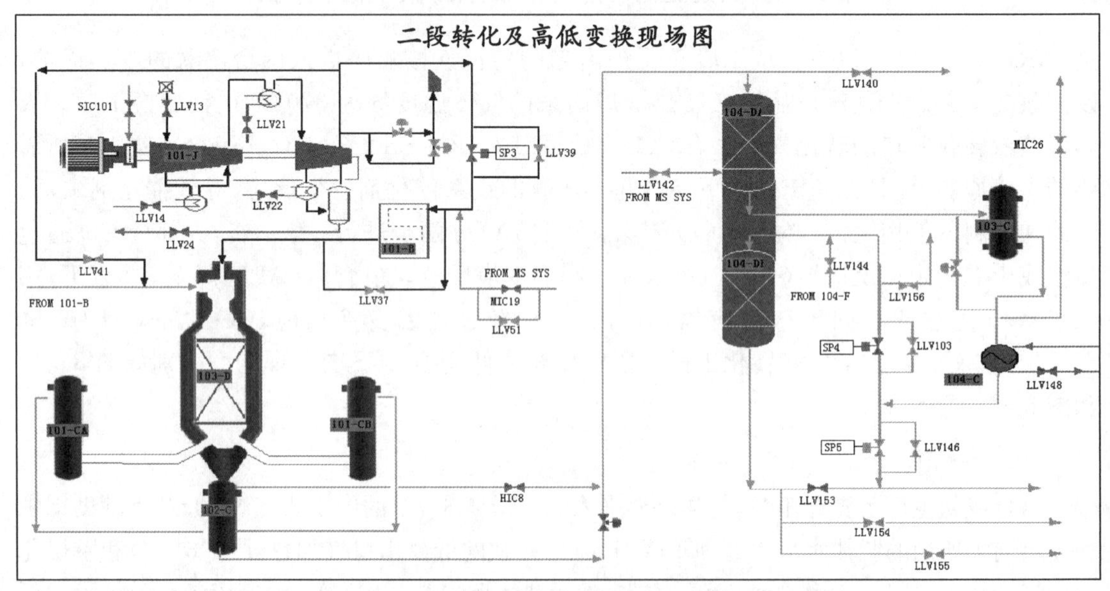

图 8-12 合成氨生产转化工段二段转化及高低变换现场图

当 103-JAT 停运时，高压蒸汽经减压后全部进入中压蒸汽管网，中压蒸汽一部分供工艺工序使用，一部分供凝汽透平使用，其余供背压透平使用，并产生低压蒸汽，主要供蒸汽煮沸器(111-C)、除氧器(101-U)使用，其余为伴热使用。合成氨生产转化工段蒸汽系统 DCS 图和现场图分别如图 8-13 和图 8-14 所示。

6. 脱碳系统

工艺气中大部分 CO_2 是在 CO_2 吸收塔(101-E)中用活化 N-甲基二乙醇胺(a-MDEA)溶液进行逆流吸收脱除的。从低温变换炉(104-D)出来的变换气(温度为 60℃、压力为 2.799 MPa)

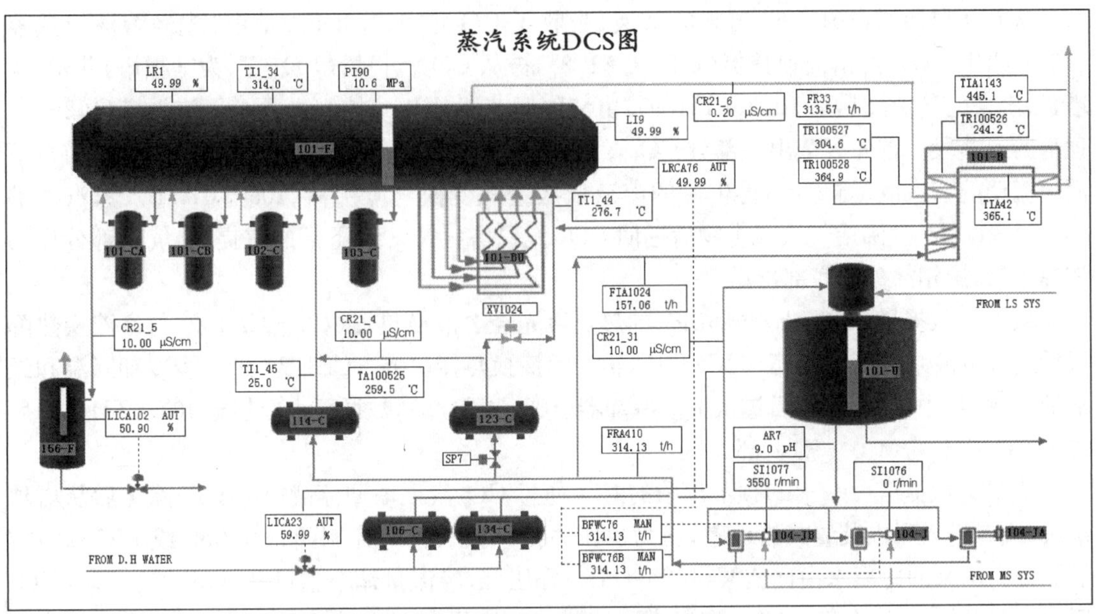

图 8-13　合成氨生产转化工段蒸汽系统 DCS 图

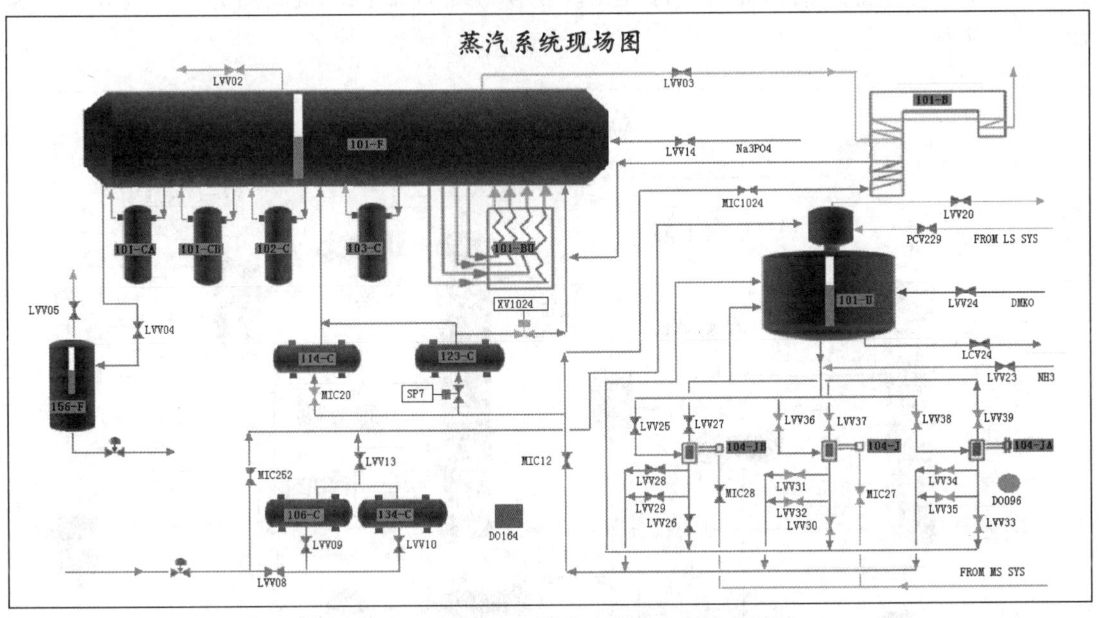

图 8-14　合成氨生产转化工段蒸汽系统现场图

经变换气分离器(102-F)将其中大部分水分除去后，进入 CO_2 吸收塔(101-E)下部的分布器。气体在塔内向上流动穿过塔内塔板，使工艺气与塔顶的自上而下流动的贫液[解吸了 CO_2 的 a-MDEA 溶液，温度为 40℃(TI_24)]充分接触，以脱除工艺气所含 CO_2，再经塔顶洗涤段除沫层后出塔。出 CO_2 吸收塔(101-E)的净化气去往净化气分离器(121-F)，在管路上由喷射器喷入从变换气分离器(102-F)来的变换冷凝液[由流量调节器(FICA17)控制]，经过一步洗涤，净化后的气体(温度为 44℃、压力为 2.764 MPa)去甲烷化工序(106-D)，液体与变换冷凝液汇合液由液位控制器(LICA26)调节去工艺冷凝液处理装置。

从CO_2吸收塔(101－E)出来的富液(吸收了CO_2的a－MDEA溶液)先经溶液换热器(109－CB1/2),再经溶液换热器(109－CA1/2),被从CO_2汽提塔(102－E,为筛板塔,共10块塔板)出来的贫液加热至105℃(TI109),由液位调节器(LIC4)控制进入CO_2汽提塔(102－E)顶部的闪蒸段。首先闪蒸出一部分CO_2,然后向下流经CO_2汽提塔(102－E)汽提段,与自下而上流动的蒸汽汽提再生。再生后的溶液依次进入变换气煮沸器(105－CA/B)、蒸汽煮沸器(111－C),经煮沸成气液混合物后返回CO_2汽提塔(102－E)下部的汽提段,气相部分作为汽提用气,液相部分从底部出塔。

从CO_2汽提塔(102－E)底部出来的热贫液先经溶液换热器(109－CA1/2)与富液换热降温后进入贫液泵(107－JA/JB/JC)升压,再经溶液换热器(109－CB1/2)进一步冷却降温和经溶液过滤器(101－L)除沫后进入溶液冷却器(108－CB1/2),被循环水冷却至40℃(TI1_24)后进入CO_2吸收塔(101－E)上部。

从CO_2汽提塔(102－E)顶部出来的CO_2通过CO_2汽提塔回流罐(103－F)除沫后从塔顶出去,或者送入尿素装置或者放空,压力由压力指示报警调节控制阀(PICA89或PICA24)控制。分离出来的冷凝水由回流泵(108－J/JA)升压后,经流量调节器(FICA15)控制返回CO_2吸收塔(101－E)的上部。CO_2汽提塔回流罐(103－F)的液位由LICA5及补入的工艺冷凝液(VV043支路)控制。合成氨生产净化工段脱碳系统DCS图和现场图分别如图8－15和图8－16所示。

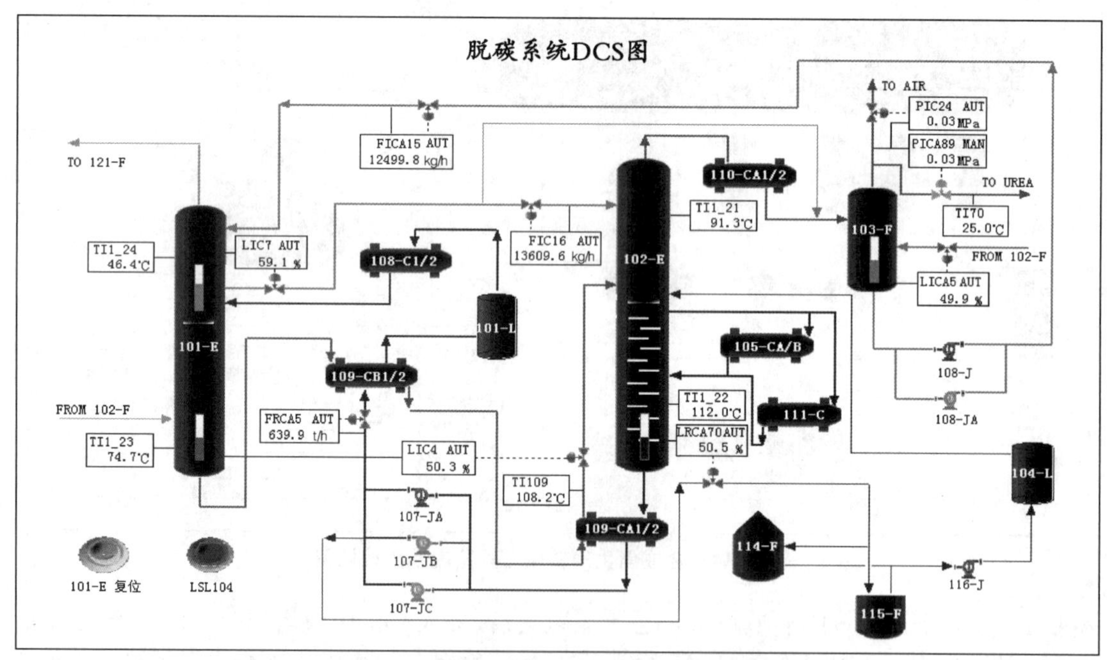

图8－15 合成氨生产净化工段脱碳系统DCS图

7. 甲烷化系统

甲烷化系统的原料气来自脱碳系统,该原料气先后经合成气-脱碳气换热器(136－C)预热至117.5℃(TI104)、高变气-脱碳气换热器(104－C)加热到316℃(TI105)后进入甲烷化炉(106－D),炉内装有18 m^3、J－105型镍催化剂。气体自上部进入甲烷化炉(106－D),

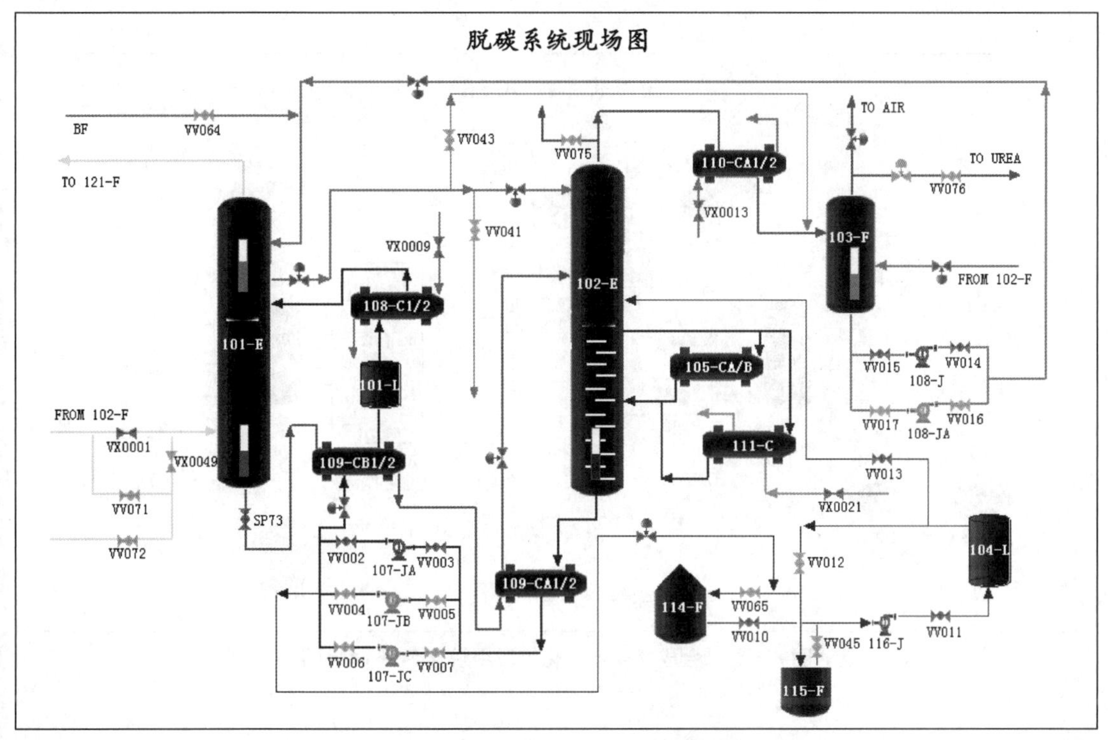

图 8-16　合成氨生产净化工段脱碳系统现场图

气体中的 CO 和 CO_2 与 H_2 反应生成 CH_4 和 H_2O。系统内的压力由压力控制器(PIC5)调节。甲烷化炉(106-D)的出口温度为 363℃(TIAI1002A),甲烷化气依次经锅炉给水预热器(114-C)、甲烷化气脱盐水预热器(134-C)和水冷器(115-C)后温度降至 40℃(TI139),其中 CO(AR2_1)和 CO_2(AR2_2)含量降至 10 ppm 以下,随后进入合成气压缩机吸收罐(104-F)进行气液分离。合成氨生产净化工段甲烷化系统 DCS 图和现场图分别如图 8-17 和图 8-18 所示。

8. 冷凝液回收系统

从低温变换炉(104-D)来的工艺气的温度为 260℃(TI130),经变换气分离器(102-F)底部冷凝液淬冷,再经换热器(105-C)、低变出口气加热器(106-C)换热至 60℃后,进入变换气分离器(102-F),其中工艺气所带的水分沉积下来,脱水后的工艺气进入 CO_2 吸收塔(101-E)以脱除 CO_2。由变换气分离器(102-F)来的水一部分进入 CO_2 汽提塔回流罐(103-F),一部分经换热器(E66401)换热后进入蒸汽包阀门(C66401)。由管网来的 327℃(TI143)的蒸汽进入 C66401 的底部,塔顶产生的气体进入蒸汽系统,底部液体经换热器(E66401、E66402)换热后排出。合成氨生产净化工段冷凝液回收系统 DCS 图和现场图分别如图 8-19 和图 8-20 所示。

9. 合成系统

从甲烷化反应器(106-D)来的新鲜气[温度为 40℃,压力为 2.6 MPa;$n(H_2)$:$n(N_2)$=3:1]经过压缩前分离罐(104-F)进入合成气压缩机(103-J)低压段,低压缸将新鲜

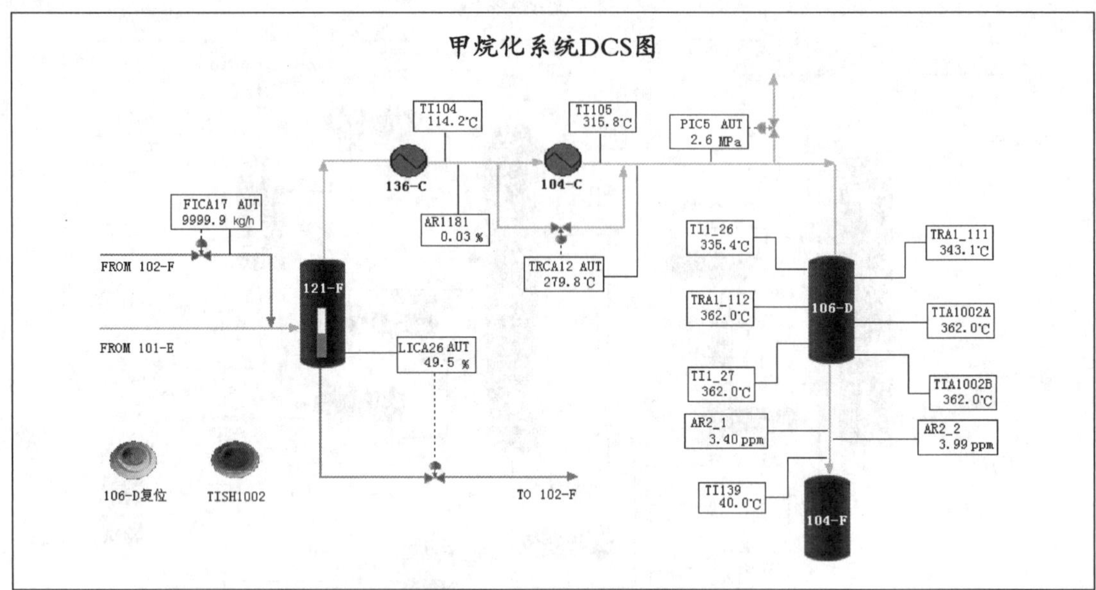

图 8 - 17　合成氨生产净化工段甲烷化系统 DCS 图

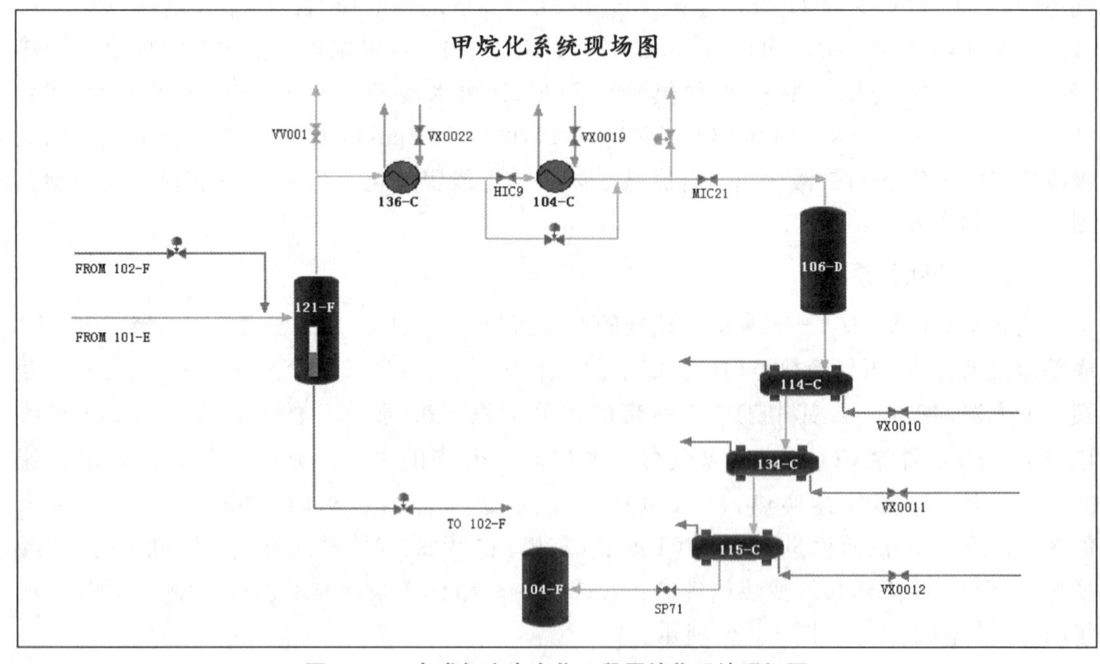

图 8 - 18　合成氨生产净化工段甲烷化系统现场图

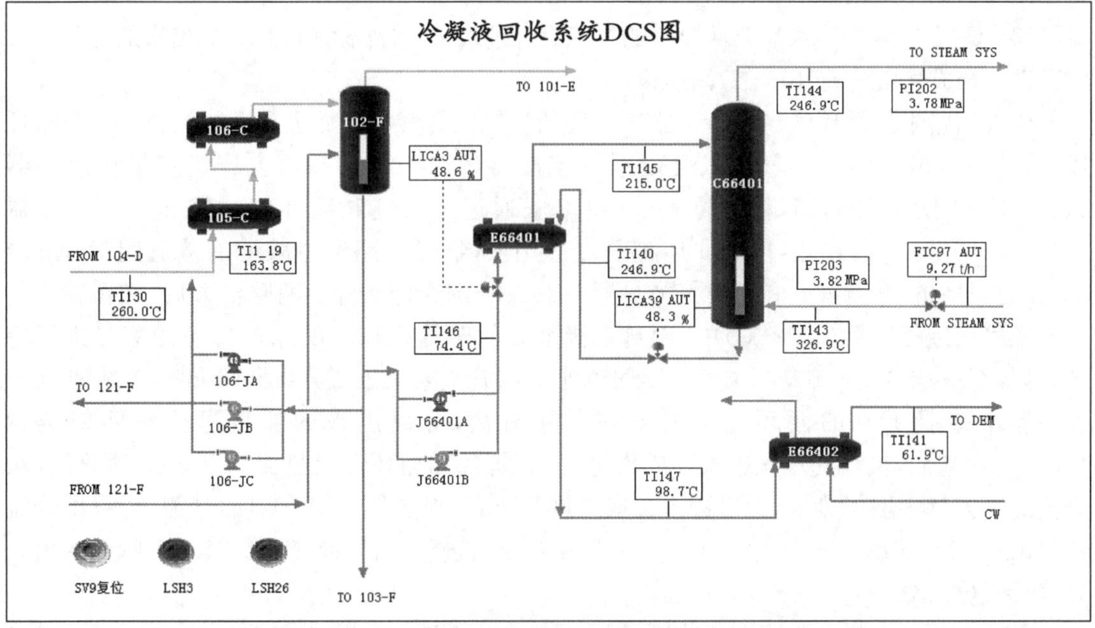

图 8-19　合成氨生产净化工段冷凝液回收系统 DCS 图

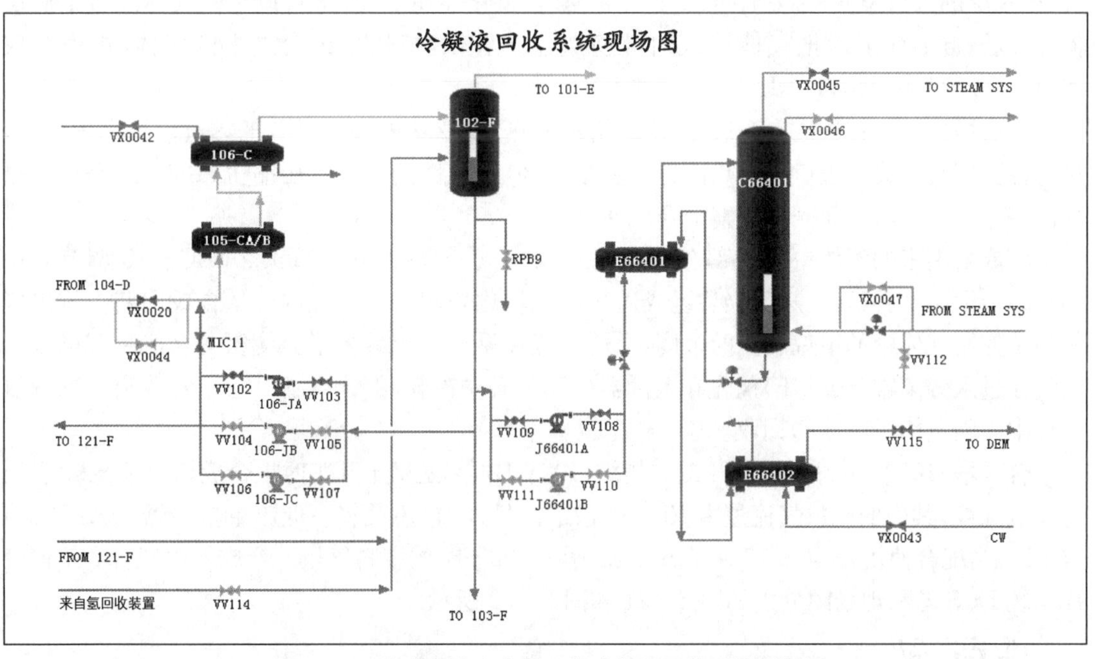

图 8-20　合成氨生产净化工段冷凝液回收系统现场图

气压缩到合成所需要的最终压力的二分之一左右。出低压段的新鲜气先经低变出口气加热器(106－C)用甲烷化进料气冷却至93.3℃，再经水冷器(116－C)冷却至38℃，然后经氨冷器(129－C)冷却至7℃，最后与回收来的氢气混合进入中间分离罐(105－F)，出来的氢氮混合气再进入合成气压缩机(103－J)高压段。

合成回路来的循环气与经高压段压缩后的氢氮混合气混合后进入压缩机(103－J)循环段，从循环段出来的合成气进入合成系统水冷器(124－C)。高压合成气自最终冷却器(124－C)出来后，分两路继续冷却：一路串联通过原料气和循环气一级和二级氨冷器(117－C、118－C)的管侧，冷却介质都是冷冻用液氨；另一路通过就地的节流阀(MIC23)后，在合成塔进气-新鲜气和循环气换热器(120－C)的壳侧冷却。两路汇合后，又在新鲜气和循环气三级氨冷器(119－C)中，用自三级液氨闪蒸槽(112－F)来的冷冻用液氨进行冷却，冷却至－23.3℃。冷却后的气体经过水平分布管进入高压氨分离器(106－F)，在前几个氨冷器中冷凝下来的循环气中的氨在其中分离，分离出来的液氨送往中间闪蒸槽(107－F)。随后，循环气首先进入合成塔进气-新鲜气和循环气换热器(120－C)的管侧，从壳侧的工艺气中取得热量，然后进入合成塔进气-出气换热器(121－C)的管侧，最终由分流器(HCV－11)控制进入合成塔(105－D)。在合成塔进气-出气换热器(121－C)管侧的出口处分析气体成分。

SP－35是专门的双向降爆板装置，用来保护合成塔进气-出气换热器(121－C)，防止其一侧泄压导致压差过大而引起破坏。

合成塔进口气从合成塔(105－D)的塔底进入，经由MIC－13直接到第一层催化剂的入口，用以控制该处的温度。这一近路有一个冷激管线，和两个进层间换热器付线可以控制第二层、第三层的入口温度，必要时可以分别用MIC－14～MIC－16进行调节。气体经过最底层催化剂后，自下而上地把气体导入内部换热器的管侧，把热量传给进来的气体，再由合成塔(105－D)的顶部出口引出。

合成塔出口气首先进入合成塔-锅炉给水换热器(123－C)的管侧，把热量传给锅炉给水，接着在壳侧与合成塔进口气换热而进一步被冷却，最后回到合成气压缩机(103－J)高压缸循环段(最后一个叶轮)而完成了整个合成回路。

合成塔出来的气体中有一部分是从高压吹出气分离缸(108－F)经MIC－18调节并用FI－63指示流量后，送往氢回收装置或送往一段转化炉燃料气系统的。从合成回路中排出气是为了控制气体中的甲烷和氩的浓度，甲烷和氩在系统中积累多了会使氨的合成率降低。吹出气在进入分离罐(108－F)前先在氨冷器(125－C)中冷却，由分离罐(108－F)分离出的液氨送往中间闪蒸槽(107－F)回收。

合成塔(105－D)备有一台开工加热炉(102－B)，它是用于开工时把合成塔(105－D)引温至反应温度，其中的原料气流量由FI－62指示。另外，它还设有一低流量报警器(FAL－85)与FI－62配合使用，MIC－17调节开工加热炉(102－B)的燃料气量。合成氨生产合成工段合成系统DCS图和现场图分别如图8－21和图8－22所示。

10. 冷冻系统

合成系统来的液氨进入中间闪蒸槽(107－F)，闪蒸出的不凝性气体通过PICA8排出，作为燃料气被送入一段转化炉燃烧。107－F装有液面指示器(LICA12)。液氨在减压后由液位

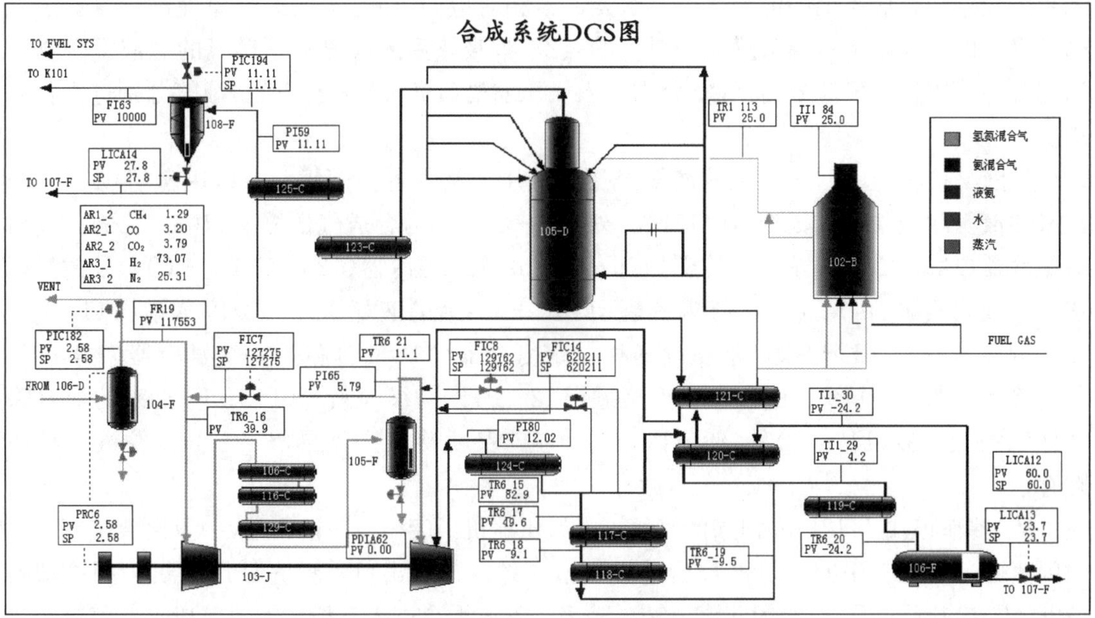

图 8-21　合成氨生产合成工段合成系统 DCS 图

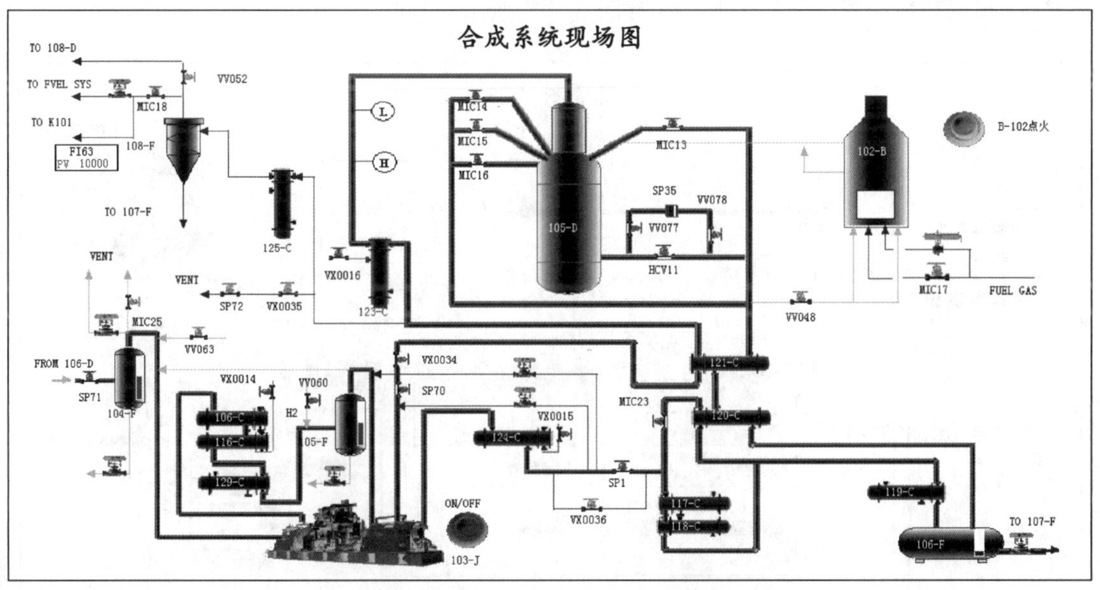

图 8-22　合成氨生产合成工段合成系统现场图

调节器(LICA12)调节进入三级闪蒸罐(112－F)进行进一步闪蒸,闪蒸后作为冷冻用液氨进入系统中。冷冻的一、二、三级闪蒸罐的操作压力分别为 0.4 MPa、0.16 MPa、0.002 8 MPa,三台闪蒸罐与合成系统中的一、二、三级氨冷器相对应,它们是按热虹吸原理进行冷冻蒸发循环操作的。液氨由各闪蒸罐流入对应的氨冷器,吸热后的液氨蒸发形成的气液混合物又回到各闪蒸罐进行气液分离,气氨分别进入氨压缩机(105－J)各段气缸,液氨分别进入各氨冷器。

从液氨接收槽(109－F)来的液氨经逐级减压后补入各闪蒸罐。一级闪蒸罐(110－F)出来的液氨除送往一级氨冷器(117－C)外,另一部分作为合成气压缩机(103－J)的一段出口氨冷器(129－C)和闪蒸罐氨冷器(126－C)的冷源。氨冷器(129－C、126－C)蒸发的气氨进入二级闪蒸罐(111－F),一级闪蒸罐(110－F)多余的液氨送往二级闪蒸罐(111－F)。二级闪蒸罐(111－F)出来的液氨除送往二级氨冷器(118－C)和弛放气氨冷器(125－C)作为冷冻剂外,其余部分送往三级闪蒸罐(112－F)。三级闪蒸罐(112－F)出来的液氨除送往三级氨冷器(119－C)外,还可以作为冷氨产品由冷氨产品泵(109－J)送往液氨贮槽贮存。

从三级闪蒸罐(112－F)出来的气氨进入氨压缩机(105－J)一段压缩,一段出口气氨与二级闪蒸罐(111－F)来的气氨汇合后进入二段压缩。二段出口气氨先经压缩机中间冷却器(128－C)冷却后,再与二级闪蒸罐(110－F)来的气氨汇合进入三段压缩。三段出口气氨经过氨冷凝器(127－CA/CB),冷凝的液氨进入接收槽(109－F)。接收槽(109－F)中的闪蒸气去闪蒸罐氨冷器(126－C),冷凝分离出来的液氨流回接收槽(109－F),不凝气作为燃料气送至一段转化炉进行燃烧。接收槽(109－F)中的液氨一部分在减压后送至一级闪蒸罐(110－F),另一部分作为热氨产品经热氨产品泵(1－3P－1/2)送往尿素装置。合成氨生产合成工段冷冻系统 DCS 图和现场图分别如图 8－23 和图 8－24 所示。

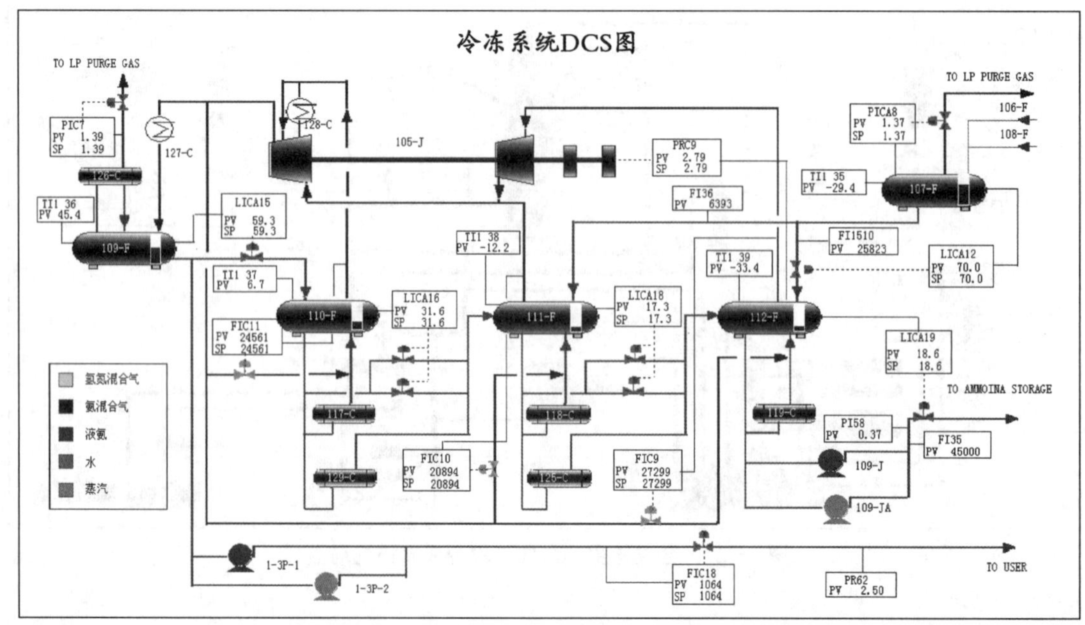

图 8－23　合成氨生产合成工段冷冻系统 DCS 图

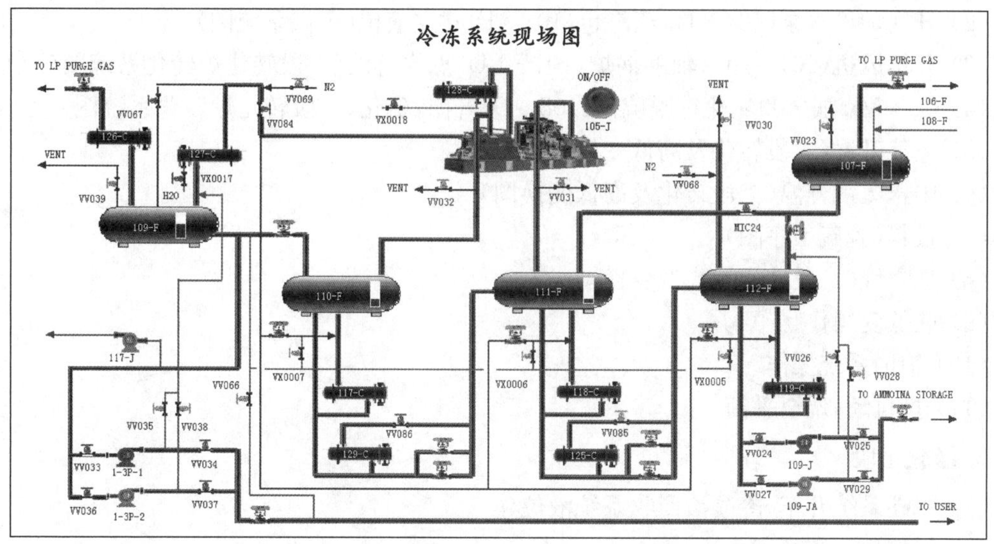

图 8－24　合成氨生产合成工段冷冻系统现场图

8.5　安全要求

8.5.1　透平式离心压缩机安全措施

透平式离心压缩机与活塞式压缩机不同，在安全技术措施上，除了要防止一般的危险（如液体进入压缩机、蒸汽中的盐类沉积在透平的叶轮上、机械故障、金属颗粒偶然落入循环部分等），还有特殊的要求——防止喘振。喘振会导致压缩机主轴和叶轮严重变形，以致无法修复，隔板、曲折密封和导叶轮也会受到严重损坏。透平式离心压缩机上设计安装若干与信号系统和联锁系统相连接的各种信号发送器。当振幅为 0.063 mm 时，信号系统动作；当振幅达到 0.11 mm 时，即被联锁系统切断。

8.5.2　合成系统的安全措施

氨的合成是在高温高压下进行的，因此要严格遵守工艺规程，尤其是控制温度条件，这是安全操作的最重要因素。当设备和管道内温度剧烈波动时，个别部件（如法兰、焊缝等）变形，容易发生可燃性气体泄漏而导致着火爆炸。另外，对于加压条件下操作的容器，安全阀不得少于两个，并且设置紧急状态下的排气通风设施。操作人员应了解生产工艺过程、设备操作条件，以及复杂的控制、调节和预防事故的自动化系统间的相互联系。

8.6　仿真操作

8.6.1　合成氨生产正常开车操作实训

1. 转化工段

(1) 引脱盐水，除氧器（101－U）建立液位（蒸汽系统图）

(2) 开锅炉给水泵(104 - J),蒸汽包(101 - F)建立液位(蒸汽系统图)

(3) 开排风机(101 - BJ),辅助锅炉(101 - BU)点火升温(一段转化炉转化系统图等)

(4) Co - Mo 加氢和氧化锌脱硫槽(108 - D)升温、硫化(一段转化炉转化系统图)

(5) 空气升温(二段转化及高低变换图)

(6) 中压蒸汽升温(二段转化及高低变换图)

(7) 投料(脱硫工序图)

(8) 加空气(二段转化及高低变换图)

(9) 联低变操作

(10) 辅助系统操作

(11) 投自动,调至平衡

2. 净化工段

(1) 脱碳系统开车,冷凝液回收系统液位建立

(2) 甲烷化系统开车

(3) 冷凝液回收系统开车

(4) 调至平衡

3. 合成工段

(1) 合成系统开车

(2) 冷冻系统开车

8.6.2 合成氨生产正常停车操作实训

1. 停车过程的各项工作

(1) 停车前的检查准备工作

(2) 停车期间分析项目

① 停车期间,N_2 纯度每 2 h 分析一次,O_2 纯度不大于 0.2%为合格。

② 系统置换期间,根据需要随时取样分析。

③ N_2置换标准:对于转化系统,CH_4 纯度小于 0.5%;对于驰放气系统,CH_4 纯度小于 0.5%。

④ 对于蒸汽系统和水系统,在辅助锅炉(101 - BU)灭火之前以常规分析为准,控制指标在规定范围内,必要时取样分析。

(3) 停车期间注意事项

① 停车期间要注意安全,穿戴劳保用品,防止出现各类人身事故。

② 停车期间要做到不超压、不憋压、不串压,安全平稳停车。注意工艺指标不能超过设计值,控制降压速率不得超过 0.05 MPa/min。

③ 做好催化剂的保护,防止水泡、氧化等,停车期间要一直补充 N_2,以确保处于正压状态。

2. 正常停车操作

① 转化工艺气停车

② 辅助锅炉和蒸汽系统停车
③ 燃料气系统停车
④ 脱硫系统停车
⑤ 甲烷化系统停车
⑥ 脱碳系统停车
⑦ 冷凝液回收系统停车
⑧ 合成系统停车
⑨ 冷冻系统停车

8.6.3 正常运行和事故处理操作实训

1. 正常运行操作实训

在实训过程中，密切注意各工艺参数的变化，以维持生产过程稳定运行。

正常工况下的工艺参数指标见表 8－1 至表 8－3。

表 8－1　温度参数一览表

工位号	指标/℃	备　注	工位号	指标/℃	备　注
TRCA10	370	104－DA 入口温度控制	TI1_19	178	工艺气进 102－F 温度
TRCA11	240	104－DB 入口温度控制	TI140	247	E66401 塔底温度
TRCA1238	445	过热蒸汽温度控制	TI141	64	C66401 热物流出口温度
TR1_105	853	101－B 出口温度控制	TI143	327	蒸汽进 E66401 温度
TI1_2	327	工艺蒸汽温度	TI144	247	E66401 塔顶气体温度
TI1_3	490	辐射段原料入口温度	TI145	212.4	冷物流出 C66401 温度
TI1_4	482	二段转化炉入口空气温度	TI146	76	冷物流入 C66401 温度
TI1_34	314	蒸汽包出口温度	TI147	105	冷物流入 C66402 温度
TIA37	232	原料预热盘管出口温度	TI104	117.0	工艺气出 136－C 温度
TI1_57～65	1 060	辐射段烟气温度	TI105	316.00	工艺气出 104－C 温度
TR－80、83	1 000	101－CB/CA 入口温度	TI109	105.0	富液进 102－E 的温度
TR－81、82	482	101－CB/CA 出口温度	TI139	40.00	甲烷化后气体出 115－C 温度
TR1_109	429	高温变换炉底层温度	TR6_15	120	出 103－J 二段工艺气温度
TR1_110	251	低温变换炉底层温度	TR6_16	40	入 103－J 一段工艺气温度
TI1_1	40	141－C 原料气出口温度	TR6_17	38	工艺气经 124－C 后温度
TI1_21	90	102－E 塔顶温度	TR6_18	10	工艺气经 117－C 后温度
TI1_22	110.8	102－E 塔底温度	TR6_19	−9	工艺气经 118－C 后温度
TI1_23	74	101－E 塔底温度	TR6_20	−23.3	工艺气经 119－C 后温度
TI1_24	45	101－E 塔顶温度	TR6_21	38	入 103－J 二段工艺气温度

续表

工位号	指标/℃	备　注	工位号	指标/℃	备　注
TI1_28	166	工艺气经 123-C 后温度	TI1_85	430	合成塔二段中温度
TI1_29	−9	工艺气进 119-C 温度	TI1_86	419.9	合成塔二段入口温度
TI1_30	−23.3	工艺气进 120-C 温度	TI1_87	465.5	合成塔二段出口温度
TI1_31	140	工艺气出 121-C 温度	TI1_88	465.5	合成塔二段出口温度
TI1_32	23.2	工艺气进 121-C 温度	TI1_89	434.5	合成塔三段出口温度
TI1_35	−23.3	107-F 罐内温度	TI1_90	434.5	合成塔三段出口温度
TI1_36	40	109-F 罐内温度	TR1_113	380	工艺气经 102-B 后进塔温度
TI1_37	4	110-F 罐内温度	TR1_114	401	合成塔一段入口温度
TI1_38	−13	111-F 罐内温度	TR1_115	480	合成塔一段出口温度
TI1_39	−33	112-F 罐内温度	TR1_116	430	合成塔二段中温度
TI1_46	401	合成塔一段入口温度	TR1_117	380	合成塔三段入口温度
TI1_47	480.8	合成塔一段出口温度	TR1_118	400	合成塔三段中温度
TI1_48	430	合成塔二段中温度	TR1_119	301	合成塔塔顶气体出口温度
TI1_49	380	合成塔三段入口温度	TRA1_120	144	循环气温度
TI1_50	400	合成塔三段中温度	TR5_13～24	140	合成塔塔壁温度
TI1_84	800	开工加热炉 102-B 炉膛温度			

表 8-2　压力参数一览表

工位号	指标/MPa	备　注	工位号	指标/MPa	备　注
PRC1	1.569	原料气压力控制	PI202	3.86	E66401 入口蒸汽压力
PRC34	0.8	燃料气压力控制	PI203	3.81	E66401 出口蒸汽压力
PRC1018	10.5	101-F 压力控制	PI59	10.5	108-F 罐顶压力
PRCA19	−0.05	101-B 炉膛负压控制	PI65	6	103-J 二段入口压力
PRCA21	−0.06	101-BU 炉膛负压控制	PI80	12.5	103-J 二段出口压力
PICAS103	1.147	总风道压力控制	PI58	2.5	109-J/JA 后压力
PRC102	3.95	102-J 出口压力控制	PR62	4	1_3P-1/2 后压力
PR12	3.21	101-J 出口压力控制	PDIA62	5	103-J 二段压差
PI63	2.92	104-C 出口压力			

表8-3　流量参数一览表

工位号	指标/(kg/h)	备　　注	工位号	指标/(kg/h)	备　　注
FRCA1	24 556	入101-B原料气流量	FIC1003	7 611	去101-BU助燃空气流量
FRCA2	67 000	入101-B蒸汽流量	FIC1004	15 510	去过热烧嘴助燃空气流量
FRCA3	33 757	入103-D空气流量	FIA1024	157 (t/h)	去锅炉给水预热盘管水量
FR32/FR34	17 482	燃料气流量	FR19	11 000	104-F抽出量
FRC1002	2 128	101-BU燃料气流量	FI62	60 000	经过开工加热炉的工艺气流量
FIC1237	320	混合燃料气去过热烧嘴流量	FI63	7 500	弛放氢气量
FR33	304(t/h)	101-F产气量	FI35	20 000	冷氨抽出量
FRA410	3 141(t/h)	锅炉给水流量	FI36	3 600	107-F到111-F的液氨流量

2. 事故处理操作实训

注重事故现象的分析、判断能力的培养。在处理事故过程中，要迅速、准确、无误。

(1) 压缩机(101-J)故障

事故原因：101-J故障。

事故现象：空气流量变小，出口压力下降。

(2) 中压蒸汽压力、流量等突然下降

事故原因：中压蒸汽压力、流量等突然下降。

事故现象：中压蒸汽压力、流量等突然下降。

思考题

1. 合成氨主要的原料、辅料有哪些，合成氨的性质和用途有哪些？
2. 画出合成氨生产的工艺流程图。
3. 合成氨生产共有几个工段？其中合成工段所用的催化剂、每个工段的主要设备有哪些？
4. 写出转化工段的主反应方程式和副反应方程式。
5. 解释净化工段各工序的工艺原理。
6. 分析生产中产生的不正常现象原因，并写出处理方法。
7. 根据自己在各项开车过程的体会，对本工艺过程提出自己的看法。

第 9 章　甲醇合成与精制生产仿真操作

9.1　仿真操作的目的

(1) 通过模拟甲醇生产过程中开车、运行、停车等操作，了解基本的单元操作方法，熟悉控制系统的操作，形成化工流程级概念，认识化工生产各个设备操作的相互联系和影响，理解化工生产的整体性。

(2) 通过仿真实验，深入了解生产装置的工艺流程，获得基本生产感性知识，提高动手能力，理论联系实际，扩大知识面，提高操作水平。

(3) 深入了解天然气制甲醇过程控制系统的动态特性，提高对复杂化工工程动态运行的分析和协调控制能力，熟练一些常见事故的处理方法。

(4) 提高综合能力，培养团队合作意识，提高工程素养和创新能力。

(5) 在一定程度上逐步实现学生从学校走向社会的转变，培养初步担任技术工作者的能力。

9.2　甲醇合成生产仿真操作

9.2.1　甲醇性质与用途

甲醇(分子式：CH_3OH)又名木醇或木酒精，是一种透明、无色、易燃、有毒的液体。其熔点为−97.8℃，沸点为64.7℃，闪点为12.2℃，爆炸极限的下限为6%、上限为36.5%，能与水和大多数有机溶剂(如乙醇、乙醚、苯、丙酮等)混溶。它是重要有机化工原料和优质燃料，主要用于生产甲醛、醋酸、氯甲烷、甲氨、硫酸二甲酯等多种有机产品，也是农药、医药的重要原料之一，亦可代替汽油作燃料使用。

9.2.2　甲醇合成生产原理

甲醇的合成方法有多种，早期有木材或木质素干馏法，现在在工业上已经被淘汰。氯甲烷水解法因价格昂贵，没有实现工业上的应用。甲烷部分氧化法的工艺流程简单、建设投资节省，但是这种氧化过程不易控制，常因深度氧化生成碳的氧化物和水而使原料和产品受到很大损失，因此该方法仍未实现工业化。

目前，工业上几乎都采用一氧化碳、二氧化碳加压催化氢化法合成甲醇。典型的工艺流程包括原料气制造、原料气净化、甲醇合成、粗甲醇精馏等工序。

甲醇生产的总流程长，工艺复杂。甲醇的合成是在高温、高压、催化剂存在的条件下进行的，是典型的复合气-固相催化反应过程。随着甲醇合成催化剂技术的不断发展，目前总的趋势是由高压向低中压发展。

高压法合成甲醇一般使用锌铬催化剂，在300～400℃、30 MPa的高温高压下进行。自1923年第一次用这种方法成功合成甲醇后，差不多有50年的时间，世界上甲醇合成生产都沿用这种方法，仅在设计上有某些细节不同。例如，甲醇合成塔内移热的方式有冷管型连续换热式和冷激型多段换热式两大类；反应气体流动的方向有轴向、径向和两者兼有的混合形式；有副产蒸汽和不副产蒸汽的流程等。近年来，我国开发了在25～27 MPa的压力下、在铜基催化剂上合成甲醇的技术，出口气体中甲醇含量为4%左右，反应温度为230～290℃。

ICI低压法为英国ICI公司在1966年研究成功的甲醇合成方法。该方法打破了高压法合成甲醇的垄断，是甲醇合成生产工艺上的一次重大变革。它采用51-1型铜基催化剂，合成压力为5 MPa。ICI低压法所用的合成塔为热壁多段冷激式，结构简单，每段催化剂床层上部装有菱形冷激气分配器，使冷激气均匀地进入催化剂床层，用以调节塔内温度。低压法合成塔的型式还有德国的管束型副产蒸汽合成塔和美国的三相甲醇合成塔。20世纪70年代，我国从法国Speichim公司引进了一套以乙炔尾气为原料、日产300 t低压法合成甲醇装置(英国ICI专利技术)。20世纪80年代，我国引进了德国Lurgi公司的低压法合成甲醇装置。

中压法是在低压法基础上进一步发展起来的。低压法操作压力低，导致设备体积相当庞大，不利于甲醇大型化的生产，因此发展了合成压力为10 MPa左右的中压法。该方法能更有效地降低建厂费用和生产成本。例如ICI公司成功研究的51-2型铜基催化剂，其化学组成和活性与51-1型铜基催化剂差不多，只是催化剂的晶体结构不同，制造成本更高。由于这种催化剂在较高压力下也能维持较长的寿命，使得ICI公司有可能将合成压力从原有的5 MPa提高到10 MPa，所用合成塔与低压法相同(热壁多段冷激式)，其工艺流程和设备与低压法类似。

本仿真系统针对的是低压法合成甲醇装置中管束型副产蒸汽合成系统的甲醇合成工序。采用一氧化碳、二氧化碳加压催化氢化法合成甲醇，在合成塔内主要发生的反应如下：

$$CO_2 + 3H_2 \rightleftharpoons CH_3OH + H_2O$$

$$CO + H_2O \rightleftharpoons CO_2 + H_2$$

两式合并后即可得出一氧化碳生成甲醇的反应式：

$$CO + 2H_2 \rightleftharpoons CH_3OH$$

9.2.3　甲醇合成生产工艺流程

蒸汽驱动透平带动压缩机运转，提供循环气连续运转的动力，并同时往循环系统中补充H_2和混合气(CO、H_2)，使合成反应能够连续进行。反应放出的大量热通过蒸汽包(F-601)移走。合成塔入口气在中间换热器(E-601)中被合成塔出口气预热至46℃

后进入合成塔(R-601),合成塔出口气从255℃依次经中间换热器(E-601)、精制水预热器(E-602)、最终冷却器(E-603)换热至40℃,与补加的H_2混合后进入甲醇分离器(F-602)。分离出的粗甲醇进入精馏系统进行精制,气相的小部分送往火炬,气相的大部分作为循环气被送往压缩机(C-601),被压缩的循环气与补加的混合气混合后经换热器(E-601)进入反应器(R-601)。压缩系统和合成系统的DCS图、现场图如图9-1至图9-4所示。

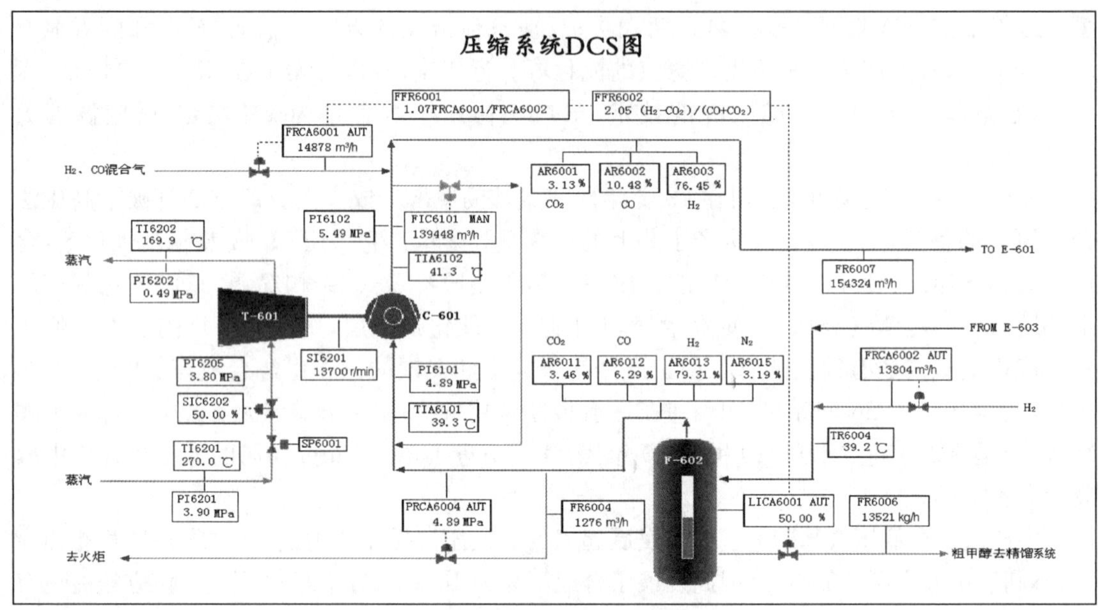

图9-1 压缩系统DCS图

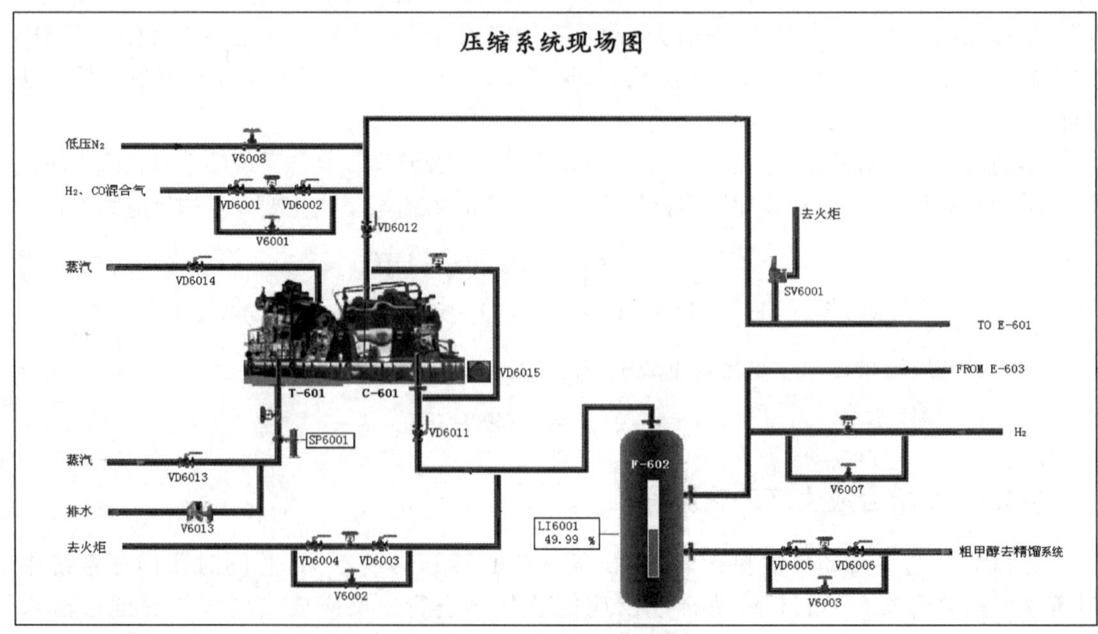

图9-2 压缩系统现场图

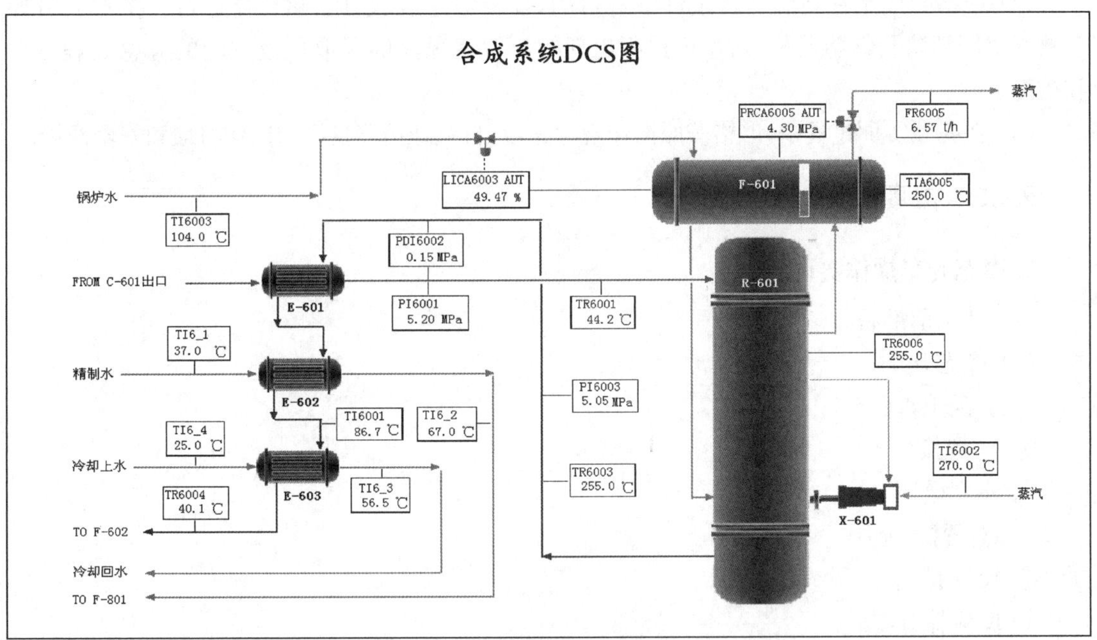

图9-3 合成系统DCS图

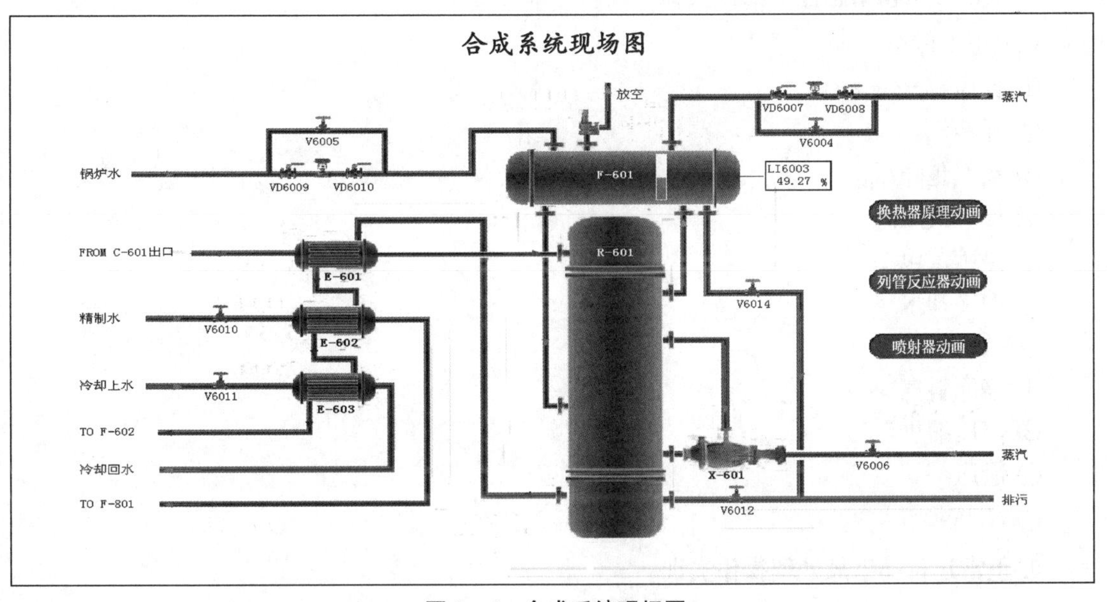

图9-4 合成系统现场图

9.2.4 安全要求

(1) 生产装置区的所有物料(如合成气、甲醇等)均易燃、易爆、有毒,要建立环境及安全监测制度,控制排放量及污染因子浓度,如空间及地沟处尘毒浓度必须控制在最高容许浓度(一氧化碳对应30 mg/m³,甲醇对应50 mg/m³)之内,对超标区域查明原因,及时采取措施进行整改。

(2) 甲醇合成是在高温高压条件下进行的，要杜绝超温、超压、超负荷运行。操作人员要会熟练使用消防及气防器材，对生产过程出现的异常情况能够采取积极主动的应急处理方法和措施。

(3) 在各项实训过程中，严格按照操作规程完成，自觉地培养良好的操作习惯和安全意识。

9.2.5 仿真操作

1. 冷态开车操作实训

(1) 开工前准备

(2) 冷态开车

① 引锅炉水

② N_2置换

③ 建立循环

④ H_2置换、充压

⑤ 投原料气

⑥ 反应器升温

⑦ 调至正常

2. 正常停车和紧急停车操作实训

(1) 正常停车

① 停原料气

② 开蒸汽

③ 蒸汽包降压

④ 反应器降温

⑤ 停蒸汽包

⑥ 停冷却水

(2) 紧急停车

① 停原料气

② 停压缩机

③ 泄压

④ N_2置换

3. 正常运行和事故处理操作实训

(1) 正常运行操作实训

在实训过程中，密切注意各工艺参数的变化，维持生产过程运行稳定。正常工况下的工艺参数指标如表 9-1 所示。

(2) 事故处理操作实训

注重事故现象的分析、判断能力的培养。在处理事故过程中，要迅速、准确、无误。

① 分离罐液位高或反应器温度高联锁

事故原因：F-602 液位高或 R-601 温度高联锁。

表 9-1　正常工况下的工艺参数指标

工 位 号	正 常 指 标	备　　注
LICA6001	40%±10%	分离罐液位控制
LICA6003	50%±20%	蒸汽包液位控制
PI6001	4.0～5.7 MPa	系统压力控制
PRCA6005	4.0～4.8 MPa	系统蒸汽包压力控制
TR6006	210～280℃	反应器温度控制
TIA6005	200～270℃	蒸汽包温度控制
FFR6002	2.05～2.15	新鲜气中 H_2 与 CO 比控制
AR6011	3.5%±0.5%	循环气中 CO_2 的含量
AR6012	6.29%±0.5%	循环气中 CO 的含量
AR6013	79.3%±1.0%	循环气中 H_2 的含量
AR6015	3.18%±0.5%	循环气中 N_2 的含量

事故现象：分离罐(F-602)的液位(LICA6001)高于 70%，或反应器(R-601)的温度(TR6006)高于 270℃；原料气进气阀(FRCA6001 和 FRCA6002)关闭，透平电磁阀(SP6001)关闭。

② 蒸汽包液位低联锁

事故原因：F-601 液位低联锁。

事故现象：蒸汽包(F-601)的液位(LICA6003)低于 5%，温度高于 100℃；锅炉水入口阀(LICA6003)全开。

③ 混合气入口阀(FRCA6001)阀卡

事故原因：FRCA6001 阀卡。

事故现象：混合气进料量变小，造成系统不稳定。

④ 透平坏

事故原因：透平坏。

事故现象：透平运转不正常，循环压缩机(C601)停。

⑤ 催化剂老化

事故原因：催化剂失效。

事故现象：反应速率降低，各成分的含量不正常，反应器温度降低，系统压力升高。

⑥ 循环压缩机坏

事故原因：循环压缩机坏。

事故现象：压缩机停止工作，出口压力等于入口压力，循环不能继续，导致反应不正常。

⑦ 反应塔温度高报警

事故原因：反应塔温度高报警。

事故现象：反应塔温度(TR6006)高于265℃，但低于270℃。

⑧ 反应塔温度低报警

事故原因：反应塔温度低报警。

事故现象：反应塔温度(TR6006)高于210℃，但低于220℃。

⑨ 分离罐液位高报警

事故原因：分离罐液位高报警。

事故现象：分离罐液位(LICA6001)高于65%，但低于70%。

⑩ 系统压力(PI6001)高报警

事故原因：PI6001 高报警。

事故现象：系统压力(PI6001)高于5.5 MPa，但低于5.7 MPa。

⑪ 蒸汽包液位低报警

事故原因：蒸汽包液位低报警。

事故现象：蒸汽包液位(LICA6003)低于10%，但高于5%。

9.3 甲醇精制生产仿真操作

9.3.1 甲醇精制分离的基础知识

1. 多组分精馏流程方案的选择

工业上常遇到多组分精馏。根据挥发度的差异，可将各组分逐个分离。

对 n 个组分的混合液进行精馏分离为 n 个高纯度的产品时，需要 $n-1$ 个精馏塔。因为一个精馏塔只能分离出一个高纯度的产品，最后一个精馏塔才能分得两个高纯度产品。这样，利用多个精馏塔就可以通过不同的方案组织产生多种流程。工业上多组分精馏流程的选择不仅要考虑经济上的优化，即使设备费用与操作费用之和最少，还要兼顾所分离混合物的各组分性质(如热敏性、聚合结焦倾向等)及对产品纯度的要求。通常可按如下规则制定多组分精馏流程的初选方案：

(1) 首先把进料组分按摩尔分数接近0.5∶0.5进行分离；

(2) 当进料各组分摩尔分数相近且按挥发度排序两两间相对挥发度相近时，可按把组分逐一从塔顶取出的顺序排列流程；

(3) 当进料各组分按挥发度排序两两间相对挥发度差别较大时，可按相对挥发度递减的顺序排列流程；

(4) 当进料各组分摩尔分数差别较大时，按摩尔分数递减的顺序排列流程；

(5) 产品纯度要求高的组分留在最后分离。

必须根据具体情况对多组分精馏方案做经济比较，从而决定合理的流程。

2. 多组分精馏的关键组分

在多组分精馏中，不能全部规定塔顶和塔底产品中各组分的含量，而只能分别规定其中一个组分。因为在精馏塔分离能力一定的条件下，当塔顶与塔底产品中规定某一组分的含量达到要求时，其他组分的含量将在相同条件下按其挥发度的大小被相应地确定。

为简化塔顶和塔底产品中各组分含量的估算，常使用关键组分的概念。所谓关键组分就是在进料中选取两个组分（大多数情况下是挥发度相邻的两个组分），它们对多组分的分离起着控制作用。挥发度大的关键组分被称为轻关键组分(l)，为达到分离要求，规定它在塔底产品中的含量不能大于某个给定值。挥发度小的关键组分被称为重关键组分(h)，为达到分离要求，规定它在塔顶产品中的含量不能大于某个给定值。必须指出的是，对于同样的进料、不同的分离方案而言，关键组分是不同的。

3. 清晰分割法

当选取的关键组分按挥发度排序是两个相邻组分，而且两者挥发度差异较大，同时分离要求也较高，即塔顶重关键组分摩尔分数和塔底轻关键组分摩尔分数被控制得都较低时，可以认为比轻关键组分还易挥发的组分（简称轻组分）全部从塔顶蒸出，在塔釜中含量极小，可以忽略；比重关键组分还难挥发的组分（简称重组分）全部从塔釜排出，在塔顶中含量极小，可以忽略。这样多组分精馏可简化为双组分精馏处理。

9.3.2　甲醇精制生产过程

1. 生产过程简述

本工段采用四塔(3+1)精馏工艺，包括预塔、加压塔、常压塔及回收塔。预塔主要是除去粗甲醇中溶解的气体（如CO_2、CO、H_2等）及低沸点组分（如二甲醚、甲酸甲酯），加压塔及常压塔是除去水及高沸点杂质（如异丁基油），同时获得高纯度的优质甲醇产品。另外，为了减少废水排放，增设回收塔，通过进一步回收甲醇可减少废水中甲醇的含量。

本工段的工艺特点如下：

(1) 采用三塔精馏加回收塔工艺流程，其主要特点是热能的合理利用；

(2) 采用双效精馏方法，即将加压塔塔顶气相的冷凝潜热用作常压塔塔釜再沸器的热源。

本工段的废热回收过程如下：

(1) 将天然气蒸汽转化工段的转化气作为加压塔再沸器的热源；

(2) 加压塔再沸器、预塔再沸器冷凝水用来预热进料粗甲醇；

(3) 加压塔塔釜出料与加压塔进料充分换热。

2. 甲醇精制生产工艺流程

从甲醇合成工段来的粗甲醇进入粗甲醇预热器(E-0401)，与从预塔再沸器(E-0402)、加压塔再沸器(E-0406B)和回收塔再沸器(E-0414)来的冷凝水进行换热后进入预塔(D-0401)。经D-0401分离后，塔顶气相为二甲醚、甲酸甲酯、CO_2、甲醇等蒸气，经二级冷凝后，不凝气通过火炬排放，冷凝液在补充脱盐水后返回预塔(D-0401)作为回流液；塔釜为甲醇水溶液，经P-0403增压后送到加压塔(D-0402)，塔釜出料液在E-0405中进行预热，然后进入D-0402。

经D-0402分离后，塔顶气相为甲醇蒸气，与常压塔(D-0403)塔釜出料液换热后部分返回D-0402作为回流液，部分采出作为精甲醇产品，并经E-0407冷却后送往中间罐区产品罐。塔釜出料液在E-0405中与进料换热后作为E-0403的进料。

在D-0403中,甲醇与轻重组分、水得以彻底分离,塔顶气相为含微量不凝气的甲醇蒸气,经冷凝后,不凝气通过火炬排放,冷凝液部分返回D-0403作为回流,部分采出作为精甲醇产品,并经E-0410冷却后送往中间罐区产品罐。塔下部侧线采出杂醇油作为回收塔(D-0404)的进料。塔釜出料液为含微量甲醇的水,经P-0409增压后送往污水处理厂。

经D-0404分离后,塔顶产品为精甲醇,经E-0415冷却后部分返回D-0404作为回流,部分送往精甲醇罐。塔中部侧线采出异丁基油送往中间罐区副产品罐。塔底少量废水与D-0403塔底废水合并。甲醇精制生产预塔、加压塔、常压塔、回收塔的DCS图分别如图9-5至图9-8所示。

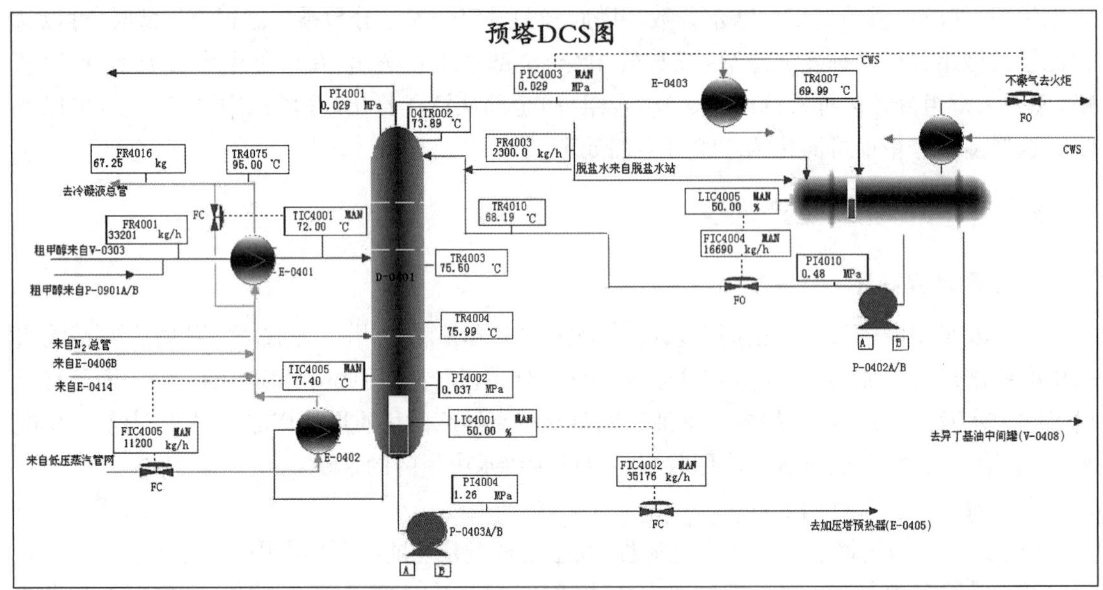

图9-5　甲醇精制生产预塔DCS图

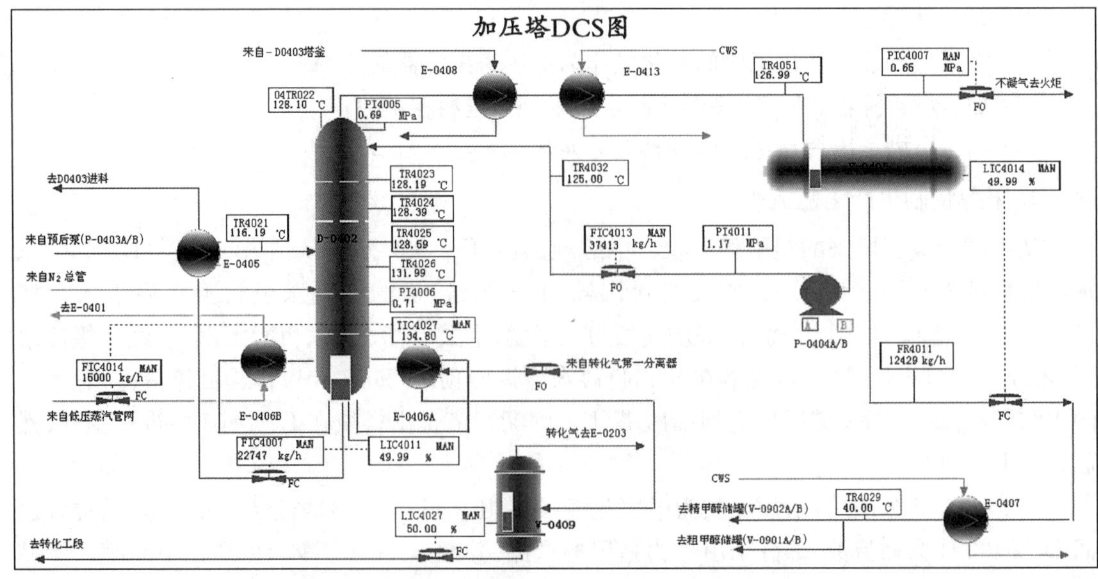

图9-6　甲醇精制生产加压塔DCS图

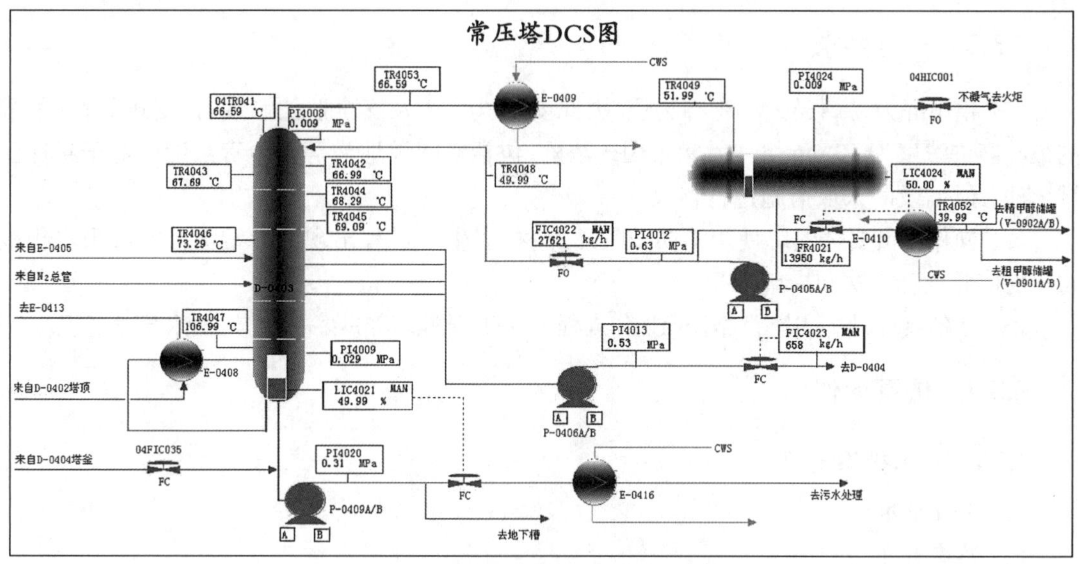

图 9-7 甲醇精制生产常压塔 DCS 图

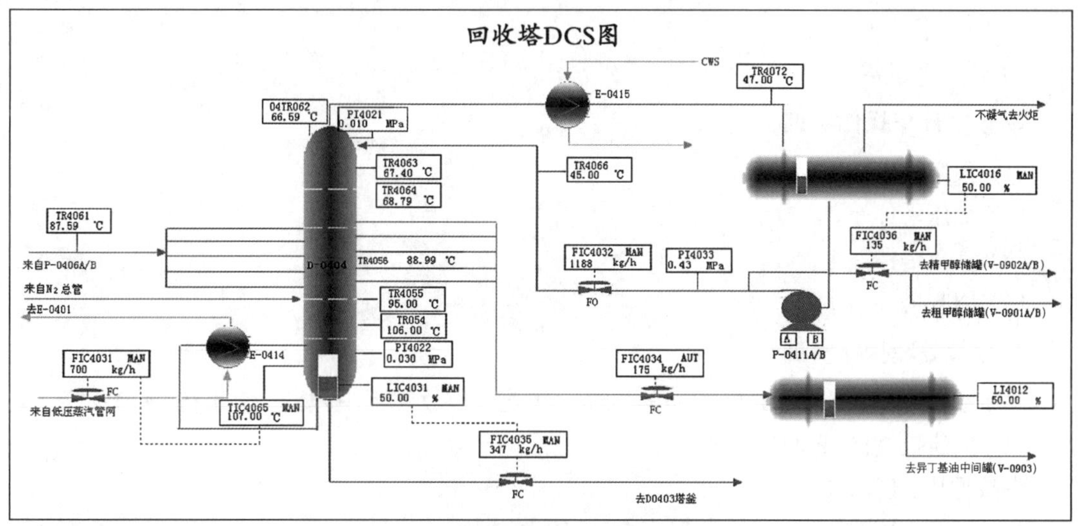

图 9-8 甲醇精制生产回收塔 DCS 图

3. 控制知识要点

本工段使用的复杂控制回路主要是串级回路，包括液位与流量串级回路和温度与流量串级回路。

串级回路调节系统是在简单调节系统基础上发展起来的。在结构上，串级回路调节系统有两个闭合回路，主、副调节器串联，主调节器的输出为副调节器的给定值。该系统通过副调节器的输出操纵调节阀动作，从而实现对主参数的定值调节。所以在串级回路调节系统中，主回路是定值调节系统，副回路是随动系统。

例如，预塔（D-0401）的塔釜温度调节器（TIC4005）和再沸器热物流进料流量调节器（FIC4005）构成一个串级回路。温度调节器的输出值同时是流量调节器的设定值，即 FIC4005 的 SP 值由 TIC4005 的 OP 值控制，TIC4005.OP 的变化使 FIC4005.SP 产生相应的变化。

9.3.3 安全要求

(1) 粗甲醇为易燃、易爆、有毒物质,因此要建立环境及安全监测制度,控制排放量(甲醇的最高容许浓度为 50 mg/m³)及污染因子浓度,包括空间及地沟等处尘毒浓度。对于超标区域,查明原因,及时采取措施进行整改。

(2) 操作人员要会熟练使用消防及气防器材,对生产过程出现的异常情况能够采取积极主动的应急处理方法和措施。

(3) 在各项实训过程中,严格按照操作规程完成,自觉地培养良好的操作习惯和安全意识。

9.3.4 仿真操作

1. 冷态开车操作实训

(1) 开车前准备

(2) 冷态开车

① 预塔、加压塔和常压塔开车

② 回收塔开车

③ 调节至正常

2. 正常停车操作实训

(1) 预塔停车

(2) 加压塔停车

(3) 常压塔停车

(4) 回收塔停车

3. 事故处理操作实训

注重事故现象的分析、判断能力的培养。在处理事故过程中,要迅速、准确、无误。

(1) 回流控制阀(FV4004)阀卡

事故原因:FV4004 阀卡。

事故现象:回流量减小,塔顶温度上升,压力增大。

(2) 回流泵(P-0402A)故障

事故原因:P-0402A 泵坏。

事故现象:P-0402A 断电,回流中断,塔顶压力、温度上升。

(3) 回流罐(V-0403)液位超高

事故原因:V-0403 液位超高。

事故现象:V-0403 液位超高。

思考题

1. 甲醇合成生产的主要任务是什么?
2. 甲醇合成生产的主要反应有哪些?主要工艺影响是什么?

3. 解释以下概念：多组分精馏的关键组分、清晰分割法。
4. 多组分精馏流程方案的选择基本原则是什么？
5. 本工段采用的四塔(3+1)精馏工艺包括哪些塔系？各起到什么作用？
6. 本工段采用的四塔(3+1)精馏工艺特点是什么？有哪些节能措施？
7. 简述甲醇精馏生产工艺流程。
8. 结合实际例子简要说明串级回路调节的基本原理和作用。

第10章　常减压生产仿真操作

10.1　仿真操作的目的

(1) 了解石油加工过程自动控制的基本原理、特点和规律,以及掌握化工过程集散控制系统的一般操作。

(2) 培养利用已学理论知识分析和解决相关化工单元操作问题的能力,掌握仿真软件的操作。

(3) 认识带控制点的化工工艺流程图。

(4) 了解化工生产中的一些事故,以及分析和处理的方法。

10.2　石油简介

石油又称原油,是从地下深处开采的棕黑色可燃黏稠液体。石油是古代海洋或湖泊中的生物经过漫长的演化而形成的混合物,与煤一样属于化石燃料。

石油的性质因产地而异,密度为0.8～1.0 g/mL,黏度范围很宽,凝固点差异很大(−60～30℃),沸点为常温到500℃以上,可溶于多种有机溶剂,不溶于水,但可与水形成乳状液。

组成石油的化学元素主要是碳(83%～87%)、氢(11%～14%),其余为硫(0.06%～0.8%)、氮(0.02%～1.7%)、氧(0.08%～1.82%)及微量金属元素(镍、钒、铁等)。由碳和氢形成的烃类构成石油的主要组成部分,占95%～99%,含硫、氮、氧的化合物对石油产品有害,石油加工中应尽量去除。

不同产地的石油中各种烃类所占比例相差很大,这些烃类主要是烷烃、环烷烃、芳香烃。通常,以烷烃为主的石油为石蜡基石油,以环烷烃、芳香烃为主的石油为环烷基石油,介于两者之间的石油为中间基石油。

石油产品可分为石油燃料、石油溶剂与化工原料、润滑剂、石蜡、石油沥青、石油焦六类。其中,各种燃料产量最大,约占总产量的90%;各种润滑剂品种最多,产量约占5%。各国都制定了相应产品标准,以适应生产和使用的需要。

汽油是消耗量最大的品种。汽油的沸点(又称馏程)为30～205℃,密度为0.7～0.78 g/mL。商品汽油按其在气缸中燃烧时抗爆震燃烧性能的优劣划分,分别标记为辛烷值为70、80、90或更高。辛烷值越大,抗爆震燃烧性能越好。汽油主要用作汽车、摩托车、快艇、直升机、农林用飞机的燃料。在商品汽油中掺入添加剂(如抗爆剂),以改善其使用和贮存性能。

喷气燃料主要供喷气式飞机使用，沸点为 60～280℃或 150～315℃（俗称航空煤油）。为适应高空低温高速飞行需要，要求发热量大、－50℃时不出现固体结晶。

煤油沸点为 180～310℃，主要供照明、生活炊事用，要求火焰平稳、光亮而不冒黑烟。

柴油沸点分为 180～360℃和 350～400℃两类。对于石油及其加工产品，习惯上将沸点或沸点范围低的称为轻，相反称为重。故将上述前者称为轻柴油，后者称为重柴油。商品柴油按凝固点分级，如 10、－20 等，以表示最低使用温度。柴油广泛用于大型车辆、船舶。由于高速柴油机（汽车用）比汽油机省油，柴油需求量增长速率大于汽油，一些小型汽车也改用柴油。对柴油的质量要求是燃烧性能和流动性能好。燃烧性能用十六烷值表示，其越高越好。大庆原油炼制的柴油的十六烷值可达 68，高速柴油机用的轻柴油的十六烷值为 42～55，低速柴油机用的轻柴油的十六烷值在 35 以下。

燃料油用作锅炉、轮船及工业炉的燃料。商品燃料油用黏度大小区分不同牌号。

石油溶剂用于香精、油脂、橡胶加工、涂料工业，或清洗仪器、仪表、机械零件。

由石油制得的润滑油占总润滑剂产量的 95%以上。除润滑性能外，其还具有冷却、密封、防腐、绝缘、清洗、传递能量的作用。产量最大的是内燃机油（占 40%），其余为齿轮油、液压油、汽轮机油、电器绝缘油、压缩机油，合计占 40%。商品润滑油按黏度分级，负荷大、速率低的机械用高黏度油，否则用低黏度油。炼油装置生产的是采取各种精制工艺制成的基础油，再加入多种添加剂，因此具有专用功能，附加产值高。

润滑脂俗称黄油，是通过润滑剂加稠化剂而制成的固体或半流体，用于不宜使用润滑油的轴承、齿轮部位。

石油蜡包括石蜡（占总产量的 10%）、地蜡、石油脂等。石蜡主要用作包装材料、化妆品原料及蜡制品，也可作为化工原料生产脂肪酸（肥皂原料）。

石油沥青主要供道路、建筑使用。

石油焦用于冶金（钢、铝）、化工（电石）行业作电极。

除上述石油商品外，各个炼油装置还得到一些在常温下是气体的产物，总称炼厂气，可直接作燃料或经加压液化后分出液化石油气作燃料、化工原料。

10.3　常减压生产工艺过程

常压蒸馏和减压蒸馏习惯上合称为常减压蒸馏，被称为炼油工艺的“龙头”。常减压蒸馏可直接加工原油，它的加工能力被称为原油加工能力或炼油厂生产规模。大型炼油厂的生产规模已超过每年 1×10^{7} t，主要设备直径在 10 m 以上。

常减压蒸馏基本上属于物理过程。原油在蒸馏塔内按挥发能力分成沸点范围不同的油品（称为馏分），其中小部分经调和、加添加剂后以产品形式出厂，相当大部分是作为后续加工的原料，因此常减压蒸馏又称为原油的一次加工。

常减压蒸馏通常包括三个工序：原油的脱盐、脱水，常压蒸馏，减压蒸馏。

原油的脱盐、脱水又称为原油预处理。从油田送往炼油厂的原料中往往含有盐（主要是氯化物）、水（溶于油或呈乳化状态），可导致设备腐蚀、在设备内壁结垢和影响成品油组成，因此须在加工前脱除。常用的办法是加入破乳剂和水，使油中的水聚集并从油中分出，而盐溶于水，再加以高压电场配合，使形成的较大水滴顺利去除。

常压蒸馏的目的是把原油按沸点范围分为汽油、煤油、柴油各个馏分，这些馏分直接从塔内分出，故称为直馏馏分。塔底残余油称为常压渣油（又称重油），作为减压蒸馏或二次加工原料。常压蒸馏的主要操作条件是常压蒸馏塔塔顶压力接近常压、塔内各处温度与原油组成和产品要求有关、塔底温度约为350℃。

减压蒸馏是对常压渣油继续蒸馏分出有用的馏分。采用减压蒸馏操作是为了降低蒸馏温度，防止常压渣油在长时间高温加热下发生化学变化和结焦而影响正常操作。减压蒸馏可蒸出柴油、润滑油和二次加工原料，塔底产物在常压下的沸点在500℃以上，可制沥青、石油焦，也可作燃料。减压蒸馏塔塔顶压力为2～8 kPa（相当于大气压的2%～8%），塔底温度一般不超过400℃。常减压生产工艺流程总图如图10-1所示。

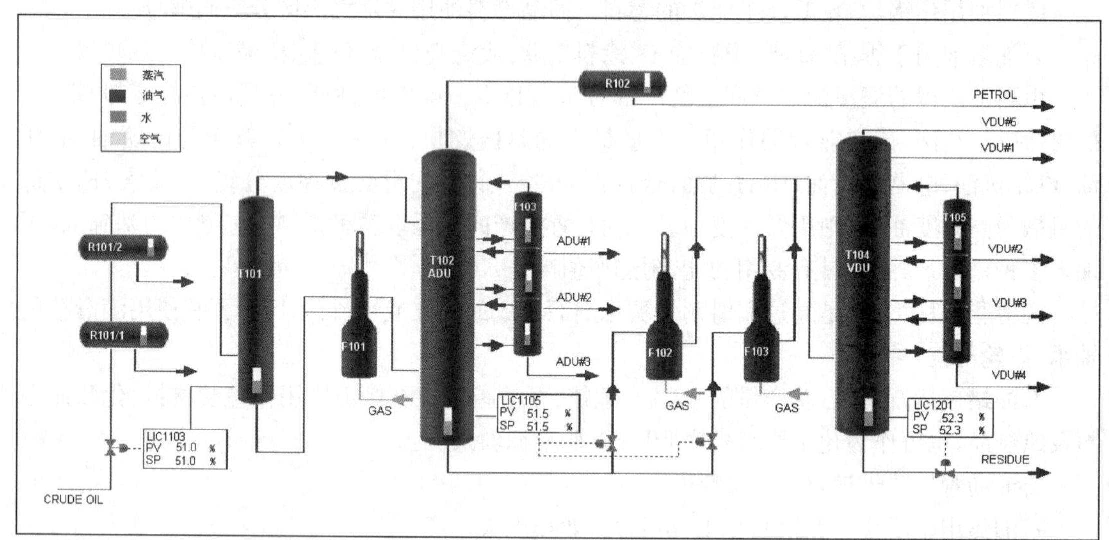

图10-1　常减压生产工艺流程总图

10.4　常减压生产工艺流程

10.4.1　脱盐脱水及闪蒸系统

罐区原油（65℃）由原油泵（P101/1,2）抽入装置后，首先与闪蒸塔塔顶汽油、常压塔塔顶汽油（H-101/1～4）换热至80℃左右，然后分两路进行换热。一路原油与减一线（H-102/1,2）、减三线（H-103/1,2）、减一中（H-105/1,2）换热至140℃（TIC1101）左右；另一路原油与减二线（H-106/1,2）、常一线（H-107）、常二线（H-108/1,2）、常三线（H-109/1,2）换热至140℃（TI1101）左右。两路汇合后进入电脱盐罐（R101/1,2）进行脱盐脱水。

脱盐脱水后原油（130℃左右）从电脱盐罐出来后分两路进行换热。一路原油与减三线（H-103/3,4）、减渣油（H-104/3～7）、减三线（H-103/5,6）换热至235℃（TI1134）左右；另一路原油与常一中(H－111/1～3)、常二线(H－108/3)、常三线(H－109/3)、减二线(H－106/5,6)、常二中(H－112/2,3)、常三线(H－109/4)换热至 235℃(TIC1103)左右。两路汇合后进入闪蒸塔(T－101),也可直接进入常压炉。

闪蒸塔塔顶油汽以 180℃(TI1131)左右进入常压塔顶部或直接进入汽油换热器(H－101/1～4)、空冷器(L－101/1～3)。

拔头原油经拔头原油泵(P102/1,2)抽出,与减四线(H－113/1)换热后分两路。一路与减二中(H－110/2～4)、减四线(H－113/2)换热至 281℃(TIC1102)左右;另一路与减渣油(H－104/8～11)换热至 281℃(TI1132)左右。两路汇合后与减渣油(H－104/12～14)换热至 306.8℃(TI1106)左右,再分两路进入常压炉对流室进行加热,然后进入常压炉辐射室加热至要求温度,最后进入常压塔(T102)进料段进行分馏。脱盐脱水及闪蒸系统 DCS 图和现场图分别如图 10－2 和图 10－3 所示。

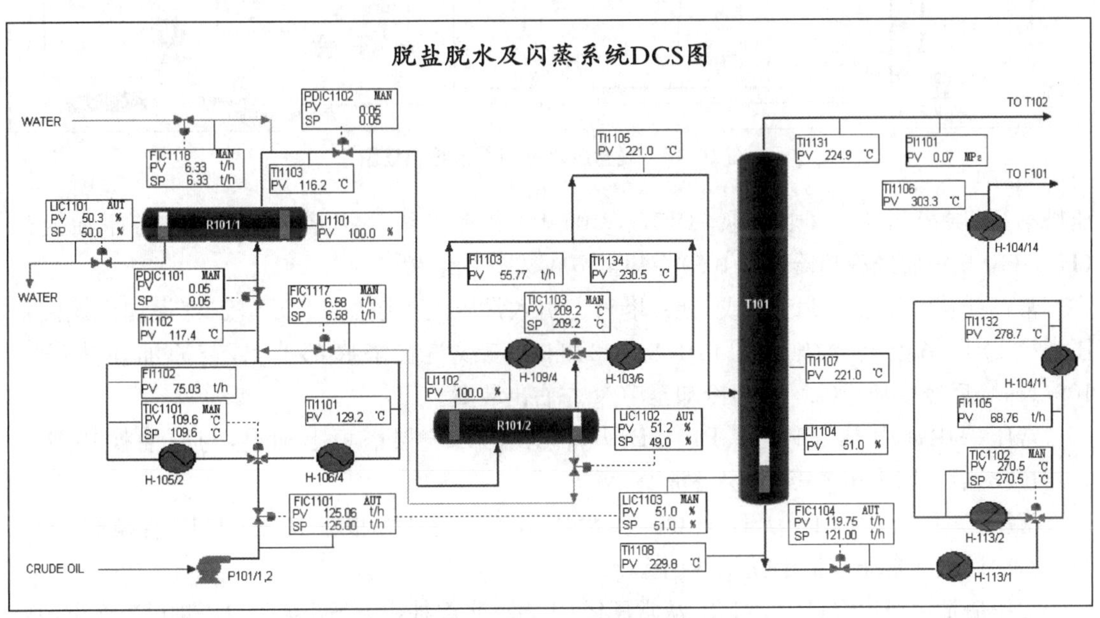

图 10－2　脱盐脱水及闪蒸系统 DCS 图

10.4.2　常压塔系统

常压塔塔顶油汽先与原油(H－101/1～4)换热后依次进入空冷器(K－1,2)、后冷器(L－101)进行冷却,然后进入汽油回流罐(R102)进行脱水,切出的水放入下水道。汽油经过汽油泵(P103/1,2)一部分打顶回流,一部分外放。不凝汽则由 R102 引至常压瓦斯罐(R103),冷凝下来的汽油由 R103 底部返回 R102,瓦斯由 R103 顶部引至常压炉作自产瓦斯燃烧或放空。

常一线从常压塔第 32 层(或 30 层)塔板上引入常压汽提塔(T103)上段,汽提油汽返回常压塔第 34 层塔板上,油则由泵(P106/1、P106/B)自常一线汽提塔底部抽出,与原油换热(H－107)后经冷却器(L－102)冷却至 70℃左右出装置。

常二线从常压塔第 22 层(或 20 层)塔板上引入常压汽提塔(T103)中段,汽提油汽返回常

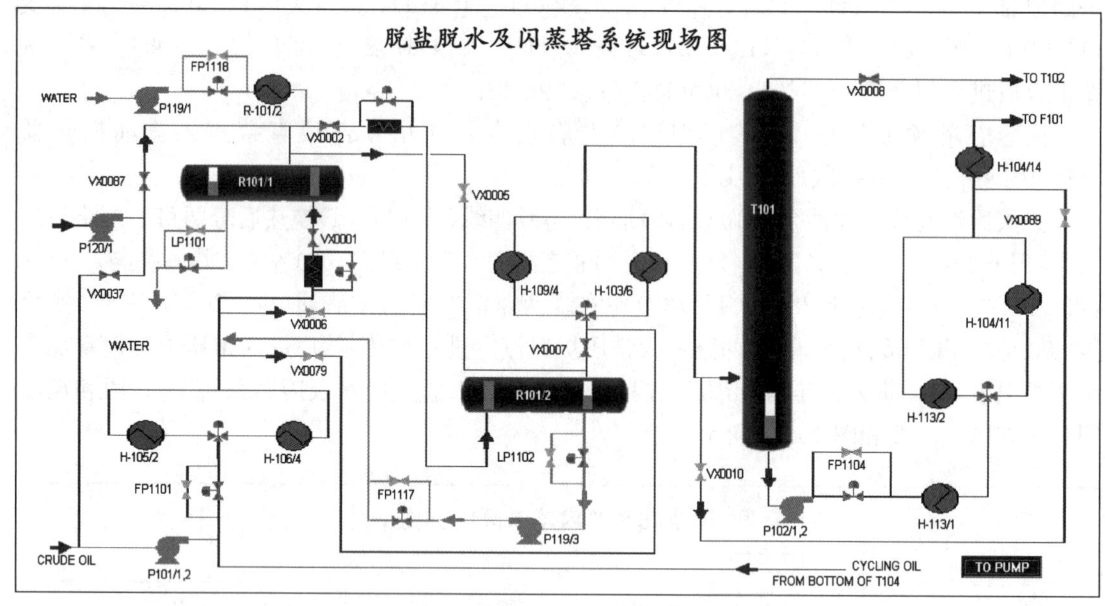

图 10-3 脱盐脱水及闪蒸系统现场图

压塔第 24 层塔板上，油则由泵(P107、P106/B)自常二线汽提塔底部抽出，与原油换热(H-108/1,2)后经冷却器(L-103)冷却至 70℃左右出装置。

常三线从常压塔第 11 层(或 9 层)塔板上引入常压汽提塔(T103)下段，汽提油汽返回常压塔第 14 层塔板上，油则由泵(P108/1,2)自常三线汽提塔底部抽出，与原油换热(H-109/1～4)后经冷却器(L-104)冷却至 70℃左右出装置。

常压一中油由泵(P104/1、P104/B)从常压塔第 25 层塔板上抽出，与原油换热(H-111/1～3)后返回常压塔第 29 层塔板上。

常压二中油由泵(P104/B、P105)从常压塔第 15 层塔板上抽出，与原油换热(H-112/2,3)后返回常压塔第 19 层塔板上。

常压渣油由塔底泵(P109/1,2)从常压塔(T102)底部抽出，分两路去减压炉(F102、F103)对流室，待辐射室加热后，合成一路以工艺要求温度进入减压塔(T104)进料段进行减压分馏。常压塔系统 DCS 图和现场图分别如图 10-4 和图 10-5 所示。

10.4.3 减压塔系统

减压塔塔顶油汽经抽真空后，不凝汽自冷凝器(L-110/1,2)放空或进入减压炉(F102)作自产瓦斯燃烧。冷凝部分进入减顶油水分离器(R104)进行脱水，切出的水放入下水道，污油进入污油罐进一步脱水后由泵(P118/1,2)抽出装置，或由缓蚀剂泵抽出去闪蒸塔进料段、常一中进行回炼。

减一线油由减一线泵(P112/1、P112/B)从减压塔上部集油箱抽出，与原油换热(H-102/1,2)后经冷却器(L-105/1,2)冷却至 45℃左右，一部分外放，另一部分去减压塔塔顶作回流。

减二线油从减压塔引入减压汽提塔(T105)上段，油汽返回减压塔，油则由泵(P113、

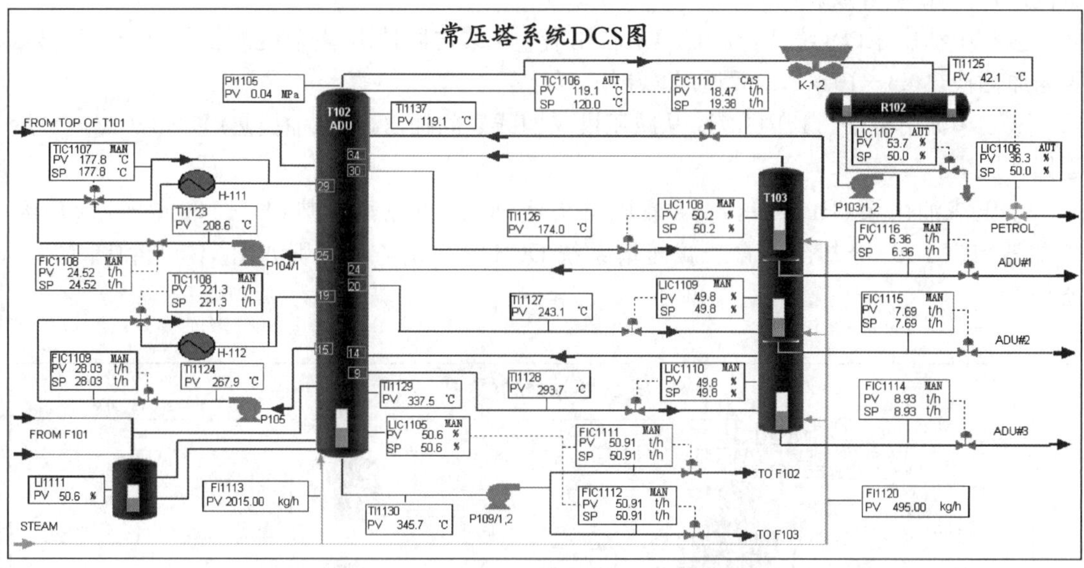

图10-4 常压塔系统DCS图

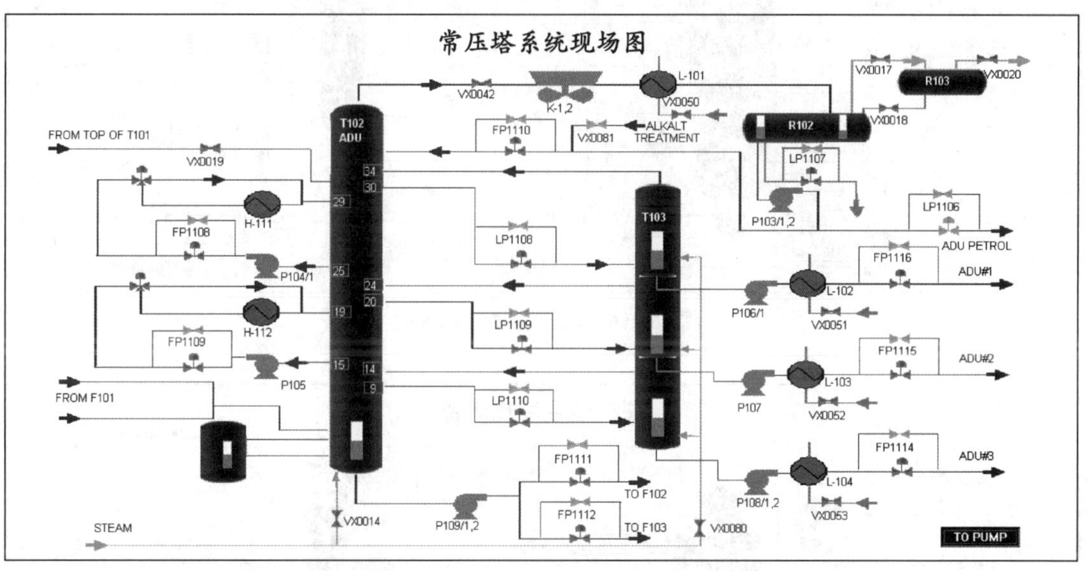

图10-5 常压塔系统现场图

P112/B)抽出，与原油换热(H-106/1～6)后经冷却器(L-106)冷却至50℃左右出装置。

减三线油从减压塔引入减压汽提塔(T105)中段，油汽返回减压塔，油则由泵(P114/1、P114/B)抽出，与原油换热(H-103/1～6)后经冷却器(L-107)冷却至80℃左右出装置。

减四线油从减压塔引入减压汽提塔(T105)下段，油汽返回减压塔，油则由泵(P115、P114/B)抽出。一部分先与原油换热(H-113/1,2)，再与软化水换热(H-113/4)，后经冷却器(L-108)冷却至50～85℃出装置；另一部分打入减压塔四线集油箱下部作净洗油。

冲洗油由泵(P116/1,2)从减压塔抽出后与冷凝气(L-109/2)换热，一部分返回减压塔作脏洗油，另一部分外放。

减一中油由泵(P110/1、P110/B)从减压塔一二线之间抽出，与软化水换热(H－105/3)，再与原油换热(H－105/1,2)后返回减压塔。

减二中油由泵(P111、P110/B)从减压塔三四线之间抽出，与原油换热(H－110/2～4)后返回减压塔。

减压渣油由泵(P117/1,2)从减压塔塔底抽出，与原油换热(H－104/3－14)后经冷却器(L－109)冷却出装置。减压塔系统DCS图和现场图分别如图10－6和图10－7所示。

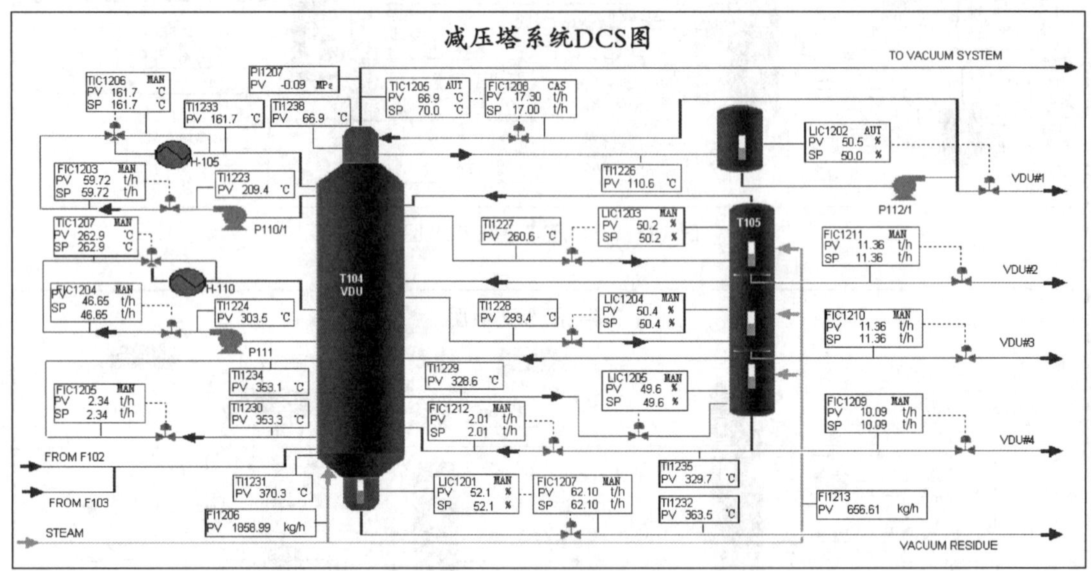

图10－6 减压塔系统DCS图

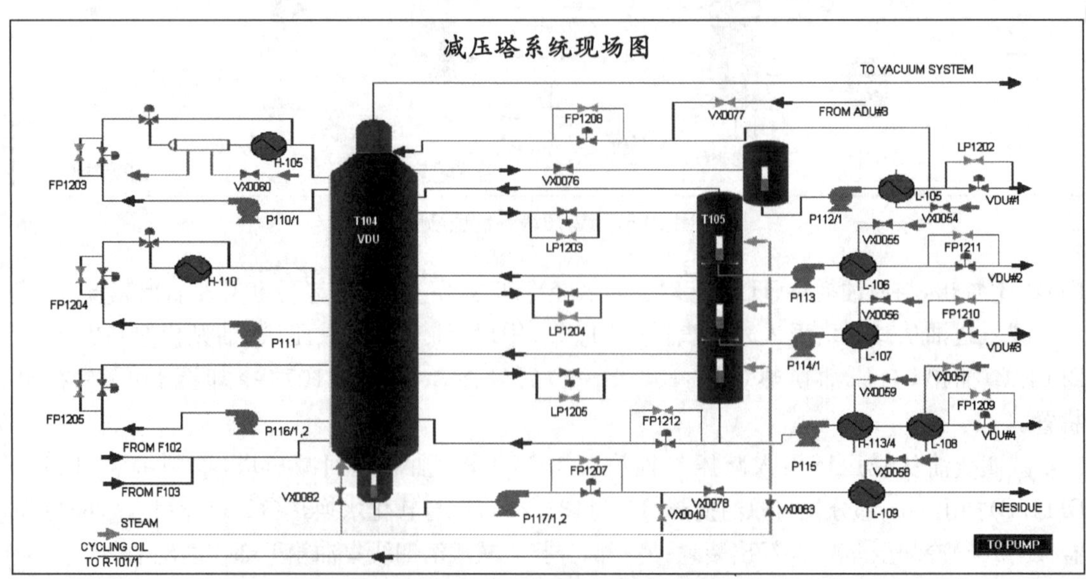

图10－7 减压塔系统现场图

10.5　安全要求

(1) 了解生产装置区中所有物料的理化特性。

(2) 了解生产装置区中所有物料的闪点、引燃温度、爆炸极限、主要用途、环境危害、燃爆危险、危险特性、防护方法。

(3) 注意整个装置的检查,以防泄漏或憋压。

(4) 观察各塔底泵运行情况,发现异常时及时处理,严格控制好各塔底液面,随时补油。

(5) 在各项实训过程中,严格按照操作规程完成,自觉地培养良好的操作习惯和安全意识。

10.6　仿真操作

10.6.1　常减压生产正常开车操作实训

(1) 开车准备工作

(2) 装油

(3) 启动冷循环

(4) 启动热循环

(5) 常压塔系统转入正常生产

(6) 减压塔系统转入正常生产

(7) 投用“一脱三注”

(8) 调至平衡

10.6.2　常减压生产正常停工操作实训

(1) 降量前先停脱盐脱水及闪蒸系统

(2) 关常压塔系统和减压塔系统侧线

(3) 装置打循环,炉子熄火,污油改出装置

10.6.3　常减压生产事故处理操作实训

(1) 原油中断

事故原因:原油泵(P101/1)故障。

事故现象:塔液面下降,塔进料压力降低,塔顶温度升高。

(2) 供电中断

事故原因:供电部门线路故障。

事故现象:各泵运转停止。

(3) 循环水中断

事故原因:供水单位因停电或水泵故障而不能正常供水。

事故现象：① 油品出装置温度升高；

② 减压塔塔顶真空度急剧下降。

(4) 供汽中断

事故原因：锅炉故障，或因停电而不能正常供汽。

事故现象：① 流量显示回零，各塔、罐操作不稳；

② 加热炉操作不稳；

③ 减压塔塔顶真空度下降。

(5) 净化风中断

事故原因：空气压缩机故障。

事故现象：仪表指示回零。

(6) 加热炉着火

事故原因：炉管因局部过热而结焦严重，结焦处被烧穿。

事故现象：炉出口温度急剧升高，冒大量黑烟。

(7) 常压塔塔底泵停

事故原因：泵故障，被烧或供电中断。

事故现象：① 泵出口压力下降，常压塔液面上升；

② 加热炉熄火，炉出口温度下降。

(8) 常压塔塔顶回流阀阀卡 10%

事故原因：阀使用时间太长。

事故现象：塔顶温度上升、压力上升。

(9) 减压塔出料阀阀卡 10%

事故原因：阀使用时间太长。

事故现象：塔液面上升。

(10) 闪蒸塔塔底泵抽空

事故原因：泵本身故障。

事故现象：泵出口压力下降，塔液面迅速上升，炉膛温度迅速上升。

(11) 减压炉熄火

事故原因：燃料中断。

事故现象：炉膛温度下降，炉出口温度下降，火灭。

(12) 抽泵故障

事故原因：真空泵本身故障。

事故现象：减压塔压力上升。

(13) 低压闪电

事故原因：供电不稳。

事故现象：全部或部分低压电机停转，操作混乱。

(14) 高压闪电

事故原因：供电不稳。

事故现象：全部或部分高压电机停转，闪蒸塔和常压塔进料中断，塔液面下降。

(15) 原油含水

事故原因：原油供应紧张。

事故现象：原油泵可能抽空，闪蒸塔液面下降、压力上升。

思考题

1. 简述原油及炼油产品的性质和用途。
2. 画出常减压生产工艺流程方框图。
3. 简述“一脱三注”的工艺原理。
4. 分析常减压生产中产生不正常现象的原因，并写出处理方法。
5. 根据自己在各项开车过程的体会，对本工艺过程提出自己的看法。

第 11 章　乙烯裂解生产仿真操作

11.1　仿真操作的目的

(1) 对乙烯裂解的生产工艺有整体的认识，为相关学习奠定基础。

(2) 学习乙烯裂解工厂中一些设备的结构和工作原理，对设备的内部结构有更加主观的认知，全面了解设备的工作运行过程。

(3) 了解一些工厂的安全知识、包括应急处理和急救方法，掌握在工厂实习的注意事项。

11.2　乙烯裂解生产过程

乙烯裂解生产过程，即乙烯车间裂解单元，是乙烯装置的主要组成部分之一。将轻石脑油、重石脑油及加氢裂化石脑油等裂解原料分别送入裂解炉内，加入稀释蒸汽以防止聚焦，裂解得到的裂解气(氢气、甲烷、乙烯、乙烷、丙烯、丙烷、丁二烯、裂解汽油、裂解燃料油等组分的混合物)经油冷、水冷工序后至常温，回收部分热量，并把其中大部分油类产品分离后送入后续工序。

乙烯裂解生产过程主要包括裂解炉系统、急冷系统、稀释蒸汽系统、燃料气系统等。

11.3　乙烯裂解生产工艺流程

来自罐区的石脑油原料在送到裂解炉之前由急冷水预热至 60℃。在被裂解炉烟道气进一步预热后，液体进料在 180℃的条件下进入裂解炉。在注入稀释蒸汽之前，将上述烃类进料按一定的流量送到各个炉管。烃类与蒸汽混合物返回裂解炉对流段，在进入裂解炉辐射管之前被预热至横跨温度，在裂解炉辐射管中被裂解。辐射管出口与输送管线换热器(Transfer Line Exchange, TLE)相连，TLE 利用裂解炉流出物的热量产生超高压蒸汽。

TLE 通过同每一台裂解炉的蒸汽包相连的热虹吸系统，在 12.66 MPa 的条件下产生超高压蒸汽。锅炉给水由烟道气预热后进入锅炉蒸汽包，其排出的饱和蒸汽在裂解炉对流段中由烟道气过热至 400℃。通过在过热蒸汽中注入锅炉给水来控制蒸汽的出口温度。温度调节后的蒸汽返回裂解炉对流段并最终过热至所需的温度(520℃)。

来自裂解炉 TLE 的流出物由装在 TLE 出口处的急冷器用急冷油进行急冷，混合后送至油冷塔。

在油冷塔中，裂解气进一步被冷却。裂解燃料油和裂解柴油从油冷塔中抽出，汽油和较轻的组分作为塔顶气体。裂解气中热量的去除与回收是通过将急冷油从塔底循环至稀释蒸汽发生器和稀释蒸汽罐进料预热器来进行的。低压蒸汽也在急冷油回路中产生。水冷塔中冷凝的汽油作为油冷塔的回流液。

裂解燃料油被泵送到裂解燃料油汽提塔。裂解柴油(来自油冷塔的侧线抽出物)被送至塔下部汽提段以控制闪点。利用汽提蒸汽提高急冷油中馏程在 260～340℃馏分的浓度，有助于降低急冷油黏度。塔底的燃料油通过燃料油泵送入燃料油罐。

油冷塔塔顶的裂解气通过和水冷塔中的循环急冷水直接接触来进行冷却和部分冷凝，温度冷却至 42℃。水冷塔塔顶的裂解气被送到下一工段。

来自水冷塔的急冷水给乙烯装置的工艺系统提供低等级热量，即提供给乙烯装置一些用户热量。换热后的急冷水由循环水和过冷水进一步冷却，作为水冷塔的回流冷却裂解气。

水冷塔冷凝的汽油与循环急冷水和塔底冷凝的稀释蒸汽分离，冷凝后的汽油部分作为回流进入油冷塔，部分送往其他工段。

水冷塔冷凝的稀释蒸汽(工艺水)进入工艺水汽提塔。在工艺水汽提塔中，利用低压蒸汽进行汽提，酸性气体和易挥发烃类在汽提后返回水冷塔。另外，安装顶部物流/进料换热器，以预热去工艺水汽提塔的进料。

汽提后的工艺水在进入稀释蒸汽发生器前用急冷油预热，然后被中压蒸汽和稀释蒸汽发生器中的急冷油汽化。产生的蒸汽被中压蒸汽过热，然后用作裂解炉中的稀释蒸汽。

乙烯裂解生产裂解炉、汽油分馏塔、水冷塔、稀释蒸汽发生器的 DCS 图分别如图 11－1 至图 11－4 所示。来自罐区、分离工段的燃料气送入裂解炉，作为裂解炉的燃料气为裂解炉高温裂解提供热量。

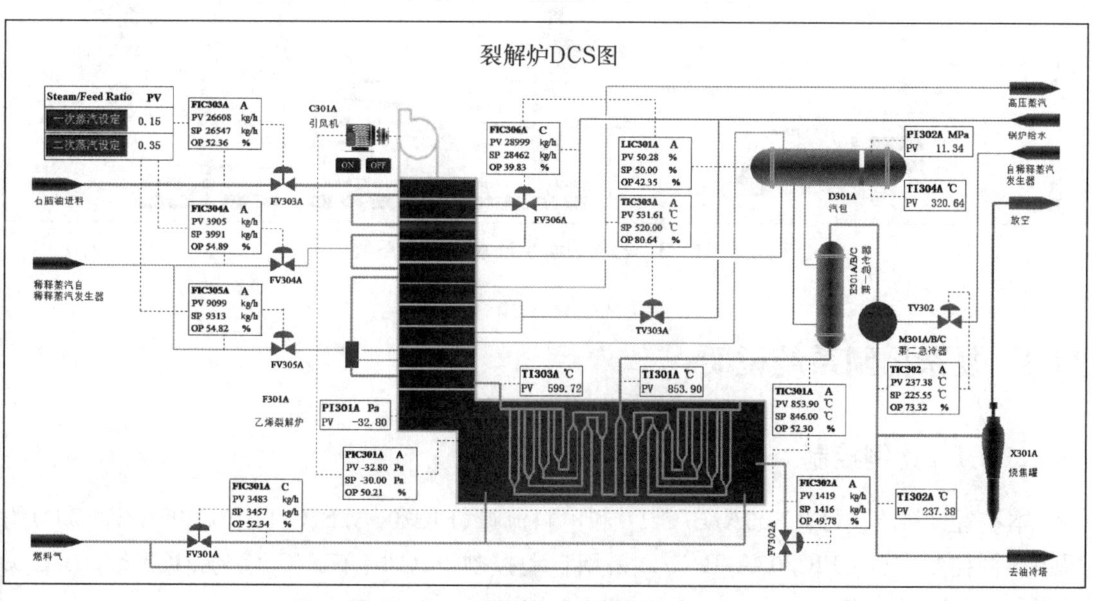

图 11－1　乙烯裂解生产裂解炉 DCS 图

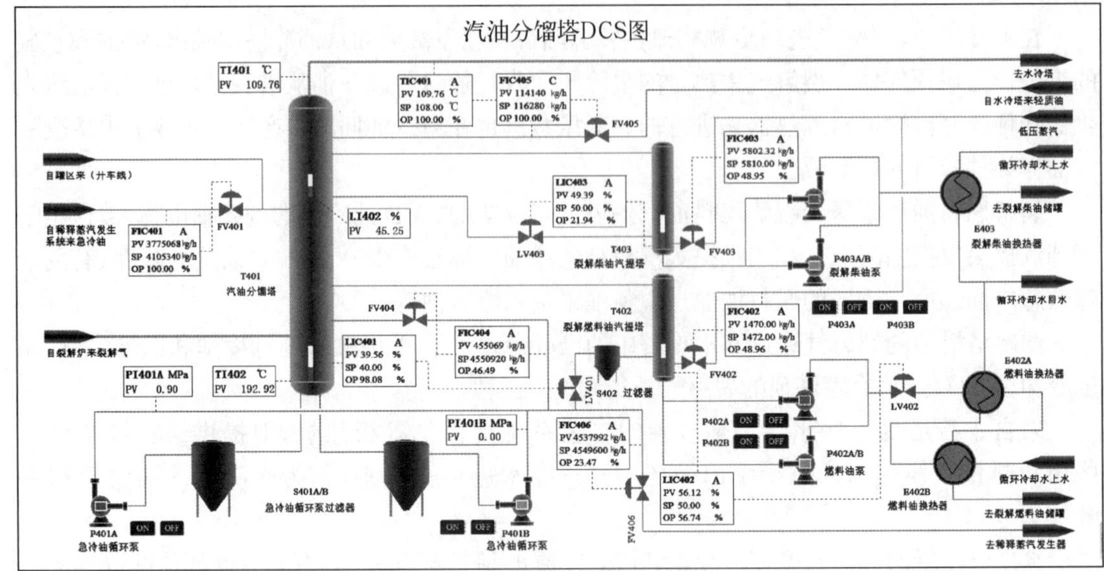

图 11-2 乙烯裂解生产汽油分馏塔 DCS 图

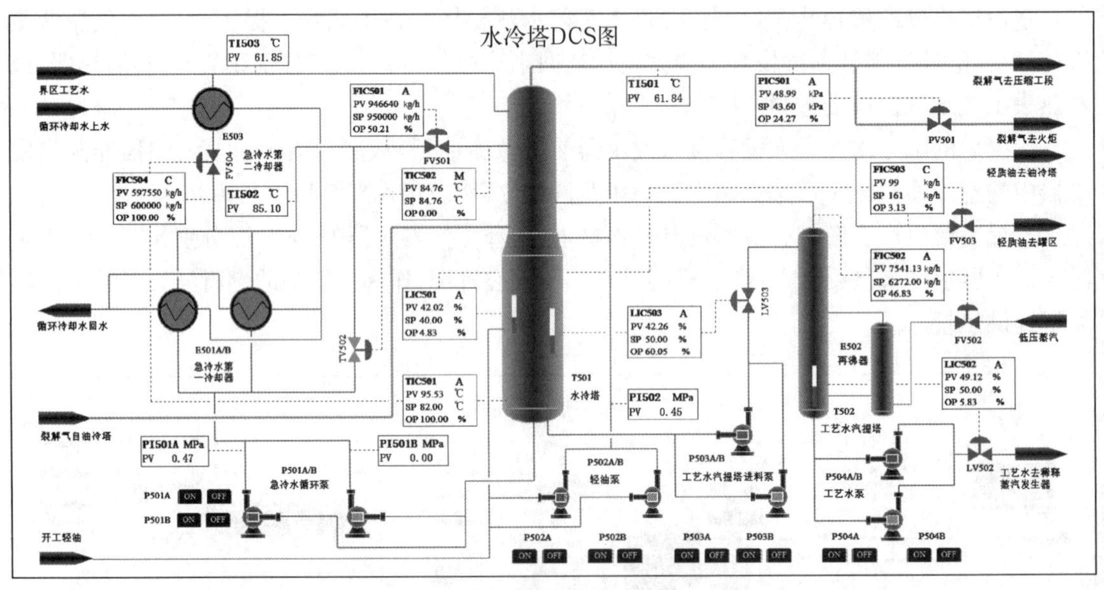

图 11-3 乙烯裂解生产水冷塔 DCS 图

11.4 复杂控制系统说明

11.4.1 比例控制

本装置进料流量(FIC303A/B/C/D)和出料流量(FIC304A/B/C/D、FIC305A/B/C/D)均采用比例控制,其中 FIC303A/B/C/D 采用自动控制,FIC304A/B/C/D 与 FIC305A/B/C/D 进行一定的比例调节。

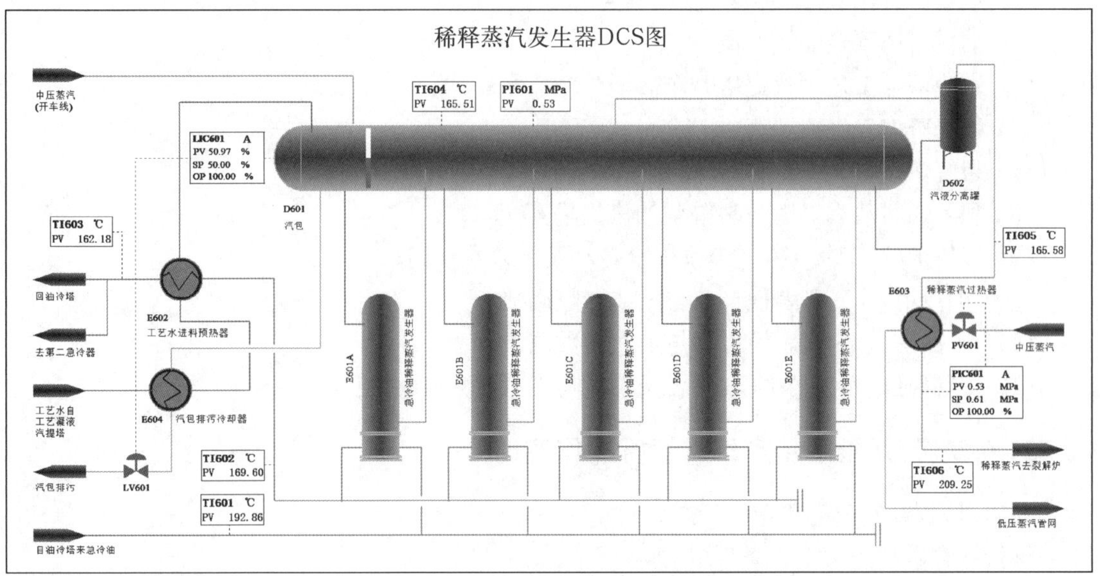

图 11－4　乙烯裂解生产稀释蒸汽发生器 DCS 图

11.4.2　串级控制

(1) LIC301A/B/C/D 和 FIC306A/B/C/D

高压蒸汽包(D301A/B/C/D)液位与锅炉给水流量串级控制，保持 D301A/B/C/D 液位。

(2) TIC301A/B/C/D 和 FIC301A/B/C/D

裂解炉出口温度与燃料气流量串级控制，控制裂解炉出口温度。

(3) TIC401 和 FIC405

油冷塔塔顶气相温度与轻油回油冷塔流量串级控制，控制油冷塔塔顶气相温度。

(4) LIC501 和 FIC503

水冷塔轻油槽液位与轻油回油冷塔流量串级控制，控制水冷塔轻油槽液位。

11.5　重点设备的操作

裂解炉的点火总体顺序是先点燃长明线烧嘴，再点燃底部烧嘴，最后点燃侧壁烧嘴。

为了保证裂解炉的升温平衡，裂解炉的点火操作要求对称进行，具体操作按操作手册要求进行。

11.6　仿真操作

11.6.1　乙烯裂解生产正常开车操作实训

(1) 急冷油的循环与预热

(2) 急冷水的循环与预热

(3) 裂解炉(F301A/B/C/D)点火升温
(4) 油冷塔塔顶轻油线回流
(5) 水冷塔与工艺水汽提塔开车
(6) 稀释蒸汽发生器开车
(7) 裂解炉(F301A/B/C/D)投油
(8) 裂解燃料油汽提塔与裂解柴油汽提塔开车
(9) 裂解炉(F301A/B/C/D)仪表投自动及工艺参数调整
(10) 油冷塔 DCS 仪表投自动与工艺参数调整
(11) 水冷塔 DCS 仪表投自动与工艺参数调整
(12) 稀释蒸汽发生器 DCS 仪表投自动与工艺参数调整

11.6.2　乙烯裂解生产正常运行操作实训

开始时,装置处于正常操作状态。
维持各参数在正常操作条件下。

11.6.3　乙烯裂解生产正常停车操作实训

(1) 裂解炉(F301A/B/C/D)停车
(2) 油冷塔停车
(3) 水冷塔停车
(4) 稀释蒸汽发生器停车

11.6.4　乙烯裂解生产事故处理操作实训

(1) 高压蒸汽包 D301A 给水故障
(2) 裂解炉 F301A 燃料气故障
(3) 裂解炉 F301A 石脑油进料中断
(4) 急冷油循环泵 P401A 泵故障
(5) 急冷水循环泵 P501A 泵故障

思考题

1. 简述乙烯裂解的工艺原理。
2. 画出乙烯裂解生产的工艺流程图。
3. 简述乙烯裂解生产正常开车需要注意的问题。
4. 分析乙烯裂解生产中产生不正常现象的原因和处理方法。

第 4 篇
化工 3D 虚拟仿真生产

第 12 章　3D 虚拟仿真操作系统简介

虚拟现实技术是近年来出现的高新技术，也称灵境技术或人工环境。虚拟现实技术利用电脑模拟产生一个三维空间的虚拟世界，提供使用者关于视觉、听觉等感官的模拟，让使用者如同身临其境一般，可以及时、没有限制地观察三维空间内的事物。

虚拟现实技术的应用给员工培训带来了革命性的改变。虚拟现实技术的引入使企业进行员工培训的手段和思想发生质的变化，更加符合社会发展的需要。虚拟现实技术应用于培训领域是教育技术发展的一个飞跃。它营造了“自主学习”的环境，由传统的“以教促学”的学习方式转变为学习者通过自身与信息环境的相互作用来得到知识、技能的新型学习方式。

虚拟现实技术已经被世界上越来越多的大型企业广泛地应用到员工培训中，对企业提高培训效率，提供员工分析、处理能力，减少决策失误，降低企业风险起到了重要的作用。利用虚拟现实技术建立起来的虚拟实训基地，其“设备”与“部件”都是虚拟的，可以根据需求随时生成新的设备。培训内容可以不断更新，使实践训练及时跟上技术的发展。同时，虚拟现实技术的交互性使员工能够在虚拟的学习环境中扮演一个角色，并全身心地投入到学习环境中，这非常有利于员工的技能训练。由于虚拟的训练系统无任何危险，员工可以反复练习，直至掌握操作技能为止。

12.1　3D 场景介绍

3D 虚拟仿真操作系统主要增加了三维立体模拟与仿真，具有立体感强、教学工作易于开展等优点。图 12 - 1 是漫游动画图。

图 12 - 1　漫游动画图

12.1.1 漫游动画

漫游动画主要是以厂区录像的形式并配以录音，加之以管线的流动方向来展现某工厂某工段的工艺，让使用者更直接更鲜明地对该工艺有一个更直观的了解，已达到让使用者在最短时间内掌握该工艺的目的。图 12－2 是漫游-管线流动图。

图 12－2 漫游-管线流动图

12.1.2 引导对话

通过在不同区域触发非玩家角色(Non-Player Character, NPC)引导，与 NPC 对话，以学习相关知识点。图 12－3 是引导图。

图 12－3 引导图

12.2 基本操作

12.2.1 模式选择

如图 12－4 所示，模式分为单人模式和多人模式。

单人模式即单人控制多角色。具体操作如下：选择“单人模式”，点击“确定”。

多人模式可实现局域网内多人控制多角色。具体操作如下：选择“多人模式”，点击“确定”，房主点击创建房间，其他人选择该房间进入(图 12－5)。在多人模式下，一个角色只允许一个人进行选择。

图 12-4　程序启动图

图 12-5　任务描述图

12.2.2　角色选择

如图 12-6 所示，点击要选择的人物，然后点击“开始”，即可进入 3D 场景中。

12.2.3　人物控制

如图 12-7 所示，W 对应前，S 对应后，A 对应左，D 对应右。鼠标右键对应视角旋转，鼠标滚轮对应视角远近，当切换模式时，Q 对应飞行模式，Ctrl 对应走跑模式。具体操作如下。

走跑模式：按下 Ctrl 键，可以切换至奔跑模式；再按下 Ctrl 键，可切换至走路模式。

镜头调整：通过鼠标滚轮调整视角远近。

图 12－6　人物角色选择图

图 12－7　控制键图

飞行模式：按下 Q 键，可以切换至飞行模式，该模式下通过 W、S、A、D 键调整飞行方向，通过鼠标右键调整飞行视角。

知识点查看：点击“设备”，弹出设备介绍窗口，点击可以查看。

现场仪表近距离观察：点击“现场仪表”，弹出近距离观察窗口，点击可以查看仪表示数。

阀门操作：鼠标左键单击需要操作的阀门，即可弹出阀门操作界面。

12.3　详细说明

图 12－8 为 3D 场景图。

1. 人物信息

显示当前操作人员的具体信息，包括岗位、血量（只用于安全演练场景）等，点击不同的角色头像，可切换至相应的角色控制（图 12－9）。

2. 全景地图功能

点击“全景”，打开全景地图模式，可进行阀门和设备的搜索（图 12－10）。

如图 12－11 所示，具体操作如下。

图标显示：可选择显示全部、只显示设备、只显示 NPC 等。

选择列表：可从下拉菜单中选择，选中的物体位置会出现闪动。

关键字搜索：可进行阀门和设备的查找，支持位号和中文名称搜索。

图 12-8　3D 场景图

图 12-9　3D 场景中角色选择图

3. 功能菜单

如图 12-12 所示，具体操作如下。

工艺：可查看相关的生产工艺讲解，鼠标左键双击视频画面可全屏，再次双击退出全屏。

知识点：可查看每个设备的知识点，通过点击“结构组成”可查看当前设备的视频介绍，通过点击关闭符号可以退出视频播放界面(图 12-13)。

设置：根据操作习惯调整系统设置。

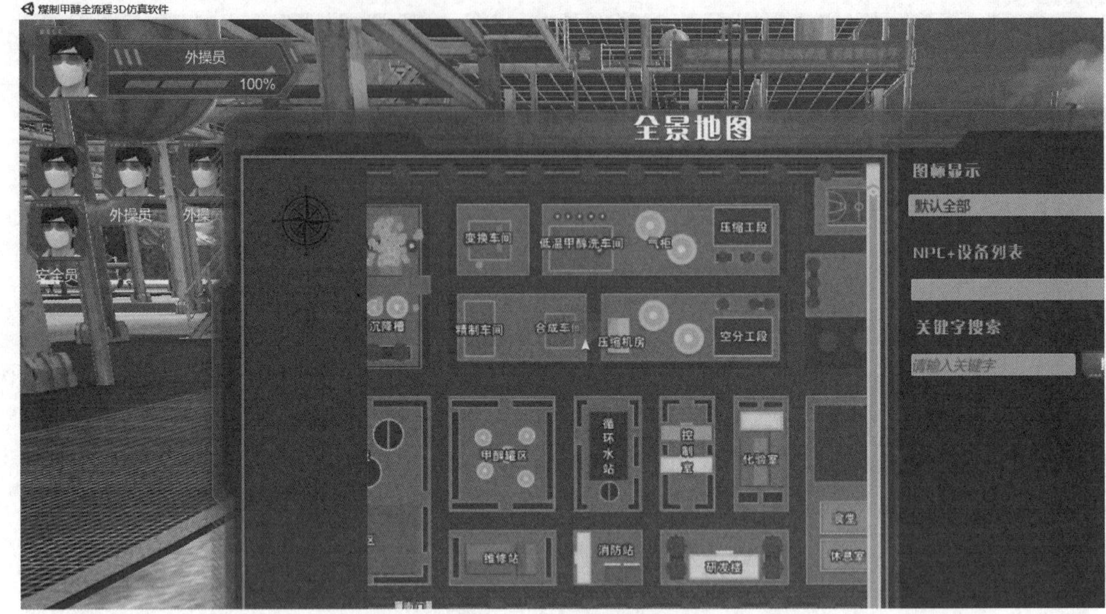

图 12－10　3D 场景中全景地图

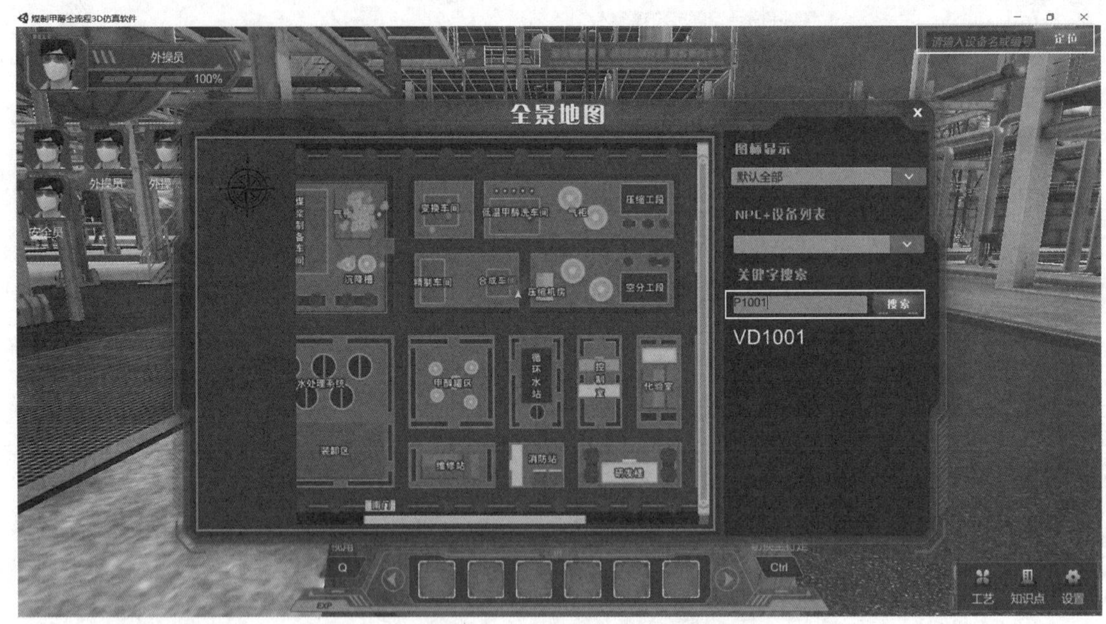

图 12－11　3D 场景中设备选择图

4. 对话界面(主要用于安全演练场景)

图 12－12　3D 场景中功能图

如图 12－14 所示，点击左下角聊天信息的右侧指令，出现对讲机预制指令方案，选择人物后选择对话内容，点击“发送”即可。此外，还可以进行自由对话，通过左下角文本框输入任意文字，点击右侧“发送”即可。

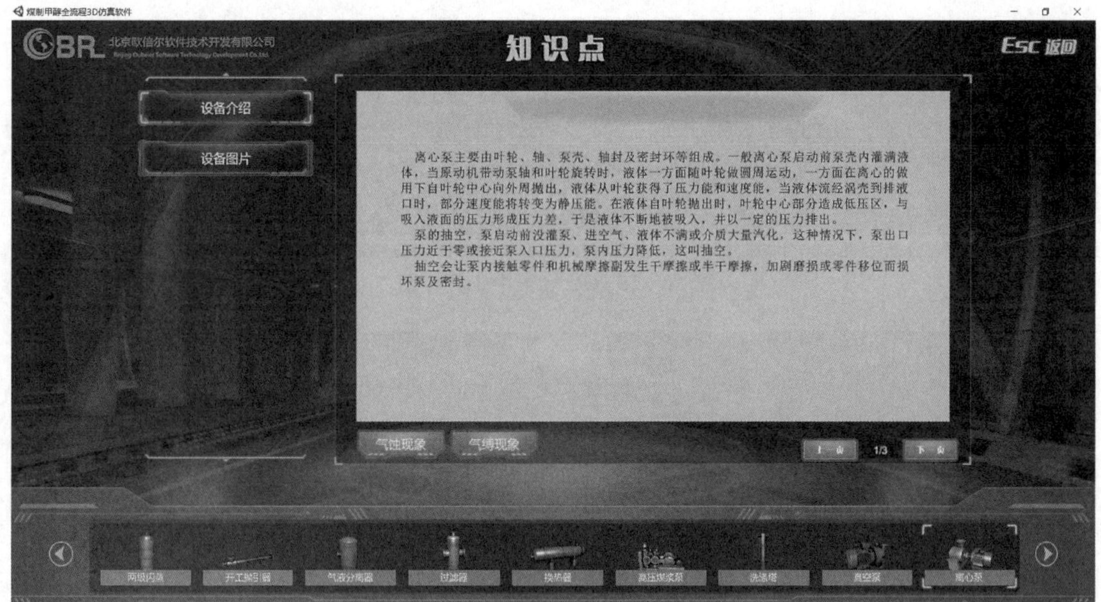

图 12－13　3D 场景中关键设备知识点图

图 12－14　3D 场景中任务对话图

5. 工具栏(主要用于安全演练场景)

如图 12－15 所示，3D 场景中的空气呼吸器、手套、警戒绳、F 型扳手、普通扳手、灭火器、消防水炮等均可以通过左键进行使用，角色会佩带相应的道具，同时工具栏会显示该道具。点击工具栏中各道具，道具会被脱下并放置到原位置。

6. 人物技能(主要用于安全演练场景)

如图 12－16 所示，当角色使用灭火器或消防水炮时，会出现相应的技能图标，点击该图标，则会释放相应的技能，再次点击工具栏中该道具，则会停止释放技能。

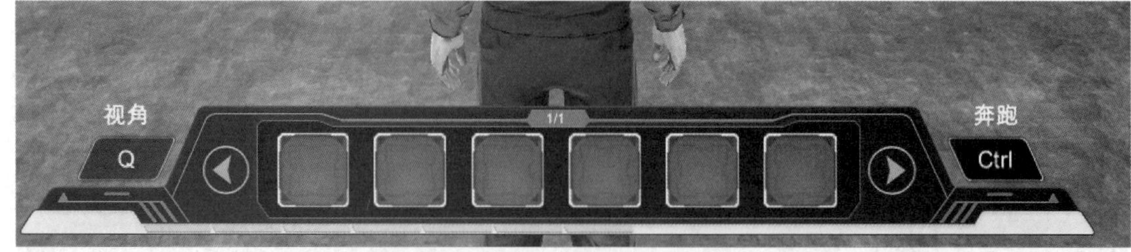

图 12－15　3D 场景中工具栏图

图 12－16　3D 场景中灭火器使用图

7. 高亮显示(主要用于安全演练场景)

该系统具有操作指引功能。如图 12－17 所示，在触发某些条件后，3D 场景中会出现一些高亮显示点，比如班长命令安全员到装置区门口拉警戒绳，则在需要拉警戒绳的位置会出现高亮点。此时，需要安全员携带警戒绳到高亮点附近，警戒绳会自动放置，同时高亮点消失。

8. 评分细则

(1) 过程的开始和结束是由起始条件和终止条件来决定的，起始条件满足则过程开始，终止条件满足则过程结束。操作步骤的开始是由操作步骤的起始条件和本操作步骤所对应的过程的起始条件来决定的，必须是操作步骤的上一级过程的起始条件和操作步骤本身的起始条件均满足，才可开始操作这个操作步骤。如果操作步骤没有起始条件，那么只要它上一级过程的起始条件满足即可开始操作。

图 12－17　3D 场景中高亮显示图

(2) 评分分为高级评分和低级评分。对于高级评分,过程基础分评定得低,操作步骤分评定得高。而对于低级评分,则是过程基础分评定得高,操作步骤分评定得低。操作质量与操作步骤的评定有所不同,由于不同工况质量指标的开始评定和结束评定条件不一样,所以质量指标的参数也是不一样的。

(3) 过程只给基础分,操作步骤只给步骤分。基础分是在整个过程完成后进行评定,步骤分则是视该操作步骤完成情况进行评定。

(4) 当一个过程的起始条件没有满足时进行操作,终止条件不予评定,此操作不进行评分。

(5) 当过程终止条件满足时,其子过程中的操作步骤都不再进行评分。也就是这个过程中没有进行完毕的过程或操作步骤都不会再进行评分。

(6) 操作步骤起始条件未满足,而动作已经完成,则认为此操作步骤错误,分数完全扣掉。

(7) 对质量指标来说,评判它好与不好是根据质量指标在设定值的上下偏差来决定的。数值在允许的质量指标范围内不扣分,超过了允许范围要扣分,直至该质量指标得分为 0。

(8) 评分时,对于冷态开车,评定步骤分和质量分;对于正常停车,只评定步骤分。

图 12－18 是评分步骤颜色含义。图 12－19 是评分系统界面。

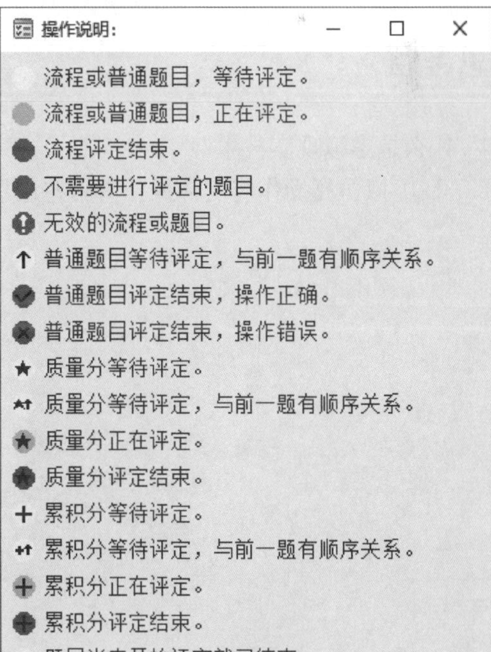

图 12－18　评分步骤颜色含义

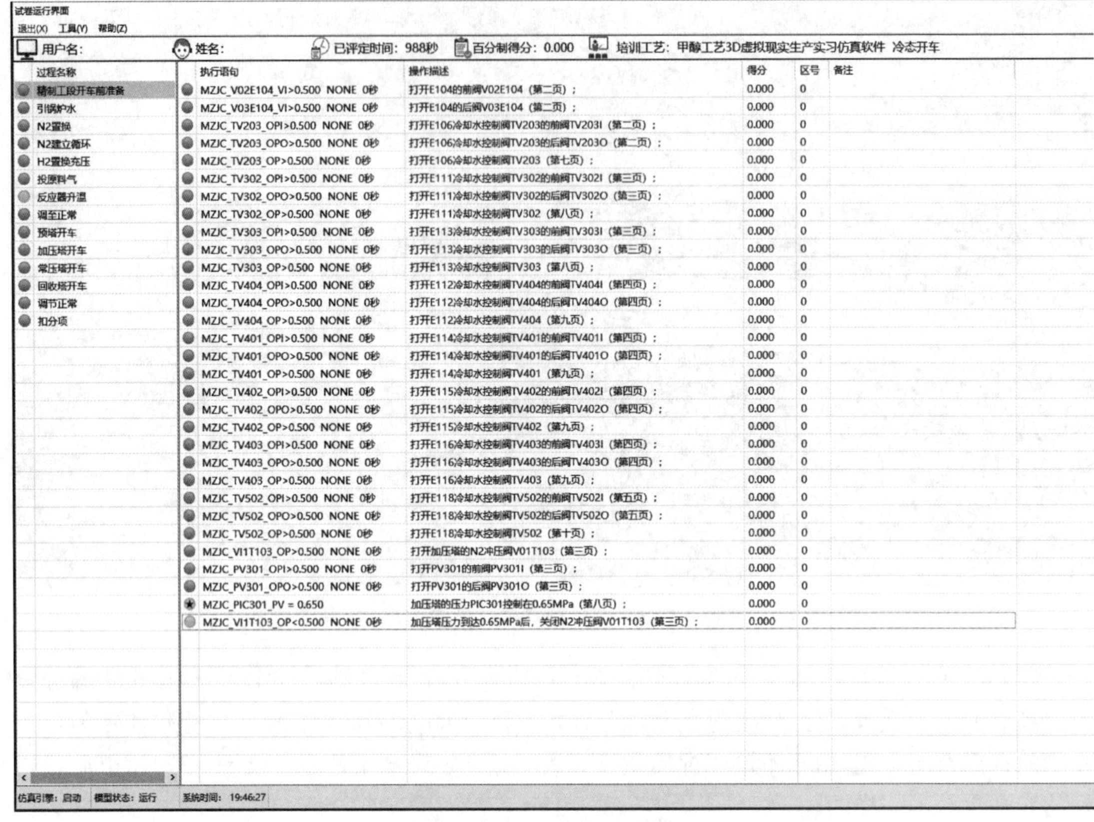

图 12－19　评分系统界面

思考题

1. 什么是虚拟现实技术？
2. 3D 虚拟仿真操作与实体操作有哪些区别和联系？

第 13 章　换热器 3D 虚拟仿真操作

13.1　仿真操作的目的

(1) 掌握传热过程的基本原理和流程,加深对其概念和影响因素的理解,学会传热过程的 3D 虚拟仿真操作。

(2) 了解操作参数对传热过程的影响,熟悉换热器的结构与布置情况。

(3) 学会处理传热过程的不正常情况,同时了解不同种类换热器的构造。

(4) 培养学生安全操作、规范、环保、节能的生产意识及严格遵守操作规程的职业道德。

13.2　换热器概述

传热,即热交换和热传递,是自然界和工业过程中一种很普遍的传递现象。在化工生产过程中,几乎所有的化学反应都需要控制在一定的温度下进行。为了达到所要求的温度,物料在进入下一个设备前通常需要经过加热或冷却。传热的基本方式有热传导、热对流和热辐射。

换热器是进行传热操作的通用工艺设备,广泛应用于化工、石油、石油化工、动力、冶金等工业生产中,特别是在石油炼制和化学加工装置中占有重要地位。因此,换热器的操作技术培训在整个操作培训中尤为重要。

根据换热器的工作原理不同,通常可分为混合式换热器、间壁式换热器、蓄热式换热器。根据换热器的用途可分为加热器、冷却器、冷凝器、蒸发器、分凝器和再沸器等。根据换热器所用材料可分为金属材料换热器和非金属材料换热器。

化工生产过程中的换热器绝大部分为间壁式换热器,它利用金属管将冷热物流隔开。热物流以对流传热方式将热量传到间壁的一侧,再经过间壁的热传导,最后由间壁的另一侧将热量传给冷物流,从而实现热物流被冷却和冷物流被加热至化工生产过程对两者的要求温度。

13.3　换热器仿真工艺流程和仿真操作简介

本单元设计采用典型的间壁式换热器——管壳式换热器。如图 13-1 所示,来自外界的冷物流(92℃)由泵(P101A/B)送至换热器(E101)的壳程,与流经管程的热物流换热,使温度上升至 142℃。冷物流的流量由流量控制器(FIC101)控制,正常流量为 19 200 kg/h。来自另一设备的热物流(225℃)经泵(P102A/B)送至换热器(E101),与壳程的冷物流进行传热。热物流的出口温度由温度控制器(TIC102)控制(177℃)。图 13 - 2 为传热 3D 虚拟仿真实验的现场图和 DCS 图。

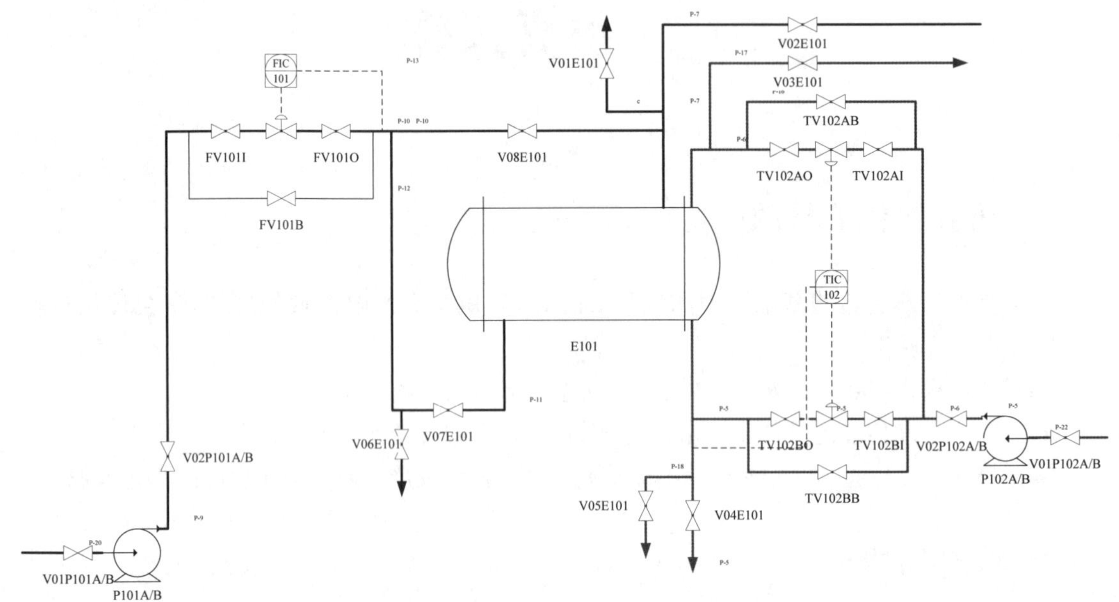

图 13 - 1　传热 3D 虚拟仿真实验的 PID 图

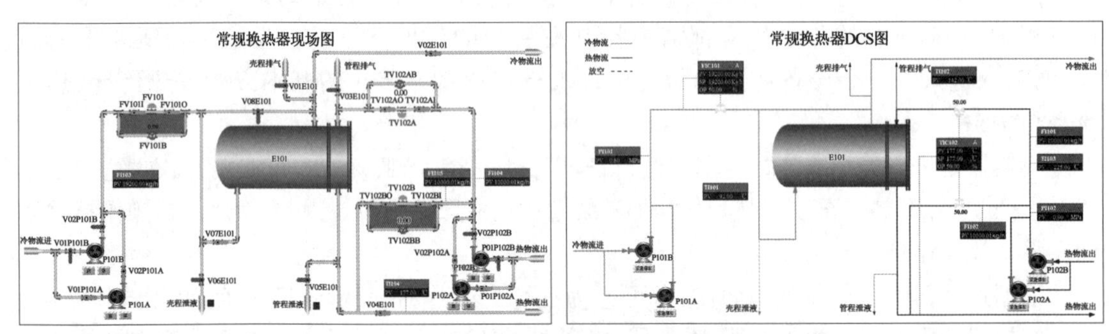

图 13 - 2　传热 3D 虚拟仿真实验的现场图和 DCS 图

图 13 - 3 和图 13 - 4 分别为传热 3D 虚拟仿真实验的工厂装置图、装置控制及仪表界面。

本实验的主要目的是让学生掌握传热设备的开停车方法及正常运行过程中所需要控制的相关参数等。在这一单元中,采用指导模式和自主操作模式两种学习方式。指导模式是学生在软件提示下进行设备的开停车步骤和正常运行操作。学生也可以选择自主操作模式,自主操作设备的开车、正常运行和停车步骤。该模块系统会根据学生自主操作的正确性和熟练程度对学生的操作进行评分,以检验学生对这部分知识的掌握程度。

在实验中,通过多种技术手段将传热单元操作开停车和正常运行的过程与流程参数以曲线图、柱状图等形式展现给学生,学生可以直观、生动地了解操作过程中发生的流动、传热和传

图 13－3　传热 3D 虚拟仿真实验工厂装置图

图 13－4　传热 3D 虚拟仿真实验装置控制及仪表界面

质等过程变化，因而提高实验教学项目对学生的吸引力。该模块系统对学生操作自动评分，学生可重复操作以求获得更高的分数，从而激发其学习积极性和主动性。

本实验的学习目的是让学生了解传热操作中各种异常操作现象、产生的原因及处理方法，增加学生的实践经验，提高学生应对紧急突发情况的处理能力。在传热操作中，一些异常操作现象(如阀坏、泵坏、管堵和结垢等)会使换热器故障甚至使操作无法进行，情况严重时甚至会造成事故发生，这些状况是实际生产过程中要避免发生的。在实际的实践教学中，从安全等多方面因素考虑，很难让学生直观了解相关的知识。在本模块中，通过虚拟仿真的方法，采用多媒体、三维建模的手段，模拟了这些在实际生产过程中不允许或者不希望出现的现象，对这些现象的产生原因和解决方案进行介绍，以拓展学生的认知范围。

在本模块的教学中，还应着力加强对学生安全意识的培养。在异常情况的介绍中，除了介绍其导致的隐患或事故外，还应对工业生产常发生事故进行介绍。如果学生在自主操作过程中没能及时消除隐患，虚拟仿真界面上会出现因演示异常情况导致的事故，以加深学生的印象，提高学生的安全意识。

在本实验中，针对换热器的主要部件（如列管结构、封头、折流挡板和膨胀节等）、储罐、原料输送设备等，通过三维建模将流体在塔内的流动状况、设备的剖面、拆装和各角度视图进行充分展示（图 13－5 至图 13－7），使设备及流程更形象和直观，便于学生学习和理解，以提高学习效果。

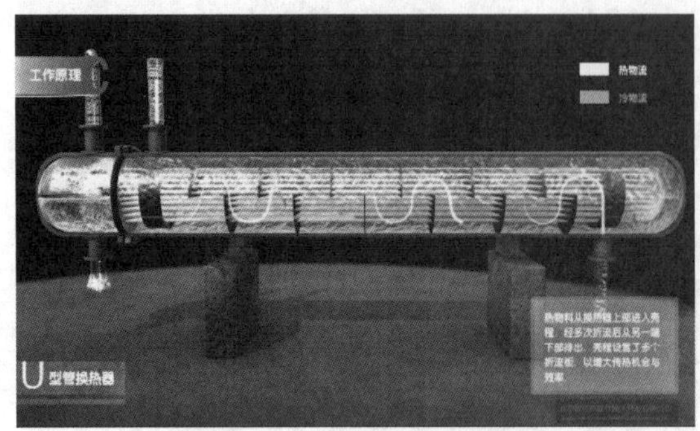

图 13－5　换热器操作演示

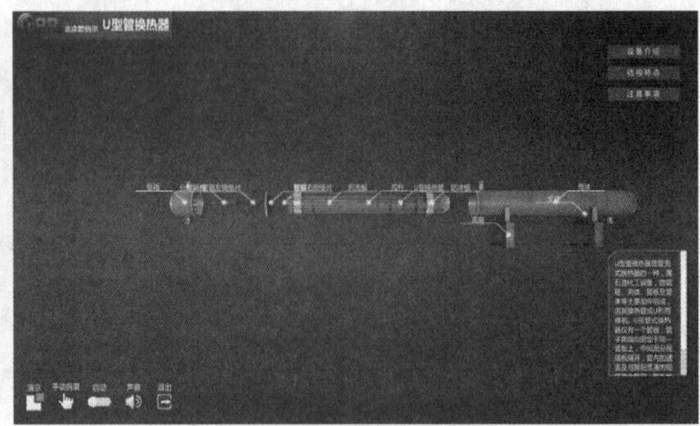

图 13－6　换热器内部构件介绍

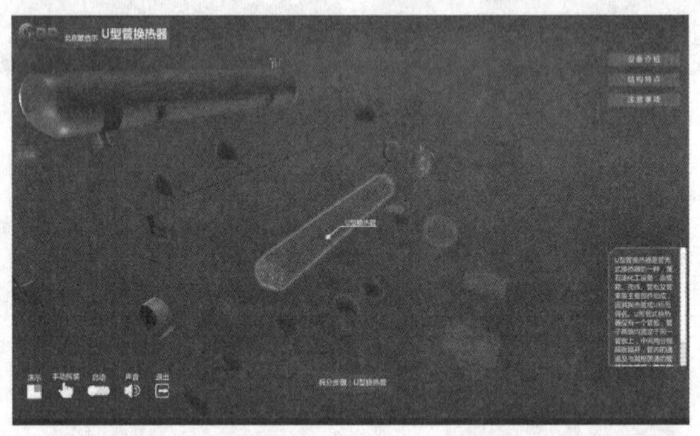

图 13－7　换热器结构拆卸与组装操作演示

在本实验中，还对传热过程中使用的仪表、阀门、管件、换热器、设备泵及储罐进行拓展介绍，有专门的页面将泵、阀门和仪表的相关内容进行展示（图 13－8 至图 13－13）。学生在学习传热相关知识的同时，也掌握动量传递、热量传递、质量传递的相关知识，建立起“三传”之间的相互联系，为实现对整个流程的综合设计打下基础。

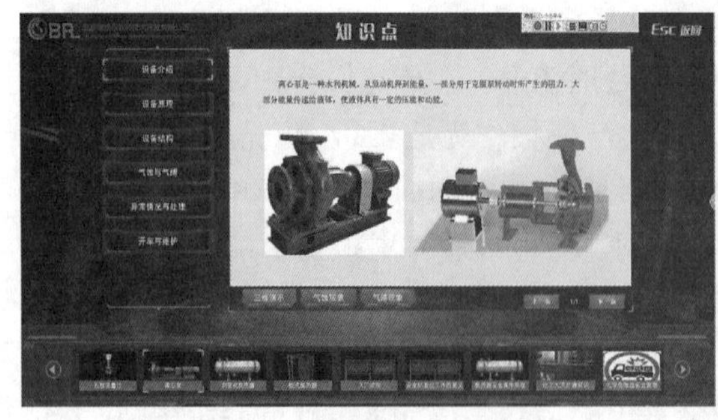

图 13－8　离心泵结构讲解

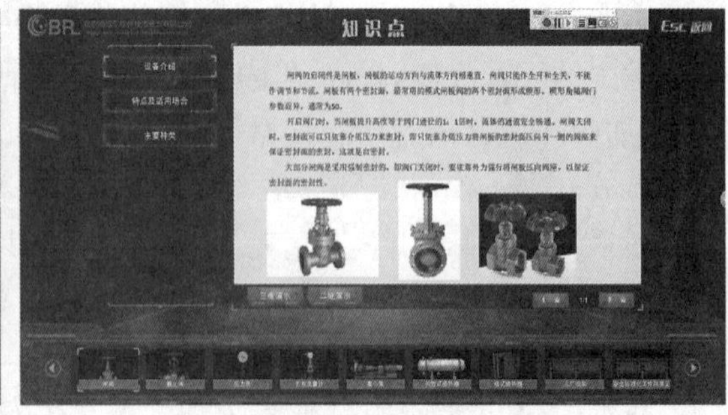

图 13－9　闸阀详细结构讲解

下面以截止阀为例来展示设备原理、特点及适用场合、主要种类、二维演示和三维演示，如图 13－14 至图 13－18 所示。

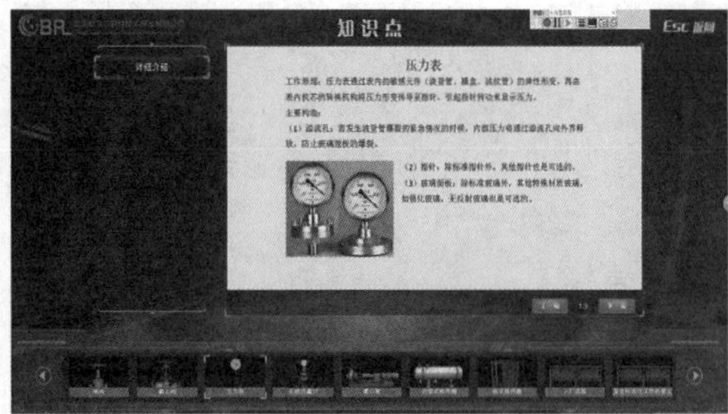

图 13-10　仪表结构讲解

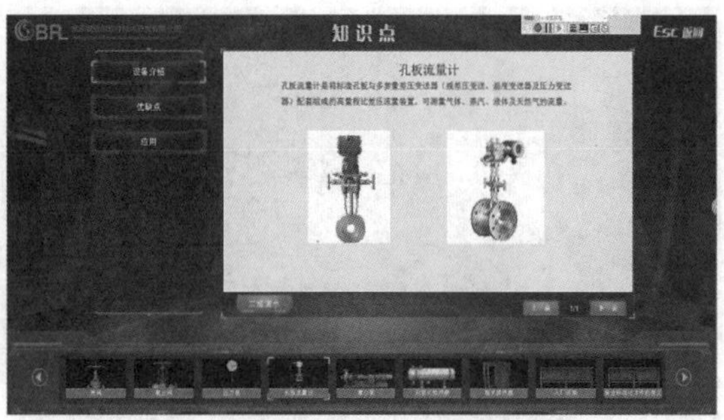

图 13-11　流量计结构讲解

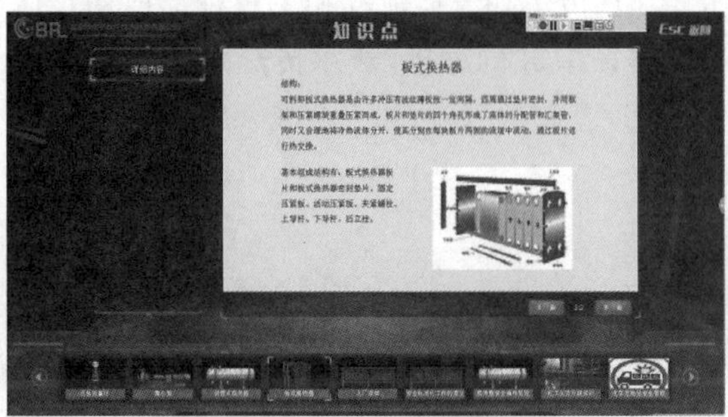

图 13-12　板式换热器结构讲解

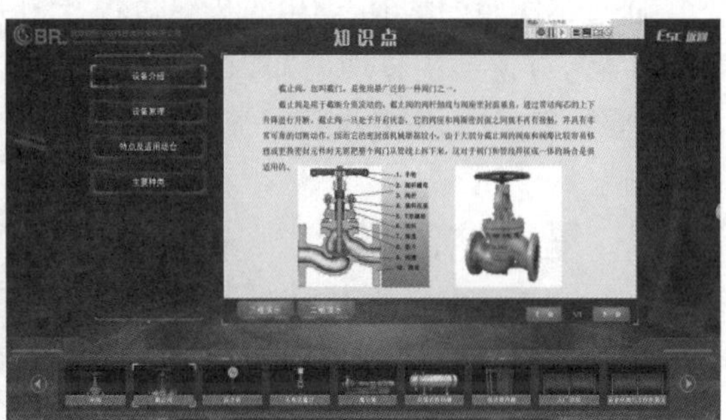

图 13-13　截止阀详细结构讲解

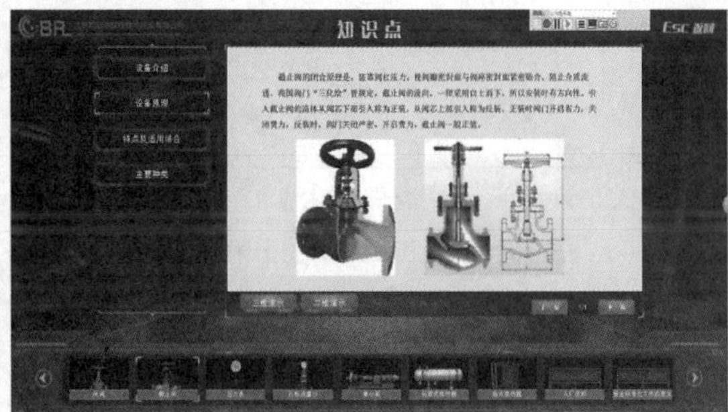

图 13-14　截止阀设备原理

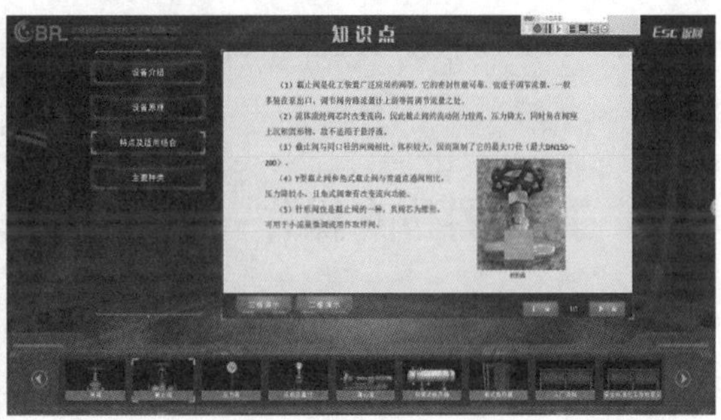

图 13-15　截止阀特点及适用场合

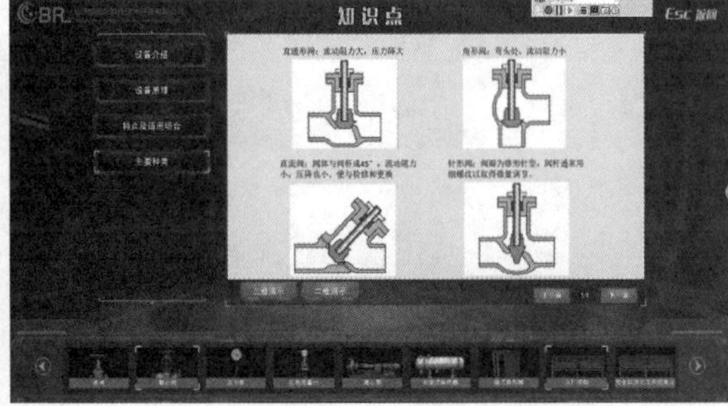

图 13-16　截止阀主要种类

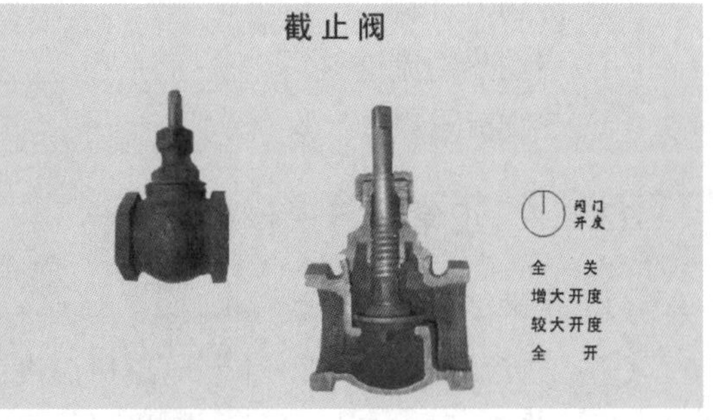

图 13-17　截止阀二维演示

图 13 - 18　截止阀三维演示

通过本实验的学习，学生对传热过程及相关的传质、传热和流体流动相关过程形成初步认识和了解，方便学生将理论知识与实际设备在知识体系中进行对接，熟悉传热过程的基本原理、主要物料走向、主要设备及流程特点等。

13.4　复杂控制说明

为保证热物流的流量稳定，TIC102 采用分程控制，TV102A 和 TV102B 分别调节热物流流经 E101 主线和副线的流量。TIC102 输出 0%～100% 分别对应 TV102A 开度 0%～100%、TV102B 开度 100%～0%，如图 13 - 19 所示。

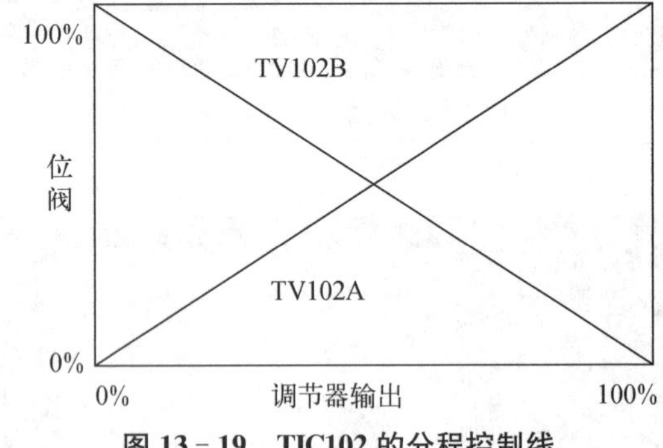

图 13 - 19　TIC102 的分程控制线

13.5　换热器仿真操作

13.5.1　正常开车操作实训

(1) 开车前准备

(2) 启动冷物流进料泵

(3) 冷物流进料

(4) 启动热物流进料泵

(5) 热物流进料

13.5.2　正常运行操作实训

(1) 正常工况操作参数

① 冷物流流量为 19 200 kg/h，出口温度为 142℃。

② 热物流流量为 10 000 kg/h，出口温度为 177℃。

(2) 备用泵的切换

13.5.3　正常停车操作实训

(1) 停热物流进料泵
(2) 停热物流进料
(3) 停冷物流进料泵
(4) 停冷物流进料
(5) E101 管程、壳程泄液

13.5.4　事故处理操作实训

(1) FV101 阀卡
事故现象：FIC101 流量减小，冷物流出口压力升高，冷物流出口温度升高。
(2) P101A 泵坏
事故现象：P101A 出口压力急剧下降，FIC101 流量减小，冷物流出口温度升高。
(3) P102A 泵坏
事故现象：P102A 出口压力急剧下降，冷物流出口温度下降。
(4) TV102A 阀卡
事故现象：
① (因为主线热物流流量减小)热物流主副线混合温度升高，冷物流出口温度降低；
② TV102A 开度大于正常开度(50%)，热物流主线流量(FI101、FI104)却低于正常值。
(5) TV102B 阀卡
事故现象：
① (因为副线热物流流量减小)热物流主副线混合温度降低，冷物流出口温度降低；
② TV102B 开度小于正常开度(50%)，热物流副线流量(FI102、FI105)低于正常值。
(6) 换热器管堵
事故现象：热物流主线流量减小，冷物流出口温度降低，热物流进料泵(P102)出口压力略微升高。
(7) 换热器结垢严重
事故现象：热物流出口温度升高。
(8) 冷物料泵出口法兰泄漏着火、换热器热物料出口法兰泄漏着火和换热器热物料出口法兰泄漏有人中毒晕倒。

思考题

1. 简述换热器工作的工艺原理。
2. 简述换热器仿真操作中常出现的不正常现象的原因和处理方法。

第 14 章　常减压装置 3D 虚拟仿真操作

14.1　仿真操作的目的

(1) 通过漫游动画进行自主认识实习，以及通过 NPC 引导熟悉工厂生产的主要流程。了解常减压工厂的整体布局，如设备分布等，了解常减压工厂的一些基本知识，包括工艺原理、主要工艺流程、设备内部结构等，对常减压的工艺生产产生整体的认识，全面了解设备的工作运行过程，为之后更深入的学习奠定基础。了解工厂的一些安全知识，包括应急处理和急救方法，掌握在工厂实习的注意事项。

(2) 通过虚拟仿真操作完成生产实习任务，掌握实际工厂 DCS 操作和工艺指标的调节，以及各种事故的分析判断和处理操作。

14.2　常减压蒸馏的基本原理

14.2.1　电脱盐原理

原油中的环烷酸、胶质、沥青质是天然的乳化剂。随着原油的开采量增加及采油技术越来越多地依靠油层注水和使用驱油剂，再加上原油从油田经过长途运输和多次泵的加压传送至常减压装置，其中的水被均匀地分散在油中并和油滴充分混合，从而形成牢固的乳化液。打破原油的乳化状态是通过破乳剂来实现的，破乳剂是一种表面活性较强的化学混合物。它具有比天然乳化剂更高的表面活性、更小的表面张力，因此能破坏原有的乳化液牢固的吸附膜，将水分夺过来，从而形成新的、不稳定的乳化液。

原油经过加热进入电脱盐罐。在外加电场的作用下，原油乳化液中微小的水滴由于静电感应而产生诱导偶极，诱导偶极使水滴与水滴之间产生静电引力，即聚结力。水滴受聚结力的作用，其运动速率增大、动能增加，一方面可以克服吸附膜的阻力，另一方面增加了水滴相互碰撞的机会，使微小水滴聚结成大水滴。由于水的密度比原油的密度大，大水滴逐渐沉降到电脱盐罐底部，大量的水滴形成水层而使油水分离。原油中的大多数盐溶于水，因此在电脱水时，盐可与水同时脱除。

影响电脱盐效果的主要因素有原油性质、破乳剂型号和注入量、脱盐温度、原油注水量、油水混合强度、电场强度等。

14.2.2　常减压蒸馏原理

常减压蒸馏是在常压或负压状态下，根据原油中各组分的沸点不同将原油切割成不同馏分。常减压蒸馏实际属于精馏，一个完整的精馏塔可分为三段，即进料段、提馏段和精馏段。进料段是提供液相快速分离的场所，从加热炉出来的物料或换完热的物料已经部分汽化，进入分馏塔后，气相往上走，液相往下流，进料段气速非常高。提馏段的主要作用是将塔底产品或轻组分蒸出，通过减少塔底油中的轻组分以减少后续系统的负荷，提高塔上部的收率或塔底油的质量。精馏段是从进料段上升的气相进行分离的主要场所。原料进入蒸馏塔的进料段后，气液相分离，气相自下往上至塔上部，塔顶液相回流自上而下流动，在塔上半部的各层塔板上与上升的气相接触。液相回流中的轻组分浓度自上而下不断减小，而其温度不断提高。气相中的轻组分浓度自下而上不断增大，而其温度则逐渐降低。因此，塔顶的轻组分浓度最高。精馏塔上部的作用是将进料的气相部分中轻组分提浓，从而在塔顶得到合格的产品。

在常减压蒸馏过程中，原油经过蒸馏被分割为铂料、煤油、柴油、催料、各种润滑油组分及渣油等多个产品，其中在常压蒸馏系统和减压蒸馏系统中都可获得多个产品。根据多元精馏原理，每个系统都需要 $n-1$(n 为产品个数)个精馏塔才能将这些产品分离出来。常减压蒸馏所加工的原料为复杂的混合物，而且产品也是复杂的混合物，并不要求很高的分馏精度，两产品间需要的塔板数并不多，因此将这 $n-1$ 个精馏塔合成常压、减压两个复合塔，这种复合塔实际上是由若干个精馏塔重叠而成。根据精馏原理，为使产品合格，需要一个完整的精馏塔来完成精馏过程，因此一般在侧线还设置一个汽提塔作为提馏段，以保证产品质量。为了取热和使塔内气液相负荷分布均匀，在常减压蒸馏塔不同部位设置了回流。

原油沸程很宽，通过常压蒸馏仅能分离出沸点小于 350℃的馏分。常压蒸馏后的馏分沸点为 350～500℃，占总馏出物的 50%左右，是生产润滑油和催料的主要原料。这部分馏分若采用继续升高温度来进行蒸馏，则容易使石油在高温下分解、结焦、颜色变深、胶质增加，因此通常进行减压蒸馏。这是因为油品的沸点随压力的降低而降低，通过降低蒸馏系统的压力，可以使油品在较低的温度下被蒸出，减缓了高温蒸馏所带来的不利影响。

14.3　常减压蒸馏的工艺流程

本装置为石油常减压蒸馏装置，原油经原油泵抽送到换热器，换热至 131℃左右，加入一定量的破乳剂和洗涤水，充分混合后进入一级电脱盐罐。同时，在高压电场的作用下，油水分离。脱水后的原油从一级电脱盐罐顶部集合管流出，再注入破乳剂和洗涤水，充分混合后进入二级电脱盐罐，同样在高压电场作用下，进一步油水分离。脱水后的原油从二级电脱盐罐顶部集合管流出，再注入破乳剂和洗涤水，充分混合后进入三级电脱盐罐，同样在高压电场作用下，进一步油水分离，从而达到原油电脱盐的目的。然后再经过换热器加热到 200℃左右后进入闪蒸塔，在闪蒸塔分离出一部分轻组分。拨头油再用泵抽送到换热器，继续加热到 290℃以上，然后去常压炉升温到 450℃进入常压塔。在常压塔分离出重柴油以前组分，高沸点重组分再用泵抽送到减压炉升温到 556℃进入减压塔，在减压塔分离出润滑油料，塔低重油经泵抽送到换热器冷却后出装置。

14.3.1　原油换热及闪蒸部分

原油分为两路，一路与常压侧线进行换热，另一路与减压侧线进行换热，具体流程如下。原油(40℃)自罐区用原油泵(P-1001/A,B)抽送进装置后分为两路,常压一路先后与原油-常一线换热器(E-1001)、原油-常三线(三)换热器(E-1003)、原油-常一中换热器(E-1004)、原油-常二线换热器(E-1005)换热至136℃,然后与减压一路的换热后原油混合后被送至电脱盐部分。减压一路先后与原油-减一及减顶循换热器(E-1201/1-4)、原油-减二线(三)换热器(E-1202)、原油-减渣(四)换热器(E-1203/1-3)换热至134℃,然后与常压一路的换热后原油混合后被送至电脱盐部分。脱盐后原油再分为两路,一路与常压侧线换热,先后与脱后原油-常重(二)换热器(E-1006)、脱后原油-常三线(二)换热器(E-1007)、脱后原油-常二中换热器(E-1008)、脱后原油-常三线(一)换热器(E-1009)、脱后原油-常重(一)换热器(E-1010)进行换热,温度升至222℃后与减压一路的换热后原油混合后进入闪蒸塔(T-1001);另一路与减压侧线换热,先后与脱后原油-减三线(三)换热器(E-1204)、脱后原油-减一中(二)换热器(E-1218)、脱后原油-减渣(三)换热器(E-1205)、脱后原油-减二线(二)换热器(E-1206)、脱后原油-减三线(二)换热器(E-1208)、脱后原油-减一中(一)换热器(E-1219/1-4)进行换热,温度升至208℃与常压一路的换热后原油混合后进入闪蒸塔(T-1001)。闪蒸塔顶油气进入常压塔(T-1002)的第28层塔板。闪底油经闪底泵(P-1002/A,B)升压后又分为两路进行换热,一路经闪底油-减二线(一)换热器(E-1209)、闪底油-减二中(二)换热器(E-1213)、闪底油-减渣(一)换热器(E-1210/1-5)换热至321℃,另一路经闪底油-减渣(二)换热器(E-1211)、闪底油-减三线(一)换热器(E-1212/1-4)、闪底油-减二中(一)换热器(E-1214/1-5)换热至295℃,两路混合后进入常压加热炉(F-1001)。

14.3.2 电脱盐部分

电脱盐部分采用三级高速电脱盐串联工艺。换热后原油经一、二、三级电脱盐罐混合器进行脱盐脱水后继续与装置内热源进行换热。

净化水自装置外由电脱盐注水泵(P-1015/A,B)升压后注入三级电脱盐罐混合器前,三级电脱盐排水经二级电脱盐注水泵(P-1024/C,D)升压后注入二级电脱盐罐混合器前,二级电脱盐排水经一级电脱盐注水泵(P-1024/A,B)升压后注入一级电脱盐罐混合器前,一级电脱盐罐脱盐污水经污水泵(P-1024/E,F)送出装置。

14.3.3 常压蒸馏部分

常顶油气先经常顶油气-热水换热器(E-1034)换热,再经常顶空冷器(EC-1002/1-3.4)冷却至40℃,然后进入常顶回流及产品罐(D-1003)进行气液分离。分离后气相送至焦化粗汽油罐,以提纯液化气。油相经常顶回流及产品泵(P-1004/A,B)升压后分为两路,一路作为塔顶冷回流返回常压塔顶部,另一路作为石脑油产品送出装置。水相经常顶水泵(P-1003/A,B)升压后送至污水汽提。

常一线油自常压塔(T-1002)第15层塔板自流入常一线油汽提塔(T-1003)上段,用过热蒸汽进行汽提。汽提后的气相返回T-1002第14层,液相由常一线泵(P-1006/A,B)抽出,经原油-常一换热器(E-1001)、水冷器(E-1021)冷却至50℃后送至碱洗装置。

常二线油自T-1002第29层塔板自流入常二线油汽提塔(T-1003)中段,用过热蒸汽进行汽提。汽提后的气相返回 T－1002 第 28 层，液相由常二线油泵(P－1008/A，B)抽出，经原油-常二线换热器(E－1005)、常二线-热水换热器(E－1035)、高压瓦斯-常二线换热器(E－1028)换热，再经常二线油空冷器(EC－1003)冷至 50℃后送至碱洗装置。

常三线油自 T－1002 第 39 层塔板自流入常三线油汽提塔(T－1003)下段，用过热蒸汽进行汽提。汽提后的气相返回 T－1002 第 38 层，液相由常三线油泵(P－1010/A，B)抽出，经脱后原油-常三线(一)换热器(E－1009)、脱后原油-常三线(二)换热器(E－1007)、原油-常三线(三)换热器(E－1003)、常三线-热水换热器(E－1036)、换热至 95℃，再经常三线油空冷器(EC－1004)冷至 60℃后送至碱洗装置。

常顶循油自 T－1002 第 3 层塔板由常顶循环回流泵(P－1005/A，B)抽出，经过常顶循-热水换热器(E－1002)换热至 90℃后返回 T－1002 第 1 层。

常一中油自 T－1002 第 19 层塔板由常一中泵(P－1007/A，B)抽出，经过原油-常一中换热器(E－1004)换热至 200℃后返回 T－1002 第 16 层。

常二中油自 T－1002 第 33 层塔板由常二中泵(P－1009/A，B)抽出，经脱后原油-常二中换热器(E－1008)换热至 219℃后返回 T－1002 第 30 层。

常压重油由常底油泵(P－1012/A，B)抽出后分为两路，一路直接送至减压炉(F－1201)加热后至减压塔(T－1201)进行分离，另一路经脱后原油-常重(一)换热器(E－1010)、脱后原油-常重(二)换热器(E－1006)换热后出料至催化裂化装置，非正常生产时再经常重开停工冷却器(E－1023)冷却后至罐区。

14.3.4　减压蒸馏部分

常底油在减压炉(F－1201)中加热至 556℃后进入减压塔(T－1201)进行减压蒸馏。

减顶油气经减顶一级抽空器(EJ－1201)抽出至减顶一级空冷器(EC－1201)中冷凝冷却至 40℃，液相流入减顶分水罐(D－1201)，气相经减顶二级抽空器(EJ－1202)抽出至减顶二级空冷器(EC－1202)中冷凝冷却，液相流入减顶分水罐(D－1201)，气相经减顶三级抽空器(EJ－1203)抽出至减顶三级空冷器(EC－1203)中冷凝冷却。经三级抽真空冷凝后，气相被全部冷凝，冷凝液流入减顶分水罐(D－1201)。减顶分水罐内减顶油经减顶油泵(P－1201/A，B)升压后送出装置，减顶水经减顶水泵(P－1207/A，B)升压后送出装置。

减一线抽出油由减一线及减顶循泵(P－1202/A，B)从 T－1201 第Ⅰ段填料下集油箱抽出升压，经原油-减一及减顶循换热器(E－1201/1－4)、减压高压瓦斯-减一换热器(E－1220)，再经减一及减顶循空冷器(EC－1203/1－4)冷却至 55℃后分为两路。一路打回 T－1201 作为回流，一路作为柴油调和组分或催化裂化原料出装置。

减二线油由减二线泵(P－1203/A，B)从 T－1201 第Ⅲ段填料下集油箱抽出升压，经闪底油-减二线(一)换热器(E－1209)、脱后原油-减二线(二)换热器(E－1206)、原油-减二线(三)换热器(E－1202)换热至 141℃，再经减二线油水冷器(E－1215)冷却至 80℃后作为加氢裂化原料出装置。

减三线油由减三线泵(P－1204/A，B)从 T－1201 第Ⅳ段填料下集油箱抽出升压，经闪底油-减三线(一)换热器(E－1212)、脱后原油-减三线(二)换热器(E－1208)、脱后原油-减三线(三)换热器(E－1204)换热至 155℃，再由减三线水冷器(E－1216)冷却至 80℃后作为催化裂化原料出装置。

减一中油由减一中泵(P-1209/A,B)从T-1201第Ⅱ段填料下集油箱抽出升压,经脱后原油-减一中(一)换热器(E-1219/1-4)、脱后原油-减一中(二)换热器(E-1218/1-2)换热至188℃后打回T-1201。

减二中油由减二中泵(P1208/A,B)从T-1201第Ⅲ段填料下集油箱抽出升压,经闪底油-减二中(一)换热器(E-1214/1-5)、闪底油-减二中(二)换热器(E-1213/1-4)换热至242℃后打回T-1201。

过汽化油由汽化油泵(P-1206/A,B)从T-1201第Ⅳ段填料下集油箱抽出升压后返回T-1201底部。

减压塔底渣油(390℃)由减压渣油泵(P-1205/A,B)抽出,经闪底油-减渣(一)换热器(E-1210)、闪底油-减渣(二)换热器(E-1211)、脱后原油-减渣(三)换热器(E-1205)、原油-减渣(四)换热器(E-1203)、减渣水冷器(E-1217)换热至90℃后出装置。

14.3.5 现场操作画面设计说明

(1) 现场操作画面是在DCS图画面的基础上改进而完成的,大多数现场操作画面都有与之对应的DCS图画面(图14-1至图14-14)。

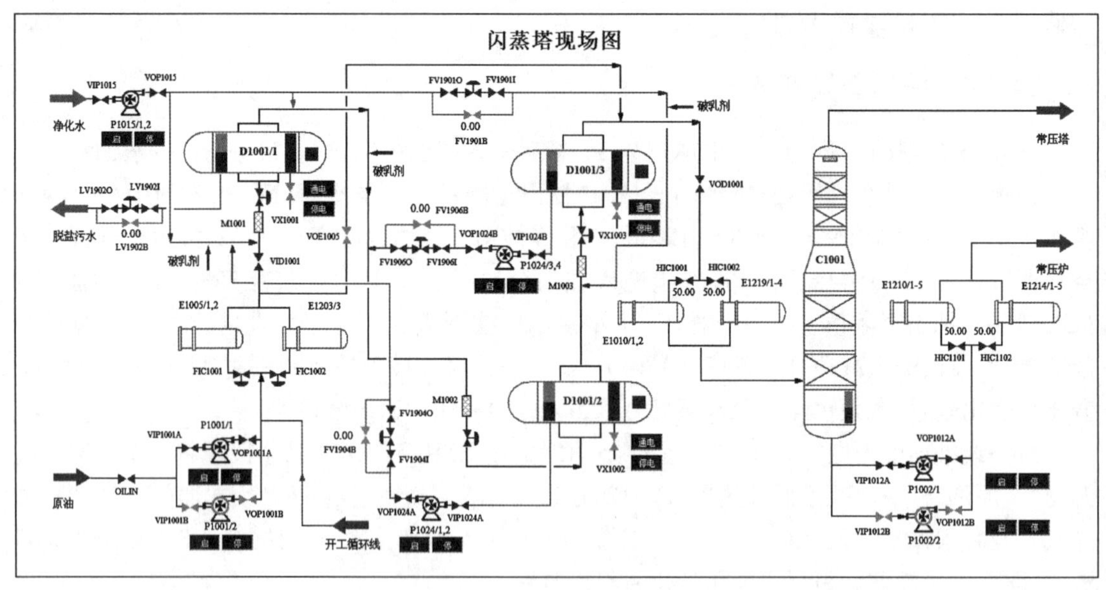

图14-1 闪蒸塔现场图

(2) 现场操作画面上光标变为手形时为可操作。

(3) 现场操作画面上的模拟量(如手操阀)、开关量(如开关阀和泵)的操作方法与DCS图画面上的操作方法相同。

(4) 一般现场操作画面上红色的阀门、泵及工艺管线表示这些设备处于"关闭"状态,绿色则表示这些设备处于"开启"状态。

图14-15和图14-16分别为常减压蒸馏工厂的鸟瞰图和局部操作图。

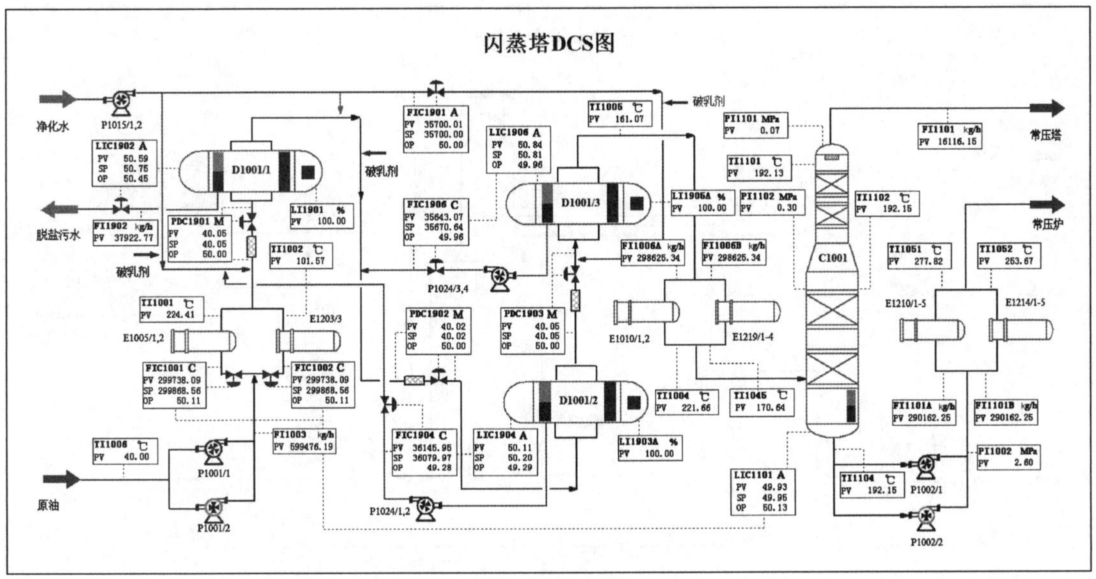

图 14-2　闪蒸塔 DCS 图

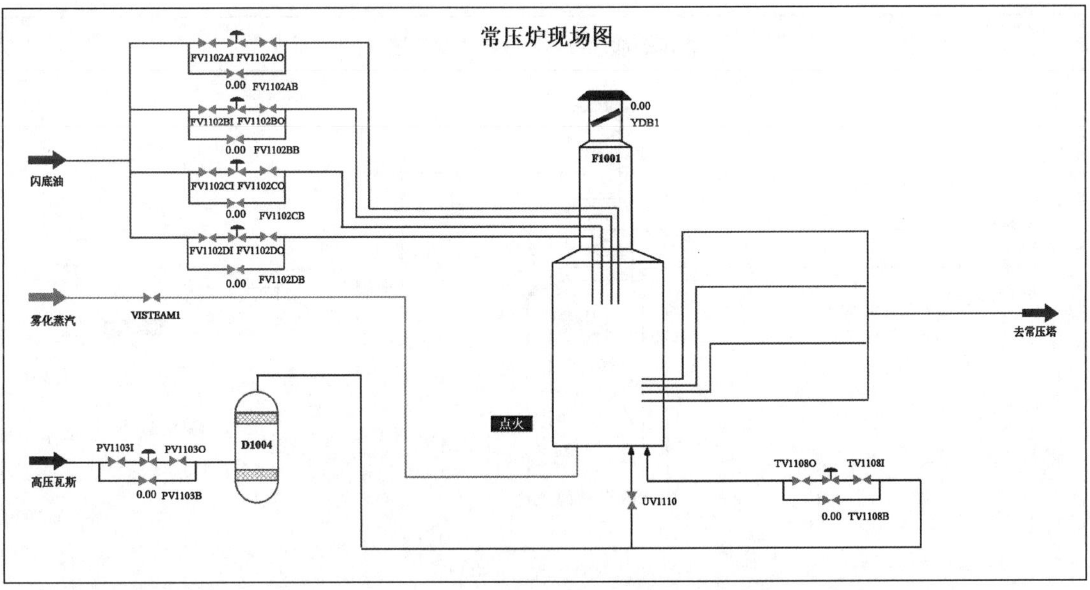

图 14-3　常压炉现场图

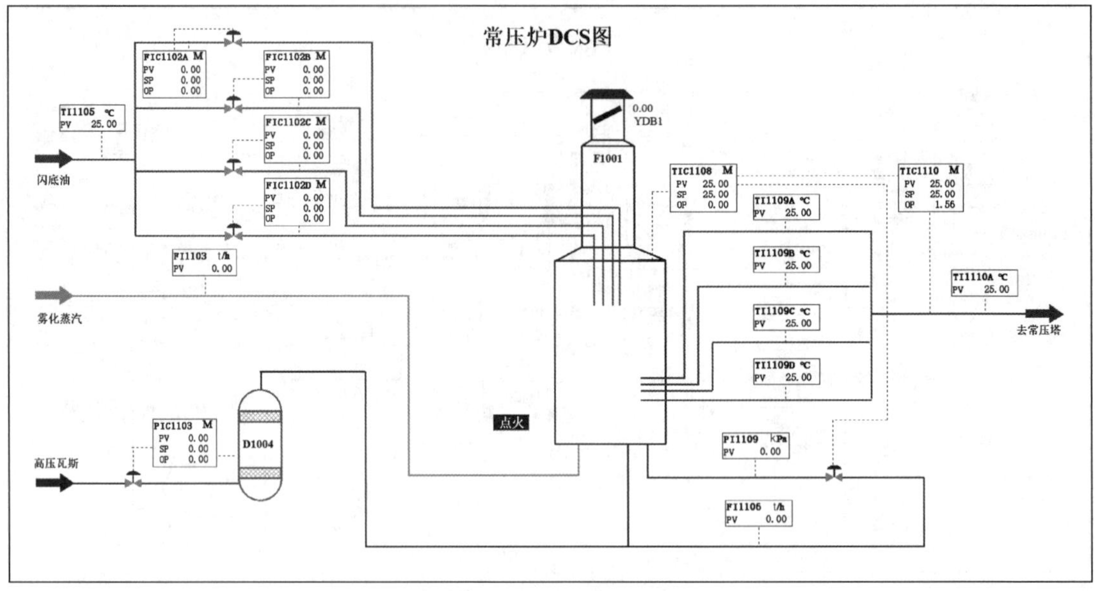

图 14-4　常压炉 DCS 图

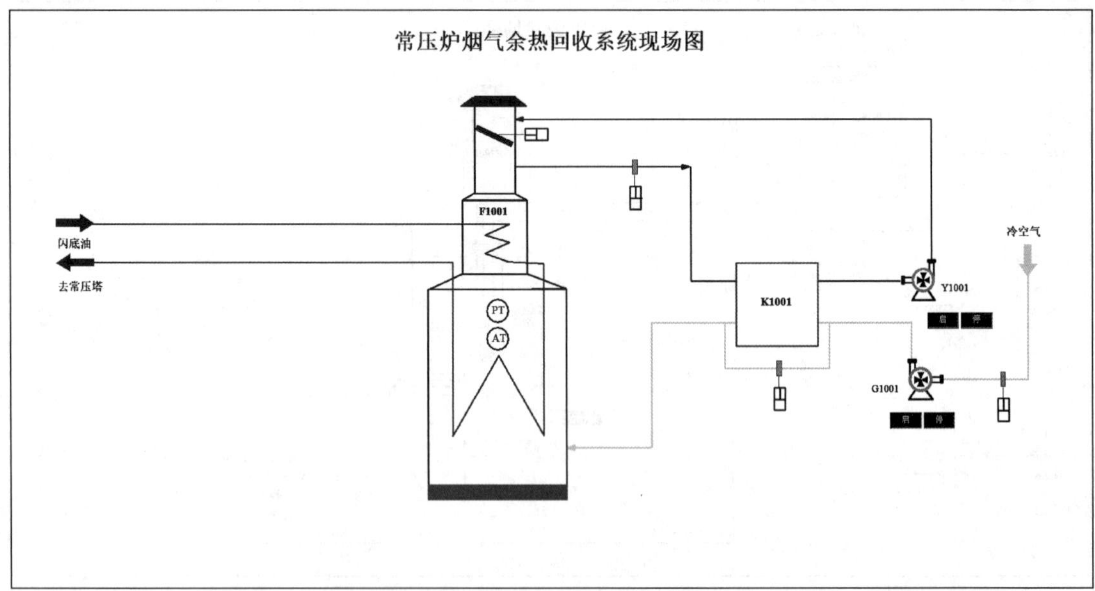

图 14-5　常压炉烟气余热回收系统现场图

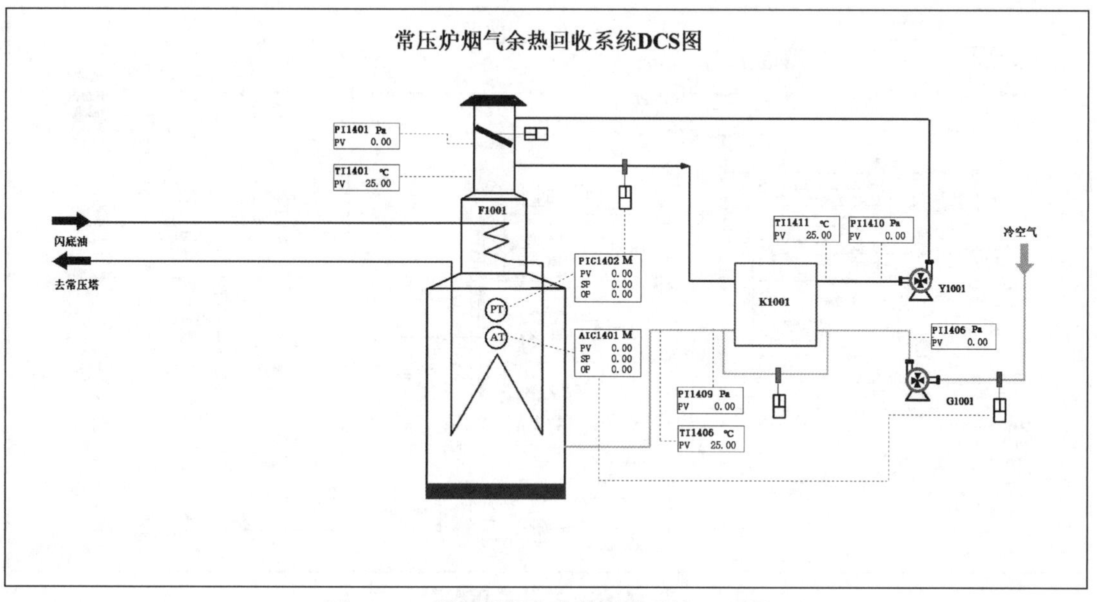

图 14－6　常压炉烟气余热回收系统 DCS 图

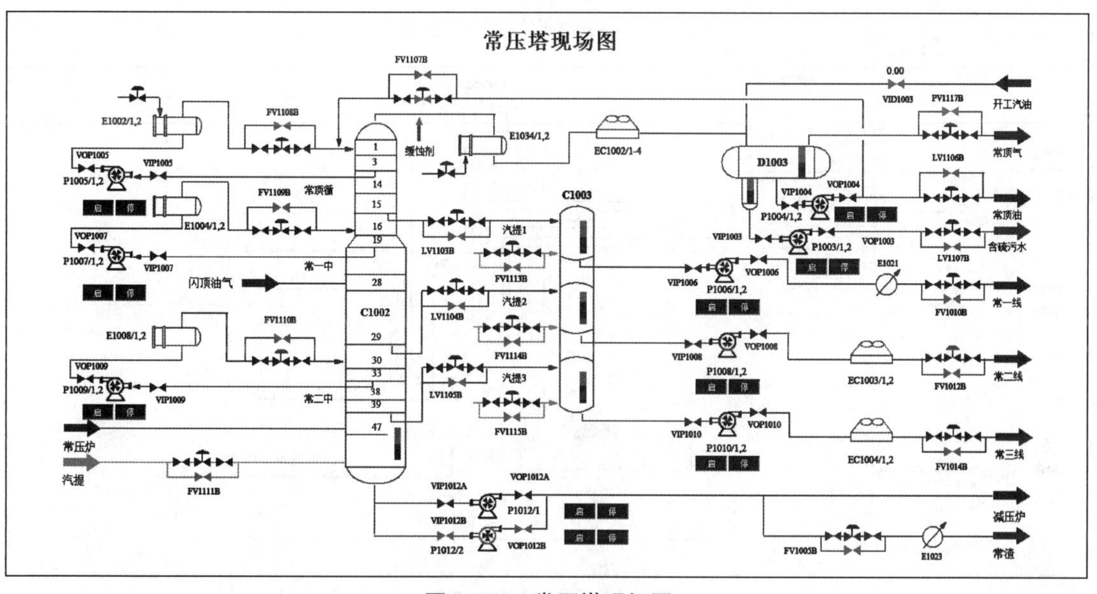

图 14－7　常压塔现场图

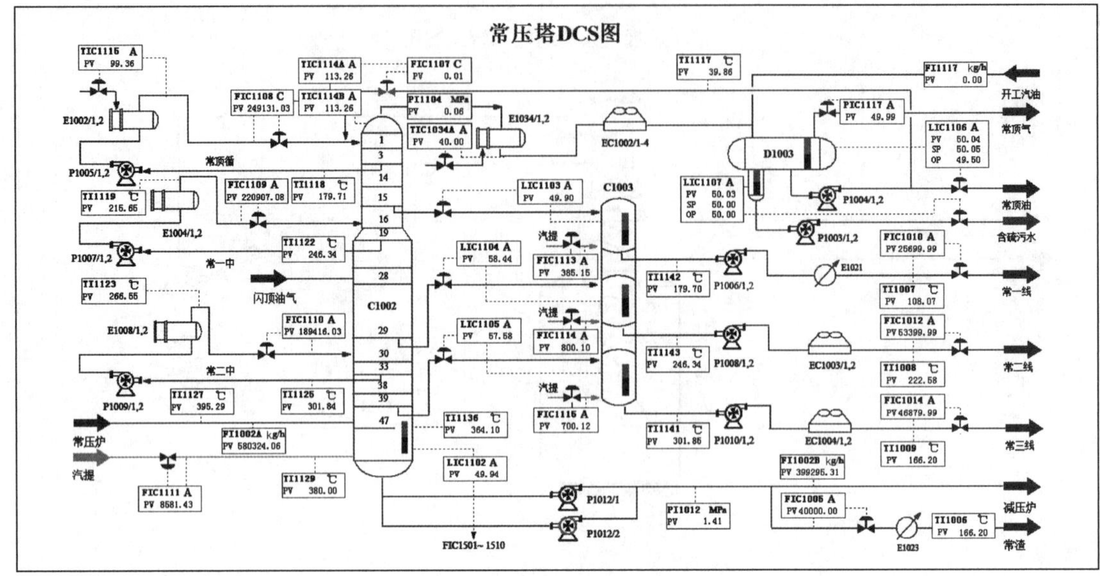

图 14-8　常压塔 DCS 图

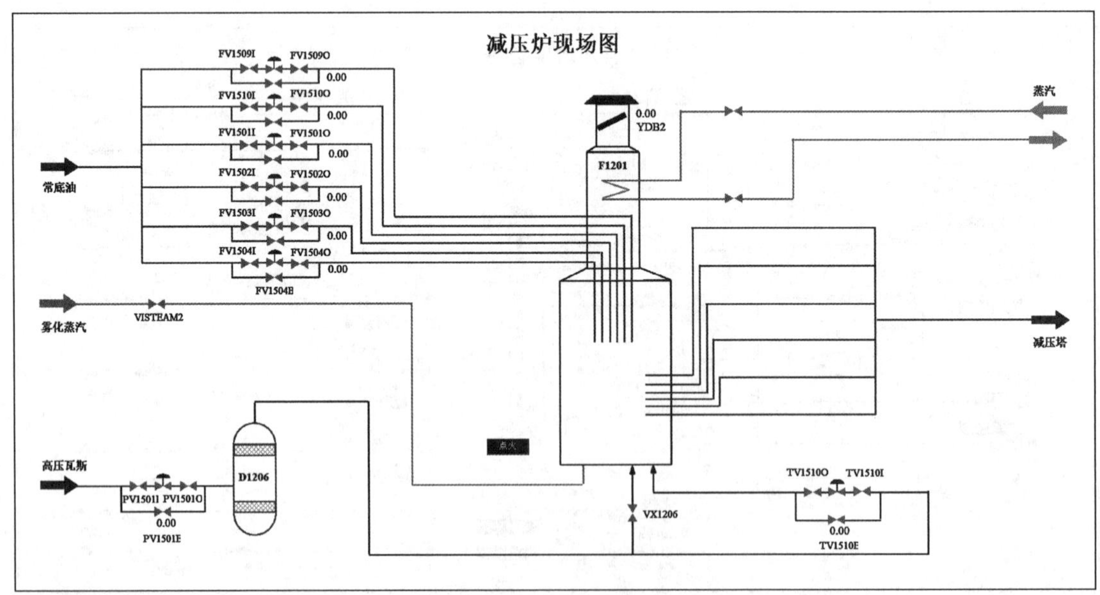

图 14-9　减压炉现场图

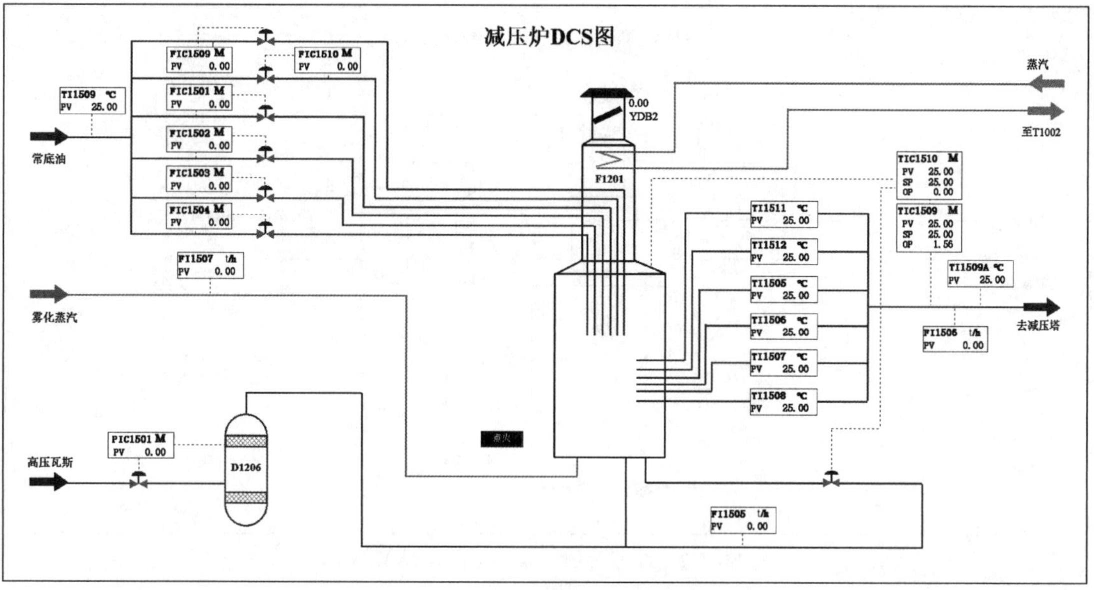

图 14－10　减压炉 DCS 图

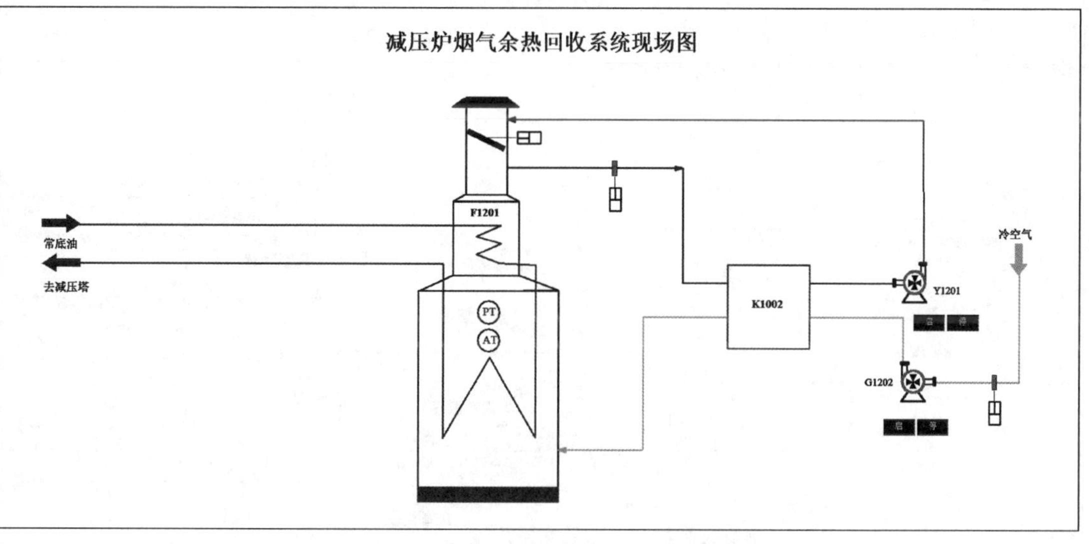

图 14－11　减压炉烟气余热回收系统现场图

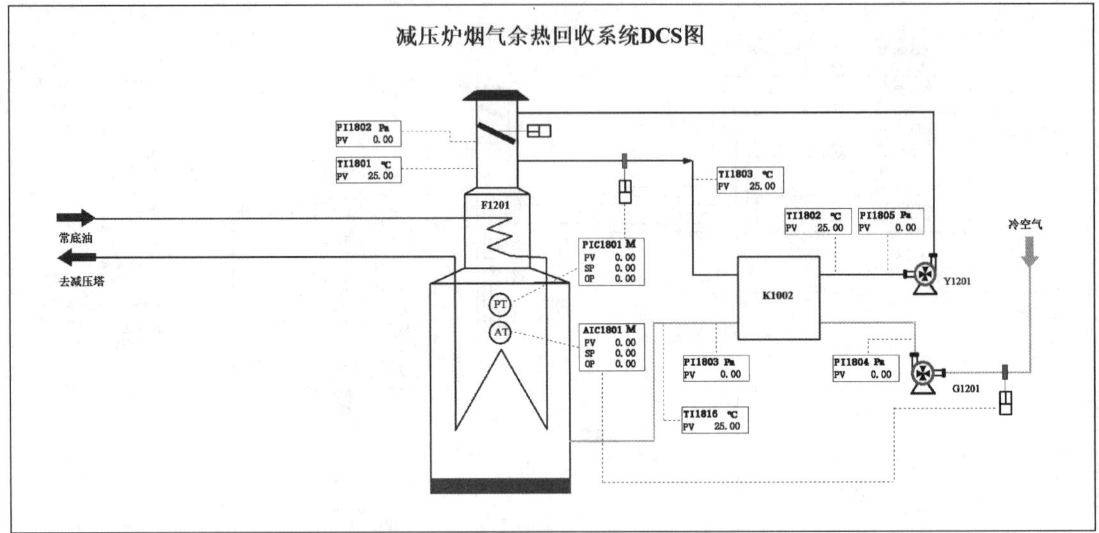

图 14 - 12 减压炉烟气余热回收系统 DCS 图

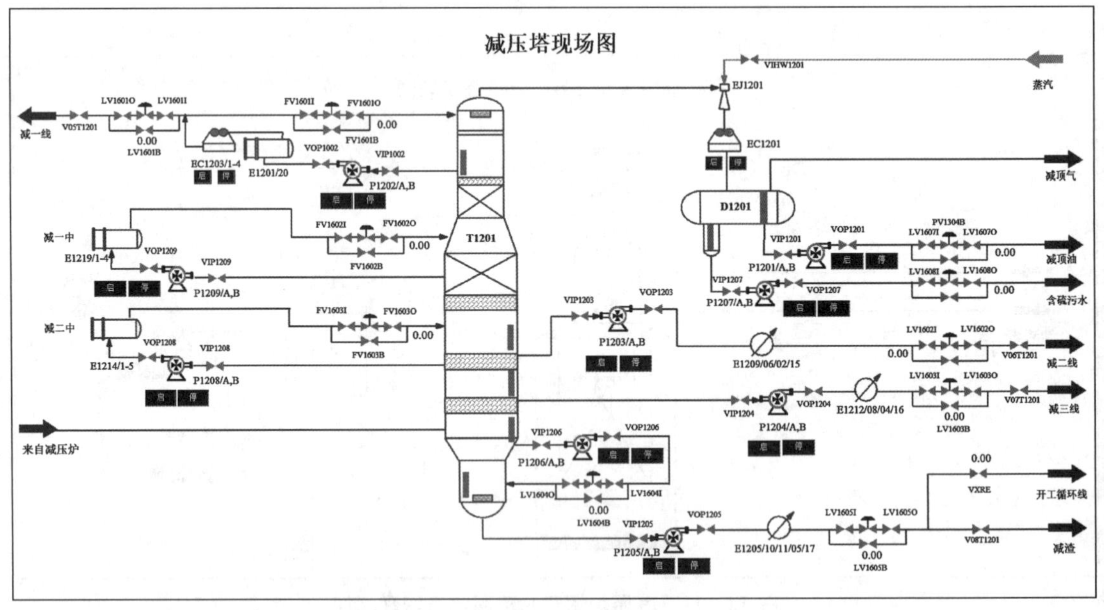

图 14 - 13 减压塔现场图

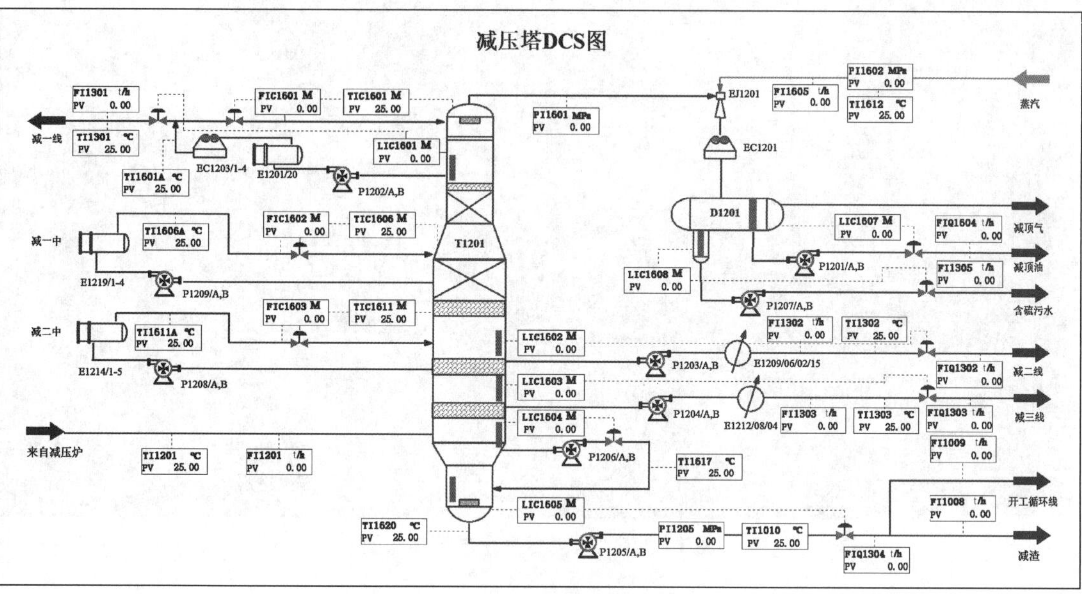

图 14－14 减压塔 DCS 图

图 14－15 常减压蒸馏工厂鸟瞰图

图 14-16　常减压蒸馏局部操作图

14.4　常减压蒸馏仿真操作

14.4.1　冷态开工操作实训

1. 开车准备

(1) 开工具备的条件

① 与开工有关的修建项目全部完成并验收合格。

② 设备、仪表及流程符合要求。

③ 水、电、汽、风及化验能满足装置要求。

④ 安全设施完善，排污管道具备投用条件，操作环境及设备清洁、整齐、卫生。

(2) 开工前的准备

① 准备好黄油、破乳剂、20 号机械油、液氨、缓蚀剂、碱等辅助材料。

② 原油含水量不超过 1%，温度不高于 50℃，做好从罐区引入原油的工作。

③ 准备好开工循环油、回流油、燃料气(油)。

2. 冷态开车

现场图中打开手操阀及机泵，DCS 图中打开各控制阀。泵的开启顺序为首先打开前阀，然后启动泵，最后打开后阀。控制阀有前后阀及旁路阀，调节控制阀前应将控制阀的前后阀均打开。

(1) 开车前准备、引入原油

(2) 冷油循环

(3) 常压加热炉点火升温
(4) 常压塔建立回流
(5) 减压炉点火升温
(6) 减压塔建立回流
(7) 电脱盐系统投用

14.4.2　正常停车操作实训

在停车之前，要先把 DCS 图画面中控制表的控制阀投手动控制，再逐步停车。需要注意的是，控制阀的开启、关闭均通过 DCS 图画面中对应的控制器进行。

(1) 停电脱盐系统
(2) 降量降温
(3) 常压炉停车
(4) 常压塔停工
(5) 减压炉停车
(6) 减压塔停车
(7) 闪蒸塔、常压塔、减压塔退油

14.4.3　紧急停车操作实训

(1) 常压炉和减压炉立即熄火。

(2) 停止原油进料（关闭原油进口阀、原油泵），关闭各馏出阀、汽提蒸汽进料阀，减压塔恢复常压，停止电脱盐装置。

(3) 将不合格油品改进污油罐。

(4) 对局部着火部位及时切断火源、加强灭火。

(5) 尽量维持局部循环，尽量遵循正常的停工步骤。

(6) 加热炉鼓风机停机。

14.4.4　事故处理操作实训

(1) P1001A 泵坏

事故原因：P1001A 泵坏。

事故现象：塔液面下降，原油泵停止工作。

(2) 高压瓦斯压力急剧下降

事故原因：① 催化装置烟机故障；
　　　　　② 瓦斯压控阀失灵；
　　　　　③ 瓦斯系统泄漏。

事故现象：① 瓦斯压力指示大幅度下降；
　　　　　② 加热炉出口温度、炉膛温度急剧下降。

(3) 减压炉鼓风机自停

事故原因：减压炉鼓风机发生故障，或停电。

事故现象：减压炉鼓风机停止工作，进炉燃料仪表开度增大，炉膛含氧量下降。

(4) 原油带水

事故原因：① 原油换罐水未切尽、罐底油含水过大；

② 电脱盐罐水界位高或注水量过大。

事故现象：一、二、三级电脱盐罐水界位偏高。

(5) FV1107 阀卡

事故原因：FV1107 阀卡。

事故现象：FIC1107 流量示数下降。

思考题

1. 简述常减压蒸馏的基本原理。
2. 简述常减压蒸馏的工艺流程。
3. 分析常减压蒸馏生产中经常出现的事故有哪些？如何处理？
4. 比较 3D 虚拟仿真操作与 2D 虚拟仿真操作，并简述它们的优缺点。

第 5 篇

化工生产实训

第 15 章　乙酸乙酯生产实训

15.1　实训目的

(1) 熟悉乙酸乙酯生产工艺流程。

(2) 掌握反应釜、中和釜和碱液罐的投料、加热、搅拌及出料的操作。

(3) 熟悉筛板精馏、填料精馏塔的采出和回流操作，常压精馏和减压精馏操作。

(4) 熟悉列管式、U 形管式、浮头式换热器的操作。

(5) 熟悉低温循环制冷泵的使用和操作。

(6) 比较压力式液位计、压差式液位计和现场就地显示液位计。

(7) 了解电磁阀控制回流比方式。

(8) 比较转子流量计和涡轮流量计的计量方式。

(9) 找出各种非正常情况的原因，并给出对应的解决处理方案。

(10) 学会精馏塔理论板数的计算方法，并计算出全塔效率。

(11) 比较分析常压精馏和减压精馏的正常操作参数。

(12) 熟悉物料混合体系的轻相和重相的分离操作。

(13) 本装置以模块化概念设计，强化学生工程化工段观念。

(14) 根据装置操作，掌握最佳操作方案，树立节电节水意识。

15.2　实训原理

乙酸乙酯又称醋酸乙酯，纯净的乙酸乙酯是无色透明、具有刺激性气味的液体，具有优异的溶解性、快干性，是一种非常重要的有机化工原料和极好的工业溶剂，被广泛用于醋酸纤维、乙基纤维、氯化橡胶、乙烯树脂、乙酸纤维树脂、合成橡胶、涂料及油漆等的生产过程中。目前，已有直接酯化法、乙醛缩合法、乙烯与醋酸直接酯化法三种工业生产方法。本工艺采用直接酯化法生产乙酸乙酯，乙酸和乙醇在 HND 催化剂的催化作用下，发生如下酯化反应：

$$CH_3COOH + C_2H_5OH \longrightarrow CH_3COOC_2H_5 + H_2O$$

粗产品经中和、分离、萃取后得到乙酸乙酯产品，采用精馏法回收相关萃取剂和乙醇。

本装置包含公用工段、反应釜工段、中和釜工段、筛板精馏工段和填料精馏工段。

(1) 公用工段

包括冷却水系统、软化水系统、真空系统及压缩空气系统。

(2) 反应釜工段

原料罐内乙酸和乙醇原料(常压,25℃)分别用原料泵按一定比例送入反应釜,再加入一定量的固体酸催化剂,待搅拌混合均匀后,加热进行液相酯化反应。生成的气相物料先经冷凝柱粗分,再进入冷凝器冷凝,冷凝液进入冷凝液罐回流至反应釜。反应一段时间后,将反应产物出料至袋式过滤器分离固体酸催化剂,母液可再次导入至反应釜与下一次反应的物料混合后进行反应,以提高乙酸乙酯收率。冷凝罐内冷凝液送至 1 号物料管,准备进入中和釜工段。

(3) 中和釜工段

来自上一工段的粗乙酸乙酯产物经 1 号物料管送入中和釜,之后碱液罐内的碱性中和液经碱液泵送入中和釜,搅拌混合均匀,待粗乙酸乙酯处理至中性后,静置分层,将重相放入重相罐,并收集至废液桶。再次在中和釜内添加水至 10 L 进行一次萃取,待搅拌混合均匀后,静置分层,将重相放入重相罐,然后将重相罐内液体送至筛板精馏塔进行精馏。接着在中和釜内添加 3 L 乙二醇,待搅拌混合均匀后,静置分层,将重相放入重相罐,然后将重相罐内液体送至填料精馏塔进行精馏。最后轻相即为乙酸乙酯,若乙酸乙酯需要提纯至更高纯度,则可送入下一工段进行精制。

(4) 筛板精馏工段

来自上一工段重相罐的乙醇水溶液经进料泵进入塔釜热交换器,与塔釜物料换热后进入筛板精馏塔,与来自下一工段的萃取剂乙二醇逆流接触而发生传质作用。塔顶馏出物分成三个阶段,首先是乙酸乙酯、乙醇、水共沸物,接着是乙醇,最后是水。三者经塔顶冷凝器冷凝后进入塔顶馏分器,其中一部分经回流电磁阀回流至塔内,另一部分经采出电磁阀流入塔顶产品罐。待共沸物采出完成后进行分相,酯相再次导入中和釜进行萃取处理,水相则放至填料塔原料罐进行处理,第二次产出的乙醇在检测纯度合格后可直接作为反应原料进行使用,第三次产出的水则直接排放,而最终塔釜内的剩余残液则取出与填料精馏塔原料混合后进行精馏。

(5) 填料精馏工段

来自筛板精馏塔塔釜残液罐的残液经 3 号物料管进入填料精馏工段原料罐,塔釜内为二次萃取后物料,经进料泵进入塔釜热交换器与塔釜物料换热后进入填料精馏塔。塔顶出来的产物分成三个阶段,首先是乙酸乙酯、乙醇、水共沸物,接着是乙醇,最后是水。三者经塔顶冷凝器冷凝后进入塔顶馏分器,其中一部分经回流电磁阀回流至塔内,另一部分经采出电磁阀流入塔顶产品罐。待共沸物采出完成后进行分相,酯相再次导入中和釜进行萃取处理,水相则放至原料罐再次进行处理,第二次产出的乙醇在检测纯度合格后可直接作为反应原料进行使用,第三次产出的水则直接排放,而最终塔釜内的剩余残液则为乙二醇。从塔釜出来的乙二醇残液与进料热交换后进入填料精馏塔塔釜产品罐,以循环利用。

① 主物料流程

乙酸、乙醇溶液→反应釜→中和釜→轻相罐→筛板精馏塔→筛板塔塔釜残液罐→填料精馏塔→乙二醇回收罐。

② 冷却水流程

制冷循环泵→反应釜顶冷凝柱→反应釜顶冷凝器→筛板塔塔顶冷凝器→填料塔顶冷凝器。

③ 真空气体流程

真空泵→反应釜顶受液罐→反应釜→母液罐→中和釜→轻相罐→筛板塔成品罐→筛板塔塔釜残液罐→筛板塔塔顶馏分器→筛板塔塔顶冷凝器→填料塔乙醇回收罐→填料塔塔釜产品罐→填料塔塔顶馏分器→填料塔塔顶冷凝器。

15.3 操作步骤

(1) 公用工段

上电,检查,设定工艺参数,上水,软化水罐操作,循环水罐操作,空气缓冲罐操作,真空缓冲罐操作,运行,记录数据。

(2) 反应釜工段

上电,检查,乙醇罐加料操作,反应釜加料操作,设定反应釜工艺参数,全回流操作,采出操作,母液、催化剂回收。

(3) 中和釜工段

上电,检查,物料导料,设定工艺参数,碱液罐加料,中和操作,静置分层,分相分离,一次萃取,分相分离,二次萃取,分相分离。

(4) 筛板精馏工段

上电,检查,筛板精馏塔操作。

(5) 填料精馏工段

上电,检查,填料精馏塔操作。

(6) 停车操作

(7) 设备清洗

思考题

1. 乙酸乙酯反应产率如何计算?
2. 乙酸乙酯收率如何计算?
3. 讨论并分析实际可得到乙酸乙酯含量和理论得到乙酸乙酯含量的区别。
4. 分析并讨论如何提高乙酸乙酯的收率。

第 16 章　精细化工产品生产实训

16.1　实训目的

1. 知识目的

(1) 掌握多功能精细化工产品配方原理(加料顺序)及各组分的作用。

(2) 强化固液分离相关知识。

(3) 巩固化工基本生产操作中搅拌、乳化等知识。

2. 能力目的

(1) 增强液体精细化工产品生产工艺指标控制能力。

(2) 能够利用已有配方进行液体精细化工产品的复配,通过改变配方中各物质相对含量或加入新的组分,对液体精细化工产品配方进行改进,并能够生产合格液体精细化工产品。

(3) 强化工艺流程识图、读图、绘图能力。

(4) 提升成本核算和成本控制的能力。

(5) 提升根据产品需求,创造、设计、搭建设备的能力。

(6) 提升生产事故判断与处理能力。

3. 素质目的

(1) 培养团队合作意识,提升有效沟通能力。

(2) 培养工程职业道德和责任关怀理念。

(3) 加强生产过程对环境和社会可持续发展影响的评价意识。

(4) 强化项目层级管理能力。

16.2　工艺概述

1. 工艺背景

人类最早使用的洗涤剂是肥皂,随着有机合成表面活性剂的成功开发,合成洗涤剂逐步进入人们的生活,液体洗涤剂行业也得到了迅速发展。截至目前,液体洗涤剂的种类大致有衣料液体洗涤剂、餐具洗涤剂、个人卫生用清洁剂、硬表面清洗剂等。液体洗涤剂大致可以分为个人清洁护理用品、家庭清洁护理用品、工业和公共设施清洁用品三大品类体系。

洗涤用品行业的发展与经济、环境、技术、人口等因素的关联性较大,产品结构随着需求结构的不同而发生转变。液体洗涤剂是近几年洗涤用品行业中发展的热点,其存在着巨大的市场利润和商业空间。液体洗涤剂向着人体安全性和环境相容性更高的方向转变,节能、节水、安全、环保型产品将得到较快发展。因此,发展液体洗涤剂将成为洗涤用品行业结构调整和可持续发展的重要内容。

2. 知识要点

液体洗涤剂的主要除污(油)机理是利用表面活性剂来降低油水的界面张力,通过乳化作用将待清洗的油分散和增溶于洗涤液中。表面活性剂是液体洗涤剂的主要组分,因此,了解它对洗涤作用的影响对于选择合适的组分至关重要。

洗涤作用的影响因素如下。

(1) 界面张力

界面张力是表面活性剂水溶液的一项重要性质,洗涤剂的去污作用主要通过表面活性剂来实现,故界面张力与洗涤作用有必然的内在联系。大多数优良的洗涤剂溶液均具有较小的界面张力。根据固体表面润湿的原理,对于一定的固体表面,液体的表面张力越小,通常润湿性能越好。润湿是洗涤过程的第一步,润湿得好,才有可能进一步起到洗涤作用。此外,较小的界面张力有利于液体油污的去除,有利于油污的乳化、加溶等作用,因而有利于洗涤。

(2) 吸附作用

洗涤液中的表面活性剂在污垢和被洗物表面吸附的性质对洗涤作用有重要影响。这主要是由于表面活性剂的吸附使表面或界面的各种性质(如电性质、机械性质、化学性质)均发生变化。对于液体油污,表面活性剂在油水界面上的吸附主要导致界面张力降低(洗涤液优先润湿固体表面,使油污“蜷缩”),从而有利于油污的清洗。界面张力的降低也有利于形成分散度较大的乳状液,同时界面吸附所形成的界面膜一般具有较大的强度,使得形成的乳状液具有较高的稳定性,不易再沉积于被洗物表面。因此,表面活性剂的界面吸附对液体污垢的洗涤作用产生有利的影响。就吸附特性而言,阳离子表面活性剂的洗涤作用最差,且价格高,通常情况下不适合用作洗涤剂。

(3) 加溶作用

表面活性剂胶团对油污的加溶作用是被洗物表面去除少量液体油污的最重要机理。不溶于水的物质因性质各异而加溶于胶团的不同部位,从而形成透明、稳定的溶液。胶团对于油污的加溶作用,实际上是将油污溶解于洗涤液中,从而使油污不可能再沉积,这将大大提高洗涤效果。但加溶作用不是去除油污的主要机理,也不是表面油污洗涤过程中的主要影响因素。

(4) 乳化作用

选择合适洗涤剂组分的重要步骤之一是选择适宜的乳化剂。不管油污多少,乳化作用在洗涤过程中总是相当重要的。具有高表面活性的表面活性剂可以最大限度地降低油水界面张力,只需很小的机械功即可乳化,在降低界面张力的同时发生界面吸附,这有利于乳状液的稳定,油污质点不再沉积于固体表面。乳化作用是液体洗涤剂在洗涤过程中重要的影响因素。可以说,油污溶于洗涤液中的过程就是其被乳化的过程,因此应选择有相当乳化能力的组分。

(5) 表面活性剂疏水基链长

一般说来，表面活性剂碳链越长，洗涤性能越好。但当碳链过长时，溶解度变差，洗涤性能降低。为达到良好的洗涤作用，表面活性剂亲水基与亲油基应达到适当的平衡。用作洗涤剂的表面活性剂，HLB(Hydrophilic Lipophile Balance) 值在 13～15 为宜。

在选择液体洗涤剂的主要组分时，可遵循以下通用原则：

① 有良好的表面活性和降低表面张力的能力，在水相中有良好的溶解能力；

② 表面活性剂在油水界面能形成稳定的紧密排列的凝聚态膜；

③ 根据乳化油相的性质，油相极性越大，要求表面活性剂的亲水性越强，油相极性越小，要求表面活性剂的疏水性越强；

④ 表面活性剂能适当增大水相黏度，以减少液滴的碰撞和聚结速率；

⑤ 要能用最小的浓度和最低的成本达到所要求的洗涤效果。

3. 工艺流程

依托工业生产精细化工产品的基本流程包含公用工段、反应配料、料液乳化、调配、过滤分离等多个单元模块。生产液体精细化工产品的主要工艺流程如下。自来水经软化水柱(X101)处理成软化水后用作配料及冷却循环水供水使用。根据产品指标要求调节产品 pH 为 6～8，活性剂含量不低于 10%并按比例配入反应釜(R201)，充分混合均匀后进行取样检测，合格后导入乳化釜(R202)进行乳化，日化品净洗主要依据乳化原理。为保证最终获得满足一定香味、黏度、通透性、稳定性要求的产品，则需要对乳化完成的初步产品进行再一步的调配处理，常见的工艺是在调浆釜(R301)内加入调和剂，比如香精、增稠剂、增亮剂、抗凝剂等。最后将处理后的产品经过冷浸至成品温度，经过滤器(F301)分离、灭菌器(X302)灭菌后即可得到符合指标要求的产品，并存入产品罐(V301)内。

多功能环保型精细化工生产线工艺流程方框图如图 16－1 所示。

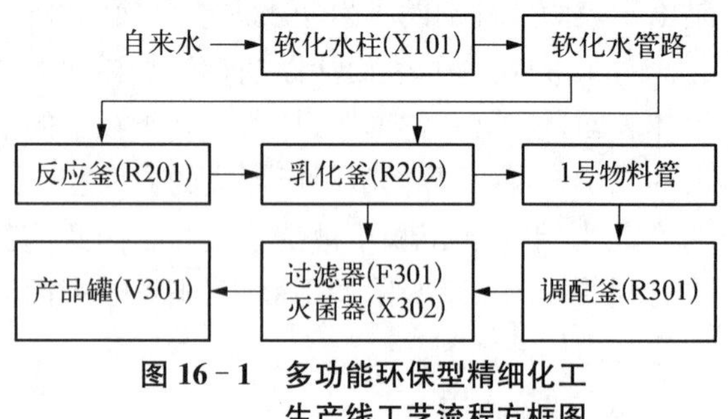

图 16－1 多功能环保型精细化工生产线工艺流程方框图

16.3 操作步骤

(1) 公共单元操作

上电，检查控制系统，设定工艺参数，上水，软化水罐操作，循环水罐操作，空气缓冲罐操作，真空缓冲罐操作。

(2) 乳化配料单元操作

上电，检查控制系统，称取原料，配料操作。

(3) 调和冷却单元操作

上电，检查控制系统，开启恒温槽，开启调配釜，打开调配釜搅拌混合，加入复配辅料，取样，检测产品质量指标。

(4) 设备清洗操作

思考题

1. 分析洗洁精配方。
2. 分析洗衣液配方。
3. 分析洗手液配方。
4. 分析玻璃水配方。
5. 分析洗车液配方。

第17章　生物发酵制乙醇生产实训

17.1　实训目的

(1) 熟悉生物发酵制乙醇生产工艺流程。
(2) 掌握种子罐和发酵罐的投料、消毒、检测及出料操作。
(3) 熟悉板框过滤机的进料、出料和清洗操作。
(4) 熟悉填料精馏塔的采出和回流操作、常压精馏和减压精馏操作。
(5) 熟悉列管式换热器的操作。
(6) 熟悉低温循环制冷泵的使用和操作。
(7) 比较压力式液位计、压差式液位计和现场就地显示液位计。
(8) 比较转子流量计和涡轮流量计的计量方式。
(9) 找出各种非正常情况的原因,并给出对应的解决处理方案。
(10) 本装置以模块化概念设计,强化学生工程化工段观念。
(11) 根据装置操作,掌握最佳操作方案,树立节电节水意识。

17.2　实训原理

乙醇在国民经济的许多部门中都占有重要地位。它不仅是化学工业上不可或缺的重要溶剂和原材料,也是调制蒸馏酒和其他饮料酒的原料;在医药领域,它可以用来消毒、防腐、灭菌和配制各种医用试剂;在能源领域,它可以作为代替汽油的一种新燃料,发酵乙醇作为燃料相比于汽油的最大优势是可再生性,目前用量最大的是作为燃料乙醇。发酵法生产乙醇的原料主要分为淀粉类、纤维素类、糖料作物三大类,其中淀粉质原料主要包括各种非粮食薯类和粮食类,如玉米等,纤维素质原料包括木材,粮食秸秆等,糖料原料主要是甘蔗和北美甜菜等。原料在预处理后经酵母代谢转化为乙醇,将醪液进行蒸馏、脱水制得无水乙醇,再通过变性剂进行处理即得到燃料乙醇。燃料乙醇作为一种可再生的绿色能源,可以有效地缓解世界石油紧缺的矛盾,还可以实现丰富的农业资源与工业能源的转化,既为农业原料深加工和综合利用提供了一条重要途径,又有效地降低了有害物质在汽车尾气中的排放,为保护人类赖以生存的生态环境做出了贡献。

乙醇发酵过程实际上就是非常复杂的微生物细胞代谢的过程。在微生物的物质代谢中,与分解代谢相伴的能量释放与转化变化被称为产能代谢,就是细胞内的化学物质经过一系列的氧化反应而分解释放能量。任何生命体都必须在能量的驱动下才能进行生命活动，所以产能代谢是生命活动的能量保障。微生物以葡萄糖为底物进行发酵时都需要经历将糖转化为丙酮酸的糖酵解过程。目前，乙醇发酵生产中所使用的菌体主要是酵母菌，即 EMP（Embden-Meyerhof Pathway）代谢途径，如图 17－1 所示。

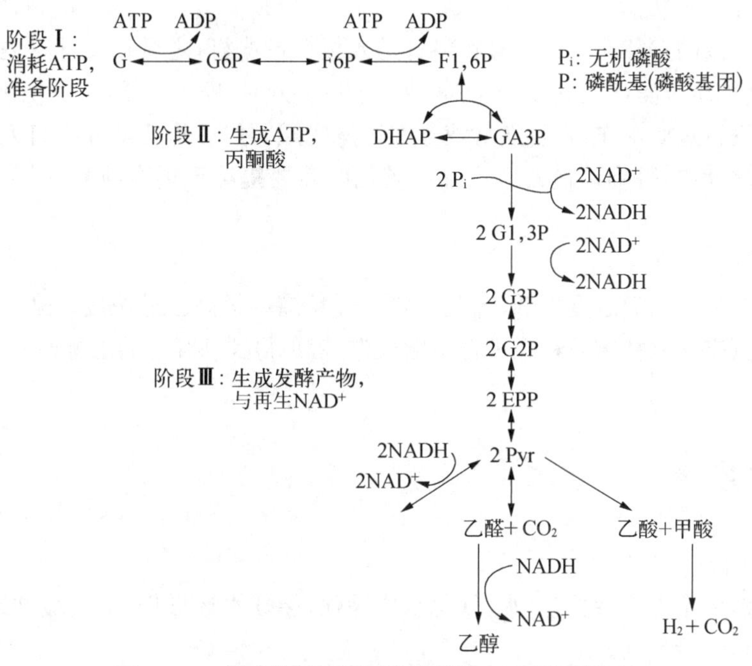

图 17－1　微生物以丙酮酸为底物的 EMP 代谢途径

G—葡萄糖；G6P—葡萄糖-6-磷酸；F6P—果糖-6-磷酸；F1,6P—果糖-1,6-二磷酸；DHAP—二羟丙酮磷酸；GA3P—甘油醛-3-磷酸；G2P—2-磷酸甘油酸；G3P—3-磷酸甘油酸；G1,3P—1,3-二磷酸甘油酸；ADP—二磷酸腺苷；ATP—三磷酸腺苷腺苷；Pyr—丙酮酸；EPP—磷酸烯醇式丙酮酸；HADH—烟酰胺腺嘌呤二核苷酸；(还原性辅酶)；NAD^+—氧化态

这里采用同步糖化发酵工艺。同步糖化发酵工艺（酶法水解和发酵同时进行）最早是由 Gauss 等在 1976 年的专利中提出来的。作者提出葡萄糖在传统的分步酶解法（由真菌里氏木霉产生的酶）过程中产量低的原因可能是水解过程中生成的葡萄糖和纤维二糖对酶解过程产生了抑制作用，而他们采用同步糖化发酵工艺获得了很高的乙醇浓度，这归因于微生物及时地代谢了葡萄糖和纤维二糖而解除了产物对酶的抑制。在这项发明提出一段时间后，同步糖化发酵工艺得到了广泛的认可，最重要的原因是它可以避免糖对酶和酵母的抑制作用。当然，除此之外，此工艺还有很多优点。例如，避免了酶解之后糖的分离，继而避免了糖的损失；另外，酶解和发酵结合在一起，减少了糖化罐的数量，也就降低了投资费用，节省的费用估计可以达到 20%，这是非常重要的，因为节省的费用可以抵消乙醇发酵生产中原料的成本。

本装置包含公用工段、发酵工段、产品精制工段和填料精馏工段。

(1) 公用工段

包括冷却水系统、软化水系统、真空系统及压缩空气系统。

(2) 发酵工段

待发酵罐进行空消和实消后,向其中加入一定量的可溶性玉米淀粉,再加入一定量的α-淀粉酶和液化糖化酶,然后加入一定量的活性干酵母,搅拌混合均匀后开始发酵。待发酵结束后,通过加压将发酵罐中的物料打入产品精制工段的板框过滤机。

(3) 产品精制工段

来自发酵工段的发酵液经过1号物料管送入板框过滤机,之后在发酵罐内压缩空气的压力下,发酵液被加压过滤,待滤液罐内滤液液位不再上升时,停止加压,卸下滤饼,清洗滤纸,重新安装后再次进行过滤操作,直至发酵液全部过滤完成。然后将滤液分别打入陶瓷膜和纳滤膜进行二次过滤操作,得到精制乙醇产品。若乙醇需要提纯至更高纯度,则可送入填料精馏工段。

(4) 填料精馏工段

精制乙醇产品中乙醇浓度较低,因此需要经过精馏以提高乙醇浓度。来自上一工段的精制乙醇产品经真空送入精馏原料罐进行精馏操作,塔顶得到高纯度的乙醇产品,塔釜的水可循环利用。

17.3 操作步骤

(1) 公用工段

上电,检查,设定工艺参数,上水,软化水罐操作,循环水罐操作,空气缓冲罐操作,真空缓冲罐操作,运行,记录数据。

(2) 发酵工段

上电,检查,初次清洗,空气过滤器空消,发酵罐空消,培养基配制,发酵罐实消,加淀粉原料,酵母活化,接种,发酵。

(3) 产品精制工段

上电,检查,板框过滤,陶瓷膜过滤,陶瓷膜清洗,纳滤膜过滤,纳滤膜清洗。

(4) 填料精馏工段

上电,检查,打开阀门,开启填料精馏操作。

(5) 停车操作

思考题

1. 简述生物发酵制乙醇的工艺原理。
2. 简述生物发酵制乙醇的操作注意事项。

第18章　无水乙醇精制生产实训

18.1　实训目的

1. 知识目的

（1）掌握无水乙醇生产工艺。

（2）巩固精馏单元相关知识。

（3）学习特殊精馏原理及操作方式。

（4）巩固化工基本生产操作流程知识。

2. 能力目的

（1）掌握以乙二醇为萃取剂进行萃取精馏制无水乙醇的操作过程。

（2）增强精馏塔多塔运行的综合调控能力。

（3）强化工艺流程识图、读图、绘图能力。

（4）提升根据产品需求，创造、设计、搭建设备的能力。

（5）提升生产事故判断与处理能力。

3. 素质目的

（1）培养团队合作意识，提升有效沟通能力。

（2）培养工程职业道德和责任关怀理念。

（3）加强生产过程对环境和社会可持续发展影响的评价意识。

（4）强化项目层级管理能力。

18.2　工艺概述

1. 工艺背景

无水乙醇作为一种重要的基本有机化工原料，广泛应用于油漆、染料、制药、医用、化妆品、橡胶、电子制造业等领域。通常以玉米、甘薯、秸秆等生物质为原料，经过发酵、蒸馏、废液处理三个工段生产乙醇。乙醇和水形成最低恒沸物，因此通过常规精馏方法只能获得95%的乙醇，无法获得无水乙醇。工业生产中无水乙醇可以通过恒沸蒸馏、萃取精馏、离子交换和分子筛吸附等方法获得，但是大部分方法都具有一定的缺陷。苯恒沸蒸馏法虽然适用于大规模生产，但恒沸蒸馏塔所需的塔板数较多，含苯产品不能用作医药和化学试剂，而且生产过程容易发生苯中毒。戊烷作恒沸剂的恒沸蒸馏法虽然避免了上述缺点，但是戊烷的沸点低(36.1℃)，常温下容易汽化，需要加压操作，因此溶剂损耗较大。离子交换法和分子筛吸附法虽然得到产品的质量较好，但仅适合小批量生产，而且树脂和分子筛的再生困难、耗电量大、效率低。相较于以上工业生产方法，乙二醇法萃取精馏制无水乙醇克服了许多工艺的不足之处，可以任意比例和规模来制无水乙醇，且产品质量高，适用于大规模生产。另外，乙二醇沸点高，不易挥发，损耗少，因此这是非常理想的工艺。

2. 工艺原理

萃取精馏法是工业上广泛应用的一种特殊分离方法，主要用于分离普通精馏难以处理的含络合物、热敏物质、恒沸组成及相对挥发度接近 1 的互溶物系。其基本原理是向精馏塔中引入一种或两种可以与待分离混合物相溶的溶剂，增加待分离组分间的相对挥发度，以达到分离沸点相近组分的目的。萃取剂的沸点较原料液中各组分的沸点高很多，且不与各组分形成恒沸液。

萃取精馏法的操作条件是比较复杂的，萃取剂的用量、料液比例、进料位置、塔的高度等都会产生影响。可通过实验或计算得到最佳值。选萃取剂的原则如下：① 选择性要高；② 用量要少；③ 挥发度要小；④ 容易回收；⑤ 价格便宜。

乙醇-水二元体系能够形成恒沸物(常压下恒沸物中乙醇的质量分数为 93.57%，恒沸点为 78.15℃)，用普通的精馏方法难以完全分离。本工艺以乙二醇为萃取剂，利用萃取精馏法分离乙醇-水二元混合物来制无水乙醇。

根据化工热力学研究，当压力较低时，原溶液中组分 1(轻组分)和 2(重组分)的相对挥发度可表示为

$$\alpha_{12}=\frac{p_1^s\gamma_1}{p_2^s\gamma_2} \tag{18-1}$$

在加入萃取剂 S 后，组分 1 和 2 的相对挥发度则为

$$(\alpha_{12})_S=\left(\frac{p_1^s}{p_2^s}\right)_{TS}\left(\frac{\gamma_1}{\gamma_2}\right)_S \tag{18-2}$$

式中，$\left(\frac{p_1^s}{p_2^s}\right)_{TS}$ 为三元混合物泡点下组分 1 和 2 的饱和蒸汽压之比。

$(\alpha_{12})_S/\alpha_{12}$ 表示萃取剂 S 的选择性，因此，萃取剂的选择性是指其改变原有组分间相对挥发度的能力。$(\alpha_{12})_S/\alpha_{12}$ 越大，选择性越好。

3. 工艺流程

本装置包含粗乙醇精制工段和萃取精馏工段，其中粗乙醇精制工段是将质量分数较低的粗乙醇经过填料精馏塔得到 95%的乙醇溶液和含有少量乙醇的废水溶液。塔顶采用风冷式冷凝器，冷凝液经回流泵回流和采出，由转子流量计调节回流比。塔釜溶液达到溢流液位后由蠕动泵输送，经过列管换热器与进料溶液换热后，再经过塔釜风冷器降温后进入废水罐。

萃取精馏工段包括萃取精馏塔和溶剂回收塔。萃取精馏塔以粗乙醇精制工段所得 95%的乙醇为原料、乙二醇为萃取剂，设有溶剂进料口和原料进料口。塔顶冷凝液经分析合格(乙

醇含量大于 99%)后进入产品罐,若不合格,则经采出管旁路重新回到 95%的乙醇罐。塔釜溶液溢流后进入溶剂-水罐。溶剂回收塔以萃取精馏塔塔釜溶液为原料,塔顶得到乙醇-水溶液,塔釜得到纯度较高的乙二醇溶液。实验过程中分别对塔顶和塔釜产品进行检测,塔顶产品不能含有乙二醇,塔釜溶液不能含有乙醇,若不合格,则全部回流至溶剂-水罐,之后重新进料。实验所得无水乙醇和废水可由磁力泵输送至设备前端的粗乙醇罐,再次配料后开始下一组实验。待设备运行稳定后,可实现原料和萃取剂的持续循环使用。

18.3　操作步骤

(1) 粗乙醇精制工段

上电,检查,阀门状态确认,分别启动粗乙醇精制塔和萃取精馏塔塔釜加热,待塔釜液位达到溢流液位时,打开塔釜风冷器和塔釜蠕动泵,塔釜溢流液进入萃取精馏工段的废水罐。实验过程中注意观察塔釜压力并及时调整塔釜加热功率、进料量和回流量,避免出现液泛现象。

(2) 萃取精馏工段

上电,检查,萃取精馏塔中加入乙二醇和乙醇,启动萃取精馏塔塔釜加热,待有蒸汽产生时,开启塔顶风冷器,开始全回流操作。

思考题

1. 简述萃取精馏法的原理。
2. 制备无水乙醇的方法有哪些?它们的优缺点是什么?
3. 制备无水乙醇的操作注意事项有哪些?

第 6 篇
化工生产设计

第 19 章　化工设计简介

根据一个化学反应或化学过程设计一个生产流程，并研究其合理性、先进性、可靠性和经济可行性，再根据工艺流程、工艺条件选择合适的生产设备、管道及仪表等，进行合理的工厂布局设计以满足生产的需要，最终使工厂建成投产，这个全过程称为化工设计。它是把化工过程从设想变成现实的一个建设环节，涉及政治、经济、技术，资源、产品、市场、用户、环境，国策、标准、法规，化学、化工、机械、电气、土建、自控、安全卫生、给排水等方面，是一门综合性很强的技术科学。

19.1　化工设计的意义

人类与化工的关系十分密切，有些化工产品在人类发展历史中起到划时代的作用，它们的生产和应用代表着人类文明发展的历史阶段。如今，化工产品早已渗透到人们的衣、食、住、行、用等方面。在现代生活中，我们几乎随时随地都离不开化工产品，它与国民经济的各个领域都有着密切的联系，化学工业已成为世界各国国民经济的重要支柱产业。改革开放的四十多年来，我国化学工业的结构和规模均发生了巨大变化，产业结构已从以化肥、酸碱盐为主的无机化工发展成为门类齐全的工业体系，其在国民经济中所占比重越来越大，已成为我国国民经济最重要的基础产业。随着我国化学工业的迅速发展，不仅需要大量科研、生产、管理方面的人才，而且需要大量具有扎实化工专业知识和独立设计思想的人才，因此，加强对化工设计人才的培养是非常必要的。

化工设计是把化工工程从设想变成现实的一个建设环节，是化工企业建设的必经之路。在化工建设项目确定之前，化工设计为项目决策提供依据；在化工建设项目确定之后，化工设计为项目建设提供实施的蓝图。因此，在化工项目基本建设中，化工设计发挥着重要作用。无论工厂或车间的新建、改建和扩建，还是技术改造和技术挖潜，均离不开化工设计。

化工设计是科研成果转化为现实生产力的纽带，科研成果只有通过工程设计才能实现工业化生产，产生经济效益。在科学研究中，从小试到中试再到工业化的生产过程，都需要与设计有机结合，并进行测试、优化、再测试。

对于化工专业的学生来说，将来会从事化工、制药等工作，无论是新建、改建和扩建工厂，是技术革新、装置能力的核算、工厂的改造挖潜，还是降低能耗、综合利用、“三废”处理、提高生产效率，以及产品的开发、中间实验，都需要一定的化工开发和化工设计的专业知识。因此，开设这门系统讲解化工设计的课程，进行有关工程设计方面知识的学习和训练是十分必要的。

因此，国民经济的发展、工业发展的效益和速率都离不开化工设计。设计是一切工程建设的先行，设计工作的质量好坏将直接影响工厂的运行安全和经济效益，对于科学技术事业的发展和我国现代化建设都有极大的影响。可以说，没有现代化设计，就没有现代化建设。

19.2 化工设计的过程与目的

化工设计的过程一般可分为两个阶段，即初步设计阶段与施工图设计阶段，但在具体的设计过程中又可细分为如下四个阶段。

1. 产品规划阶段

包括选题、市场调查、预测分析、可行性研究，并确定设计任务书。

2. 方案设计阶段

包括生产工艺方案的论证与拟定、厂址和总体布置方案的选择与论证、主要生产设备的选择、主要工艺参数的确定与自动控制方案的选择，并绘制主要生产工艺流程方框图。

3. 初步设计阶段

首先根据确定的产品方案、生产标准、工艺参数与主要生产工艺流程方框图，以及有关的设计基础数据和产品生产作业计划，进行物料衡算、热量衡算、设备的工艺设计和选型设计计算，确定辅助生产系统设备与自动控制系统；然后进行各车间生产设备的布置设计、非定型关键工艺设备总装图的设计绘制。

4. 施工图设计阶段

根据已审查批准的初步设计及相关设备订货清单等，进一步落实设计的每一项细节，使之指导施工工作。需要完成的主要施工图包括带控制点的生产工艺流程图、生产车间设备平面与竖面布置图、生产车间管道布置图、非定型关键工艺设备总装图和零件图、工厂总平面布置图等。

化工设计是化工专业的一门实践性很强的课程，其主要学习目的如下。

(1) 掌握生化工厂工艺设计的一般过程，全面运用所学的专业知识及工程技能，结合生产实际，培养解决一般生化工艺过程设计中实际问题的能力，使所学理论联系实际，并在解决实际问题的过程中得到进一步提升。

(2) 学习生化工厂工艺设计的一般方法，包括工艺方法的论证与拟定、工艺计算、各类设计图的设计方法与绘制等。

(3) 训练工艺设计基本技能，撰写工艺设计技术文件，培养设计计算、绘图等技能，提高收集并运用设计资料和经验数据、计算机辅助设计等能力。

19.3 化工设计的主要内容

化工设计包括三种设计类型，即新建工厂设计、原有工厂的改建和扩建设计、厂房的局部修建设计。每种化工设计通常又分为以工厂为单位和以车间为单位的两种设计。工厂化工设计包括厂址选择、总图设计、化工工艺设计、非工艺设计及技术经济等工作。其中化工工艺设计内容主要有生产方法选择、生产工艺流程设计、工艺计算、设备选型、车间布置设计、管道布置设计，以及向非工艺专业提供设计条件、设计文件及设计概算编制等。

1. 准备阶段

主要包括：阅读设计任务书，明确设计要求、设计内容及主要目标；复习有关课程内容，通过各种途径查找相关技术资料，尽一切可能深入了解设计对象的实际生产情况；熟悉、消化有关工艺资料，理出工艺设计思路。

2. 方案设计

主要包括：论证并确定生产工艺方法、工艺条件、工艺参数；明确产品生产标准与生产主要原料、辅助原料及相关标准；收集有关的设计基础数据，确定产品生产作业计划。

3. 初步工艺设计

主要包括：完成课程设计说明书的初步框架及主要细节的核心部分，能为绘制设计图提供必要支持和依据；绘制工艺流程草图、车间设备布置草图、管道设计草图，以及与课程设计说明书相关内容穿插进行。

4. 绘制设计图

主要包括：绘制带控制点的初步工艺流程图、车间主要设备平面与竖面布置图、主要设备的管道轴测图、车间管道平面布置图与管道剖面图。

5. 编写课程设计说明书

课程设计说明书可含工艺设计、非工艺设计、非定型关键设备设计等内容，其基本内容如下。

(1) 概述：说明所设计工厂的规模、生产方案、生产方法、工艺流程的特点。

(2) 方案论证的依据及本设计的技术、经济、安全状况，车间的组成、工作制度等。

(3) 生产原料的质量标准与要求，产品的主要技术规格与质量标准。

(4) 生产工艺流程的阐述：物料流程的顺序，物料走向。

(5) 主要工艺技术条件、操作要点。

(6) 工艺计算：物料衡算，热量衡算。

(7) 主要设备的选择计算：设备的工艺设计，确定所需设备的型式、生产能力、数量。

(8) 单位产品的原料消耗指标、能耗指标等。

(9) 可能存在的问题及相应的解决办法。

(10) 附上相应的设计草图。

19.4　化工设计的要求

1. 树立正确的学习态度

态度决定一切。在设计过程中，要独立思考和独立工作，从实际出发，理论联系实际。只有这样，才能形成自己的设计思想、设计方法，锻炼自己的设计能力，从而达到化工设计人才的基本要求。

2. 培养处理问题能力

在设计过程中，应充分发挥主动性与创造性，认真阅读有关设计资料和课程设计指导书，仔细分析各种工艺方法的特点和存在的问题。从大处着眼、小事着手，努力做到发现问题、分析问题和独立解决问题。在设计过程中，设计方案的论证、设计计算和绘图需要交叉进行，反复修改以完善设计，计算时要注意一些尺寸需要圆整为标准数系或优先数系。

3. 处理好设计中的计算

在生化工厂工艺设计过程中，并非所有的设计计算都由理论计算确定，有时可以依据经验估算或估算确定。由于生化生产过程的复杂性、多变性，物料在加工过程中是不断、连续变化的，所以在课程设计的具体条件下，有时只能对物料的某些物性参数做合理的估值和选用。虽然有各种各样的物料物性数据手册，但在生化工厂工艺设计课程中往往是不够用的。

应形成工程设计数据的概念。事实上，所有的工程设计都是在实验数据的基础上进行的，并通过实际运行来评价其优劣。

4. 正确看待创新

应在继承的基础上进行理论层面与技术层面的创新。所谓新，并非是百分之百的新，只要有百分之一的新，就是创新。事实上，多数的创新不是凭空臆造，而是老树发新芽，老树就是继承，新芽就是创新。但是，机械地抄袭绝不是继承！好的课程设计应体现总体与局部、局部与细节的平衡和协调。做到融会贯通、自圆其说，并注意继承和利用已有的成果和经验，不闭门造车。

5. 按标准和规范设计

注意国家标准中的强制性条文与一般条文，区分规范的种类与适用范围，绘图时应遵守工程制图的有关标准和规范。课程设计说明书的撰写应符合有关工程技术文件的编制要求，做到计算正确、简要清楚、详略得当、字迹工整。

第 20 章　计算机辅助设计简介

20.1　化工过程模拟软件

20.1.1　Aspen Plus 简介

Aspen Plus 是一款功能强大的集化工设计、动态模拟等计算于一体的大型通用流程模拟软件。20 世纪 70 年代后期，美国麻省理工学院组织会战，要求开发新型第三代流程模拟软件，这个项目称为过程工程的先进系统（Advanced System for Process Engineering, ASPEN）。该项目于 1981 年年底完成。1982 年，AspenTech 公司成立，将其商品化，称为 Aspen Plus。

Aspen Plus 是基于稳态化工模拟、优化、灵敏度分析和经济评价的大型化工流程模拟软件，为用户提供一套完整的单元操作模块，可用于各种操作过程的模拟及从单个操作单元到整个工艺流程的模拟。

1. Aspen Plus 主要组成

(1) 物性数据库

自身拥有两个通用的数据库——AspenCD(AspenTech 公司开发的数据库)和 DIPPR(美国化工协会物性数据设计院开发的数据库)，还有多个专用的数据库。这些专用的数据库结合一些专用的状态方程和专用的单元操作模块，使得 Aspen Plus 可应用于固体加工、电解质等特殊的领域，从而拓宽了 Aspen Plus 的适用范围。

Aspen Plus 具有工业上适用且完备的物性系统，其中包含多种有机物、无机物，固体、水溶电解质的基本物性参数。Aspen Plus 计算时可自动调用基础的物性参数进行传递性质和热力学性质的计算。此外，Aspen Plus 还提供了几十种用于传递性质和热力学性质的模型方法，其含有的物性常数估算系统能够通过输入分子结构和易测性质来估算缺少的物性参数。

(2) 单元操作模块

Aspen Plus 拥有 50 多种单元操作模块，通过这些模块和模型组合，可以模拟用户所需流程。除此之外，Aspen Plus 还提供了多种模型分析工具，如灵敏度分析模块和工况分析模块。利用灵敏度分析模块，用户可以设置某一变量作为灵敏度分析变量，通过改变此变量的值来模拟操作结果的变化情况。利用工况分析模块，用户可以对同一流程的几种操作工况进行运行分析。

(3) 系统实现策略

对于完整的模拟软件，除数据库和单元模拟外，还应包括以下几部分。

① 数据输入

Aspen Plus 的数据输入是由命令方式进行的，即通过三级命令关键字书写的语段、语句及输入数据对各种流程数据进行输入。输入文件中还可以包括注解和插入的 FORTRAN 语言，输入文件命令解释程序可以转化成用于模拟计算的各种信息，这种输入方式使得用户使用软件时特别方便。

② 解算策略

Aspen Plus 所用的解算方法为序贯模块法与联立方程法。流程的计算顺序可由程序自动产生，也可由用户自己定义。对于有循环回路或设计规定的流程，必须迭代收敛。

③ 结果输出

可把各种输入数据及模拟结果放在报告文件中，可通过命令控制输出报告文件的形式和内容，并可在某些情况下对输出结果进行作图。

(4) Aspen Plus 特性

① Aspen Plus 有一个公认的跟踪记录，在一个工艺过程的整个制造生命周期中提供巨大的经济效益，制造生命周期包括从研究到开发再到生产。

② Aspen Plus 使用最新的软件工程技术，通过 Microsoft Windows 图形界面和交互式客户-服务器模拟结构使得工程生产力达到最大。

③ Aspen Plus 拥有模拟精确、范围广泛的实际应用所需的工程能力，这些实际应用包括从炼油到非理想化学系统再到含固体和电解质的工艺过程。

④ Aspen Plus 是 AspenTech 公司的集成智慧制造系统技术的一个核心部分，该技术能在公司的整个过程工程基本设施内捕获过程工程专业知识并充分利用。

⑤ 在实际应用中，Aspen Plus 可以帮助工程师解决快速闪蒸计算、新工艺过程设计、原油加工装置的故障查找、乙烯全装置的操作优化等工程和操作的关键问题。

2. 使用 Aspen Plus 的基本步骤

(1) 启动用户界面

(2) 选用模板

(3) 设定全局特性

(4) 输入化学组分信息

(5) 选用物性计算方法和模型

(6) 物性分析/设置

(7) 选用单元操作模块

(8) 连结流股

(9) 输入外部流股信息

(10) 输入单元模块参数

(11) 运行模拟过程

(12) 查看结果

(13) 输出报告文件

(14) 保存模拟项目

(15) 退出

20.1.2　其他软件介绍

(1) PRO/II 简介

PRO/II 广泛地应用于化学过程中严格的质量平衡和能量平衡的计算。美国 SimSci-Esscor 公司是工业应用软件和相关服务的主要提供商。这些软件被广泛应用在石油、石化、工业化工等领域,以及工程和制造相关专业,其可以降低用户成本、提高用户效益、提高产品质量、增强决策管理。PRO/II 适用于油/气加工、炼油、化工、化学、工程和建筑、聚合物、精细化工/制药等行业,主要用来模拟设计新工艺、评估改变的装置配置、改进现有装置、依据环境规则进行评估和证明、消除装置工艺瓶颈、优化和改进装置产量和效益等。

(2) ChemCAD 简介

ChemCAD 是一款用于对化学和石油工业、炼油、油气加工等领域中的工艺过程进行计算机模拟的应用软件,是工程技术人员用来对连续操作单元进行物料平衡和能量平衡核算的有力工具。ChemCAD 可以在计算机上建立与现场装置吻合的数据模型,并通过运算模拟装置的稳态或动态运行,为工艺开发、工程设计及操作优化提供理论指导。

(3) HYSYS 简介

Hyprotech 公司创建于 1976 年,是世界上最早开拓石油、化工方面的工业模拟、仿真技术的跨国公司。其技术广泛应用于石油开采、储运、天然气加工、石油化工、精细化工、制药、炼制等领域,并在世界范围内石油化工模拟、仿真技术领域占据主导地位。Hyprotech 已有 17 000 多家用户,遍布 80 多个国家,其注册用户数目超过世界上任何一家过程模拟软件公司。2010 年,世界各大主要石油化工公司都在使用 Hyprotech 的产品,包括世界上排名前 15 家石油和天然气公司、前 15 家石油炼制公司中的 14 家和前 15 家化学制品公司中的 13 家。2002 年,Hyprotech 公司成为 AspenTech 公司的一部分。HYSYS 是一款大型专家系统软件,炼油工程设计计算分析。该软件分为动态和稳态两大部分,主要用于油田地面工程建设设计和石油石化,其中动态部分可用于指挥原油生产和储运系统的运行。

20.1.3　化工过程模拟软件的对比

一般认为,PRO/II 在炼油工业应用更为准确,因为其数据库中有不少经验数据,而 Aspen Plus 在化工领域表现更好。有人比喻,PRO/II 是经验派,Aspen Plus 是学院派。Aspen Plus、PRO/II、HYSYS 为国内绝大多数设计院所使用。Aspen Plus 的适应范围最广,电解质、固体、燃烧等模块是其他软件难以比拟的;PRO/II 在石化上应用较多,积累了丰富的经验;HYSYS 则在油气工程领域有极高的精度和准确性。ChemCAD 由于物性较少、使用不方便,设计院不太使用,在高校中有一定市场。

HYSYS 主要用于炼油,动态模拟是它的优势。Aspen Plus 是智能型的,用于化工领域流程模拟,适用于比较大或长的流程,而且数据库比较全、是开放式的。PRO/II 可以用于设备核算或精馏核算,适用于短流程。

Aspen Plus 的计算是最精确的,数据库的建设也是最完善的。不过它考虑的方面非常全面,所以学起来比较难。ChemCAD 的界面操作让人感觉非常简单,使用起来比较顺手。但是数据库不是太大,5.0 版本就只有 2 000 种常用物质的物性数据。PRO/II 在这两方面都处于中间位置。

20.2 制图与绘图软件

工艺过程是化工生产的灵魂，而化工装置则是化工生产的物质载体。当生产工艺流程确定后，化工装置的布置设计对生产过程的经济性至关重要，因为其涉及整个工厂的投资费用和操作费用。三维设计能够所见即所得，在国际上已经成为现代工厂设计的标准方法。

(1) AutoCAD 简介

AutoCAD 是 Autodesk 公司开发的一款自动计算机辅助设计软件，用于二维绘图、详细绘制、设计文档和基本三维设计，现已经成为国际上广为流行的绘图工具。它可以用于土木建筑、装饰装潢、工业制图、工程制图、电子工业、服装加工等多个领域。AutoCAD 具有良好的用户界面，通过交互菜单或命令行方式可以进行各种操作。它的多文档设计环境让非计算机专业人员也能很快地学会使用。AutoCAD 具有广泛的适应性，可以在各种操作系统支持的微型计算机和工作站上运行。

(2) SP3D 简介

SP3D 是由 Intergraph 公司开发制作的一款功能强大的三维软件。它适用于化工工厂车间设计，可以对车间进行高度仿真，可以进行设备的选材、构造等。

(3) 3ds Max 简介

3D Studio Max，常简称为 3ds Max 或 3D MAX，是 Discreet 公司开发的(后被 Autodesk 公司合并)基于 PC 系统的三维动画渲染和制作软件。其前身是基于 DOS 操作系统的 3D Studio 系列软件。在 Windows NT 出现前，工业级的计算机动画制作被 SGI 图形工作站所垄断。3D Studio Max 与 Windows NT 组合的出现一下子降低了计算机动画制作的门槛，其开始运用在电脑游戏中的动画制作，后更进一步参与影视片的特效制作，例如《X 战警 2》《最后的武士》等。在 Discreet 3ds Max 7 后，正式更名为 Autodesk 3ds Max，最新版本是 3ds Max 2021。

20.3 其他小型辅助软件

整个化工设计的过程不仅需要上述介绍的几款大型软件，还需要配合一些小型的软件进行使用，例如用于选泵的智能选泵软件、用于强度校核的 SW-6 软件、用于环境风险安全评估的 RiskSystem 软件等。

第 21 章　化工工艺流程设计

工艺流程设计是工艺设计的核心。工艺流程设计的成品通过图解形式形象、具体地表示，即工艺流程图。它反映了化工生产从原料到产品的全部过程中物料和能量的变化、物料的流向，以及生产中所经历的工艺过程和使用的设备仪表。因此，工艺流程图集中地概括了整个生产过程的全貌。生产同一化工产品可以采用不同原料、经过不同生产路线而制得，即使采用同一原料，也可采用不同生产路线，同一生产路线中也可以采用不同的工艺流程。选择生产路线就是选择生产方法，这是决定设计质量的关键。如果某产品只有一种生产方法，就无须选择；若有几种不同的生产方法，应逐个进行分析研究，通过各方面比较来筛选出一个最好的生产方法，作为下一步工艺流程设计的依据。

工艺流程设计中各个阶段的设计成果都是通过各种工艺流程图和表格来表达的。按照设计阶段的不同，先后有方框流程图、工艺流程草(简)图、工艺物料流程图、带控制点工艺流程图和管道仪表流程图等种类。方框流程图是在工艺路线选定后，对工艺流程进行概念性设计时完成的一种流程图，不列入设计文件。工艺流程草(简)图是半图解式的工艺流程图，它实际上是方框流程图的一种变体或深入，只带有示意的性质供化工计算时使用，也不列入设计文件。工艺物料流程图和带控制点工艺流程图列入初步设计阶段的设计文件。管道仪表流程图列入施工图设计阶段的设计文件。

21.1　设计步骤

21.1.1　生产方法和工艺流程选择的原则

(1) 可靠性　流程通畅，生产安全，工艺稳定，消耗定额、生产能力、产品质量和“三废”排放达到预定指标。

(2) 适用性　与具体环境、资源和技术的接收能力相适应。

(3) 合理性　基本要求是充分发挥投资效益、降低生产成本，以较少资金、获取更大效益。

(4) 技术的生命周期　包括投入期、成长期、成熟期和衰退期，所选技术应处于成长期。

(5) 先进性　技术上的先进和经济上的合理可行，应选择物料损耗小、循环量少、能量消耗少和回收利用好的生产方法。

21.1.2　原料路线的选择

一个工业项目的产品可以从多种原料中选取，首先遇到的问题就是选择哪种原料。

(1) 可靠性　必须保证在其服务期限内有足够的、稳定的原料来源。例如,若是矿石原料,要看它的储藏量、品位和开采量。凡以经过加工的原材料和部件作为原料的工业项目,最好与供应部门达成协议,以保证供应的可靠性。

(2) 经济性　在产品成本中,原料价格是一个重要因素,即要对各种原料的投入对单位成本的影响进行详细的分析。原料价格受其供求关系的影响很大,要根据供求关系对将来的价格变化进行预测。

(3) 合理性　这主要是指对资源的综合利用是否合理。以煤、石油和天然气为主要起始原料的合理利用问题为例,在选择原料路线时,适当提高化工用煤的比例,通过油改煤以节约石油消耗。

21.1.3　工艺技术路线的选择

采用一定的原材料生产某种产品可能有多种生产方法,每种生产方法所使用的生产设备、生产工具和工艺制造过程各不相同,也就是说,有不同的工艺技术路线。每种工艺技术路线的投资费用和日常操作费用也不相同。把几种不同的工艺技术路线进行技术和经济比较,挑选出最适合的并加以采用,这就叫作工艺技术路线的选择。以下举例说明工艺技术路线的选择过程。表 21-1 是烟气脱硫工艺技术路线比较。

表 21-1　烟气脱硫工艺技术路线比较

项　　目	NADS 氮-肥法工艺	双碱法脱硫工艺
原料消耗	含硫烟气、氨水	含硫烟气、氢氧化钠
转化率	99.5%	90%
工艺流程	工艺简单,流程较短	工艺复杂,流程较长
脱硫效率	≥90%	≥90%
吸收剂吸收能力	强	强
产品质量	优等品,广泛用于工业、农业	优等品,大多应用于工业
副产物	无	有
装置能耗	能耗较低	能耗较高

经过上述对比分析,最终选择 NADS 氮-肥法工艺制硫酸,这主要有以下几个方面的原因。

(1) 从原料成本考虑　原料是丰富、灵活的。首先,我国氨需求量超过 3 400 万吨,大型的氨生产装置能力达到 30～50 万吨/年,即使全国火电厂和工业锅炉都采用 NADS 氨-肥法工艺,则需要氮 800 万吨/年。液氨、氨水和碳铵是等效的,是氨的不同载体。其次,新疆圣雄能源股份有限公司含硫废气、氨水的排放量大,这不仅利于处理生产过程中的液体废弃物与固体废弃物,也减少了 NADS 氨-肥法工艺制硫酸的成本。

(2) 从环保角度分析　NADS 氮-肥法工艺将回收的二氧化硫、氨全部转化为硫酸铵,不产生任何废水、废液和废渣二次污染。并且NADS氮-肥法工艺是一种回收技术，副产高附加值的产品，可使氨增值。总而言之，NADS氨-肥法工艺是一项真正意义上将污染物全部资源化并且符合循环经济要求的技术，无废渣，无废水，变废为宝，化害为利。

(3) 从国内形势与政策出发　坚持以科技创新为行业发展驱动力，以绿色低碳环保发展和安全生产为推手，着重在硫资源保障、余热回收、污染物减排、资源综合利用、高端产品研发等几个方面下大力气，努力开拓两个市场，利用两种资源，实现行业结构调整和转型升级、提升行业发展质量的总体目标，以适应我国经济的“新常态”。

21.1.4　确定控制方案

确定整个生产工序和每台设备的各个不同部位要达到和保持的操作条件，确保各生产工序和每台设备本身的操作条件，以及实现各生产过程之间、各设备之间的正确联系，需要确定正确控制方案，选用合适的控制仪表。要根据各过程间是如何连接的、各过程又靠什么操作手段来实现的等来确定它们的控制系统。要考虑正常生产、开停车和检修所需的各个过程的连接方法。此外，还要增补遗漏的管线、阀门、过滤密封系统，以及采样、放净、排空、连通设施，逐步完善控制系统。

21.1.5　绘制工艺流程图

根据相应的化工工艺流程及控制方案，使用AutoCAD绘制出相应的工艺物料流程图和带控制点工艺流程图。

1. 工艺物料流程图(PFD)

工艺物料流程图简称物流图，是初步设计阶段的主要设计成品。物流图在物料衡算和热量衡算后绘制，主要反映物料衡算和热量衡算的结果，使设计流程定量化。物流图提交给设计主管部门和投资决策者审查，如无变动，在施工图设计阶段不必重新绘制。

物流图标注了物料衡算和热量衡算的结果数据，所以它除了为设计审查提供资料外，还可用作日后生产操作和技术改造的参考资料，因而是一项非常有用的设计档案资料。因绘制物流图时尚未进行设备设计，所以物流图中设备的外形不必精确，常采用标准规定的设备表示方法简化绘制，有的设备甚至简化为符号形式，例如换热器。设备的大小不要求严格按比例绘制，但外形轮廓应尽量做到按相对比例绘制。物流图中最关键的部分是物料表，它是人们读图时比较关心的内容。物料表包括物料名称、质量流量、质量分数、摩尔流量和摩尔分数。有些物料表中还列出物料的其他参数，如温度、压力、密度等。

2. 带控制点工艺流程图(PID)

在初步设计阶段，除了完成工艺计算、确定工艺流程外，还应确定主要工艺参数的控制方案，所以在提交工艺物料流程图的同时，还要提交带控制点工艺流程图。

带控制点工艺流程图一般应画出所有工艺设备、工艺物料管线、辅助管线、阀门、管件及工艺参数(温度、压力、流量、液位、物料组成、浓度等)的测量点，并表示出自动控制的方案。它是由工艺专业人员和自控专业人员合作完成的。通过带控制点工艺流程图，可以比较清楚地了解设计的全貌。

21.2 物料衡算

一个完整的物料衡算是进行工艺设计的基础，尤其在开发新的工艺流程中，完整的物料衡算常可帮助查找出丢失物料的去向（如对于有些催化反应的物料衡算，常可以查找出有无微量积碳的副反应等），因此在工艺设计中，应尽量做到进出物料的平衡。

21.2.1 物料衡算步骤

(1) 画出物料衡算方框图
(2) 写出化学反应方程式
(3) 写明年产量、年工作日或每昼夜生产能力、产率、产品纯度等要求
(4) 选定计算基准
(5) 收集计算需要的数据
(6) 进行物料衡算
(7) 将物料衡算结果列成物料平衡表

21.2.2 物料衡算方法

物料衡算是根据质量守恒定律，利用某化工过程中某些已知物料的流量和组成，通过建立有关物料的平衡式和约束式，求出其他未知物料的流量和组成的过程。系统中物料衡算一般表达式为

$$\text{系统中的积累} = \text{输入} - \text{输出} + \text{生成} - \text{消耗} \tag{21-1}$$

式中，生成项或消耗项对应由于化学反应而生成或消耗的量。系统中积累量可以是正值，也可以是负值。当系统中积累量不为零时，称为非稳定状态过程；当系统中积累量为零时，称为稳定状态过程。若为稳定状态过程，式(3－1)可以简化为

$$\text{输入} = \text{输出} - \text{生成} + \text{消耗} \tag{21-2}$$

对于无化学反应的稳定状态过程，式(3－1)又可表示为

$$\text{输入} = \text{输出} \tag{21-3}$$

物料衡算形式包括总衡算式、组分衡算式和元素原子衡算式。各种衡算形式的适用情况如表21－2所示。

表21－2 物料衡算形式适用情况

类　别	物料衡算形式	无化学反应	有化学反应
总衡算式	总质量衡算式	适用	适用
	总物质的量衡算式	适用	不适用
组分衡算式	组分质量衡算式	适用	不适用

续表

类　别	物料衡算形式	无化学反应	有化学反应
组分衡算式	组分物质的量衡算式	适用	不适用
元素原子衡算式	元素原子质量衡算式	适用	适用
	元素原子物质的量衡算式	适用	适用

21.2.3 物料衡算实例

1. 总项目核算

以硫酸制备工艺为例进行说明。使用工业废气、氨水和硝酸为主要原料，通过合成中间产物亚硫酸氢铵，最终制得纯度为 97.6% 的硫酸，年产量为 11 万吨，副产物为纯度为 98%的硝酸铵，年产量为 38 万吨。从原料到产品输出，其工艺路线可分为如下四个步骤：烟气吸收工段、亚硫酸氢铵分解工段、二氧化硫第一次转化吸收工段、二氧化硫第二次转化吸收工段。

2. 物料衡算任务

对于本厂，工艺采取年开工 333 天(约 8 000 小时)的连续操作，其中一年内的 4～5 周(约 30 天)用于固定的停车设备检修及紧急情况处理。物料衡算的主要任务在于：

(1) 确定硫酸、副产品的实际产量及质量指标；

(2) 确定氨水、硝酸的循环量及损失率等指标；

(3) 确定工艺中的“三废”排放量等公共经济指标；

(4) 各主要单元过程的物料衡算，并指导工艺设备的尺寸确定；

(5) 汇总全流程物料衡算，数据用于完成工艺物料流程图等后续设计任务。

3. 硫酸制备工艺全流程

图 21 - 1 是硫酸制备工艺全流程示意图。表 21 - 3 是硫酸制备工艺全流程物料衡算表。

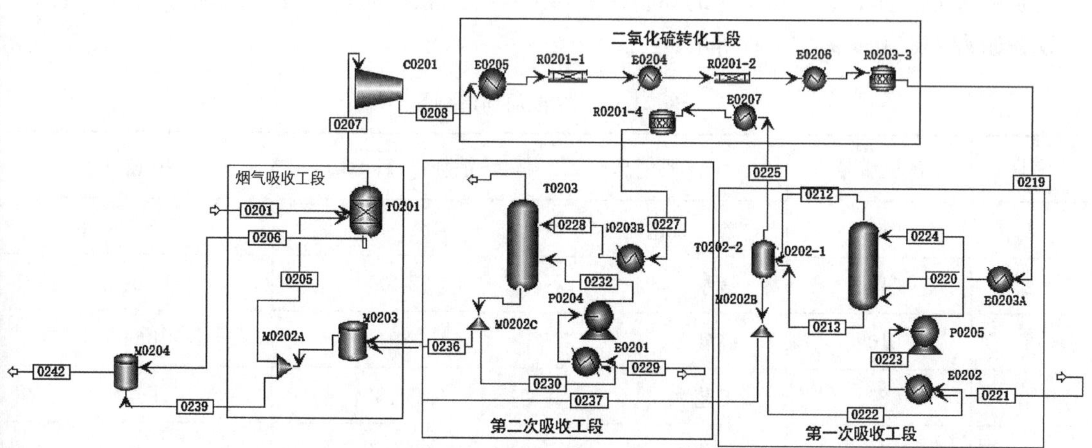

图 21 - 1　硫酸制备工艺全流程示意图

表 21-3　硫酸制备工艺全流程物料衡算表

进出口	进口			出口	
物料编号	0201	0221	0229	0242	0234
物料说明	SO_2混合气	工艺水	工艺水	硫酸	尾气
温度/℃	25	25	25	28.8	117.7
压力/bar	1.013	1.013	1.013	1.013	1.1
气相分率	1	0	0	0.004	1
摩尔流量/(kmol/h)	1 424	150	5.5	160.937	1 205.088
质量流量/(kg/h)	45 535.26	2 702.292	99.084	14 294.19	34 042.46
体积流量/(m^3/h)	34 846.78	2.721	0.1	22.822	35 598.24
焓/(Gcal/h)	−10.762	−10.241	−0.376	−29.068	0.377
SO_2质量流量/(kg/h)	9 122.828	0	0	1.869	3.27
O_2质量流量/(kg/h)	5 012.292	0	0	0.422	2 734.839
N_2质量流量/(kg/h)	31 194.92	0	0	19.745	31 175.17
SO_3质量流量/(kg/h)	0	0	0	0.339	0
H_2O质量流量/(kg/h)	205.23	2 702.292	99.084	323.814	118.937
H_2SO_4质量流量/(kg/h)	0	0	0	13 948	10.239
总质量流量/(kg/h)	48 336.646			48 336.644	

4. 总结

通过对工段及单个单元操作的物料衡算，得到了原料、产品、“三废”及设备的相应指标，具体数据如表 21-4 至表 21-6 所示。

表 21-4　主要原料消耗量

序号	流股编号	流股信息	消耗量/(kg/h)	消耗量/(t/y)
1	0102	含二氧化硫废气	4545 450	1 513 634.85
2	0105	氨水	22 400	7 459.2
3	0109	硝酸	13 801.8	4 596
4	0224	工艺水	3 436.834	1 144
5	0230	工艺水	99.084	33

表 21－5　主要产品产量及质量指标

序　号	流股编号	产　品	产量/(万吨/年)	质量指标/%
1	0242	硫酸	11	97.6
2	0114	硝酸铵	37	98

表 21－6　“三废”处理量

排　放　物	处　理　量
废　气	26 776 万立方米/年
废　水	148.65 万吨/年

21.3　热量衡算

能量衡算在物料衡算结束后进行。能量衡算的基础是物料衡算，而物料衡算和能量衡算又是设备计算的基础。全面的能量衡算应该包括热能衡算、动能衡算、电能衡算、化学能衡算和辐射能衡算等。但在许多化工操作中，经常涉及的能量是热能，所以化工设计中的能量衡算主要是热量衡算。

21.3.1　热量衡算原理

依据化工设计中关于热量衡算的基本思想和要求，遵循基本规范与实际工艺相结合的原则，进行热量衡算书的编制。其中一个主要依据是能量平衡方程：

$$\sum Q_{in} = \sum Q_{out} + \sum Q_l \qquad (21-4)$$

式中，$\sum Q_{in}$ 为输入设备热量的总和；$\sum Q_{out}$ 为输出设备热量的总和；$\sum Q_l$ 为损失热量的总和。

对于连续系统，有

$$Q + W = \sum H_{out} - \sum H_{in} \qquad (21-5)$$

式中，Q 为设备的热负荷；W 为输入系统的机械能；$\sum H_{out}$ 为离开设备的各物料焓之和；$\sum H_{in}$ 为进入设备的各物料焓之和。

在进行全厂热量衡算时，是以单元设备为基本单位，考虑由机械能转换、化学反应释放和单纯的物理变化带来的热量变化。最终对全工艺段进行系统级的热量衡算，进而用于指导节能降耗设计工作。

21.3.2　热量衡算任务

在进行硫酸装置的热量衡算中，主要通过定量计算完成下述基本任务：

① 确定工艺单元中物料输送机械(如泵)所需要的功率,以便于进行设备的设计和选型;

② 确定精馏等单元操作中所需要的热量或冷量及传递速率,计算换热设备的尺寸,确定加热剂和冷却剂的消耗量,为后续设计(如供汽、供冷、供水等)提供设备条件;

③ 确定为保持一定反应温度所需移除或者加入的热传递速率,以指导反应器的设计和选型;

④ 提高热量内部集成度,充分利用余热,提高能量利用率,降低能耗;

⑤ 计算出总需求能量和能量的费用,并由此确定工艺过程在经济上的可行性。

21.3.3 热量衡算实例

1. 项目概述

拟建一套年产 11 万吨的硫酸装置,在全工艺段中伴随着物料从一个体系或单元进入另一个体系或单元,在发生质量传递的同时也伴随着能量的消耗、释放和转化。其中的能量变换数量关系可以从能量衡算求得,对于新设计的车间,可以由此确定设备的热负荷。再根据设备的热负荷大小、所处理物料的性质及工艺要求来选择恰当的设备。总之,通过下述能量衡算,可以为后续设计工作中提高热量的利用率、降低能耗提供主要依据。

2. 烟气吸收工段热量衡算

(1) E0101 冷凝器

对于 E0101 冷凝器,热量衡算结果如表 21-7 至表 21-9 所示。

表 21-7 热负荷表

	W	*Q*
热负荷/(Gcal/h)	0	−173.8

表 21-8 流股焓变计算表

进　出　口	进　口	出　口
物流编号	0102	0104
温度/℃	145	45
压力/bar	1.013	3
气相分率	1	0.962
摩尔流量/(mol/h)	152 814.789	152 814.3
质量流量/(kg/h)	4 545 450	4 545 450
体积流量/(m^3/h)	5 243 170	1 292 840
焓/(Gcal/h)	−2 427.856	−2 601.66

表 21-9　热量衡算一览表

W/(Gcal/h)	Q/(Gcal/h)	H_{in}(Gcal/h)	H_{out}(Gcal/h)	偏差
0	−173.8	−2 427.856	−2 601.661	0

(2) T0202 第一吸收塔

对于 T0202 第一吸收塔，热量衡算结果如表 21-10 至表 21-12 所示。

表 21-10　热负荷表

	W	Q
热负荷/(Gcal/h)	0	6.181

表 21-11　流股焓变计算表

进　出　口	进　口		出　口	
物料编号	0220	0224	0225	0235
温度/℃	150	90.1	25	25
压力/bar	1.2	2	1.013	1.013
气相分率	1	0	1	0
摩尔流量/(kmol/h)	1 363.557	158.64	1 212.145	172.802
质量流量/(kg/h)	45 684.038	3 436.834	34 430.039	14 690.8
体积流量/(m^3/h)	39 977.321	3.518	29 662.469	8.827
焓/(Gcal/h)	−13.205	−11.559	−0.72	−30.225

表 21-12　热量衡算一览表

W/(Gcal/h)	Q/(Gcal/h)	H_{in}(Gcal/h)	H_{out}(Gcal/h)	偏差
0	6.181	−24.764	−30.945	0

3. 总结

通过本次热量衡算，计算所有塔设备、反应器、气液分离器等能量流动，各工段设备基本符合能量守恒定律。

21.4　化工厂换热网络设计实例

在化工生产中，一些物流需要加热，一些物流需要冷却，应合理匹配物流，充分利用热物流去加热冷物流，尽可能地减少公用工程加热和冷却负荷，以提高系统的热回收能力和降低系统的投资费用。换热网络的主要作用就是在各种条件允许的情况下，尽可能经济地回收所有过程物流的有效能量，以减少公用工程的能耗。过程热集成设计的对象是换热系统的拓扑结构和公用工程的规格配套设计。换热网络优化设计有三种基本方法：夹点技术、数学规划法和火用经济分析法。这种优化匹配设计就是热集成。

夹点技术是广泛应用的过程热集成设计的有效方法，其要点包括温焓图和组合曲线、夹点的形成和最小传热温差的意义、换热网络方案和物流匹配。

启动 Aspen Plus 的全流程模拟图，如图 21－2 所示。首先点击左下方的“Energy Analysis”按钮，进入热集成界面，然后点击“Analyze”按钮，等待分析完成。

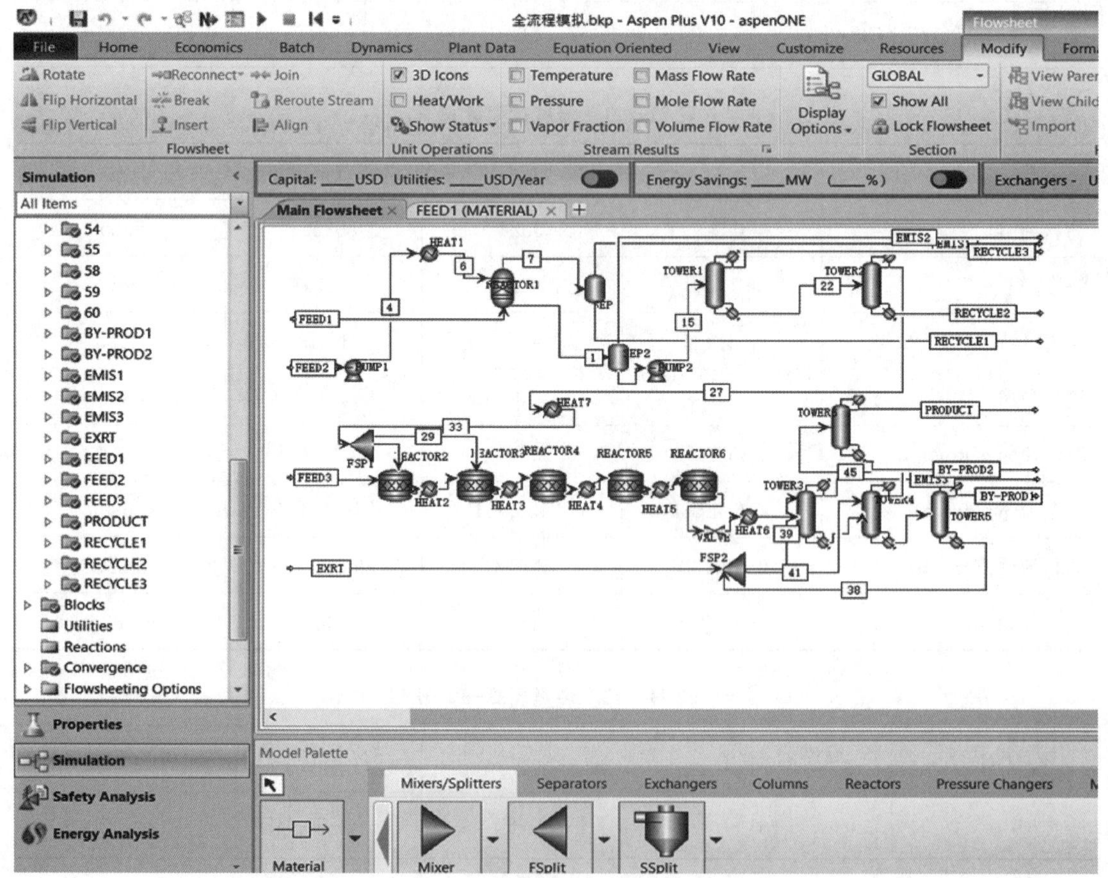

图 21－2　工艺流程的全流程模拟图界面

完成后，点击“Details”按钮，进入 Aspen Energy Analyzer。打开换热流股界面，鼠标左键选中“Scenario 1”，点击鼠标右键，点击“Recommend designs”选项，进入自动分析，一般会产生 10 种方案，再点击“SOLVE”按钮。得到自动优化的 10 种换热方案，可根据具体情况进行进一步分析或选择已有的方案，具体数据如图 21－3 所示。

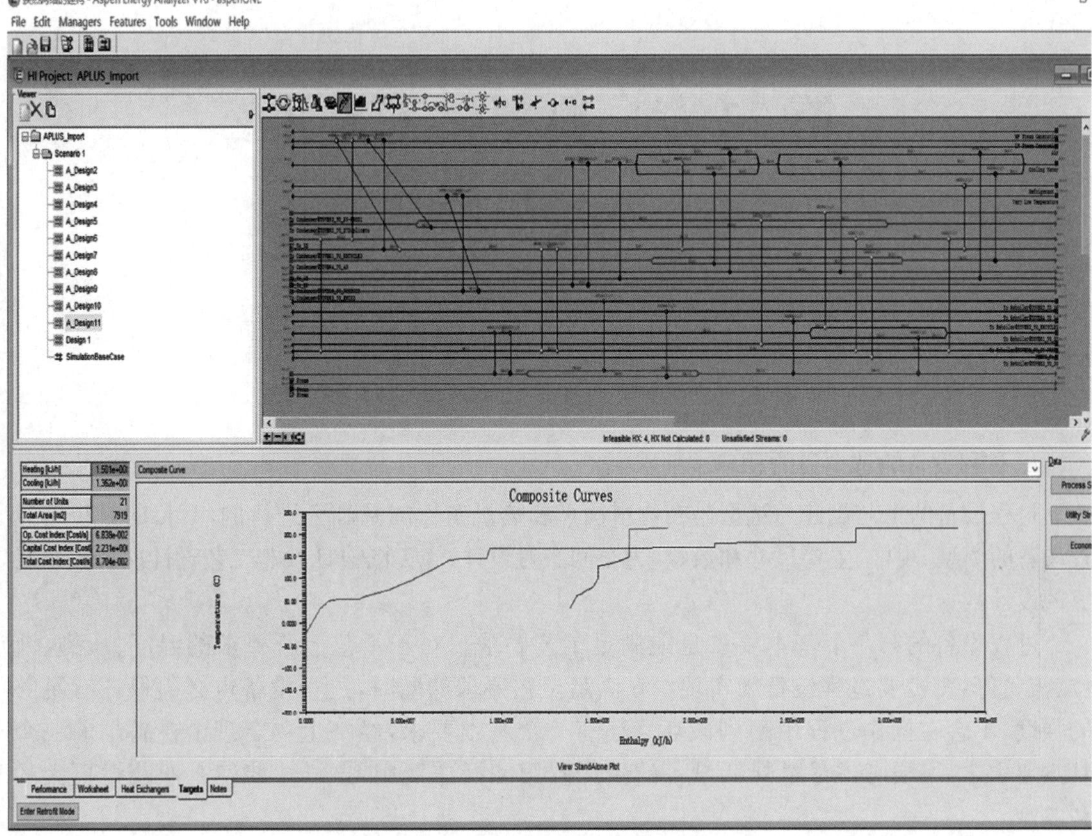

图 21 - 3　热集成解决方案选择界面

思考题

1. 化工工艺流程设计都需要考虑哪些方面?
2. 热量衡算是基于什么原理展开的?
3. 进行物料衡算与热量衡算的意义是什么?

第 22 章　典型化工工艺设备设计

22.1　总述

1. 过程设备的选型目的和基本要求

过程设备的工艺设计与选型是在物料衡算和热量衡算的基础上进行的，其目的是决定过程设备的类型、规格、主要尺寸和数量，为车间布置设计、施工图设计及非工艺设计项目提供足够的设计数据。

过程设备的第一个基本要求是能满足工艺要求。对于工艺上所要求的温度、压力、液位、流量等，都需要过程设备来实现。在满足工艺要求的同时，过程设备也必须保证有足够的强度，不会在操作过程中遭到破坏。还有一个基本要求，经济上要合理。在满足前一个基本要求之后，要考虑尽量降低设备的生产费用和操作费用，这样才能使企业获得更大的利益。

2. 过程设备类别

过程设备从总体上分为两类：一类称为定型设备或标准设备，是由一些加工厂成批成系列生产的设备，通俗地说，就是可以买到的现成设备，如泵、反应釜、换热器、大型储罐等；另一类称为非定型设备或非标准设备，是指规格和材料都是不定型的、需要专门设计的特殊设备，如小型储罐、塔器等。

3. 过程设备设计与选型原则

(1) 合理性

过程设备必须满足工艺要求，与工艺流程、生产规模、工艺操作条件及工艺控制水平相适应，在其许可范围内，能够最大限度地保证工艺的合理和优化并运转可靠。

(2) 可靠性和先进性

过程设备的型式、牌号多种多样，为实现某一化工单元过程，可能有多种过程设备，要求过程设备运行可靠。在可靠性的基础上考虑先进性，为便于连续化和自动化生产，转化率、收率、效率要尽可能达到高的先进水平。在运转的过程中，主要指标的波动范围小，保证运行质量可靠。操作上方便易行，有一定的弹性，维修容易，备件易于加工等。

(3) 安全性

要求过程设备安全可靠、操作稳定、无事故隐患，对工艺和建筑、地基、厂房等无苛刻要求，工人在操作时的劳动强度小，尽量避免高温、高压、高空作业，尽量不用有毒有害的设备附件、附材，创造良好的工作环境和无污染。

(4) 经济性

过程设备的选择力求做到技术上先进、经济上合理。

22.2　塔设备设计

22.2.1　设计规范

HG/T 20643—2012《化工设备基础设计规定》

HG/T 20582—2011《钢制化工容器强度计算规定》

HG/T 20583—2011《钢制化工容器结构设计规定》

SH/T 3030—2009《石油化工塔型设备基础设计规范》

22.2.2　设计要求

(1) 分离效率高。达到一定分离程度所需塔的高度低。

(2) 生产能力大。单位塔截面积处理量大。

(3) 操作弹性大。对于一定的塔器，操作时气液流量的变化会影响分离效率。若将分离效率最高时的气液负荷作为最佳负荷点，可把分离效率比最高效率下降 15% 的最大负荷与最小负荷之比称为操作弹性。操作弹性大的塔的适应性强，易于稳定操作。

(4) 气体阻力小。气体的输送功率消耗小。

(5) 结构简单，设备取材面广。便于加工制造与维修，价格低廉，使用面广。

22.2.3　塔的类型

工业上使用的塔主要是填料塔和板式塔两种，对于填料塔和板式塔的比较如表 22 - 1 所示。

表 22 - 1　填料塔和板式塔的比较

	填　料　塔	板　式　塔
塔径	适于小塔径的塔，大塔径的塔要解决液体再分布的问题	一般推荐塔径大于 800 mm 的大塔
压降	较小	一般比填料塔压降大
空塔气速	较小	较大
塔效率	塔效率较不稳定，塔径小于 1.5 m 时的塔效率高，随着塔径增大，塔效率常会下降	塔效率较稳定，大塔径时的塔效率比小塔径时有所提高
液气比	对液体喷淋量有一定要求	适用范围较大
持液量	较小	较大

续表

	填　料　塔	板　式　塔
安装检修	较困难	较容易
材料	可用非金属耐腐蚀材料	一般用金属材料
造价	塔径小于 800 mm 时一般比板式塔造价低，随着塔径增大，造价显著增加	大塔径时一般比填料塔造价低
重量	较重	较轻

塔类型选择时需要考虑多方面的因素，如物料性质、操作条件、塔设备的性能，以及塔的制造、安装、运转和维修等。对于烟气脱硫，通常填料塔的塔效率高于板式塔，应优先考虑选用填料塔。其原因在于填料充分利用了塔内空间，提供的传质面积很大，使得气液两相能够充分接触传质。

22.2.4　设计步骤

(1) 使用 Aspen Plus 获得水力学数据和塔径。

(2) 填料塔使用 Sulcol 1.0 计算出填料层高度，并进行塔的水力学校核。

(3) 设计封头、裙座、筒体等，确定塔高，使用 SW－6 进行塔的强度校核。

22.2.5　流体力学分析与设计(塔板负荷性能图)实例

塔内件 (Column Internals) 子项服务于塔设备的流体力学分析与设计，进行塔板负荷性能图的设计与计算，包括选用不同塔板/填料时相应塔径的计算。可根据气液流量自动将塔分成多个不同直径的塔段(Section)，分别设计合适的塔板/填料，以及塔板的流程数、板间距、溢流堰、降液管等功能结构参数。

打开模拟计算“Column Internals”窗口，如图 22－1 所示。

双击“Auto Section”进行自动分段，全塔被自动分成了两段，对应于精馏段和提馏段。采用交互式设计模式(缺省)，两塔段的直径不同，均采用筛板(缺省)，分别为单流型和双流型，缺省塔板间距为 0.609 6 m(24 in)。点击“View”按钮，可查看塔板的详情。在交互式设计模式下，可圆整各几何尺寸，使其符合我国的标准和规范，如图 22－2 所示。

点击“Hydraulic Plots”，可查看塔板负荷性能图，如图 22－3 所示。红色代表错误，黄色代表警告，均须排除。

首先处理有警告的精馏段。在“Geometry”表单中，把降液管间隙从 579.6 mm 减小到 400 mm，但是降液孔数从 2 增加到 4。修改后，回到塔板负荷性能图界面，精馏段已变成蓝色，表示正常可用，如图 22－4 所示。

其次处理有错误的提馏段。展开左侧提馏段子项下的“Results”，在右侧选择“Messages”表单，可以查看引发错误的原因。原因是 129～260 级的侧降管出口速率大于 0.56 m/s。建议增大塔板间距或降液管间隙。因为增大塔板间距会增加塔高，所以优先考虑增大降液管间隙。在“Geometry”表单中，把降液管间隙从 337.8 mm 加大到 462 mm，得到新的负荷性能图如图 22－5 所示。从图 22－5 可以看出，提馏段已合格。

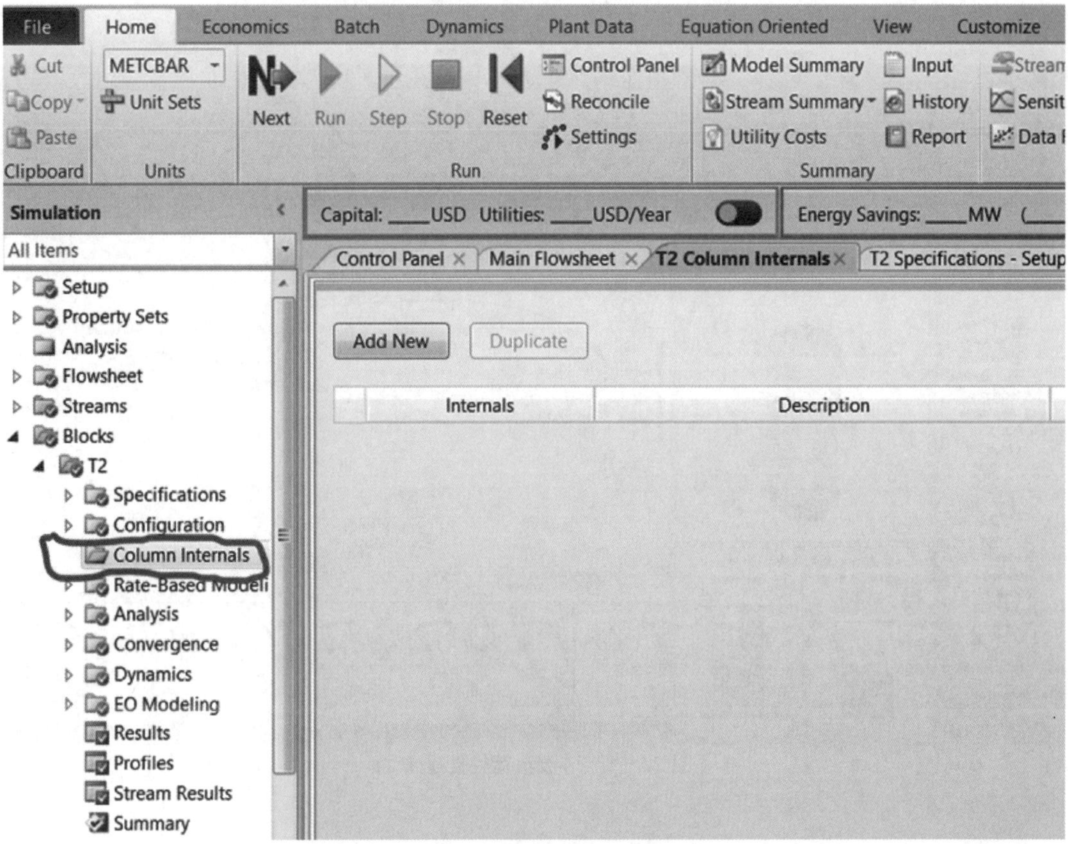

图 22 - 1　流体力学分析与设计界面

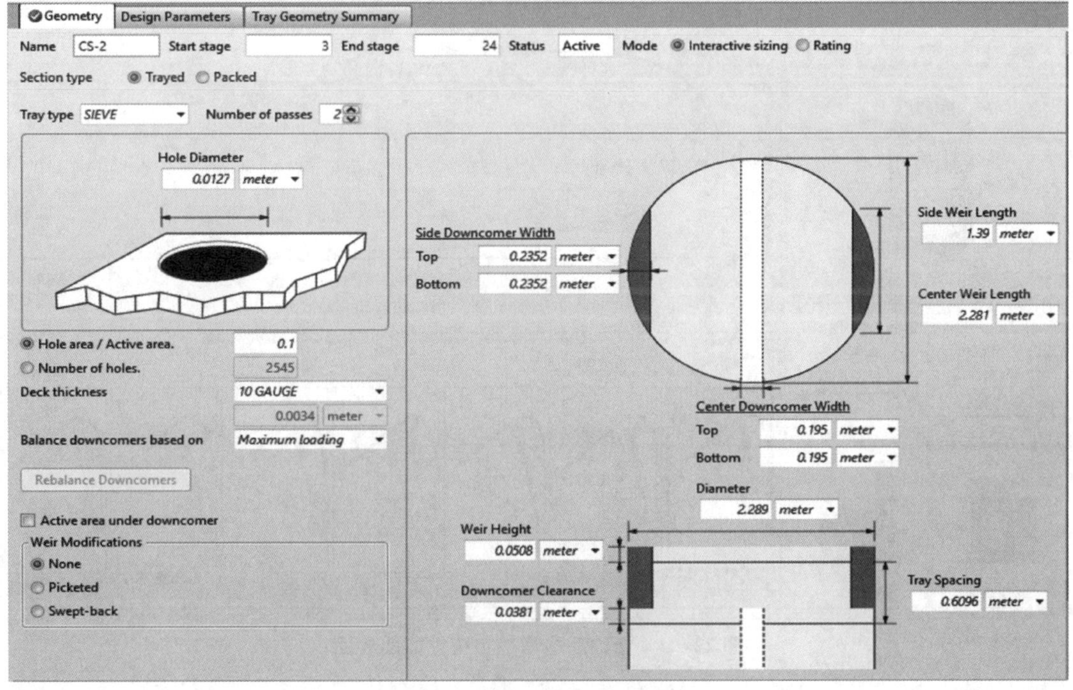

图 22 - 2　塔板结构数据详情界面

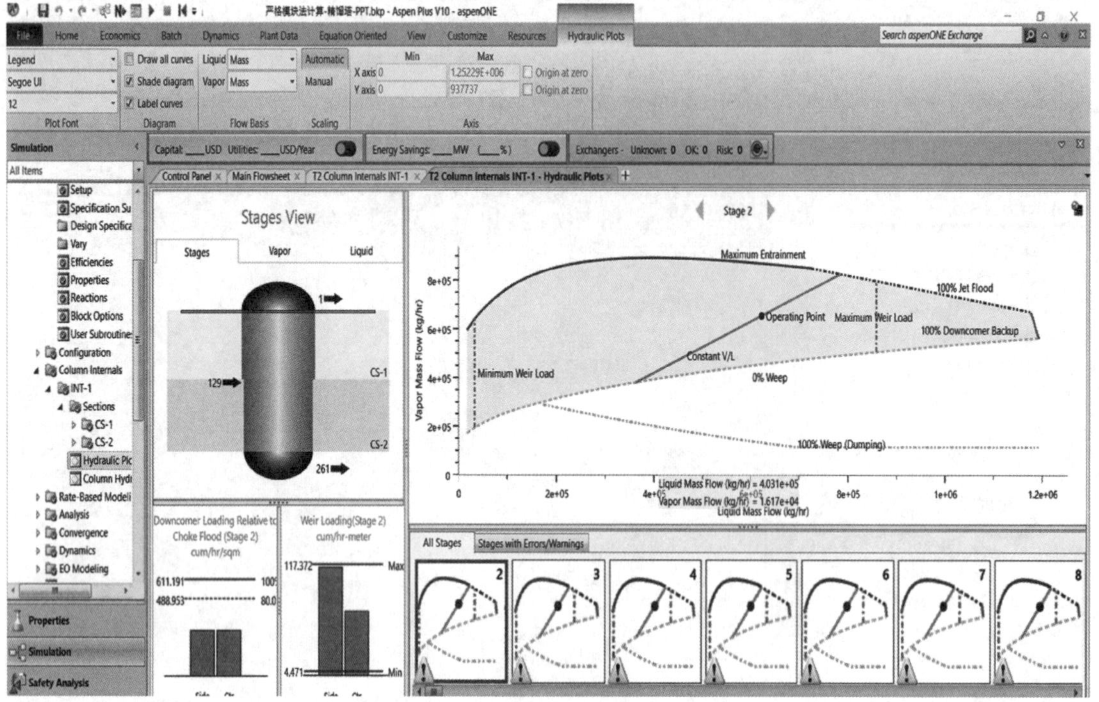

图 22-3　塔板负荷性能图界面

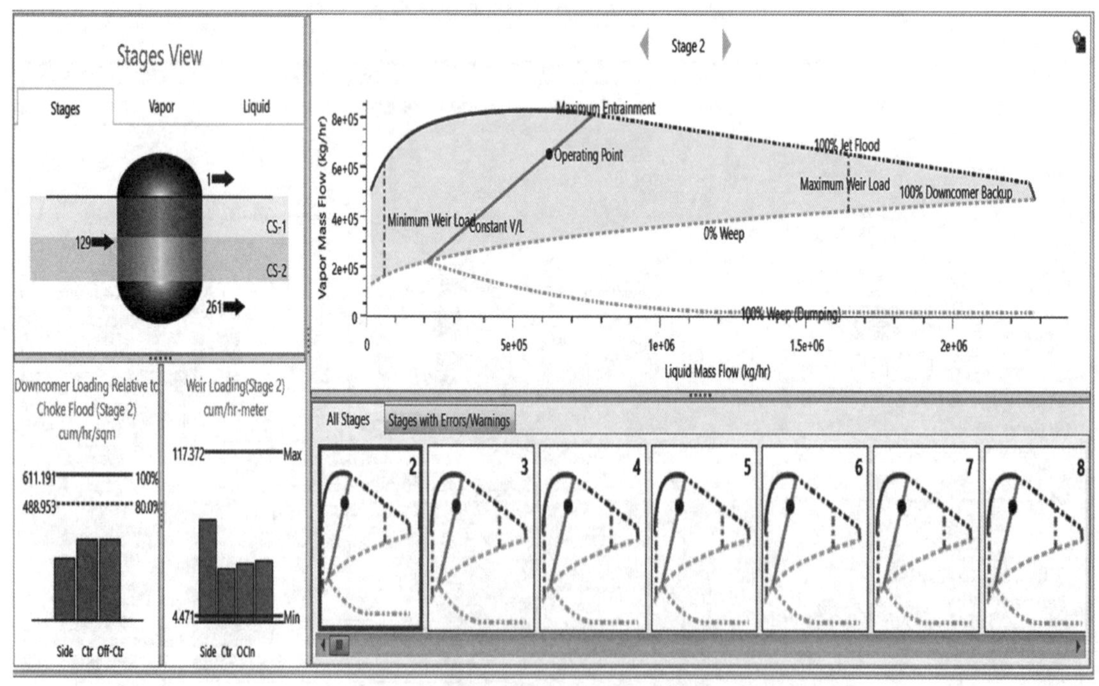

图 22-4　修改后的塔板负荷性能图界面

22.3　换热器设计

22.3.1　换热器选型规范

TSG 21—2016《固定式压力容器安全技术监察规程》

GB 150—1998《钢制压力容器》

GB 151—1999《管壳式换热器》

HG/T 20570.6—95《管径选择》

HG/T 20553—2011《化工配管用无缝及焊接钢管尺寸选用系列》

SH/T 3405—2012《石油化工钢管尺寸系列》

JB/T 4712.1—2007《容器支座 第 1 部分：鞍式支座》

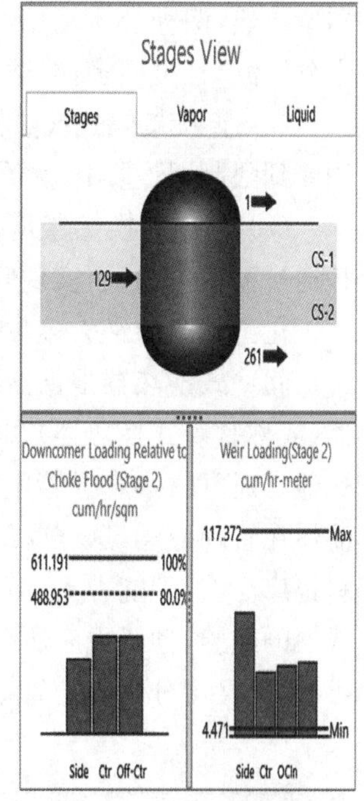

图 22-5　新的塔板负荷性能图界面

22.3.2　换热器分类

在化工生产中，传热过程十分普遍，传热设备在化工厂中占据极为重要的位置。物料的加热、冷却、蒸发、冷凝、蒸馏等都需要通过换热器进行热交换。换热器是应用广泛的设备之一，大部分换热器已经标准化、系列化。已经列入标准的换热器可以直接选用，未列入标准的换热器需要进行设计。

1. 按工艺功能分类

(1) 冷却器是冷却工艺物流的设备。一般冷却剂多采用水蒸气，也可采用氨或氟利昂。

(2) 加热器是加热工艺物流的设备。一般多采用水蒸气作为加热介质，当温度要求高时，也可采用导热油、熔盐等作为加热介质。

(3) 再沸器是用于蒸发蒸馏塔塔底物流的设备。热虹吸式再沸器中被蒸发的物流依靠液头压差自然循环蒸发。动力循环式再沸器中被蒸发的物流用泵进行循环蒸发。

(4) 冷凝器是用于蒸馏塔塔顶物流的冷凝或者反应器冷凝循环回流的设备。分凝器，多用于多组分的冷凝，最终冷凝温度高于混合组分的泡点，但仍有一部分组分未冷凝，以达到再一次分离的目的。对于含有惰性气体的多组分的冷凝，排出的气体中含有惰性气体和未冷凝组分。全凝器，多组分冷凝器的最终冷凝温度等于或低于混合组分的泡点，且所有组分全部冷凝，为了达到储存目的，可将冷凝液再过冷。

(5) 蒸发器是专门用于蒸发溶液中水分或者溶剂的设备。

(6) 过热器是对饱和蒸汽再加热升温的设备。

(7) 废热锅炉是回收工艺的高温物流或者废气中热量而产生蒸汽的设备。

(8) 换热器是两种不同温度的工艺物流相互进行显热交换能量的设备。

2. 按传热方式分类

(1) 间壁式换热器是化工生产中采用最多的一种。温度不同的两种流体隔着流体流过的器壁传热，两种液体互相不接触，这种传热办法最适合化工生产。因此，这种类型换热器使用十分广泛，且类型多样，适用于化工生产中几乎各种条件和场合。

(2) 直接接触式换热器是两种(冷和热)流体进入后进行直接接触传热，传热效率高，但使用受到限制，只适用于两种流体混合的场合。

(3) 蓄热式换热器是在一个充满蓄热体的空间(蓄热室)内，温度不同的两种流体先后交替通过蓄热体，从而实现间接传热。

化工生产中绝大多数使用的是间壁式传热器，因此选用此类换热器。

间壁式换热器根据器壁的形状，又可分为管壁传热的管壳式换热器、板壁传热的板式换热器(或称紧凑式换热器)和特殊形式换热器，如表 22-2 所示。管壳式换热器是使用最早的换热器。通常将小直径管用管板组成管束，一种流体在管内流动，管束外再加一个外壳，另一种流体在管间流动，这样就组成了一个管壳式换热器。其结构简单、制造方便，选用和使用的材料很广泛，处理能力大，清洗方便，适应性强，可以在高温、高压下使用，生产制造和操作都有较成熟的经验，型式也有所跟新改进，这种换热器的使用一直十分普遍。根据管束和外壳的形状不同，其又可分为固定管板式、浮头式、填料函式、U 形管式、套管(杯)式、蛇管式等。

表 22-2　间壁式换热器的分类与特性

<table>
<tr><th>分类</th><th>名　称</th><th>特　　性</th><th>相对费用</th><th>耗用金属量/(kg/m²)</th></tr>
<tr><td rowspan="4">管壳式</td><td>固定管板式</td><td>使用广泛，已系列化，壳程不易清洗，当管壳两物流温差大于 60℃时，应设置膨胀节，最大使用温差不应超过 120℃</td><td>1</td><td>30</td></tr>
<tr><td>浮头式</td><td>壳程易清洗，管壳两物料温差可大于 120℃，内垫片易渗漏</td><td>1.22</td><td>46</td></tr>
<tr><td>填料函式</td><td>优缺点同浮头式，造价高，不宜制造大直径设备</td><td>1.28</td><td></td></tr>
<tr><td>U 形管式</td><td>制造、安装方便，造价较低，管程乃高压，但结构紧凑，管子不易更换和不易机械清洗</td><td>1.01</td><td></td></tr>
<tr><td rowspan="4">板式</td><td>板翅式</td><td>结构紧凑，传热效率高，可多股物料同时热交换，使用温度低于 150℃</td><td rowspan="4">0.6</td><td>16</td></tr>
<tr><td>螺旋板式</td><td>制造简单，结构紧凑，可用于带颗粒物料，温位利用好，不易检修</td><td>50</td></tr>
<tr><td>伞板式</td><td>制造简单，结构紧凑，造价低，易清洗，使用温度低于 150℃，使用压力低于 1.18×10⁶ Pa</td><td>16</td></tr>
<tr><td>波纹板式</td><td>结构紧凑，传热效率高，易清洗，使用温度低于 150℃，使用压力低于 1.47×10⁶ Pa</td><td></td></tr>
<tr><td rowspan="2">管式</td><td>空冷式</td><td>制造和操作费用一般较水冷式低，易维修，但受周围空气温度影响大</td><td>0.8～1.8</td><td></td></tr>
<tr><td>套管式</td><td>制造方便，不易堵塞，耗用金属量多，使用面积不宜超过 20 m²</td><td>0.8～1.4</td><td>150</td></tr>
</table>

续表

分类	名　称	特　　性	相对费用	耗用金属量/(kg/m^2)
管式	喷淋管式	制造方便,可用海水冷却,造价较套管式低,对周围环境有水雾腐蚀	0.8～1.1	60
	箱管式	制造简单,占地面积大,一般用于出料冷却	0.5～0.7	100
液膜式	升降膜式	接触时间短,传热效率高,无内压降,浓缩比小于5		
	刮板式	接触时间短,适于高黏度、易结垢物料,浓缩比为11～20		
	离心薄膜式	受热时间短,清洗方便,传热效率高,浓缩比小于15		
其他形式	板壳式	结构紧凑,传热好,压降小,较难制造		24
	热管式	高导热性和导温性,热流密度大,制造要求高		

22.3.3 换热器选型原则

1. 基本要求

选用的换热器首先要满足工艺及操作条件要求。工艺条件下长期运转,安全可靠,不泄漏,维修清洗方便,满足工艺要求的传热面积和工艺布置的安装尺寸,尽量有较高的传热效率和较小的流体阻力等。

2. 介质流程

介质走管程还是壳程,应根据介质性质及工艺要求进行综合选择。以下是常用的介质流程安排:

① 腐蚀性介质宜走管程,可以降低对外壳材料的要求;

② 毒性介质走管程,泄漏的概率小;

③ 易结垢的介质走管程,便于清洗和打扫;

④ 压力较高的介质走管程,以减小对外壳机械强度的要求;

⑤ 温度高的介质走管程,可以通过改变外壳材料满足介质的要求。

此外,流体在壳程内容易达到湍流($Re>100$即可,而在管程内流动时,$Re>10\,000$才是湍流),因而主张黏度较大、流量较小的介质选走壳程,可提高传热系数。从压降考虑,也是雷诺数小的介质走壳程有利。

3. 终端温差

换热器的终端温差通常由工艺要求而定,但当确定终端温差时,应考虑对换热器的经济性和传热效率的影响。在工艺设计中,应使换热器在较佳范围内操作,一般认为理想终端温差如下:

① 热端温差应在20℃以上;

② 当用水或其他冷却介质冷却时,冷端温差可以小一些,但不要低于5℃;

③ 当用冷却剂冷凝流体时,冷却剂的进口温度应当高于流体中最高凝点组分的凝点5℃以上;

④ 空冷器的最小温差应大于 20℃；

⑤ 当冷凝含有惰性气体的流体时，冷却剂的出口温度至少比流体中冷凝组分的露点低 5℃。

4. 流速

流速提高，流体湍流程度增加，可以提高传热效率，有利于冲刷污垢和沉积。但流速过大，造成设备磨损严重，甚至造成设备振动，影响设备操作和使用寿命，能量消耗也将增加。因此，主张有一个恰当的流速。根据经验，常见流体流速如表 22－3 所示。

表 22－3 常见流速表

管程内		壳程内	
流体	流速/(m/s)	流体	流速/(m/s)
冷却水(淡水)	0.7～3.5	水及水溶液	0.5～1.5
冷却用海水	0.7～2.5	低黏度油类	0.4～1.0
低黏度油类	0.8～1.8	高黏度油类	0.3～0.8
高黏度油类	0.5～1.5	油类蒸气	3.0～6.0
油类蒸气	5.0～15.0	气液混合流体	0.5～3.0
气液混合流体	2.0～6.0		

5. 压降

一般考虑压降随操作压力的不同而有一个大致的范围。压降的影响因素较多，但希望换热器的压降在表 22－4 所示的参考范围内或附近。

表 22－4 常见压降表

操作压力 p/MPa	压降 Δp/MPa
真空(0～0.1)	$p/10$
0～0.7	$p/2$
0.7～1	0.035
1～3	0.035～0.18
3～8	0.07～0.25

6. 传热膜系数

当传热面两侧的传热膜系数 α_1、α_2 相差很大时，α 值较小的一侧将成为控制传热效果的主要因素。设计换热器时应尽量增大 α 值较小一侧的 α 值，最好能使两侧的 α 值大体相等。当计算传热面积时，常以 α 值小的一侧为基准。

增大 α 值的方法如下：

① 缩小通道截面积，增大流速；

② 增设挡板或促进产生湍流的插入物；

③ 管壁上加翅片，提高湍流程度的同时增大传热面积；

④ 糙化传热表面，用沟槽或多孔表面，对于冷凝、沸腾等有相变的传热过程来说，可获得大的 α 值。

7. 污垢系数

换热器使用中会在壁面产生污垢，这是常见的事，设计换热器时应予以认真考虑。目前对污垢造成的热阻尚无可靠的公式，不能进行定量计算，因此要慎重考虑流速和壁温的影响。选用过大的安全系数，有时会适得其反。若传热面积的安全系数过大，将导致流速下降，自然的“去垢”作用减弱，污垢反而增多。有时考虑到有污垢的最不利条件，但新开工时却无污垢，从而造成过热情况，所以不可不慎。在设计换热器时，应考虑从工艺上降低污垢系数，如改进水质、消除死区、增大流速、防止局部过热等。

采用 AspenTech 公司开发的换热器设计软件——Aspen Exchanger Design & Rating (EDR)进行换热器设计。根据上步物料衡算和能量衡算的模拟计算的结果数据，输入 Aspen EDR 进行结构、尺寸、费用等的设计与优化，如图 22－6 和图 22－7 所示，最后得到换热器结构设计的计算结果如图 22－8 所示。

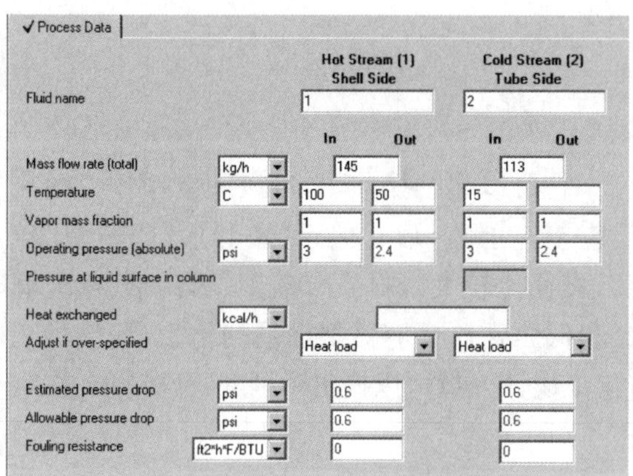

图 22－6　EDR 换热器设计数据输入

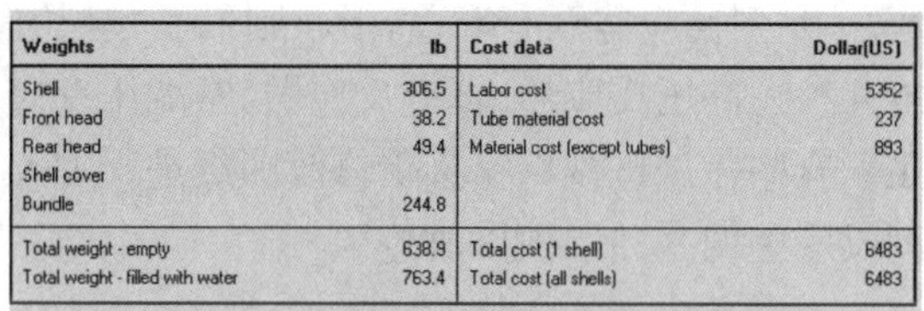

Weights	lb	Cost data	Dollar(US)
Shell	306.5	Labor cost	5352
Front head	38.2	Tube material cost	237
Rear head	49.4	Material cost (except tubes)	893
Shell cover			
Bundle	244.8		
Total weight - empty	638.9	Total cost (1 shell)	6483
Total weight - filled with water	763.4	Total cost (all shells)	6483

图 22－7　EDR 换热器设计数据输出

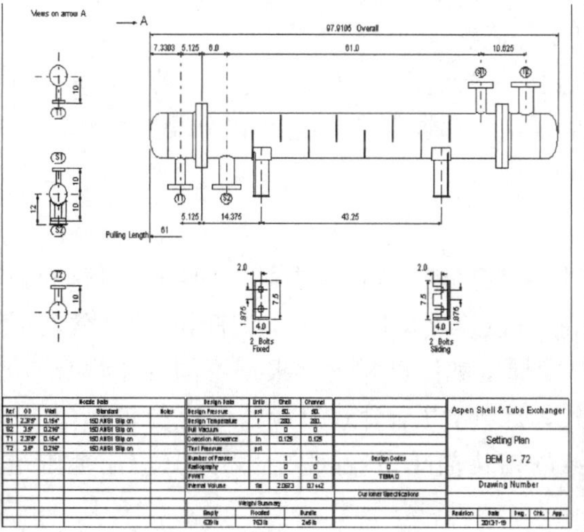

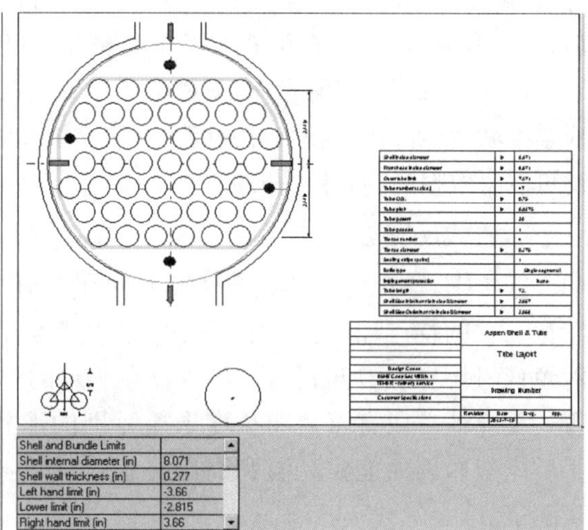

图 22－8　EDR 换热器结构设计

以换热器结构设计的线下作业为例。通过 EDR 换热器结构设计的计算结果，利用 AutoCAD 绘制其装配图，如附录图 2-4 所示，真正实现了工程的拓展。

22.4 反应器设计

22.4.1 反应器概述

反应器是将反应物通过化学反应转化为产物的装置，是化工生产及相关工业生产的关键设备。化学反应种类繁多、机理各异，因此为了适应不同化学反应的需要，反应器的类型和结构必然差异很大。反应器的性能优良与否，不仅直接影响化学反应本身，而且影响原料预处理和产物分离，因此反应器设计过程中需要考虑的工艺和工程因素应该是多方面的。

反应器设计的主要任务首先是选择反应器的类型和操作方法，然后根据反应和物料的特点，计算所需的加料速率、操作条件(温度、压力、组成)及反应体积，并以此确定反应器主要构件的尺寸，同时还应该考虑经济的合理性和环境保护等方面的要求。

22.4.2 反应器类型

1. 釜式反应器(反应釜)

这种反应器通用性很大，造价不高，用途最广。它可以连续操作，也可以间歇操作。国家已将 K 型和 F 型两类反应釜列入标准。K 型反应釜有上盖，形状偏于“矮胖形”(长径比较小)。F 型反应釜没有上盖，形状则偏于“瘦长形”(长径比较大)，材质有碳钢、不锈钢、搪玻璃等几种。高压反应器、真空反应器、常减压反应器和低压常压反应器都已系列化生产，供货充足。有些化工机械厂家接受修改图纸进行加工，化工设计人员可以提出个别的特殊要求，在系列反应釜的基础上加以改进。

系列反应釜的传热面积和搅拌形式基本上是固定的，在选型设计时，如不能选用系列化产品，应当提出设备设计条件，以便于修改加工。反应釜比较灵活，在间歇操作时，只要设计好搅拌，就可以使釜温均一、浓度均匀、反应时间可调、操作压力可调且调节范围较大，在反应结束后，出料容易，釜的清洗方便，并且其机械设计已十分成熟。

反应釜可用于串联操作，使物料从一端流入到另一端流出，从而形成连续流动。当多个反应釜串联时，可以认为形成活塞流，反应物浓度和反应速率恒定，反应还可以分段进行控制，因此可以有效控制物料停留时间。

2. 管式反应器

近年来，这种反应器在化工生产中的使用越来越广泛，而且越来越趋向于大型化和连续化。它的特点如下：传热面积大，传热系数高，可以连续化反应；流体流动快，物料停留时间短；经过一定的控制手段，可以存在一定的温度梯度和浓度梯度。根据不同的化学反应，管式反应器可以有直径和长度千差万别的形式。此外，由于管式反应器的直径较小(相对于反应釜)，因而能耐高温和高压。管式反应器的结构简单、产品稳定，因此其应用范围越来越广。

管式反应器可以用于连续操作，也可以用于间歇操作。反应物不返混，管长和管径是主要指标，反应时间是管长的函数，管径决定了物料的流量。反应物浓度在管长轴线上呈梯度分布，但不随时间变化，这点不同于单间歇反应釜。

3. 固定床反应器

这种反应器主要用于气-固相反应，其结构简单，操作稳定，便于控制，易于实现连续化。床型多种多样，易于大型化，可以根据流体流动的特点设计和规划床的内部结构和构件排布。它是近代化学工业使用较早且较普遍的反应器，具有较大的传热面积，以及较高的气体流速、传热系数和传质系数。由于加热的方式比较灵活，它可以有较高的反应温度。固定床反应器有以下三种基本形式。① 轴向绝热式。流体沿轴向自上而下流经床层，床层同外界无热交换。② 径向绝热式。流体沿径向流过床层，可采用离心流动或向心流动形式，床层与外界不发生热交换。与轴向绝热式固定床反应器相比，径向绝热式固定床反应器中流体流动的距离较短，流道的截面积较大，流体的压降较小，但结构较复杂。轴向绝热式固定床反应器和径向绝热式固定床反应器都属于绝热反应器，适用于热效应较小的反应或反应系统能够承受绝热条件下由反应热效应引起的温度变化的场合。③ 列管式。由多根反应管并联构成，适用于热效应较大的反应。

但是，固定床反应器中床层的温度分布不容易均匀。由于固相粒子不动，床层导热性较差，对于放热量较大的反应，应在设计时增大传热面积，及时移走反应热，但这减小了有效空间，因此这是此类床型的缺点。尽管后起的流化床反应器在传热上有很多优点，但固定床反应器结构简单、操作方便、停留时间较长且易于控制，因此固定床反应器仍不能完全被流化床反应器所取代。

4. 流化床反应器

这种反应器的特点是固体粒子在床层内不是静止不动的，而是在高速流体的作用下被扰动悬浮起来而剧烈运动。固体粒子的运动形态接近可以流动的流体，故称为流化床。物料在床层内如沸腾的液体(有很多悬浮气泡)，因此又称为沸腾床。使固体粒子流态化的流体可以是液体，也可以是气体，所以流化床反应器越来越被重视，其适用于气-固相和液-固相反应。

流化床反应器的最大优点是传热面积大、传热系数高、传热效果好。对于流态化较好的流化床反应器，其床层内各点温度相差不会超过5℃，这样可以防止局部过热。其中进料、出料、排废渣都可以用气流流化的方式进行，易于实现连续化，也易于实现自动化生产和控制，生产能力较大，在气相-气相反应物(固相催化)、气相-固相反应物、气相-液相反应物(固相催化)、液相-液相反应物(固相催化)及液相-固相反应物体系中应用越来越普遍。

由于流化床反应器内物料返混和固体粒子磨损严重，通常要有固体粒子回收和集尘的装置。流化床反应器还存在床型和构件比较复杂、操作技术要求高及造价较高等问题。

22.4.3 反应器设计举例(二氧化硫催化氧化反应器)

1. 反应特点

二氧化硫催化氧化反应是定压、放热的反应。二氧化硫在转化器中与固体催化剂接触氧化成三氧化硫，之后在吸收塔中与水反应成硫酸。其中固体催化剂具有活化分子，氧分子吸附在其上，二氧化硫吸附在固体催化剂的活性中心。

2. 反应动力学

该反应属于气-固相催化反应，氧化二氧化硫的工业反应器中有一定层数近于绝热的催化剂床层。气体在每层接触后用热交换器间接冷却或加空气内部冷激。

建立数学模型模拟工业反应器必须考虑气流同催化剂表面之间的传质传热现象，以及反应物和生产物在催化剂孔隙内扩散的影响。

反应动力学方程如下：

$$N_R = \frac{K_1 P_{O_2} P_{SO_4}\left(1 - \frac{P_{SO_3}}{P_{O_2} P_{SO_2} + K_{eq}}\right)}{1 + K_2 P_{SO_2} + K_3 P_{SO_3}} \tag{22-1}$$

参数 K_1、K_2、K_3 的值用非线性回归法决定，如下所示：

$$K_1 = \exp(12.160 - 5\,473/T) \tag{22-2}$$

$$K_2 = \exp(-9.953 + 8\,619/T) \tag{22-3}$$

$$K_3 = \exp(-71.745 + 52\,596/T) \tag{22-4}$$

3. 反应器设计过程

根据反应特点和参考其他厂区的二氧化硫催化氧化装置，采用中间换热式固定床反应器。管内装填催化剂，壳程通沸腾水以及时增加反应产生的热量和控制反应温度。

(1) Aspen Plus 模拟数据

Aspen Plus 模拟数据表如表 22-5 所示。

表 22-5 Aspen Plus 模拟数据表

	进入反应器	离开反应器
流股名称	210	227
温度/℃	400	430
压力/bar	3.5	2
气相分率	1	1
质量流量/(kg/h)	45 684.04	34 430.04
体积流量/(m^3/h)	22 901.91	35 358.48
SO_2 质量流量/(kg/h)	9 032.437	3.271
SO_3 质量流量/(kg/h)	0	405.54
H_2SO_4 质量流量/(kg/h)	0	0.005
N_2 质量流量/(kg/h)	31 179	31 172.4
H_2O 质量流量/(kg/h)	360.306	111.143
O_2 质量流量/(kg/h)	0.009	2 734.845

(2) 反应器结构设计

催化剂的时空产率为 180 kg/(h·m^3)，生成三氧化硫的质量流量为 405.54 kg/h，由此可得：

第四段催化剂体积＝时空产率/质量流量＝405.54/180＝2.253 m^3

第三段催化剂体积＝10 990.08/180＝61.056 m^3

第二段催化剂体积＝9 297.787/180＝51.654 m^3

第一段催化剂体积＝8 269.836/180＝45.94 m^3

该体积为催化剂的体积，取催化剂的填装空隙率为 0.3，由此可得催化剂的装填体积 V_0＝160.903/(1－0.3)＝0.89 m^3。

反应器筒体的长度为 12 m，直径为 2.5 m，选用两个标准椭圆封头曲面深度为 2 m。

(3) 床层压降计算

已知筒体长度 $H=12$ m，蒸汽流速 $u=0.9$ m/s，孔隙率 $\varepsilon=0.3$，密度 $\rho=11.15$ kg/m^3，黏度 $\mu=1.81\times10^{-6}$ Pa·s，当量直径 $d_p=4.953\times10^{-3}$ m。

计算雷诺数

$$Re=\frac{d_p\rho u}{\mu}=\frac{4.953\times10^{-3}\times11.15\times0.9}{1.81\times10^{-6}}=27\ 443$$

$$f_k=1.75+150\left(\frac{1-\varepsilon}{Re}\right)=1.75+150\times\frac{1-0.3}{27\ 443}=1.754$$

计算压降

$$\Delta p=Hf_k\frac{1-\varepsilon}{\varepsilon^3 d_p}\rho u^2=9.43\times1.745\times\frac{1-0.3}{0.3^3\times4.953\times10^{-3}}\times11.15\times0.9^2=182.922\ \text{kPa}$$

(4) 换热面积校核

对于管程床层对壁面的给热系数 α_1，计算如下。

已知管内径 $d_i=0.034$ m，当量直径 $d_p=4.953\times10^{-3}$ m，蒸汽流速 $u=0.9$ m/s，物料气体密度 $\rho_g=11.15$ kg/m^3，黏度 $\mu=1.81\times10^{-6}$ kg/(m^2·s)，物料气体导热系数 $\lambda_g=0.064\ 5$ W/(m·K)。

$$\frac{\alpha_1 d_i}{\lambda_g}=3.5\left(\frac{d_p u\rho_g}{\mu}\right)^{0.7}\times\exp\left(-4.6\frac{d_p}{d_i}\right)$$

计算得到 $\alpha_1=4\ 348.3$ W/(m^2·K)。

对于壳程水沸腾的传热系数 α_2，计算如下。

已知重力常数 $g=9.81$ m/s^2，水密度 $\rho_l=1\ 000$ kg/m^3，蒸汽密度 $\rho_V=0.6$ kg/m^3，蒸汽恒压比热容 $C_{pV}=4\ 646.29$ J/(kg·K)，焓 $r=2.358\times10^6$ J/kg，壳程蒸汽入口温度 $T_W=230$℃，壳程蒸汽出口温度 $T_S=100$℃，蒸汽流速 $u=0.9$ m/s，蒸汽导热系数 $\lambda_V=0.048\ 4$ W/(m·K)。

$$\alpha_2=2.7\left[\frac{u\lambda_V\rho_V r}{d(T_W-T_S)}\right]^{0.5}=8\ 326.7\ \text{W/(m}^2\cdot\text{K)}$$

对于总传热系数,计算如下。

$$K_0=\frac{1}{\frac{d_o}{d_i\alpha_1}+\frac{bd_o}{\lambda d_m}+\frac{1}{\alpha_2}+R_{SO}},\ R_{SO}=3.449\times10^{-4}\ m^2\cdot K/W$$

计算得到 $K_0=1\ 191\ W/(m^2\cdot K)$。

对数平均温差 $\Delta t_m=\frac{\Delta t_1-\Delta t_2}{\ln\frac{\Delta t_1}{\Delta t_2}}=12.1℃$。

反应器热负荷为 35.786 MW。

计算需要面积 $A_{需}=\frac{Q}{K\Delta t_m}=2\ 483\ m^2$。

实际面积 $A_{实}=20\ 452.3\ m^2$。

由于 $A_{实}>A_{需}$,换热面积足够。

反应器结构数据表如表 22-6 所示。

表 22-6　反应器结构数据表

管程设计压力/MPa	2
管程设计温度/℃	380
壳程设计压力/MPa	3.5
壳程设计温度/℃	450
反应管直径	Φ38×4
反应管管数	713
反应管长度/m	1
筒体壁厚/mm	47
封头壁厚/mm	47

思考题

1. 如何综合选用不同化工工艺设备?
2. 选择换热器时要考虑哪些方面?
3. 如何根据物料选择反应器类型?

第 23 章　平面、车间与管道布置设计

23.1　总平面布置设计

23.1.1　设计依据

GB 50489—2009《化工企业总图运输设计规范》
GB 50187—2012《工业企业总平面设计规范》
SH/T 3053—2002《石油化工企业厂区总平面布置设计规范》
GB 50160—2008《石油化工企业设计防火规范》
GB 50016—2014《建筑设计防火规范》
GBJ 22—87《厂矿道路设计规范》
HG/T 20673—2005《压缩机厂房建筑设计规定》
HG/T 20695—87《化工管道设计规范》
HG/T 20679—2014《化工设备、管道外防腐设计规范》
HG/T 20561—94《化工工厂总图运输施工图设计文件编制深度规定》

23.1.2　总平面布置

1. 总平面布置的一般规定

石油化工企业厂区总图运输设计必须因地制宜、节约用地、提高土地利用率。在总体布置的基础上，根据工厂的性质、规模、生产流程、交通运输、环境保护、防火防爆等要求，结合场地自然条件、场外设施、远期发展等因素，合理地布置，可通过多种备选方案比较后择优确定最后方案。

2. 化工厂总体布局的主要要求

(1) 生产要求

总体布局首先要求保证径直和短截的生产作业线，尽可能避免交叉和迂回，使物料的输送距离最小。同时将水、电、汽耗量大的车间尽量集中，并使其与供应来源靠近，形成负荷中心。

总体布局还应使人流和货流的交通路线径直和短截，避免交叉和重叠。

(2) 安全要求

化工厂具有易燃、易爆、有毒的特点，厂区应充分考虑安全布局，严格遵守防火、卫生等安全规范和标准的有关规定，重点是防止火灾和爆炸的发生，并考虑一旦发生危险能够及时疏散

和有效救援。

(3) 发展要求

厂区布置要求有较大的弹性，使其对工厂的发展变化有较大的适应性。也就是说，随着工厂的不断发展变化，厂区内的生产布局和安全布局仍然合理。

(4) 对于生产管理及生活服务设施，按照使用功能合理组合，设计为多功能综合性建筑。

(5) 按照储存货物的性质和要求，各类仓库宜合并设计为多层仓库，并提高机械化装卸作业程度，有效利用空间。

3. 功能分区的布置要求

(1) 各功能区之间具有经济合理的物料输送、动力供应和交通运输等条件，并便于经营管理。

(2) 各功能区内部布置紧凑、合理，并与相邻功能区相协调。

(3) 辅助生产和公用工程设施按具体条件可布置在工艺装置生产区内，也可自成一区布置。

4. 通道宽度的确定因素

(1) 通道两侧街区内的建筑物、构筑物及露天设施对防火、防爆和卫生防护的间距要求。

(2) 各种管廊、管线、运输线路、竖向设计、绿化等的布置要求。

(3) 施工、安装和检修的要求。

(4) 处理不良地质条件的要求。

5. 场地地质条件的设计要求

(1) 对于地基沉降控制严格或对沉降敏感及基础荷载较大的设备、建筑物和构筑物，应布置在地质均匀、地基承载力较大的地段。

(2) 液化烃储罐和大型储罐宜布置在土质均匀的地段。

(3) 地下构筑物和有地下室的建筑物宜布置在地下水位较低、填方高度与地下构筑物埋深相适应的填方地段。

(4) 有可能造成污染地下水的生产、储存和装卸设施的布置应考虑地下水位及其流向，宜将其布置在可能受影响地段的下游。

(5) U形、山形的建筑物的布置宜将其开口方向面向全年最大频率风向，两者夹角不宜大于45°。

(6) 总平面布置应结合地理位置和气象条件等选择合理的朝向，使人员集中的建筑物有良好的采光及自然通风条件。

(7) 总平面布置应防止或减少有害气体、烟、雾、粉尘、振动、噪声对周围环境的污染，污染大的设施应远离对污染敏感的设施，并避免对环境重复污染。

(8) 产生噪声污染的设施宜相对集中布置，并应远离生产管理设施和有安静要求的场所。噪声控制应符合现行国家标准GB/T 50087—2013《工业企业噪声控制设计规范》。

6. 运输线路的布置要求

(1) 运输线路布置应与铁路进线方位、码头位置和厂外道路相适应，做到内外协调，使物流顺畅、短捷，避免或减少折返迂回运输。

(2) 合理组织人流、货流，避免运输繁忙的线路与人流交叉、运输繁忙的铁路和道路平面交叉。

(3) 铁路线路应布置在厂区边缘地带，可作为铁路货位用的沿铁路线场地，不宜布置在与铁路运输作业无关的建筑物和构筑物附近。

(4) 厂区内道路宜为环形布置，方便生产联系，满足工厂交通运输、消防、安装、检修和雨水排除等要求。

(5) 厂区道路设计应考虑基建、检修期间大件设备的运输与吊装要求，同时兼顾与厂外公路的运输衔接。

7. 预留发展用地的设计要求

(1) 对于分期建设的工厂，前后期工程应统筹安排、全面规划，使前期建设的项目集中、紧凑，布置合理，并与后期工程合理衔接。

(2) 后期工程用地宜预留在厂区外。当在厂内或在街区内预留发展用地时，应有可靠的依据。

(3) 预留发展用地除满足工艺装置的发展用地外，还应考虑辅助生产设施、公用工程设施、仓储设施和管线敷设等相应的发展用地。

(4) 运输线路应近期与远期结合，根据货物的品种和运量统一规划，分期建设，合理预留，使近期布置集中、远期发展方便。

8. 技术经济指标

厂区总平面布置设计时应计算主要的技术经济指标，如表 23－1 所示。

表 23－1　各面积计算

厂区占地面积/m^2	建筑总面积/m^2	道路总面积/m^2	绿化占地面积/m^2
厂区利用系数/%	建筑系数/%	道路用地系数/%	绿化系数/%

厂区总平面布置图如图 23－1 所示。

23.1.3　竖向布置

竖向布置的任务是确定建(构)筑物的标高，以合理地利用厂区的自然地形，使工程建设中土方工程量减少，并满足工厂排水要求。

1. 基本要求

(1) 确定竖向布置方式，选择设计地面的形式。

(2) 确定全厂建(构)筑物的设计标高，与厂外运输线路相互衔接。

(3) 确定工程场地的平整方案及场地排水方案。

(4) 进行工厂的土石方工程规划，计算土石方工程量，拟定土石方调配方案，确定设置各种工程构筑物和排水构筑物。

2. 布置方式

根据工厂场地设计的整平面之间连接或过渡方法的不同，竖向布置的方式可分为平坡式、阶梯式和混合式三种。

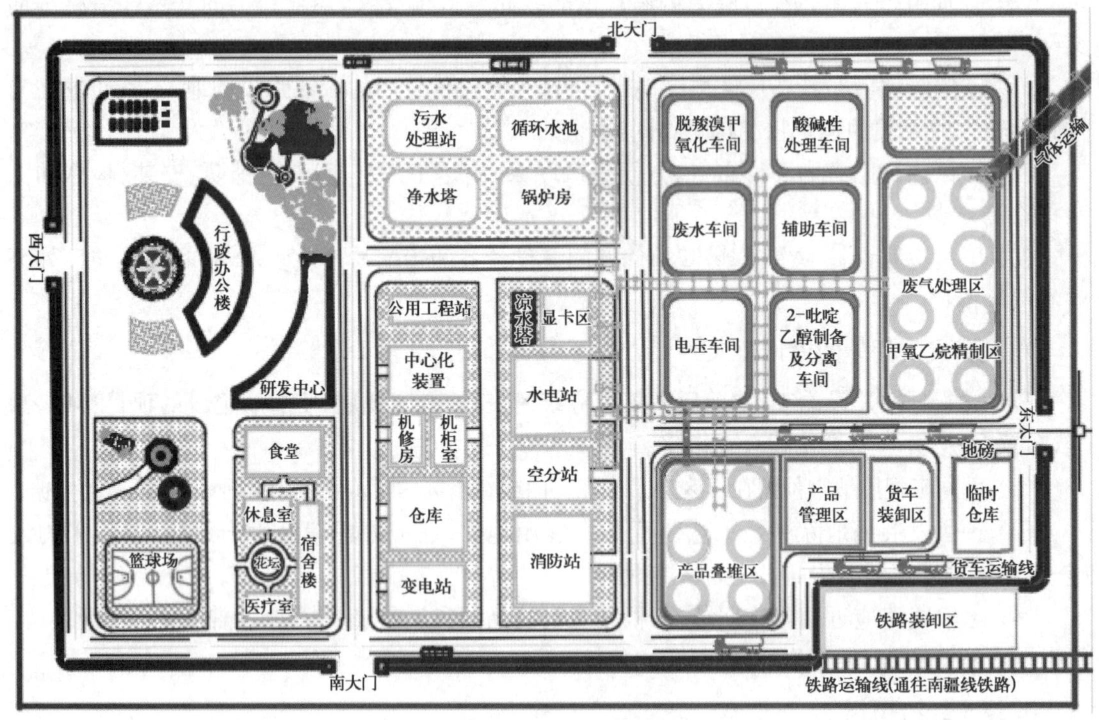

图 23-1　总平面布置图

(1) 平坡式

整个厂区没有明显的标高差或台阶，即设计整平面之间连接处的标高没有急剧变化或者标高变化不大的竖向处理方式称为平坡式。这种布置方式对生产运输和管网敷设的条件较阶梯式好，一般适应于建筑密度较大，铁路、道路和管线较多，自然地形坡度小于 4‰的平坦地区或缓坡地带。当采用平坡式布置时，平整后的坡度不宜小于 5‰，以利于场地的排水。

(2) 阶梯式

整个工程场地划分为若干个台阶，台阶间连接处标高变化大或急剧变化，以陡坡或挡土墙相连接的布置方式称为阶梯式。这种布置方式的排水条件较好，生产运输和管网敷设条件较差，须设置护坡或挡土墙，适用于山区、丘陵地带。

(3) 混合式

在厂区竖向设计中，平坡式和阶梯式兼有的设计方式称为混合式。这种布置方式多用于厂区面积比较大或厂区局部地形变化较大的工程场地设计中，实际工作中往往普遍采用混合式。

储运区竖向布置图如图 23-2 所示。

3. 厂区绿化

厂区绿化设计应根据工厂的总图布置、生产特点、消防安全、环境特征，以及当地的土壤情况、气候条件、植物习性等因素综合考虑，合理布置和选择绿化植物。

厂区绿化布置应符合下列要求：

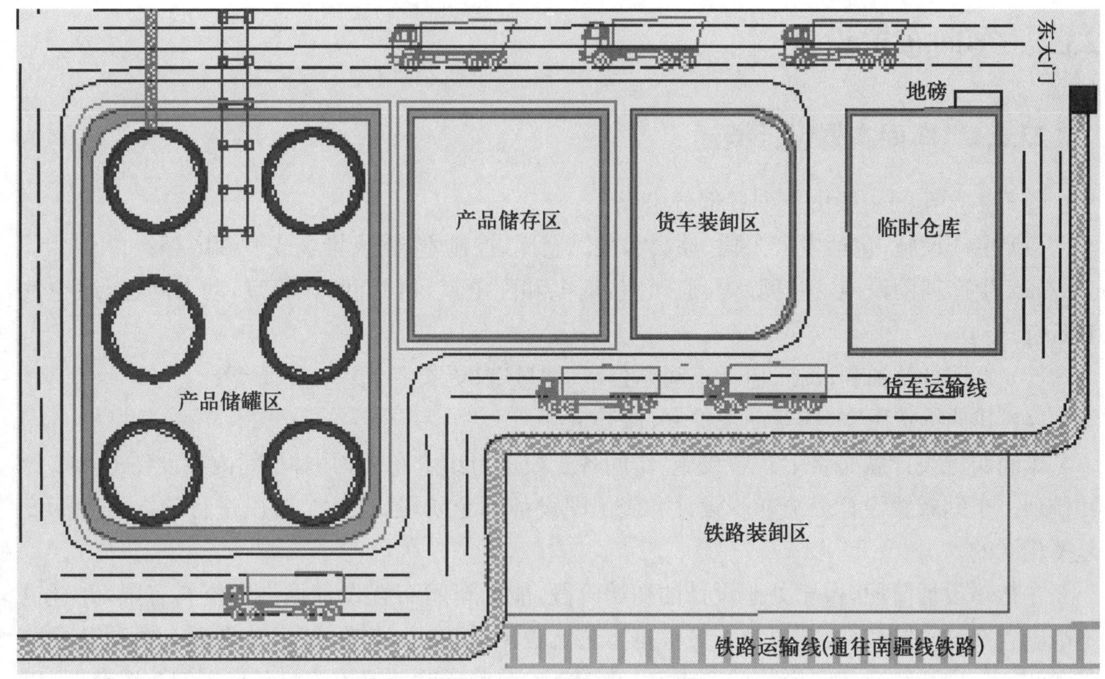

图 23-2　储运区竖向布置图

(1) 与总平面布置、竖向布置、管线综合相适应，并与周围环境和建(构)筑物相协调；

(2) 不得妨碍工艺装置、储运设施等散发的有害气体的扩散；

(3) 不得妨碍道路和铁路的行车安全；

(4) 不得妨碍生产操作、设备检修、消防作业和物料运输；

(5) 充分利用通道、零星空地及预留发展用地。

厂区绿化植物的选择应符合下列要求：

(1) 根据工艺装置、生产厂房或设施的生产特点、污染状况和环保要求，选择相应的抗污、净化、减噪或滞尘力强的植物；

(2) 根据工艺装置、生产厂房或设施的防火、防爆和卫生要求，选择有利于安全生产和职业卫生的植物；

(3) 根据美化环境的要求，选择观赏性植物；

(4) 选择易于成活、病虫害少及养护管理方便的植物；

(5) 根据当地土壤、气候条件和植物习性，选择乡土植物和苗木来源可靠、产地近、价格适宜的植物。

厂区绿化设计指标应以绿化系数表示，并应符合下列要求：

(1) 位于一般地区的企业，应不小于 12%；

(2) 位于沙漠、盐碱地等特殊地区的企业，可根据具体情况确定。

厂区绿化设计应根据环境特点、美化要求、植物习性等因素，常绿树与落叶树、乔木与灌木、速生树与慢生树、花卉与草皮适当搭配、合理布置，并可根据厂区用地的具体情况，设置小型花圃和苗圃。厂区绿化应配置必要的绿化技术人员。

23.2 车间布置设计

23.2.1 车间布置设计概述

化工生产车间一般由下列各部分组成：

(1) 生产设施，包括生产工段、原料和成品仓库、控制室、露天堆场或贮罐区等；

(2) 生产辅助设施，包括除尘、通风室，变电和配电室，机修间，化验室，动力间(压缩空气和真空)；

(3) 生活行政福利设施，包括车间办公室、休息室、更衣室、浴室、厕所等；

(4) 其他特殊用室，如劳动保护室、保健室等。

车间布置设计就是将上述各设施、车间各工段进行组合布置，并对车间内各设备进行布置和排列。车间布置设计分成初步设计和施工图设计两个阶段，这两个阶段进行的内容和深度是不相同的。

在初步设计阶段，由于处于设计的初始阶段，能为车间布置设计提供的资料有限，并且也不准确。在这个阶段，工艺设计人员根据工艺流程图、设备一览表、工厂总平面布置图及控制室、配电室、生活行政福利设施的要求，以及物料贮存和运输情况等资料画出车间布置草图，以提供给建筑设计专业人员做厂房建筑的初步设计。在工艺设计人员取得建筑设计图后，再对车间布置草图进行修改，最后画出初步设计阶段的车间平立面布置图。

初步设计阶段的车间布置设计应包括以下内容：

(1) 生产工段、生产辅助设施、生活行政福利设施的平面、立面布置；

(2) 车间场地和建(构)筑物的位置和尺寸；

(3) 设备的平面、立面布置；

(4) 通道系统、物料运输设计；

(5) 安装、操作、维修的平面和空间设计。

初步设计阶段的车间布置设计的成品是一组平立面布置图，列入初步设计阶段的设计文件中。施工图设计阶段的车间布置设计是在初步设计车间布置图的基础上进行的。在初步设计批准后，各专业要进一步对车间布置进行研究并进行空间布置的配合，全面考虑土建、仪表、电气、暖通、供排水等专业与机修、安装操作等各方面的需要，最后得到一个能满足各方面要求的车间布置。在这一阶段，由于设备设计、管道设计均已进行，设备尺寸、管口方位、管道走向、仪表安装位置等均可由各专业设计人员协商提供，电气、仪表、暖通、供排水、外管等设计工作的进行也为最后落实车间布置提供了十分全面、详尽的资料，经多方协商研究、修改和增翻，最后得到施工图设计阶段的车间布置图。

施工图设计阶段的车间布置设计的内容如下：

(1) 落实初步设计车间布置的内容；

(2) 确定设备管口和仪表接口的方位和标高；

(3) 物料与设备移动、运输设计；

(4) 确定与设备安装有关的建筑物尺寸；

(5) 确定设备安装方案；

(6) 安排管道、仪表、电气管线的走向，确定管床位置。

施工图设计阶段的车间布置设计必须有所订设备制造厂返回的设备图(列出地脚螺栓、外形尺寸、主要管口方位、重量等)作依据，才能成为最后成品。施工图设计阶段的车间布置设计的成品是最终的车间平立面布置图，列入施工图设计阶段的设计文件中。

23.2.2　厂房的整体布置和厂房轮廓设计

1. 厂房的整体布置

根据生产规模、生产特点及厂区面积、厂区地形、地质条件等考虑厂房的整体布置。首先要确定的是采用分离式还是集中式。一般来说，生产规模大，车间各工段生产特点有显著差异(例如属于不同的防火等级)或存在厂区位于山区等情况，可考虑分离式布置。反之，生产规模小，车间各工段联系频繁，生产特点无显著差异，厂区地势平坦，可采用集中式布置。

考虑厂房的整体布置的另一个重要问题是室外场地的利用和设计。对于操作上可以放在露天的设备，原则上应尽可能布置在室外。体形巨大的容器、贮罐、较高大的塔的露天布置可以大大地缩减厂房的建筑面积；有火灾和爆炸危险的设备和能产生大量有毒物质的设备的露天布置能降低厂房的防火、防爆等级，简化厂房的防火、防爆措施，降低厂房的通风要求，改善厂房内的卫生及操作条件；设备的露天布置也使厂房的改建和扩建具有更大的灵活性。所以，设备露天布置无论在技术上还是在经济上都有很大好处。设备露天布置的缺点是操作条件差，北方地区的冬季会增加操作人员的巡视困难，并要求具有较好的自控条件。

2. 厂房的平面布置

厂房的平面轮廓一般有直线形、L形、T形、Π形等数种形式，其中以直线形使用最多。这是由于直线形厂房便于全厂总平面布置，节约用地，方便设备排列，方便安排交通和出入口，有较多墙面提供给自然采光和通风设计使用。直线形厂房常用于小型车间，L形、T形或Π形厂房则适合于较复杂的车间。

厂房柱网的布置首先要考虑满足工艺操作及设备安装、转运、维修的需要。在满足上述各种需要的前提下，应优先选择符合建筑统一模数制的柱网。中国统一规定，厂房建筑以3 m的倍数为优先选用的柱网，例如3 m、6 m、9 m、12 m、15 m、18 m等。对于多层厂房，常采用6 m×6 m的柱网，这样的柱网较经济，如因生产及设备需要而必须加大时，最好不超过12 m。

常采用的厂房宽度有6 m、9 m、12 m、15 m、18 m、24 m、30 m等数种。由于受到自然采光和通风的限制，多层厂房总宽度一般不宜超过24 m，单层厂房总宽度一般不宜超过30 m。

厂房的长度根据工艺要求来确定，但应注意尽量使长度符合建筑统一模数制的要求。

3. 厂房的立体布置

厂房的立面有单层、多层和单层与多层相结合的形式。多层厂房占地少但造价高，单层厂房占地多但造价低。采用单层还是多层应主要根据工艺生产的需要。例如制碱车间的碳化塔，根据工艺要求须放在厂房内，但塔比较高，且操作岗位安排在塔的中部以便观察塔内情况，这样就需要设计多层厂房；若设备大部分露天布置，厂房内只需要安置泵或风机，这种情况可设计成单层厂房。

在确定厂房层高时，一般应考虑设备的高度，设备安装、起吊、检修、拆卸时所需高度和管道布置占据的空间等几个方面的因素。此外，还应考虑通风、采光、高温及是否有有害气体产生等因素。厂房的层高应尽量符合建筑统一模数制的要求，取 0.3 m 的倍数。一般工厂厂房的层高为 4～6 m。对于采用框架结构或混合结构的多层厂房，层高多采用 5.1 m 和 6 m，最低 4.5 m。各层高度尽量相同，不宜过多变化。

4. 车间设备布置

车间设备布置设计就是确定各个设备在车间平面与立面上的位置，确定场地（指室外场地）与建（构）筑物的尺寸、工艺管道、电气仪表管线与采暖通风管道的走向和位置。

车间设备布置大体上应考虑下列问题。

(1) 能够或宜于露天布置的设备尽量布置在室外

生产中不需经常看管的设备、辅助设备和受气候影响较小的设备（如吸附器、吸收塔、不冻液体贮罐、大型贮罐、废热锅炉、气柜等）一般都应考虑露天放置；需要大气来调节温度、湿度的设备（如凉水塔、冷却器等）更宜于露天放置；在气候温和、没有酷寒的地区，应考虑更多的设备露天放置。但是对于某些反应器和使用冷冻剂的设备，它们受大气温度的影响，而在生产工艺上又不允许其有显著的温度变化，这类设备就要考虑布置在室内；各种传动机械如气体压缩机、冷冻机、往复泵和仪表操作盘也应布置在室内。

(2) 生产工艺方面的要求

设备布置应尽量使工艺流程顺、工艺管线短、工人操作方便和安全，还要考虑使原料和成品有适当的运物通道。

(3) 要有合适的设备间距

合适的设备间距要考虑安全操作，安装、维修的需要，也要考虑节省占地面积和投资，还要考虑设备与设备间、设备与建筑物间的安全距离及化工生产中防腐蚀要求等。

(4) 设备的安装、检修方面的要求

① 要考虑设备安装、检修和拆卸的可能性。

例如老式氨合成塔的框架要考虑内筒的吊装；由于新式大型氨厂的合成塔中催化剂的寿命可达 10～15 a，不常更换，已取消框架，检修时用巨型吊车吊装合成塔内件。

② 要考虑设备如何运入和运出厂房。若设备运入或运出厂房次数较多，宜设大门；若设备运入后很少再需要整体搬出，则可设置安装孔，即在外墙预留洞口，待设备运入后再行砌封。

③ 当设备通过楼层或安装在二楼以上时，可在楼板上设置安装孔，也可在厂房中央设吊车梁和吊车以供设备起吊使用。一般对于体积较大又比较固定的设备（例如室内安装的塔器），可在楼层外墙上设置安装孔，设备可在室外直接起吊，通过楼层外墙的安装孔而进入楼层。

④ 为了便于设备进行经常性的维修，厂房内应保留进行维修的面积和空间，包括设备维修时工人操作所需的位置和设备拆下的部件及材料存放的位置。

⑤ 在一组或一列设备中，当安装或维修其中某一设备时，应不妨碍其余设备的正常使用和操作，这样设备的起吊运输高度应大于运输线路上最高设备的高度。

(5) 建筑的要求

① 笨重的或运转时能产生很大震动的设备(如压缩机、巨大的通风机、破碎机、离心机等)应尽可能布置在底层，以减少厂房的荷载和震动。

② 大型设备沿墙布置时应注意不影响门窗的开启，不妨碍厂房的采光和通风条件。

③ 布置设备时要避免设备基础与建筑物基础及地下构筑物(如地沟、地坑等)之间发生碰、挤和重叠等情况。

④ 有剧烈震动的机械，其操作台、基础切勿与建筑物的柱、墙相连。

⑤ 在多层厂房楼板上布置设备时，常常要在楼板上预留孔洞，要注意不要任意打乱或切断建筑物上主要梁、柱的结构布置。

(6) 设备布置和管线布置要密切配合工艺管道、通风管道及电气、仪表管道，这是车间布置设计的主要内容之一，与设备布置有着极为密切的关系。在设备布置时，要同时安排好管道的走向、留好管道布置的空间，并决定主管架的位置和操作盘的位置。

(7) 安全和防腐蚀方面的要求

① 对于有防火、防爆要求的设备，布置时必须符合防火、防爆的规定。最好把危险等级相同的设备尽量集中在一个区域内，以便于在建筑设计上采取诸如设计防爆建筑物、设置防爆墙等措施，这样既安全又经济。

② 将有爆炸危险的设备布置在单层厂房内比较安全，若必须布置在多层厂房内，则布置在顶层或厂房(或场地)的边缘，以有利泄压和方便消防。

③ 处理有火灾爆炸危险物质的设备，布置时要避免产生死角，这样可防止爆炸性气体或可燃粉尘在局部区域积累。

④ 处理酸、碱等腐蚀介质的泵、池、罐，宜分别集中布置在底层，这样可在较小的范围内从土建设计上采取特殊处理，以节省投资并便于集中管理。

⑤ 安装有有毒气体、易燃易爆气体或粉尘泄漏的设备的厂房，须特别注意通风(包括自然通风和强制通风)。有时为了加强自然通风，在厂房楼板上设置中央通风孔。中央通风孔还可以解决厂房中央光线不足的问题。

⑥ 为了解决采光和通风问题，可以设计不同的屋顶结构。

⑦ 要创造良好的采光条件以保证工人安全。高大的设备应避免靠窗布置以免影响采光，布置设备和操作盘时尽可能做到使工人背光操作。

23.3　管道布置设计

23.3.1　设计依据

HG/T 20549—1998《化工装置管道布置设计规定》

HG/T 20646—1999《化工装置管道材料设计规定》

HG 20559—93《管道仪表流程图设计规定》

SH 3034—2012《石油化工给水排水管道设计规范》

SH 3012—2000《石油化工管道布置设计通则》

SH 3010—2000《石油化工设备和管道隔热技术规范》

23.3.2 管道选型

1. 管径的一般要求

(1) 管道直径的设计应满足工艺对管道的要求，其流通能力应按正常生产条件下介质的最大流量考虑，其最大压降应不超过工艺允许值，其流速应位于根据介质的特性所确定的安全流速范围内。

(2) 综合权衡建设投资和操作费用。一套化工装置的管道投资一般占装置投资的20%左右，因此在确定管径时，应综合权衡投资和操作费用这两种因素，取其最佳值。

(3) 不同流体按其性质、状态和操作要求的不同，应选用不同的流速。黏度较高的液体，摩擦阻力较大，应选较低流速，允许压降较小的管道。为了防止因介质流速过高而引起管道冲蚀、磨损、振动和噪声等现象，液体流速一般不宜超过4 m/s；气体流速一般不超过其临界速率的85%，真空下不超过100 m/s；含有固体的流体，其流速不应过低，以免固体沉积在管内而堵塞管道，但也不宜太高，以免加速管道的腐蚀或磨损。

(4) 同一介质在不同管径的情况下，虽然流速和管长相同，但管道的压降可能相差较大，因此在设计管道时，如允许压降相同，小流率介质应选用较低流速，大流率介质应选用较高流速。

(5) 在确定管径后，应选用符合管材的标准规格，对于工艺用管道，不推荐用DN32、DN65、DN125的管子。

2. 管径的计算依据

由选定的管内流体流速按式(23-1)计算管子内径，并修正到符合公称直径要求：

$$d=\sqrt{\frac{4V}{\pi u}} \tag{23-1}$$

式中，V为流体在操作条件下的体积流量，单位为m^3/s；u为流体的流速，单位为m/s；d为管子内径，单位为m。

各种条件下各种介质常用流速可查取相关参考值。

3. 最经济管径

管径的选择是管道设计中一项重要的内容，管道的投资与克服管道阻力而提供的动力消耗费用密切相关，因此对于长距离大直径管道应选择最经济管径。最经济管径的选择，即找出式(23-2)的最小值：

$$M=E+AP \tag{23-2}$$

式中，M为每年生产费用与原始投资费用之和；E为每年消耗与克服管道阻力的能量费用(生产费用)；A为管道设备材料、安装和检修费用；P为管道设备每年消耗部分，以占设备费用的百分比表示。

用图示法可以找出 M 的最小值。以任意假定的直径求得 M，以 M 为纵坐标、管径为横坐标，即可求得管道的最经济直径。

4. 管壁厚度

一般地，低压管道的壁厚可凭经验选用；较高压力管道的壁厚可按壁厚公式求出，也可按表 23－2 选择，另外还要考虑材质的因素。

表 23－2　常用公称压力下的管壁厚度

公称直径/mm	管子外径/mm	管壁厚度/mm				
		PN[①]=1.6	PN[①]=2.5	PN[①]=4	PN[①]=6.4	PN[①]=10
15	18	2.5	2.5	2.5	2.5	3
20	25	2.5	2.5	2.5	2.5	3
25	32	2.5	2.5	2.5	3	3.5
32	38	2.5	2.5	3	3	3.5
40	45	2.5	3	3	3.5	3.5
50	57	2.5	3	3.5	3.5	4.5
70	76	3	3.5	3.5	4.5	6
80	89	3.5	4	4	5	6
100	108	4	4	4	6	7
125	133	4	4	4.5	6	9
150	159	4.5	4.5	5	7	10
200	219	6	6	7	10	13
250	273	8	8	8	11	16
300	325	8	8	9	12	—
350	377	9	9	10	13	—
400	426	9	10	12	15	—

注：① PN 为公称压力，单位为 MPa。

5. 管道号

(1) 管道号组成

根据 HG 20559—93《管道仪表流程图设计规定》的相关规定，管道号由五部分组成，每个部分之间用一短横线隔开：第一部分为物料代号。第二部分为该管道所在工序(主项)的工程工序(主项)编号和管道顺序号，简称为管道编号。第三部分为管道的公称直径。第四部分为管道等级。第五部分为隔热、保温、防火和隔声代号。第一部分和第二部分统称为基本管道号，它常用于管道在表格文件上的记述、管道仪表流程图中图纸和管道接续关系标注和统一管道不同管道号的分界标注。

图 23－3 为管道号编号典型图示。

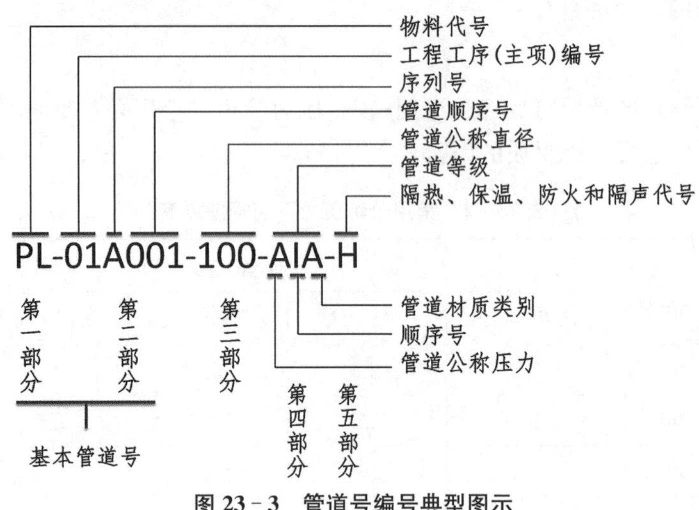

图 23－3　管道号编号典型图示

(2) 管道号各部分含义说明

第一部分

物料代号用规定的大写字母表示管内流动的物料介质，物料字母代号参见 HG 20559.5—93《管道仪表流程图上的物料代号和缩写词》。工程设计中需要但在规定中没有列入的物料代号应根据工程要求由工艺系统专业负责人编制，经设计经理批准后在工程设计中使用。

第二部分

工程工序(主项)编号和管道顺序号由两个或三个单元组成，一般用数字或带字母(字母要占一位数，大小与数字相同)的数字组成。

① 工程工序(主项)编号单元

工程工序(主项)编号是工程项目给定的，由装置内给配给每一个工序(主项)的识别号，用两位数字表示，如 01、10 等。

② 管道顺序号单元

顺序号是一个工序(主项)内对一种物料介质按顺序排列的一个特定号码，每一个工序(主项)对每一种物料介质都从 01 起编号。管道顺序号用两或三位数字表示，当大于 999 时，管道顺序号用四位数字表示。

③ 系列号单元

在一个工序(主项)中，当存在完全相同系统(指各系统的设备、仪表、管道、阀门和管件)时，这些相同的管道号中除了系列号单元外的其他各部分、各单元都完全相同。系列号采用一位大写英文印刷体字母表示，通常不用 O 和 I。

对于互为备用的设备、管件(如泵、过滤器、仪表、旁路等)，以及并列、大小相同重叠的设备(如并列换热器等)的接管管道，都不属于采用系列号编号的范围。

第三部分

管道尺寸用管道的公称直径表示。

① 对于公制尺寸管道，如 DN100、DN150 只表示为 100、150，单位“mm”省略。

② 对于英制尺寸管道（如焊接钢管），也用公称直径表示，如 2″表示为 50，单位“mm”省略。

③ 管道尺寸的其他表示方法应根据工程特点和要求须经设计经理批准后使用，并表示在管道仪表流程图首页上。

第四部分

① 第一单元

管道的公称压力（MPa）等级代号用大写英文字母表示。A～K 用于 ANSI 标准压力等级代号（其中 I、J 不用），L～Z 用于国内标准压力等级代号（其中 O、X 不用）。常用国内标准压力等级代号如表 23-3 所示。

表 23-3　常用国内标准压力等级代号

代　　号	L	M	N	P
压　　力	1.0 MPa	1.6 MPa	2.5 MPa	4.0 MPa

② 第二单元

顺序号用阿拉伯数字表示，从 1 开始。

③ 第三单元

管道材质类别用大写英文字母表示，与顺序号组合使用。常用管道材质与代号对应表如表 23-4 所示。

表 23-4　常用管道材质与代号对应表

代号	A	1G	B	2G	1E	2E	H
材料	铸铁	聚丙烯塑料	碳钢	聚四氟乙烯塑料	304 不锈钢	316L 不锈钢	衬里及内防腐

第五部分

隔热、保温、防火、隔声代号用规定的一位（或两位）大写英文印刷体字母表示，其代号参见 HG 20559.6—93《管道仪表流程图隔热、保温、防火和隔声代号》。若管道中没有隔热、保温、防火和隔声要求，则管道号中省略本部分。

23.3.3　管道布置

1. 管道敷设原则

(1) 布置管道时应对车间所有管道，包括生产系统管道、辅助生产系统管道、电缆和照明管道、仪表管道、采暖通风管道等做出全盘规划。

(2) 应了解建（构）筑物、设备的结构材料，以便进行管道固定设计。

(3) 为便于安装、检修和管理，管道尽量架空铺设，必要时可沿地面敷设或埋地敷设，也可管沟敷设。

(4) 管道不应挡门、挡窗；应避免通过电动机、配电盘、仪表盘上空；在有吊车的情况下，应不妨碍吊车工作。

(5) 管道布置应不妨碍设备、管件、阀门、仪表的检修。塔和窗口的管道不可从入孔正前方通过，以免影响打开入孔。

(6) 管道应成列平行敷设，力求整齐、美观。

(7) 焊接或螺纹连接的管道上应适当配置一些法兰或活接头，以利安装、拆卸和检修。

(8) 对于输送易燃易爆介质的管道，一般应设有防火安全装置和防爆安全装置，如安全阀、防爆膜、阻火器、水封等。此类管道不得敷设在生活间、楼梯间和廊等处。易燃易爆和有毒介质的放空管应引至高出邻近建筑物处。

2. 泵的管道布置

(1) 离心泵进口管线应尽量缩短、少拐弯，并避免突然缩小管径，以避免降低介质流动的压降、改变泵的吸入条件。

(2) 离心泵进口管线应尽量避免“气袋”而导致离心泵抽空，若不能避免时，须在“气袋”顶添加 DN15～DN20 的放气阀。

(3) 离心泵进口管线若在水平管段上变径，须采用偏心“大小头”，管顶取平，以避免形成“气袋”。

(4) 蒸汽往复泵、计量泵、非金属泵的吸入口须设置过滤器，以避免杂物进入泵内。

(5) 泵的进出口管线和阀门的重量不得压在泵体上，应在靠近泵的管段上装设置恰当的支吊架，尽可能做到泵移走时不加临时支架。

(6) 蒸汽往复泵的排汽管线应少拐弯，不设阀门，在可能积聚冷凝水的部位设置排放管，放空量大时还要装设消声器，乏气应排至户外适宜地点。进汽管线应在进汽阀前设置冷凝水排放管，以防止水击汽缸。

3. 换热器的管道布置

(1) 换热器的配管应使换热器内气相空间无积液、液相空间无气阻。

(2) 换热器的配管要满足工艺和操作的要求，同时还应便于检修和安装。管道应避免妨碍管箱端抽出管束和拆卸换热器端盖法兰，并留出足够空间。

(3) 对于几台并联的换热器，为了使流量分配均匀，管道宜对称布置。

(4) 换热器一般应布置使管箱对着道路、顶盖对着管廊，以便于抽出管箱。配管时首先留出换热器的两端和法兰周围的安装与维修空间，在这个空间内不能有任何障碍物。

(5) 换热器的接管应有合适的支架，能让管道重量都压在换热器管口上。热应力也要妥善解决。

4. 塔的管道布置

塔的配管比较复杂，它涉及的设备多、空间范围大、管道数量多、管径大，并且要求严格，所以配管前应对管道仪表流程图做总体规划。要考虑主要管道走向及布置要求、仪表和调节阀的位置、平台的设置和设备布置要求等。

(1) 入孔应设在安全、方便的操作区，常将一个塔的几个入孔设在一条垂线上，并对着道路。入孔吊柱的方位与梯子的设置应统一布置。

(2) 再沸器返回管或塔底蒸汽进口中流体都是高速进入的，为保持液封板的密封，气体不能对着液封板，最好与之平行。

(3) 沿塔布置的主管应尽量靠近塔，穿过平台处管道保温层不得与平台内圈构件相碰，也不应与其他平台的梁相碰。

(4) 管道应避免交叉与绕走，排出气体通入大气的安全阀应安装在排放总管上面的最低层平台上，以使安全阀排出管道最短。

5. 管廊上的管道布置

敷设在管廊上管道种类有公用工程管道、公用管道、仪表管道及电缆。

(1) 大直径输送液体的重管道应布置在靠近管架柱子的位置或布置在管架柱子的上方，以使管架的梁承受较小的弯矩。小直径的轻管道宜布置在管架的中央部位。

(2) 个别大直径管道进入管廊改变标高有困难时可以平拐进入，此时该管道应布置在管廊的边缘。

(3) 管廊在进出装置处通常集中有较多的阀门，应设置操作平台，平台宜位于管道的上方。

6. 其他管道布置

(1) 管道上的最高点应设置放气阀，最低点应设置排空阀；操作停止时可能产生积液的管道也应设置排空阀。

(2) 取样口应设在操作方便、取样有代表性的地方。当气体取样在水平敷设的管道时，取样口应从管顶引出；当气体取样在垂直敷设的管道时，可设任意侧引出。

(3) 在某些间歇的化工生产中，反应进行时如果泄漏某种介质有可能引起爆炸、着火或严重的质量事故，则应在该介质的管道上设置双阀，并在两阀间的连接管道上设置放空阀。

思考题

1. 车间布置要满足哪些要求？
2. 合理布局对企业生产有哪些重要意义？
3. 尝试绘制一氯碱工厂的厂区布置图。

第 24 章　环境保护与安全

环境影响评价是指对拟议中的建设项目、区域开发计划和国家政策实施后可能对环境产生的影响(后果)进行的系统性识别、预测和评估。

环境影响评价的根本目的是鼓励在规划和决策中考虑环境因素,最终达到更具环境相容性的人类活动。针对厂区实际来说,编制环境影响评价书首先可以综合考虑规划或者建设项目实施后对各种环境因素及其所构成的生态系统可能造成的影响,为各种安全和生产决策提供科学依据;其次符合国家环境保护部对于大型项目逐层审批的要求;再次体现了化工企业以人为本、对社会负责、建设环境友好型企业的发展理念。现以天津市某化工企业建设中环境保护与安全防控为例进行介绍。

24.1　编制依据

1. 环境保护法律法规及有关政策

《中华人民共和国环境保护法》

《建设项目环境保护条例》

《建设项目环境保护设计规定》

GB 12348—2008《工业企业厂界环境噪声排放标准》

GB 3838—2002《地表水环境质量标准》

GB 8978—1996《污水综合排放标准》

GBZ 1—2010《工业企业设计卫生标准》

GB 5749—2006《生活饮用水卫生标准》

GB 3095—2012《环境空气质量标准》

GB 16297—1996《大气污染物综合排放标准》

GB 3096—2008《声环境质量标准》

2. 安全防控法律法规及有关政策

《中华人民共和国环境影响评价法》

HJ 2.1—2011《环境影响评价技术导则总纲》

HJ/T 169—2004《建设项目环境风险评价技术导则》

3. 评价原则

(1) 科学、客观、公正原则。规划环境影响评价必须科学、客观、公正,综合考虑规划实施后对各种环境要素及其所构成的生态系统可能造成的影响，为决策提供科学依据。

(2) 早期介入原则。规划环境影响评价应尽可能在规划编制的初期介入，并将对环境保护措施充分融入规划中。

(3) 整体性原则。结合国家和地方有关行业政策、发展规划、环保要求及已经实施的相关规划，从整体上评价拟规划方案实施后的环境影响情况。

(4) 公众参与原则。在评价过程中，鼓励和支持规划项目区公众参与，充分考虑社会各方面利益和主张。

(5) 一致性原则。规划环境影响评价的工作深度应当与规划的层次、详尽程度相一致。

(6) 可操作性原则。尽可能选择简单、实用、经过实践检验可行的评价方法，使评价结论具有可操作性。

24.2 评价标准

24.2.1 环境质量标准

1. 大气环境

环境空气质量执行 GB 3095—2012《环境空气质量标准》中的二级标准及其修改单中的规定，其中非甲烷总烃参考执行 GB 16297—1996《大气污染物综合排放标准》中无组织排放监控浓度限值 4.0 mg/m^3，如表 24－1 所示。

表 24－1　环境空气质量标准　　单位：mg/m^3

污染物名称	浓 度 限 值			备　注
	小时平均	日平均	年平均	
SO_2	0.50	0.15	0.06	GB 3095—2012
NO_2	0.24	0.12	0.08	
TSP	—	0.30	0.20	
PM_{10}	—	0.15	0.10	
H_2S	0.01			工业企业设计卫生标准
NH_3	0.20			
HCl	0.05			
C_2H_4	3.00			苏联标准

2. 水环境

独流减河和水库执行 GB 3838—2002《地表水环境质量标准》中Ⅲ类标准，如表 24－2 所示。

表 24－2　地表水环境质量标准　　单位：mg/L

标准名称	pH	溶解氧	高锰酸盐指数	五日生化需氧量	锌	总　磷
Ⅲ类标准	6～9	≤5	≤6	≤4	≤1.0	≤0.2(湖、库 0.05)
标准名称	氟化物	氨氮	石油类	化学需氧量	铜	硫化物
Ⅲ类标准	≤1.0	≤1.0	≤0.05	≤20	≤1.0	≤0.2

地下水水质执行 GB/T 14848—2017《地下水质量标准》中Ⅲ类标准，如表 24－3 所示。

表 24－3　地下水环境质量状况　　单位：mg/L

标准名称	pH	高锰酸盐指数	氯化物	氨氮	亚硝酸盐氮
Ⅲ类标准	6.5～8.5	≤3.0	≤250	≤0.2	≤0.02
标准名称	总硬度	挥发酚类	氰化物	六价铬	硝酸盐氮
Ⅲ类标准	≤450	≤0.002	≤0.05	0.05	≤20

3. 土壤环境

本规划主要为石化工业园区，土壤环境质量标准主要采用 GB 15618—2018《土壤环境质量　农用地土壤污染风险管控标准(试行)》中三级标准，其中多氯联苯的质量标准采用 GB 13015—2017《含多氯联苯废物污染控制标准》中标准值 50 mg/kg，氰化物、挥发酚的质量标准参照荷兰土壤环境质量标准，如表 24－4 所示。

表 24－4　土壤环境质量标准　　单位：mg/kg

污染物名称	标　准　值	标　准　来　源
pH	>6.5	GB 15618—2018
镉	≤1	GB 15618—2018
汞	≤1.5	GB 15618—2018
砷(旱地)	≤40	GB 15618—2018
铜(农田)	≤400	GB 15618—2018
铅	≤500	GB 15618—2018
锌	≤500	GB 15618—2018
镍	≤200	GB 15618—2018
六六六	≤1	GB 15618—2018

续表

污染物名称	标　准　值	标　准　来　源
滴滴涕	≤1	GB 15618—2018
多氯联苯	≤50	GB 13015—2017
氰化物	≤5(t.v.①),50(i.v.②)	荷兰土壤环境质量标准

注：

① t.v.即 Target Value Standard Soil 缩写，为荷兰土壤环境质量标准中的目标值，某污染物质浓度在此目标之内表示土壤基本上没有受到污染；

② i.v.即 Intervention Value Standard Soil 缩写，为荷兰土壤环境质量标准中的干扰值，某污染物质浓度在此目标值内表示受到轻微污染，超过这个值则污染严重。

4. 声环境

声环境质量执行 GB 3096—2008《声环境质量标准》中相关标准，如表 24－5 所示。

表 24－5　声环境质量标准　　单位：dB(A)

标　准　名　称	类　　别	昼　　间	夜　　间
GB 3096—2008	2	60	50
	3	65	55
	4a	70	55

24.2.2　水土流失评价标准

1. 水力侵蚀强度

水力侵蚀强度分级指标如表 24－6 所示。

表 24－6　水力侵蚀强度分级指标

级　　　别	侵蚀模数/[t/(km² · y)]
Ⅰ微度侵蚀(无明显侵蚀)	<200
Ⅱ轻度侵蚀	200～2 500
Ⅲ中度侵蚀	2 500～5 000
Ⅳ强度侵蚀	5 000～8 000
Ⅴ极强度侵蚀	8 000～15 000

2. 风力侵蚀强度

风力侵蚀强度分级指标如表 24－7 所示。

表 24－7　风力侵蚀强度分级指标

级　　别	植被盖度/%	年风蚀厚度/mm	侵蚀模数/[t/(km² · y)]
Ⅰ微度侵蚀	>70	<2	<200
Ⅱ轻度侵蚀	70～50	2～10	200～2 500
Ⅲ中度侵蚀	50～30	10～25	2 500～5 000
Ⅳ强度侵蚀	30～10	25～50	5 000～8 000
Ⅴ极强度侵蚀	<10	50～100	8 000～15 000
Ⅵ剧烈侵蚀	<10	>100	>15 000

24.2.3　污染物排放标准

1. 大气环境

大气污染物排放执行 GB 16297—1996《大气污染物综合排放标准》中二级标准、GB 9078—1996《工业炉窑大气污染物排放标准》中二级标准、GB 14554—93《恶臭污染物排放标准》中二级标准、GB 13223—2011《火电厂大气污染物排放标准》中第 3 时段污染物排放标准，如表 24－8 所示。

表 24－8　大气污染物排放标准

序　号	污染物	最高允许排放浓度/(mg/m^3)	备　　注
1	SO_2	550	GB 16297—1996 适用于所有的工业废气源和燃气加热炉
	NO_2	240	
	PM_{10}	120	
	甲醇	190	
2	烟尘	200	GB 9078—1996 适用于燃油加热炉
	SO_2	850	
3	H_2S	0.06	GB 14554—93
	NH_3	1.5	
4	烟尘	50	GB 13223—2011
	SO_2	400	

2. 水环境

(1) 工业园区污水处理厂的污水排放执行 GB 8978—1996《污水综合排放标准》中一级标准，如表 24－9 所示。

表 24 - 9　污水排放标准

序　　号	污　染　物	GB 8978—1996 一级标准/(mg/L)
1	pH	6～9
2	悬浮物	20
3	挥发酚	0.5
4	总氰化物	0.5
5	硫化物	10
6	化学需氧量	60
7	五日生化需氧量	20
8	氮氧	15
9	石油类	10

(2) 绿化及冲洗水水质执行 GB/T 18920—2020《城市污水再生利用　城市杂用水水质》中相关标准，如表 24 - 10 所示。

表 24 - 10　城市杂用水水质标准

项 目 指 标	道路清扫	园林绿化	洗　　车	建筑施工
pH	6.5～9.0			
色度/度	≤30			
臭	无不快感觉			
悬浮物/(mg/L)	≤15	30	15	15
溶解性固体/(mg/L)	≤1 500	1 000	1 000	—
BOD_5/(mg/L)	≤15	20	10	15
溶解氧/(mg/L)	≥1.0			
游离性余氯/(mg/L)	用户端≥0.2			
总大肠菌群/(个/L)	≤100	100	100	1 000

(3) 污水库出水执行 GB 5084—2005《农田灌溉水质标准》中旱作标准，如表 24 - 11 所示。

表 24 - 11　农田灌溉水质标准

序　　号	污　染　物	GB 5084—2005 旱作标准/(mg/L)
1	pH	5.5～8.5
2	悬浮物	≤200
3	挥发酚	≤1.0
4	氰化物	≤0.5
5	硫化物	≤1.0

续表

序　号	污　染　物	GB 5084—2005 旱作标准/(mg/L)
6	化学需氧量	≤300
7	五日生化需氧量	≤150
8	石油类	≤10

3. 声环境

工业园生产区执行 GB 12348—2008《工业企业厂界环境噪声排放标准》中Ⅲ类标准，交通干线两侧执行Ⅳ类标准，如表 24－12 所示。

表 24－12　噪声排放标准　　单位：dB(A)

标 准 名 称	类　别	昼　间	夜　间
GB 12348—2008	Ⅲ	65	55
	Ⅳ	70	55

4. 固体废物

石化工业园固体废物排放参照以下标准执行：

GB 18597—2001(2013 年修订)《危险废物贮存污染控制标准》

GB 18598—2019《危险废物填埋污染控制标准》

GB 18484—2020《危险废物焚烧污染控制标准》

GB 18599—2001《一般工业固体废物贮存、处置场污染控制标准》

24.3　评价范围及评价等级

(1) 评价工作重点

本评价工程分析、环境影响评价、污染防治措施可行性论证及厂址可行性分析为重点。

(2) 评价时段

环境评价书评价时段包括工程建设期与正常生产期，并包括正常生产过程中应急事故发生的环保处理。工程建设包括前期工作、建设期和工程验收三个阶段。前期工作包括工程可行性研究、初步设计、施工图设计、工程施工招标、项目立项、开工许可等内容；建设期为施工阶段；工程验收包括本厂和各级主管部门的验收。正常生产周期预计为 50 年。

评价范围及评价等级如表 24－13 所示。

表 24－13　评价范围及评价等级

评 价 内 容	评　价　范　围	评 价 等 级
大气环境	以污染源为中心边长为 6 km 的正方形区域	二级
地表水环境	排污口 3 km	三级
声环境	厂区厂界外 100 m	三级

24.4　保护目标及环境敏感点

1. 环境保护目标

根据当地环保部门对于大型化工企业的建设规定，我厂对于当地环境的影响应控制在如下范围内：对于环境空气的影响，要满足GB 3095—2012《环境空气质量标准》中二级标准要求；对于环境水质的影响，要符合GB 3838—2002《地表水环境质量标准》中Ⅲ类水质标准；对于环境土地的影响，要符合当地环保局具体规定；对于环境的噪声影响，要符合GB 3096—2008《声环境质量标准》中4a类、2类标准要求。

2. 环境敏感点

通常将被公路穿过或临近公路的环境敏感区称为环境敏感点。它是公路项目特有的对环境敏感区的一种称呼，实际上是环境敏感区相对路线很长的公路而言的一种提法。

环境敏感点的性质和范围根据评价的环境要素不同而相应改变，因此又可分为噪声敏感点、生态敏感点等。本项工程是位于南京化学工业园区内扬子石化乙二醇分厂，周边配套设施比较完善，主要环境敏感点为噪声和大气敏感点，影响周边企业和居民的安全生产和劳动卫生安全，施工和运行时应考虑对其影响。

24.5　安全设计规范

公司安全生产工作以"安全第一，预防为主"为方针，坚持生产经营服从安全需要的原则，确保实现安全生产和文明生产。为保护公司财产和员工人身安全，保证公司生产经营工作顺利进行，以《建设项目(工程)劳动安全卫生监察规定》为指导，按如下主要标准规范设计：

GBZ 1—2010《工业企业设计卫生标准》

GB/T 50087—2013《工业企业噪声控制设计规范》

GB/T 50102—2014《工业循环水冷却设计规范》

GB 50037—2013《建筑地面设计规范》

GB 50489—2009《化工企业总图运输设计规范》

GB 50073—2013《洁净厂房设计规范》

GB 50058—2014《爆炸危险环境电力装置设计规范》

SH/T 3060—2013《石油化工企业供电系统设计规范》

SH/T 3008—2017《石油化工厂区绿化设计规范》

24.6　职业安全

化工厂易燃易爆物质很多，一旦发生火灾与爆炸事故，往往导致人员伤亡，并使国家财产遭受巨大损失。安全问题包括防火、防爆、防毒、防腐蚀、防化学伤害、防静电、防雷、触电防护、防机械伤害及防坠落等，详细内容如下。

1. 工业毒物

毒性是指某种毒物引起机体损伤的能力。毒性大小，一般以毒物引起实验动物某种毒性反应所需的剂量表示，所需的剂量越小，表示毒性越大。常用 LD50 表示半致死量。毒性大小分类见表 24-14。

表 24-14 毒性大小分类

毒 性 分 级	极毒	剧毒	中等毒	低 毒	相对无毒	无 毒
LD_{50}(大白鼠)/(mg/kg)	<1	1～50	51～500	501～5 000	5 001～15 000	>15 000

甲醇的大鼠经口 LD_{50} 为 5 628 mg/kg，属于相对低毒物质，建议车间空气中甲醇的最高容许浓度为 50 mg/m^3。

苯的大鼠经口 LD_{50} 为 3 306 mg/kg，属于低毒物质，建议车间空气中苯的最高容许浓度为 40 mg/m^3。

甲苯的大鼠经口 LD_{50} 为 5 000 mg/kg，属于低毒物质，建议车间空气中甲苯的最高容许浓度为 100 mg/m^3。

对二甲苯的大鼠经口 LD_{50} 为 5 000 mg/kg，属于低毒物质，建议车间空气中对二甲苯的最高容许浓度为 100 mg/m^3。

邻二甲苯的大鼠静脉 LD_{50} 为 1 364 mg/kg，属于低毒物质，建议车间空气中邻二甲苯的最高容许浓度为 100 mg/m^3。

间二甲苯的大鼠经口 LD_{50} 为 5 000 mg/kg，属于低毒物质，建议车间空气中间二甲苯的最高容许浓度为 100 mg/m^3。

乙苯的大鼠经口 LD_{50} 为 3 500 mg/kg，属于低毒物质，建议车间空气中乙苯的最高容许浓度为 50 mg/m^3。

本厂物质毒性分析表见表 24-15。

表 24-15 本厂物质毒性分析表

物质	甲醇	苯	甲苯	对二甲苯	邻二甲苯	间二甲苯	乙苯
毒性	相对低毒	低毒	低毒	低毒	低毒	低毒	低毒

中毒事故是化工企业中较易发生的灾害，其对工人身体危害大，且具有扩散性，影响范围广，造成损失大。因此，在职业安全保护中防中毒至关重要。

中毒主要防护措施如下。

(1) 生产装置应密闭化、管道化，尽可能实现负压生产，防止有毒物质泄露、外逸。生产过程机械化、程序化和自动控制可使作业人员不接触或少接触有毒物质，防止误操作造成的中毒事故。

(2) 在设备投入生产前，进行严格的试漏作业，投入生产后经常检查，发现有泄露时及时维修，设备管道本身尽量减少接头和尽量采用焊接，减少法兰连接的形式。

(3) 注意通风，采用自然通风、机械通风、净化装置进行室内外的换气，保证空气质量。使工作场所中有毒物质浓度限制到规定的最高容许浓度值以下。

(4) 不得不在有毒地点工作时，采取一切必要的措施，如戴防毒面具、轮换工作等。定期进行空气质量分析。

(5) 对有毒物质泄露可能造成重大事故的设备和工作场所必须设置可靠的事故处理装置和应急防护设施。设置有毒物质事故安全排放装置、自动检测报警装置、连锁事故排毒装置，以及事故泄漏时的解毒装置。

(6) 采取防毒教育、定期检测、定期体检、定期检查、监护作业、急性中毒及缺氧窒息抢救训练等管理措施。

2. 燃烧与爆炸

生产过程中具有火灾危险的主要物质为甲醇、苯、甲苯、对二甲苯、邻二甲苯、间二甲苯、乙苯，其物质特性见表 24-16。

表 24-16 主要危险性物质特性

物质名称	相对分子质量	熔点/℃	沸点/℃	闪点/℃	自燃温度/℃	爆炸极限		火灾危险类别
						下限/%	上限/%	
甲醇	32.04	−97.8	64.8	11	385	5.5	44	甲类
苯	78.11	5.5	80.1	−11	560	1.2	8.0	甲类
甲苯	92.14	−94.4	110.6	4	535	1.2	7.0	甲类
对二甲苯	106.17	13.3	138.4	25	525	1.1	7.0	甲类
邻二甲苯	106.17	−25.5	144.4	30	463	1.0	7.0	甲类
间二甲苯	106.17	−47.9	139	25	525	1.1	7.0	甲类
乙苯	106.17	−94.9	136.2	15	432	1.0	6.7	甲类

具体的防火防爆措施可以有以下几条。

(1) 根据不同工段中的生产火灾危险性等级和特性，对车间、控制室、压缩机房等建筑选用不同的建筑材料，使建筑物达到防火防爆的要求。如压缩机房要采用 1 m 加厚墙壁。

(2) 将控制室与生产区、储罐区隔离，发生紧急情况时能遥控切断所有电源，实现保护性停车和启动事故通风装置的控制设施。

(3) 在生产区和储罐区设置自动报警系统，第一时间内掌握火灾情况，及时采取措施。储罐区还设有自动喷淋系统。

(4) 当爆炸事故发生时，一般会引发火灾事故，此时现场工作人员迅速撤离，通知厂区消防部门，在确保自身安全的前提下可现场适当采取灭火措施。

(5) 定期对设备进行无损探伤检验和测厚工作。

(6) 在高低压系统之间应安设止逆阀等安全措施。在有火灾爆炸危险的生产过程及设备，应安装必要的自控监测仪表、自动调节报警装置、自动和手动泄压排放设施。

(7) 所有放空管均应引至室外，并高出厂房建筑物、构筑物 2 m 以上。若设在露天设备区内的放空管，应高于附近有人操作的最高设备 2 m 以上。

(8) 对于可燃气体的放空管，应设置安全水封或阻火器；应有向管内加氮气或蒸汽的措施,同时应有良好的静电接地设施。放空管应在避雷设施的保护范围内。

(9) 安全阀的安装、使用、维护和管理按照《安全阀安全操作规程》管理规定执行。

(10) 压缩气体钢瓶的充装、使用、贮运严格遵守《气瓶安全监察规程》的规定。

3. 噪声

噪声对人体的健康和安全都是有害的,长期处于高强度噪声的环境能损坏人的听觉。对于强度不高的噪声,能使人心烦和疲劳。噪声用噪声级(A)来衡量,常用分贝(dB)为表示。当噪声级达到 90 dB 以上时,会损害人的听觉。一般情况下,当分贝数高于 80 时,应对耳朵采取保护措施。

本厂的噪声源主要包括以下几种。

(1) 加热炉噪声。自然通风的立式圆筒炉和其他加热炉的噪声级(A)一般在 95~115 dB,要是喷嘴中燃料与空气混合及喷射而产生的高频噪声,另外还有炉内燃料燃烧产生的 125~250 Hz 的低频噪声。

(2) 凉水塔噪声。化工厂循环水系统的冷却水多半是采用凉水塔,其噪声主要来自风扇噪声和落水噪声,它对厂区环境影响是不可忽略的。

(3) 调节阀噪声。调节阀在化工厂中大量使用,其产生的噪声级(A)可达 95~115 dB,主要是以高频为主,刺耳难受,也是对厂区环境影响较大的噪声源。

(4) 管道噪声。在本厂中,采用管道较多,当管道内介质流速较高时会产生流动噪声。

(5) 放空噪声。气体放空在本厂操作中也是比较常见的,目的是稳定操作和在操作失常时紧急排气。当工艺气体、蒸汽通过排放口向大气放空时,会产生很大噪声。

噪声防治技术应以声学领域中已明确的其在空气中衰减或传播性质为基础。只有当声源、声音传播的途径和接受者三个因素同时存在时,才对听者形成干扰。主要的噪声防治技术见表 24-17。

表 24-17　主要的噪声防治技术

控制途径	声源方面的措施			传播途径上的措施				个人防护	
控制技术和种类	A. 减噪措施	B. 消声器	C. 隔震与阻尼处理	A. 总图布局	B. 设置屏障	C. 大气的吸收	D. 隔声操作室	A. 选用防护用具	B. 其他措施

4. 腐蚀

腐蚀是材料在周边环境的作用下所产生的破坏或变质。这种破坏或变质可由化学、生物、物理或电化学等作用引起。

在本厂的生产工艺中,采用的是甲苯甲醇的生产工艺。原料甲苯无腐蚀性,甲醇的腐蚀性与其纯度有很大的关系,而本厂所用甲醇为精甲醇,因此腐蚀性很小。而产品对二甲苯及其同分异构体也都没有腐蚀性。所以,本厂生产过程中无强腐蚀性物质,腐蚀的负面影响很小,这给材料的选用和生产操作带来了便利,很大程度上降低了成本。

5. 触电及机械伤害

本厂的变电站、配电室存在着大量的电气设备,其他工序也有用电设备及其他转动和传动设备，在事故及检修等特殊情况下，存在潜在的触电及机械伤害危险。

6. 安全疏散通道

布置安全出口要遵照“双向疏散”的原则，即建筑物内常有人员停留在任意地点，均宜保持有两个方向的疏散路线，使疏散的安全性得到充分的保证。安全出口处不得设置门槛、台阶、疏散门应向外开启，不得采用卷帘门、转门、吊门和测拉门，门不得设置门帘、屏风等影响疏散的遮挡物。公共娱乐场所在营业时必须确保安全出口和疏散通道畅通无阻等。为了防止在发生事故时，出现照明中断而影响疏散工作的进行，人员密集的场所、地下建筑等疏散过道和楼梯上均应设置事故照明和安全疏散标志，照明应属专用电源。

7. 其他危害

催化剂仓库可能存在着一定的粉尘危害。本厂生产中存在各种塔、烟囱、建构筑物和设备的操作平台等，需要在高处操作、巡检和维修作业，如不采取完善的防护措施，就有发生高处坠落的危险。

思考题

1. 化工厂区环境保护与生产安全间有什么关系？
2. 化工生产中如何避免危险事件的发生？
3. 如何平衡厂区环境保护与经济效益间的关系？

第 25 章 化工设计经济分析

25.1 投资估算

项目建设总投资包括建设投资、建设期利息、流动资金，其中建设投资包括固定资产、无形资产、递延资产、预备费用，而固定资产又包括工程费用、固定资产其他费用，如图 25－1 所示。

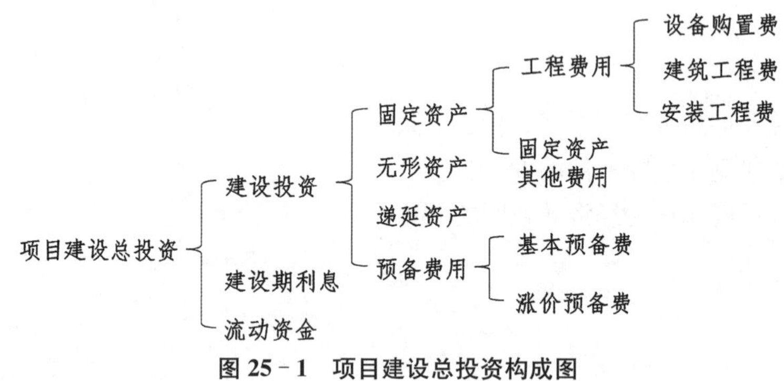

图 25－1 项目建设总投资构成图

1. 投资估算编制说明

(1) 本项目为含硫烟气脱硫项目，年产硫酸 11 万吨，采用 NADS 氨-肥法工艺，配套以园区供应的公用工程为例。

(2) 本项目估算的对象为整个脱硫制硫酸生产系统，具体包括烟气脱硫系统、公司之间的物料及能量集成系统。对以上系统以财务会计核算的方式核算本项目费用与收入，汇总后的数据用于财务指标分析、报表编制、不确定性分析等后续分析过程。

(3) 由于初步设计的深度限制，本项目在具体核算通过 NADS 氨-肥法工艺脱硫制取硫酸系统时，集成部分成本主要参考相关文献进行整体估算，然后以能量和物料的具体成本价格进行核算，不再重复计算这两个部分的厂区、员工、设备等各项费用。

2. 投资估算编制依据

(1) 建设投资估算依据文件

《化工投资项目经济评价参数》(国石化规发〔2000〕412 号)

《建设项目经济评价方法》及《建设项目经济评价参数》(发改投资〔2016〕1325 号)

《化工投资项目可行性研究报告编制办法》(中石化联产发〔2012〕115 号)

《化工投资项目项目申请报告编制办法》(中石化联产发〔2012〕115 号)

《化工投资项目资金申请报告编制办法》(中石化联产发〔2012〕115 号)

《2012 年 3 月份非标准设备价格信息　非标准设备价格信息使用说明》

根据以上数据对固定资产、建设期利息、流动资金进行核算。

(2) 国家、行业及项目所在地政府有关部门的相关政策与规定

(3) 价格和取费参考的有关资料

(4) 引进费用估算依据

(5) 外汇折算说明和引进税费说明

(6)《化工工艺设计手册》(第四版)

(7) 财务报表的编制根据《企业会计准则——基本准则》(财政部令第 76 号)及其相关的解释、说明、补充文件

25.1.1　建设投资估算

建设投资估算依据《化工投资项目可行性研究报告编制办法》(中石化联产发〔2012〕115 号)和其他有关规定，按固定资产、无形资产、递延资产、预备费用进行编制。固定资产主要由工程费用和固定资产其他费用组成，其中工程费用包括设备购置费、建筑工程费和安装工程费。

1. 设备购置费

(1) 主要设备费用

对于标准设备，采用网上询价，同时查阅相关手册，从而得到比较准确的价格。

对于非标准设备，材料价格参考《2012 年 3 月非标设备价格信息非标准设备价格信息使用说明》，同时考虑到设备加工费用，所以采用下式计算设备费用：

$$设备费用 = 材料总价格 + 设备加工费用 = 2.5 \times 材料价格 \times 设备重量$$

(2) 设备内部填充物购置费

设备内部填充物购置费指的是化工原料和珠光砂、化学药剂、催化剂、设备内填充物料、备用油品等首次填充物购置费。设备内部填充物购置费取主要设备费用的 3%。

(3) 工艺管道及防腐保温工程费、仪表自控系统费

在工程费用估算中，工艺管道及防腐保温工程费占主要设备费用的 36%，仪表自控系统费占主要设备费用的 14%。

(4) 电气设备费用

电气设备费用包括电动、变电配电、电信设备的费用。

(5) 生产工具、器具及生产家具购置费

生产工具、器具及生产家具购置费指的是为保证项目建设初期正常生产所必须购置的第一套不够固定资产标准(5 000 元以下)的设备、仪器、工卡模具、器具等的费用。一般可按固定资产占设备费用的比例估算。新建项目可按设备费用的 1.2‰～2.5‰估算。

(6) 备品备件购置费

备件购置费指的是直接为生产设备配套的初期生产必须备用的用于更换机器设备备品中易损坏的重要零部件及其材料的购置费。一般可按设备价格的 5‰～8‰估算。

(7) 设备运杂费

设备运杂费指的是设备从制造厂交货地点或调拨地点到达施工工地仓库所发生的一切费用,包括运输费、包装费、装卸费、仓库保管费等。根据《建设单位管理费总额控制数费率表》,查得新疆地区运杂费为9%~10%。

(8) 其他设备购置费

其他设备购置费包括公用工程设备购置费、车辆设备购置费。其中公用工程设备购置费取设备费用的12%,车辆设备购置费取设备费用的10%。

2. 建筑工程费

(1) 直接费用

直接费用包括建筑物、构筑物等土建工程费用和大型土石方、场地、厂区绿化等场地建设费用。

本项目中土建工程包括生产装置的建筑物和构筑物,以及办公楼、食堂、车库、仓库、消防、通信和维修费用,取设备费用的25%。

场地建设包括场地清理和平整、道路、铁路、围墙、停车场、绿化等费用,取设备费用的15%。

(2) 间接费用

间接费用包括规费和企业管理费。

3. 安装工程费

安装工程费包括主要生产、辅助生产、公用工程项目的工艺设备,各种管道,电动、便配电、电信等电器设备,计量仪器、仪表等自控设备的安装费用;设备内部填充、内衬,设备保温、防腐,附属设备的平台、栏杆等工艺金属结构的材料及安装费用。

本项目中安装因子根据设备安装难易情况取不同的值,工艺设备、机械设备,按每台设备价格占原价百分比估算。为简化计算,安装工程费可根据积累数据采用系数法估算。

4. 无形资产

无形资产按有关规定并结合当地及本项目具体情况进行估算。无形资产包括技术转让费、土地使用权等。

5. 递延资产

递延资产是指不能全部计入当年损益,应在以后年度的较长时期内摊销的除固定资产和无形资产以外的其他费用支出。递延资产包括开办费、租入固定资产改良支出,以及摊销期在一年以上的长期待摊费用等。

6. 预备费用

预备费用是指在初步设计和概算中难以预料的工程费用。预备费用包括实行按施工图预算加系数包干的预算包干费用。

25.1.2 建设期利息

建设期利息主要是指工程项目在建设期间内发生并计入固定资产的利息,主要包括建设期发生的支付银行贷款、出口信贷、债券等的借款利息和融资费用。

25.1.3　流动资金

流动资金是指企业全部的流动资产，包括现金、存货(材料、在制品、成品)、应收账款、有价证券、预付款等项目。为有效控制资金流动性，有必要对所需流动资金进行估算。

1. 资金来源

化工项目的资金来源主要有权益资本、债务资金、准股本资金和融资租赁。本项目的资金来源为权益资本和债务资金，总投资金额为 51 875.43 万元。根据《国务院关于调整固定资产投资项目资本金比例的通知》(国发〔2009〕27 号)规定，化工项目的最低资本金比例为 20%，故贷款金额为 2 亿元，贷款利率为 4.9%，其余资金由自有资金注入。其中，贷款部分通过抵押本厂部分的固定资产获得，其余部分由股东大会筹集或总厂划拨筹集，10 个月内资金全部到位。

2. 银行贷款还款方式

本项目贷款金额为 2 亿元，贷款利率为 4.9%，贷款期限为 7 年，采用每年等额偿还本息的方法还款，分 5 年还清，每年还款额计算公式如下：

$$A=P\left[\frac{i(1+i)^n}{(1+i)^n-1}\right] \tag{25-1}$$

式中，P 为贷款金额；i 为贷款利率；n 为还款年数。

25.2　产品成本和费用估算

25.2.1　成本估算说明

产品成本包括生产中所消耗的物化劳动和活劳动，是判定产品价格的重要依据之一，也是考核企业生产经营管理水平的一项综合性指标。

产品成本按其与产量变化的关系分为可变成本和固定成本。可变成本是指在产品总成本中，随产量的增减而成比例地增减的那一部分费用，如原材料费用、燃料及动力费等。固定成本是指与产量的多少无关的那一部分费用，如固定资产折旧费、管理费用等。经营成本是指总成本费用扣除折旧费、维修费、摊销费和借款利息的剩余部分，经营成本的概念用在产品成本汇总表和现金流量表的计算过程中。

1. 编制依据

《化工投资项目可行性研究报告编制办法》(中石化联产发〔2012〕115 号)

《中国石油化工集团公司项目可行性研究技术经济参数与数据》

《中华人民共和国企业所得税法》及《中华人民共和国企业所得税法实施条例》

《中华人民共和国增值税暂行条例》及《中华人民共和国增值税暂行条例实施细则》

《成本费用核算与管理办法》(石化股份财〔2006〕497 号)

《建设项目经济评价方法》及《建设项目经济评价参数》(发改投资〔2006〕1325 号)

《2017"东华科技-陕鼓杯"第十一届全国大学生化工设计竞赛设计任务书》中关于经济分析与评价基础数据

2. 估算依据和说明

(1) 依据《建设项目经济评价方法》及《建设项目经济评价参数》(发改投资〔2006〕1325 号)和《企业会计准则——基本准则》(财政部令第 76 号)编制。

(2) 各原材料及公用工程费用通过调研现行市场进行价格估算和向园区询价方式获取。

(3) 本项目计划两年建成,第三年投产,投产期生产负荷达到设计能力的 70%和 90%,以后生产负荷为 100%,达产期为 15 年。

25.2.2 产品总成本费用估算

成本和费用估算的方法主要有生产要素估算法和生产成本加期间费用估算法。在可行性研究报告中,一般可按生产要素法估算。这里采用生产要素法估算,即

产品总成本费用 = 外购原材料、燃料和动力费 + 工资及福利费
+ 折旧费 + 摊销费 + 修理费 + 管理费
+ 财务费(利息支出) + 销售费 + 其他费用

1. 原材料及辅助材料费

工艺过程中所涉及的所有原料均以开工时期的预期价格定价(以原料价格的现值预估),忽略原料价格变化对财务运行所产生的影响。

2. 燃料和动力费

项目一般采用的加热蒸汽标准为低压蒸汽压力为 0.8 MPa、中压蒸汽压力为 4.0 MPa。加热蒸汽集成圣雄工业园区的蒸汽供热系统,参考工业园区内部的公用工程价格。

采用冷公用工程循环冷却水进行冷却,对于有较低温度要求的系统,采用循环冷冻盐水进行冷却。循环冷却水由厂区内循环水站提供与处理,循环冷冻盐水由厂区内循环冷冻站提供与处理。循环冷却水与循环冷冻盐水的总量基本不变,故其价格主要为再生处理价格与损失补充价格,较其本身价格要低廉许多。

3. 职工薪酬及福利费

人力资源编制表和职工福利费用表分别如表 25-1 和表 25-2 所示。

表 25-1 人力资源编制表

序号	部门		定员	工资(含年终奖金)/(万元/年)
1	总经理			
2	总工程师			
3	副总经理			
4	办公室	主任		
		职员		

续表

序号	部门		定员	工资(含年终奖金)/(万元/年)
5	财务部	经理		
		职员		
6	人事部	主任		
		职员		
7	市场部	经理		
		职员		
8	后勤部	主任		
		职员		
9	生产部	经理		
		车间、部门主管		
		原料分离工段		
		应急处人员		
		维修		
		中控		
		空压		
		泵站		
		公用工程人员		
		化验中心人员		
		配电中心人员		
		环保人员		
		维修消防人员		
		储运人员		
10	技术开发部	主任		
		职员		
11	安检、监理部	主任		
		职员		
12	保卫部	主管		
		保安		
13	合计			

表 25-2　职工福利费用表

序　号	福 利 名 称	占工资总额比例/%	总计/(万元/年)
1	养老保险金		
2	失业保险金		
3	医疗保险金		
4	生育保险		
5	工伤保险		
6	住房公积金		
总计			

4. 折旧费

本项目固定资产折旧均采用平均年限法(直线法)。根据《中华人民共和国企业所得税法实施条例》规定,固定资产计算折旧费的最低年限如下:

① 房屋、建筑物,为 20 年;

② 飞机、火车、轮船、机器、机械和其他生产设备,为 10 年;

③ 与生产经营活动有关的器具、工具、家具等,为 5 年;

④ 飞机、火车、轮船以外的运输工具,为 4 年;

⑤ 电子设备,为 3 年。

5. 摊销费

摊销费是指无形资产和递延资产在一定期限内分期摊销的费用。

6. 维修费

维修费是指用于设备设施维护及故障修理的材料费、施工费、劳务费,包括日常维护修理费、设备大检修费及检修维护单位的运保费。

7. 管理费

管理费是指企业行政管理部门为管理和组织经营活动而产生的各项费用,包括公用经费(工厂总部管理人员工资、福利费、差旅费、办公费、折旧费、修理费、物料消耗、低值易耗品摊销及其他公用经费)、工会经费、职工教育经费、劳动保险费、董事会费、咨询费、顾问费、交际应酬费、税金(房产税、车船使用税、土地使用税、印花税等)、开办费摊销、研究发展费及其他管理费。

8. 财务费

财务费是指为筹措资金而产生的各项费用,包括生产经营期间产生的利息收支净额、汇兑损益净额、外汇手续费、金融机构的手续费及因筹资而产生的其他费用。

9. 销售费

销售费是指企业为销售产品和促销产品而产生的费用支出,包括运输费、包装费、广告费、保险费、委托代销费、展览费，以及专设销售部门的经费，例如销售部门职工工资、福利费、办公费、修理费等。

10. 其他费用

三废处理费是指项目中产生一定量的废气、废水、废固进行处理而产生的费用支出。

产品成本汇总表如表 25－3 所示。

表 25－3　产品成本汇总表

序　号	项　　目	估算成本/万元	占生产成本比例/%
1	原材料及辅助材料费		
2	燃料和动力费		
3	职工薪酬及福利费		
4	折旧费		
5	摊销费		
6	维修费		
7	管理费		
8	财务费		
9	销售费		
10	其他费用		
总计	总成本费用		
	可变成本①		
	固定成本②		
	经营成本③		
	单位成本		

注：① 可变成本＝原材料及辅助材料费＋燃料和动力费＋销售费＋其他费用。
② 固定成本＝职工薪酬及福利费＋折旧费＋摊销费＋维修费＋管理费＋财务费。
③ 经营成本＝总成本费用－折旧费－摊销费－维修费－财务费。

25.3 销售收入和税金估算

25.3.1 销售收入估算

本项目以硫酸为主要产品，年产量为 11 万吨，同时副产品有硝酸铵等。2017 年的硫酸价格走势图如图 25－2 所示。

图 25－2　2017 年的硫酸价格走势图

从图中可以看到，2017 年度近三个月的硫酸平均价格为 360 元/吨。通过中国化工市场七日讯网站查得硝酸的平均价格为 550 元/吨。产品销售收入表如表 25－4 所示。

表 25－4　产品销售收入表

序　号	产　品	产量/(吨/年)	单价/(元/吨)	收入/万元
1	硫　酸	110 000	360	3 300
2	硝酸铵	380 000	1 300	49 400
合计		490 000		52 700

25.3.2　税金估算

本项目的销售税包括企业所得税、增值税、城市维护建设税，如表 25－5 所示。

表 25－5　销售税和附加税表

序号	税 金 名 称	计　税　基　准	税率/%
1	企业所得税	毛利润(国家支持高新技术项目)	15
2	增值税	销售收入(进项税额抵扣销项税额)	17
3	城市维护建设税	增值税	7
4	教育附加税	增值税	3

增值税计算公式如下：

$$\text{应纳增值税额} = \text{当期进项税额} - \text{当期销项税额}$$

$$\text{当期进项税额} = \text{购入应税原材料额} \times \text{税率}$$

$$\text{当期销项税额} = \text{当期销售额} / (1 + \text{税率}) \times \text{税率}$$

其中，式(7－6)适用于原材料含税的情况。税金估算表如表 25－6 所示。

表 25－6　税金估算表

序　号	项　　目	税率/%	税金/万元
1	销售收入		
2	销项税额		
3	总成本费用		
4	外购原材料、燃料和动力费		
5	进项税额		
6	增值税		
7	城市维护建设税		
8	教育附加税		
9	销售税金及附加		
10	企业所得税		

25.4　财务分析

25.4.1　财务分析报表

1. 利润分配表

正常年份的税前利润总额＝销售收入－总成本费用－销售税金及附加，按正常年份的 15%的税率缴纳企业所得税，则企业所得税＝利润总额×0.15，净利润＝利润总额－企业所得税。税后利润按 10%提取法定盈余公积金、5%提取任意盈余公积金，则法定盈余公积金＝净利润×0.1，任意盈余公积金＝净利润×0.05，未分配利润＝净利润－法定盈余公积金－任意盈余公积金，如表 25－7 所示。

表 25－7　利润分配表

序　号	项　　目	金额/万元	备　　注
1	销售收入		
2	总成本费用		
3	销售税金及附加		
4	利润总额		
5	企业所得税		
6	净利润		

续表

序　号	项　　目	金额/万元	备　　注
7	法定盈余公积金		
8	任意盈余公积金		
9	未分配利润		

2. 财务损益表

以项目前5期为例,计算税收及损益情况,如表25-8所示。

表25-8　财务损益表

序　号	项　　目	建　设　期		投　产　期		达产期
		1	2	3	4	5
	生产负荷/%					
一	销售收入					
二	总成本费用					
三	销售税金及附加					
1	销项税额					
	进项税额					
	增值税					
2	城市维护建设税					
3	教育附加税					
4	小计					
四	利润总额					
五	企业所得税					
六	净利润					

3. 现金流量表

(1) 现金流入

现金流入=销售收入+回收固定资产余值+其他收入

(2) 现金流出

现金流出=建设投资+流动资金+经营成本+销售税金及附加+偿还本息+企业所得税,则正常年份的现金流出(贷款还清后)。

(3) 净现金流量

净现金流量=现金流入-现金流出

(4) 累计折现流量

取化工行业标准折现值 $i=0.11$。

现金流量表如表 25-9 所示。

表 25-9 现金流量表

序号	项目	建设期		投产期		达产期
		1	2	3	4	5
一	现金流入					
1	销售收入					
2	回收固定资产余值					
3	政策奖励等收入					
4	小计					
二	现金流出					
1	建设投资					
2	流动资金					
3	经营成本					
4	销售税金及附加					
5	偿还本息					
6	企业所得税					
7	小计					
三	净现金流量					
四	累计折现流量					

25.4.2 财务分析指标

1. 静态指标

(1) 静态投资回收期

现金流量表中累计折现流量由负值变为零的时点，即为项目的静态投资回收期。应按下式计算：

$$P_t = T - 1 + \frac{\left|\sum_{i=1}^{T-1}(CI - CO)_i\right|}{(CI - CO)_T} \tag{25-2}$$

式中，T 为各年累计折现流量首次为零或正值时的年数；i 为年份；$CI-CO$ 为净现金流量。

(2) 投资利润率

投资利润率是指项目达到设计能力后正常年份的利润总额与项目总投资的比率。它是考虑项目单位投资盈利能力的静态指标。

(3) 投资利税率

投资利税率是指项目达到设计能力后正常年份的利税总额或生产期年平均利税总额与项目总投资的比率。

(4) 资本金净利润率

资本金净利润率是指项目达到设计能力后正常年份的净利润或运营期年平均净利润与项目资本金的比率。它表示项目资本金的盈利水平。

2. 动态指标

(1) 财务净现值(Financial Net Present Value，FNPV)

财务净现值是指按设定的折现率计算的项目计算期内净现金流量的现值之和，可按下式计算：

$$FNPV=\sum_{t=0}^{n}(CI-CO)_t\left[\frac{1}{(1+i_n^*)^t}\right] \tag{25-3}$$

式中，i_n^* 为基准折现率，根据《国家发展改革委、建设部关于印发建设项目经济评价方法与参数的通知》(发改投资〔2006〕1325 号)，我国现代煤化工融资前税前财务基准收益率为 11%；t 为年份；n 为项目方案寿命周期；$(CI-CO)t$ 为第 t 年的净现金流量。

25.4.3 不确定性分析

作为投资决策依据的工程经济分析是建立在分析人员对未来事件所做的预测与判断的基础上的。由于影响各种方案经济效果的政治、经济、资源条件等因素在未来具有不确定性，加上预测的方法和工作条件的局限性，对方案经济效果评价中使用的投资、成本、产量、价格等基础数据的估算与预测结果不可避免地会有误差，这使得方案经济效果的实际值可能偏离其预测值，从而给投资者和经营者带来风险。

化工建设项目可行性研究不确定分析的主要内容一般包括盈亏平衡分析、敏感性分析、概率分析。

1. 盈亏平衡分析

盈亏平衡分析有两种类型，包括独立方案的盈亏平衡分析和互斥方案的盈亏平衡分析，化工建设项目可行性研究一般只进行独立方案的盈亏平衡分析。

项目的总收入为产品销售量及销售单价的线性函数，总支出为产量及单价的线性函数。在进行盈亏平衡分析时，我们做出以下假设：

(1) 生产量等于销售量，即生产的产品能全部销售出去；

(2) 单位产品价格，固定成本在项目寿命期内保持不变；

(3) 分析所用的数据均取正常生产年度的数值。

2. 敏感性分析

通常分别以经营成本、产品总产量和产品价格为变动因素，考虑它们对财务净现值的影响。化工建设项目的敏感因素主要有投资规模、建设工期、产销量、产品价格、经营成本、项目寿命期、外汇汇率等。这些因素也受政治性、政策法规、经济环境、市场趋向等影响。

敏感性分析可分为单因素敏感性分析和多因素敏感性分析。单因素敏感性分析是假定某一因素变化而其他因素不变化时，该因素对项目经济效益指标的影响程度。多因素敏感性分析是假定各个敏感性因素相互之间是独立的，即一个因素变动的幅度、方向和其他因素变动无关，在此前提下分析几个因素同时变动对项目经济效益指标产生的影响。一般情况下，化工建设项目可行性研究只进行单因素敏感性分析。

3. 概率分析

概率分析是使用概率方法研究项目不确定因素对项目经济评价指标影响的定量分析方法，其可对敏感性分析起到补充作用。

概率分析的一般方法如下：列出各种要考虑的不确定因素；设想各不确定因素可能发生的情况，即其数值发生变化的各种情况；分别确定每种情况的可能性(概率)；分别求出各可能发生事件的净现值、加权平均净现值，以及净现值的期望值；求出净现值大于或等于零的累积概率。累积概率值越大，项目所承担的风险就越小。

思考题

1. 如何合理降低项目建设总投资？
2. 化工企业产品成本和费用估算要考虑哪些因素？
3. 不确定性分析的目的是什么？

附录 1　全国大学生化工设计竞赛设计任务书和毕业设计题目

1.1　第十三届全国大学生化工设计竞赛设计任务书

我国经济发展进入新常态，作为立国之本、兴国之器、强国之基的制造业发展面临新挑战。尤其是对于化学工业这一传统制造业，资源和环境约束不断强化，主要依靠资源要素投入、规模扩张的粗放发展模式已经难以为继，唯有遵循《中国制造 2025》指出的方针，坚持绿色发展，以创新驱动，加强节能环保技术、工艺、装备推广应用，全面推行清洁生产，发展循环经济，提高资源回收利用效率，构建绿色制造体系，走生态文明的发展道路，才能实现我国化学工业的转型升级，为所有其他产业的进步、为我国的科技、经济和社会发展提供必需的物质基础。

醋酸乙烯酯是年消费量数百万吨的大宗化学品，在我国亦有超过 55 年的生产历史，现有生产技术成熟稳定，同时也意味着在先进技术的应用方面具有较大的提升空间。

作为中国化工科技界将来的基础和栋梁，我们化工学子应该积极关注我国化学工业发展进程中的重点需求，综合运用所学的现代化学工程技术，敢于创新，探索先进的"中国制造 2025"技术方案。

1.1.1　设计题目

为某大型化工企业设计一座醋酸乙烯酯生产分厂或为现有的醋酸乙烯酯生产分厂设计技术改造方案。相对现有生产装置的技术水平。要求技术提升达到《中国制造 2025》中提出的绿色发展 2020 年指标。

1.1.2　设计基础条件

(1) 原料

原料类型及原料规格由参赛队根据资源调研结果自行确定。

(2) 产品

产品结构及其技术规格由参赛队根据本队的市场规划自行拟订。

(3) 生产规模

生产规模由参赛队根据本队的资源规划和市场规划以及国家的有关政策自行确定。

(4) 安全要求

在设计中坚决贯彻安全第一的指导思想，从提高装置的本质安全性出发，尽量采用新的安全技术和安全设计方法。

(5) 环境要求

尽量采取可行的清洁生产技术,从本质上减少对环境的不利影响,并对可能造成环境污染的副产物提出合理的处理方案。

(6) 公用工程

与总厂公用工程系统集成。

1.1.3 工作内容及要求

1. 项目可行性论证

(1) 建设意义
(2) 建设规模
(3) 技术方案
(4) 与总厂或园区的系统集成方案
(5) 厂址选择
(6) 与社会及环境的和谐发展(包括安全、环保和资源利用)
(7) 技术经济分析(包括落实《中国制造 2025》中提出的绿色发展 2020 年指标的情况)

2. 工艺流程设计

(1) 工艺方案选择及论证
(2) 安全生产的保障措施
(3) 先进单元过程技术的应用
(4) 集成与节能技术的应用
(5) 工艺流程计算机仿真设计
(6) 绘制物料流程图和带控制点工艺流程图
(7) 编制物料及热量平衡计算书

3. 设备选型及典型设备设计

(1) 典型非标设备——反应器和塔器的工艺设计,编制计算说明书
(2) 典型标准设备——换热器的工艺选型设计,编制计算说明书
(3) 其他重要设备的工艺设计及选型说明
(4) 编制设备一览表

4. 车间设备布置设计

选择至少一个主要工艺车间,进行车间布置设计。

(1) 车间布置设计
(2) 车间主要工艺管道配管设计
(3) 绘制车间平面布置图
(4) 绘制车间立面布置图
(5) 运用三维工厂设计工具软件进行车间布置和主要工艺管道的配管设计

5. 装置总体布置设计

(1) 对主要工艺车间、辅助车间、原料及产品储存区、中心控制室、分析化验室、行政管理

及生活等辅助用房、设备检修区、三废处理区、安全生产设施、厂区内部道路等进行合理的布置,并对方案进行必要的说明。

(2) 装置布置设计

(3) 绘制装置平面布置总图

(4) 运用三维工厂设计工具软件进行工厂布置设计

6. 经济分析与评价基础数据

根据调研获得的经济数据(可以参考以下价格数据)对设计方案进行经济分析与评价。

(1) 304 不锈钢设备:18 000 元/吨

(2) 中低压(≤4 MPa)碳钢设备:6 000 元/吨

(3) 高压碳钢设备价格:90 00 元/吨

(4) 其他特殊不锈钢按市场调研数据定价

(5) 低压蒸汽(0.8 MPa):200 元/吨

(6) 中压蒸汽(4 MPa):240 元/吨

(7) 电:0.75 元/千瓦时

(8) 工艺软水:10 元/吨

(9) 冷却水:1.0 元/吨

(10) 污水处理费:5.0 元/吨(COD<500)

(11) 人工平均成本:10 000 元/月·人(包括五险一金)

7. 参赛作品应提交的材料

(1) 必须提交的基本材料

① 项目可行性报告(篇幅控制在 50 页以内)

② 初步设计说明书(包括设备一览表、物料平衡表等各种相关表格)

③ 典型设备(标准设备和非标设备) 工艺设计计算说明书(若采用相关专业软件进行设备计算和分析,则必须同时提供计算结果和计算模型的源程序)

④ 设计图集[PFD 和 PID 图(可以分多张图绘制);车间设备平面和立面布置图;装置平面布置总图;主要设备工艺条件图]

⑤ 工艺流程的模拟及流程优化计算结果和模拟源程序

(2) 计入作品评分的材料

① 若进行危险性和可操作性(HAZOP) 分析,请提供相关的文档(若采用专业软件实施,请提供能在该软件平台上打开的设计源文件)。

② 若进行能量集成与节能技术运用,则提供相关的结果(若采用专业软件计算,请提供能在该软件平台上打开的设计源文件)。

③ 若采用专业软件进行过程成本的估算和经济分析评价,请提供能在该软件平台上打开的设计源文件。

④ 若采用专业软件进行容器类设备的结构设计,请提供能在该软件平台上打开的设计源文件。

⑤ 能在所采用的三维工厂设计工具软件平台上打开的车间布置和装置总体设计源文件。

注：

1. 设计说明书均要求用 MS - Word 编辑，保存为 DOC 和 PDF 格式；图纸用 AutoCAD 绘制，保存为 AutoCAD 2004 格式和 PDF 格式，计算机模拟和计算结果需提供可打开运行的相应软件存档文件。

2. 如提交的基本材料缺项，则不能取得成功参赛资格。

3. 凡是用专业软件完成的设计内容，都须提供相应专业软件的有关资料，并保证能在本队的便携计算机上正常运行，以便专项评委现场验证评审。

1.2　第十二届全国大学生化工设计竞赛设计任务书

1.2.1　设计题目

为某大型石化综合企业设计一座分厂，以异丁烯为原料生产非燃料油用途的有机化工产品。

1.2.2　设计基础条件

(1) 原料

异丁烯来源及原料规格由参赛队根据资源调研结果自行确定。

(2) 产品

产品结构及其技术规格由参赛队根据本队的市场规划自行拟订。

(3) 生产规模

生产规模由参赛队根据本队的资源规划和市场规划以及国家的有关政策自行确定。

(4) 安全要求

在设计中坚决贯彻安全第一的指导思想，从提高装置的本质安全性出发，尽量采用新的安全技术和安全设计方法。

(5) 环境要求

尽量采取可行的清洁生产技术，从本质上减少对环境的不利影响，并对可能造成环境污染的副产物提出合理的处理方案。

(6) 公用工程

与总厂公用工程系统集成。

1.2.3　工作内容及要求

1. 项目可行性论证

(1) 建设意义

(2) 建设规模

(3) 技术方案

(4) 与工业园区或污染源企业的系统集成方案

(5) 厂址选择

(6) 与社会及环境的和谐发展(包括安全、环保和资源利用)

(7) 技术经济分析

2. 工艺流程设计

(1) 工艺方案选择及论证

(2) 安全生产的保障措施

(3) 先进单元过程技术的应用

(4) 集成与节能技术的应用

(5) 工艺流程计算机仿真设计

(6) 绘制物料流程图和带控制点工艺流程图

(7) 编制物料及热量平衡计算书

3. 设备选型及典型设备设计

(1) 典型非标设备——反应器和塔器的工艺设计,编制计算说明书。

(2) 典型标准设备——换热器的工艺选型设计,编制计算说明书。

(3) 其他重要设备的工艺设计及选型说明

(4) 编制设备一览表

4. 车间设备布置设计

选择至少一个主要工艺车间,进行车间布置设计。

(1) 车间布置设计

(2) 车间主要工艺管道配管设计

(3) 绘制车间平面布置图

(4) 绘制车间立面布置图

(5) 运用三维工厂设计工具软件进行车间布置和主要工艺管道的配管设计

5. 装置总体布置设计

(1) 对主要工艺车间、辅助车间、原料及产品储存区、中心控制室、分析化验室、行政管理及生活等辅助用房、设备检修区、三废处理区、安全生产设施、厂区内部道路等进行合理的布置,并对方案进行必要的说明。

(2) 装置布置设计

(3) 绘制装置平面布置总图

(4) 运用三维工厂设计工具软件进行工厂布置设计

6. 经济分析与评价基础数据

根据调研获得的经济数据(可以参考以下价格数据)对设计方案进行经济分析与评价。

(1) 304 不锈钢设备:18 000 元/吨

(2) 中低压(≤4 MPa)碳钢设备:6 000 元/吨

(3) 高压碳钢设备价格:9 000 元/吨

(4) 其他特殊不锈钢按市场调研数据定价

(5) 低压蒸汽(0.8 MPa):200 元/吨

(6) 中压蒸汽(4 MPa)：240 元/吨

(7) 电：0.75 元/千瓦时

(8) 工艺软水：10 元/吨

(9) 冷却水：1.0 元/吨

(10) 污水处理费：5.0 元/吨(COD<500)

(11) 人工平均成本：10 000 元/月·人(包括五险一金)

7. 参赛作品应提交的材料

(1) 必须提交的基本材料

① 项目可行性报告(篇幅控制在 50 页以内)

② 初步设计说明书(包括设备一览表、物料平衡表等各种相关表格)

③ 典型设备(标准设备和非标设备)工艺设计计算说明书(若采用相关专业软件进行设备计算和分析，则必须同时提供计算结果和计算模型的源程序)

④ 设计图集[PFD 和 PID 图(可以分多张图绘制)；车间设备平面和立面布置图；装置平面布置总图；主要设备工艺条件图]

⑤ 工艺流程的模拟及流程优化计算结果和模拟源程序

(2) 计入作品评分的材料

① 若进行危险性和可操作性(HAZOP)分析，请提供相关的文档(若采用专业软件实施，请提供能在该软件平台上打开的设计源文件)。

② 若进行能量集成与节能技术运用，则提供相关的结果(若采用专业软件计算，请提供能在该软件平台上打开的设计源文件)。

③ 若采用专业软件进行过程成本的估算和经济分析评价，请提供能在该软件平台上打开的设计源文件。

④ 若采用专业软件进行容器类设备的结构设计，请提供能在该软件平台上打开的设计源文件。

⑤ 能在所采用的三维工厂设计工具软件平台上打开的车间布置和装置总体设计源文件。

1.3 第十一届全国大学生化工设计竞赛设计任务书

1.3.1 设计题目

针对某一含硫工业废气源设计一套深度脱硫并予以资源化利用的装置。

1.3.2 设计基础条件

(1) 含硫工业废气源

含硫工业废气的来源、规模和组成特性由参赛队根据社会调研结果确定。

(2) 环境治理目标

深度脱硫的环保指标由参赛队对国家的环境保护法规和社会发展目标进行调研后确定。

(3) 资源化利用

资源化利用产品种类和规格由参赛队根据市场调研结果自行拟订。

(4) 安全要求

在设计中坚决贯彻安全第一的指导思想,从提高装置的本质安全性出发,尽量采用新的安全技术和安全设计方法。

(5) 公用工程

与工业园区或污染源企业的公用工程系统集成。

1.3.3 工作内容及要求

1. 项目可行性论证

(1) 建设意义

(2) 建设规模

(3) 技术方案

(4) 与工业园区或污染源企业的系统集成方案

(5) 厂址选择

(6) 与社会及环境的和谐发展(包括安全、环保和资源利用)

(7) 技术经济分析

2. 工艺流程设计

(1) 工艺方案选择及论证

(2) 安全生产的保障措施

(3) 先进单元过程技术的应用

(4) 集成与节能技术的应用

(5) 工艺流程计算机仿真设计

(6) 绘制物料流程图和带控制点工艺流程图

(7) 编制物料及热量平衡计算书

3. 设备选型及典型设备设计

(1) 典型非标设备——反应器和塔器的工艺设计,编制计算说明书。

(2) 典型标准设备——换热器的工艺选型设计,编制计算说明书。

(3) 其他重要设备的工艺设计及选型说明

(4) 编制设备一览表

4. 车间设备布置设计

选择至少一个主要工艺车间,进行车间布置设计。

(1) 车间布置设计

(2) 车间主要工艺管道配管设计

(3) 绘制车间平面布置图

(4) 绘制车间立面布置图

(5) 运用三维工厂设计工具软件进行车间布置和主要工艺管道的配管设计

5. 装置总体布置设计

(1) 对主要工艺车间、辅助车间、原料及产品储存区、中心控制室、分析化验室、行政管理及生活等辅助用房、设备检修区、三废处理区、安全生产设施、厂区内部道路等进行合理的布置,并对方案进行必要的说明。

(2) 装置布置设计

(3) 绘制装置平面布置总图

(4) 运用三维工厂设计工具软件进行工厂布置设计

6. 经济分析与评价基础数据

根据调研获得的经济数据(可以参考以下价格数据)对设计方案进行经济分析与评价。

(1) 304 不锈钢设备:18 000 元/吨

(2) 中低压(≤4 MPa)碳钢设备:6 000 元/吨

(3) 高压碳钢设备价格:9 000 元/吨

(4) 其他特殊不锈钢按市场调研数据定价

(5) 低压蒸汽(0.8 MPa):200 元/吨

(6) 中压蒸汽(4 MPa):240 元/吨

(7) 电:0.75 元/千瓦时

(8) 工艺软水:10 元/吨

(9) 冷却水:1.0 元/吨

(10) 污水处理费:5.0 元/吨(COD<500)

(11) 人工平均成本:10 000 元/月·人(包括五险一金)

7. 参赛作品应提交的材料

(1) 必须提交的基本材料

① 项目可行性报告(篇幅控制在 50 页以内)

② 初步设计说明书(包括设备一览表、物料平衡表等各种相关表格)

③ 典型设备(标准设备和非标设备)工艺设计计算说明书(若采用相关专业软件进行设备计算和分析,则必须同时提供计算结果和计算模型的源程序)

④ 设计图集[PFD 和 PID 图(可以分多张图绘制)];车间设备平面和立面布置图;装置平面布置总图;主要设备工艺条件图

⑤ 工艺流程的模拟及流程优化计算结果和模拟源程序

⑥ 能在所采用的三维工厂设计工具软件平台上打开的车间布置和装置总体设计源文件

(2) 计入作品评分的材料

① 若进行危险性和可操作性(HAZOP)分析,请提供相关的文档(若采用专业软件实施,请提供能在该软件平台上打开的设计源文件)。

② 若进行能量集成与节能技术运用,则提供相关的结果(若采用专业软件计算,请提供能在该软件平台上打开的设计源文件)。

③ 若采用专业软件进行过程成本的估算和经济分析评价,请提供能在该软件平台上打开的设计源文件。

④ 若采用专业软件进行容器类设备的结构设计，请提供能在该软件平台上打开的设计源文件。

1.4 第十届全国大学生化工设计竞赛设计任务书

1.4.1 设计题目

为某一大型综合化工企业设计一座以丙烷为原料且与企业的产品体系有效融合的丙烷资源化利用分厂。

1.4.2 设计基础条件

(1) 原料

丙烷来源及原料规格由参赛队根据资源调研结果自行确定。

(2) 产品

产品结构及其技术规格由参赛队根据本队的市场规划自行拟订。

(3) 生产规模

生产规模由参赛队根据本队的资源规划和市场规划以及国家的有关政策自行确定。

(4) 安全要求

在设计中坚决贯彻安全第一的指导思想，从提高装置的本质安全性的出发，尽量采用新的安全技术和安全设计方法。

(5) 环境要求

尽量采取可行的清洁生产技术，从本质上减少对环境的不利影响，并对可能造成环境污染的副产物提出合理的处理方案。

(6) 公用工程

由总厂提供。

1.4.3 工作内容及要求

1. 项目可行性论证

(1) 建设意义

(2) 建设规模

(3) 技术方案

(4) 与总厂的系统集成方案

(5) 厂址选择

(6) 与社会及环境的和谐发展

(7) 经济效益分析

2. 工艺流程设计

(1) 工艺方案选择及论证

(2) 安全生产的保障措施

(3) 清洁生产技术的应用
(4) 能量集成与节能技术的应用
(5) 工艺流程计算机仿真设计
(6) 绘制物料流程图和带控制点工艺流程图
(7) 编制物料及热量平衡计算书

3. 设备选型及典型设备设计

(1) 典型非标设备——反应器/塔器的工艺设计，编制计算说明书。
(2) 典型标准设备——换热器的选型设计，编制计算说明书。
(3) 其他重要设备的设计及选型说明
(4) 编制设备一览表

4. 车间设备布置设计

选择至少一个主要工艺车间，进行车间布置设计。
(1) 车间布置设计
(2) 主要工艺管道配管设计
(3) 绘制车间平面布置图
(4) 绘制车间立面布置图
鼓励运用三维设计工具软件进行车间布置和配管设计。

5. 工厂总体布置设计

(1) 对主要工艺车间、辅助车间、原料及产品储罐区、中心控制室、分析化验室、行政管理及生活等辅助用房、设备检修区、三废处理区、安全生产设施、工厂内部道路等进行合理的布置，并对方案进行必要的说明。
(2) 工厂布置设计
(3) 绘制工厂平面布置总图
鼓励运用三维设计工具软件进行工厂布置设计。

6. 经济分析与评价基础数据

根据调研获得的经济数据(可以参考以下价格数据)对设计方案进行经济分析与评价。
(1) 304不锈钢设备：15 000元/吨
(2) 中低压(≤4 MPa)碳钢设备：6 000元/吨
(3) 高压碳钢设备价格：9 000元/吨
(4) 其他特殊不锈钢按实际定价
(5) 低压蒸汽(0.8 MPa)：150元/吨
(6) 中压蒸汽(4 MPa)：175元/吨
(7) 电：0.65元/千瓦时
(8) 工艺软水：10元/吨
(9) 冷却水：1.0元/吨
(10) 污水处理费：5.0元/吨(COD<500)
(11) 人工成本：8 000元/月·人(包括五险一金)

7. 参赛作品应提交的材料

(1) 必须提交的基本材料

① 项目可行性报告

② 初步设计说明书(包括设备一览表、物料平衡表等各种相关表格)

③ 典型设备(标准设备和非标设备)设计计算说明书(若采用相关专业软件进行设备计算和分析,则提供计算结果和源程序)

④ PFD 和 PID 图(可以分多张图绘制)

⑤ 车间设备平立面布置图

⑥ 分厂平面布置总图

⑦ 主要设备工艺条件图

⑧ 工艺流程的模拟及流程优化计算结果

(2) 计入作品评分的材料

① 若进行危险性和可操作性(HAZOP)分析,请提供相关的文档(若采用专业软件实施,请能在该软件平台上打开的设计源文件)。

② 若进行能量集成与节能技术运用,则提供相关的结果(若采用专业软件计算,请能在该软件平台上打开的设计源文件)。

③ 若采用专业软件进行过程成本的估算和经济分析评价,请提供能在该软件平台上打开的设计源文件。

④ 若采用专业软件进行车间、设备、管道的三维设计,请提供能在该软件平台上打开的设计源文件。

1.5 毕业设计题目

(1) 项目名称

丙烯腈合成工段。

(2) 生产方法

以丙烯、氨、空气为原料,用丙烯氨氧化法合成丙烯腈。

(3) 生产能力

年产 5 000 t 丙烯腈。

(4) 原料组成

液态丙烯原料含丙烯 85%(摩尔分数)、丙烷 15%(摩尔分数);液态氨原料含氨 100%。

(5) 工段产品

丙烯腈水溶液,含丙烯腈约 1.8%(质量分数)。本例为假定的设计。所以设计任务书中的其他项目,如设计依据,厂址选择,主要技术经济指标,原料的供应,燃料的种类,水、电、汽的主要来源,与其他工业企业的关系,建厂期限,设计单位,设计进度及设计阶段的规定等内容均从略。

附录 2　化工流程图和装配图

2.1　某化肥厂合成工段管道及仪表流程图

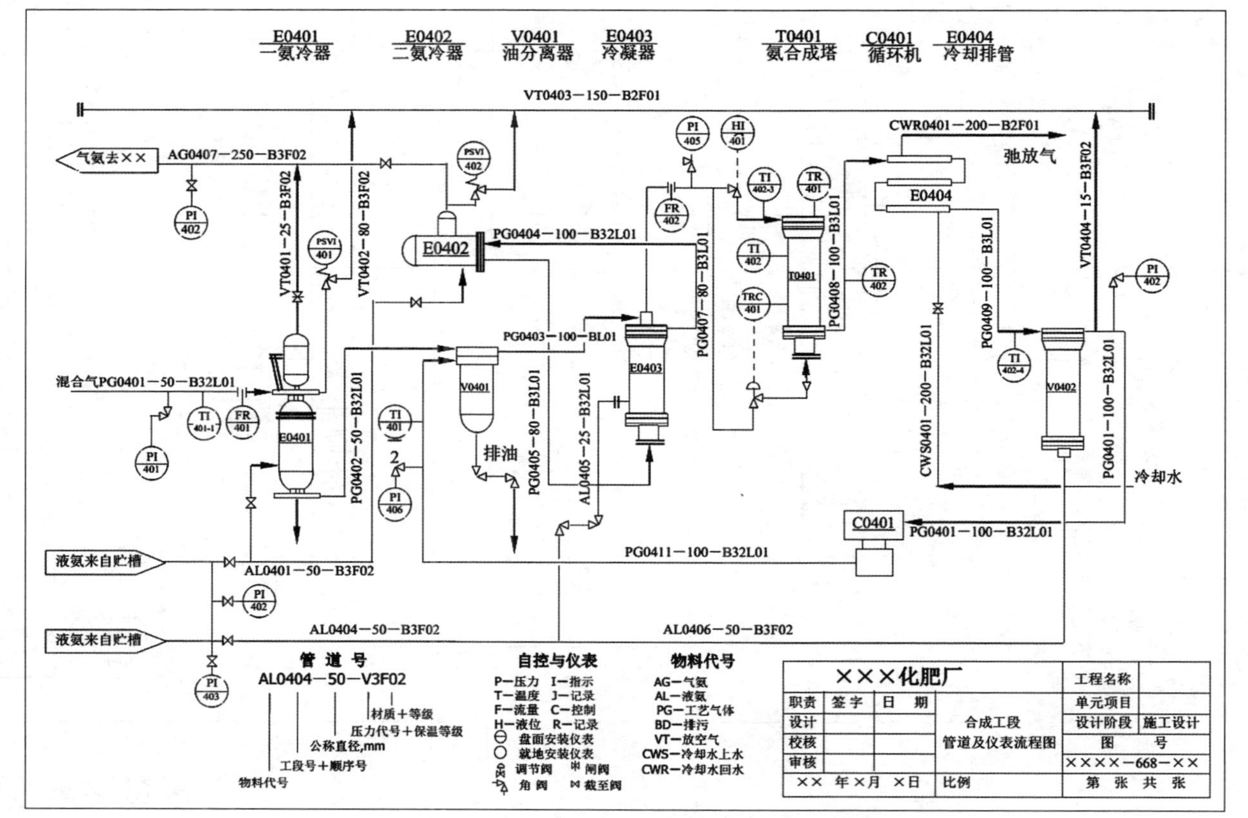

附录图 2－1　某化肥厂合成工段管道及仪表流程图

2.2　常减压装置流程图

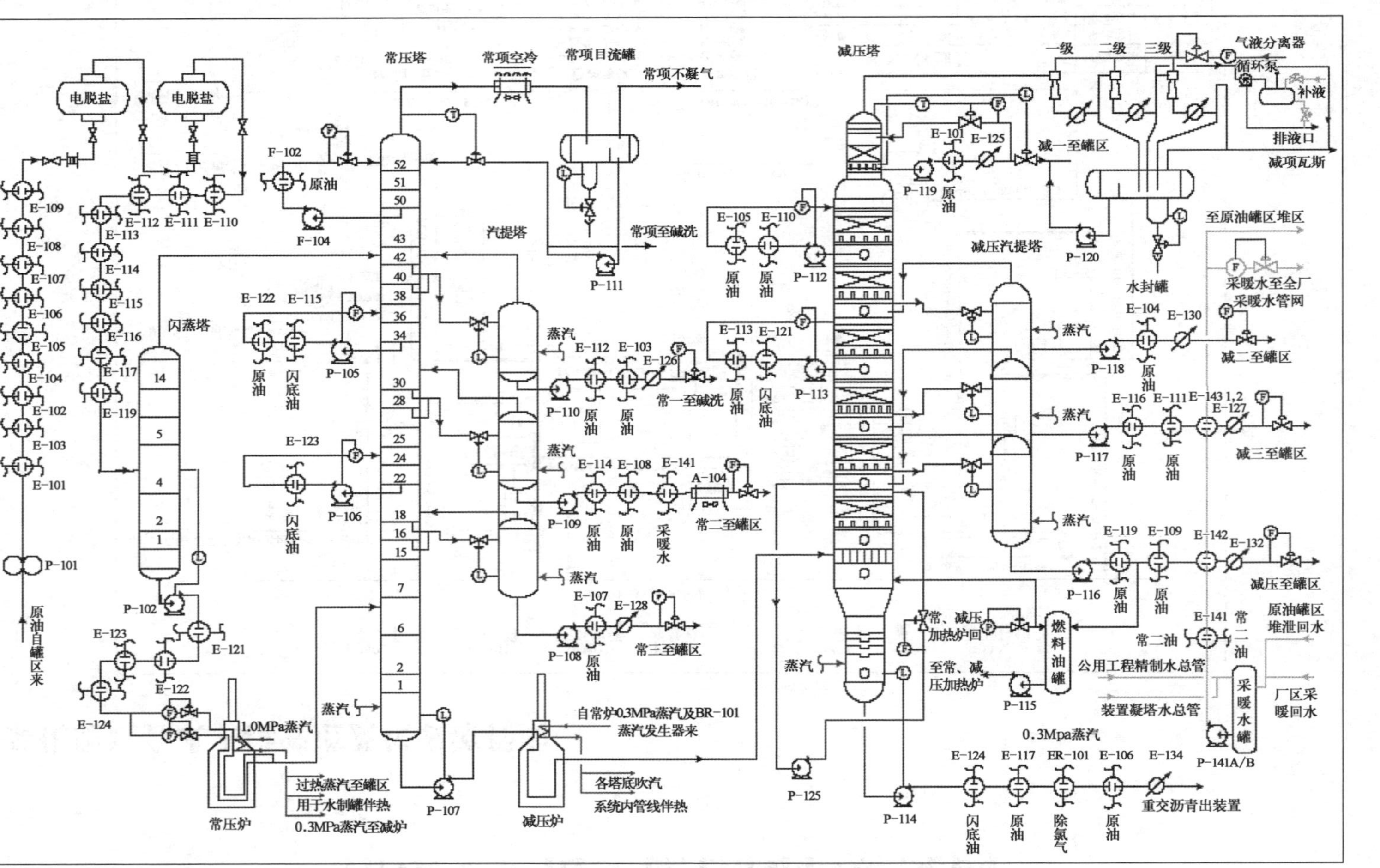

附录图 2－2　常减压装置流程图

2.3　精馏塔装配图

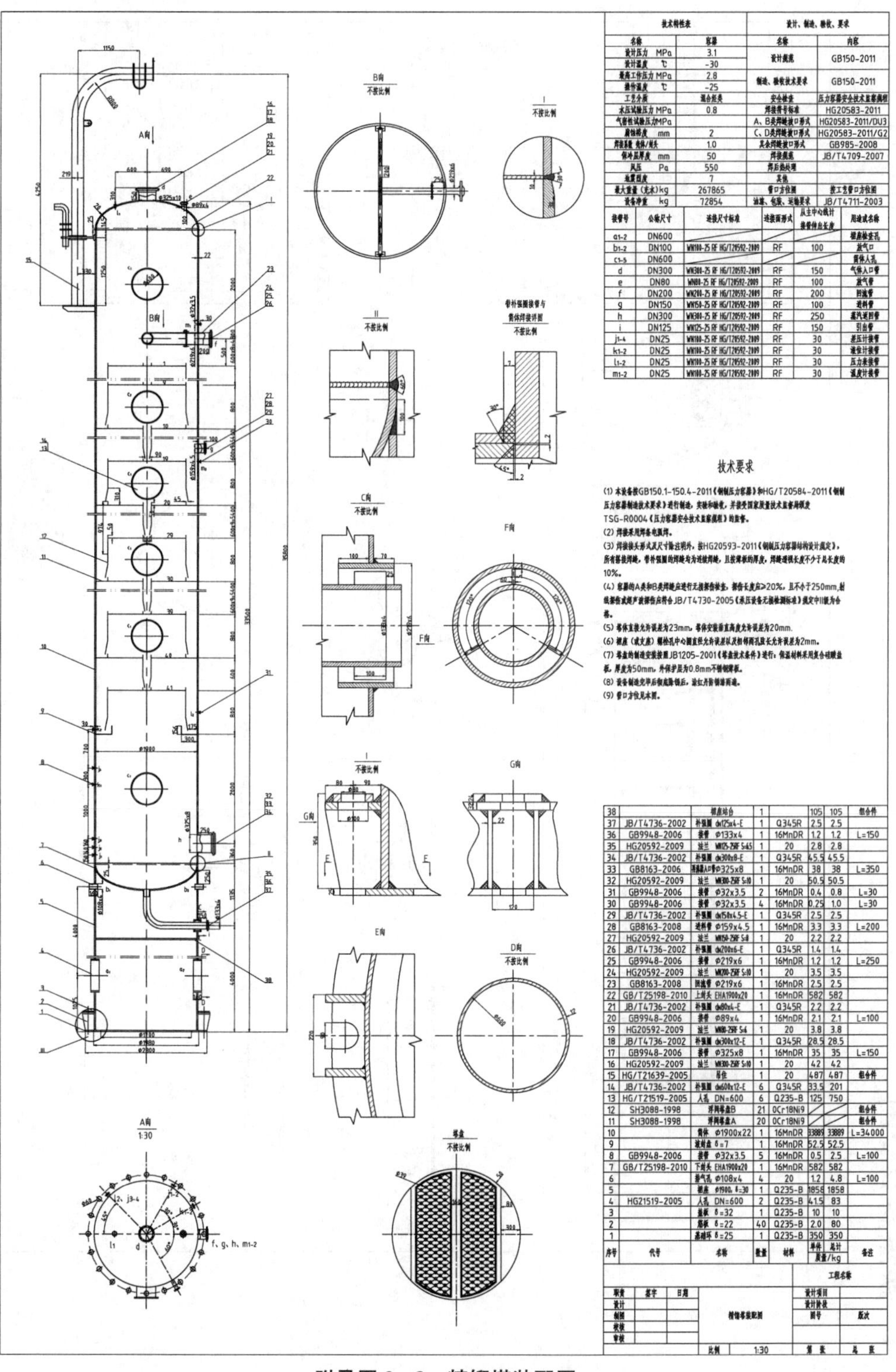

技术特性表		设计、制造、验收、要求	
名称	容器	名称	内容
设计压力 MPa	3.1	设计规范	GB150-2011
设计温度 ℃	-30		
最高工作压力 MPa	2.8	制造、验收技术要求	GB150-2011
操作温度 ℃	-25		
工艺介质	混合烃类	安全检查	压力容器安全技术监察规程
水压试验压力 MPa	0.8	焊接符号标准	HG20583-2011
气密性试验压力MPa		A、B类焊缝坡口形式	HG20583-2011/DU3
腐蚀裕度 mm	2	C、D类焊缝坡口形式	HG20583-2011/G2
焊接系数 壳体/封头	1.0	其余焊缝坡口形式	GB985-2008
保冷层厚度 mm	50	焊接规范	JB/T4709-2007
风压 Pa	550	焊后热处理	
地震烈度	7	其他	
最大重量（充水）kg	267865	管口方位图	按工艺管口方位图
设备净重 kg	72854	油漆、包装、运输要求	JB/T4711-2003

接管号	公称尺寸	连接尺寸标准	连接面形式	从主中心线计接管伸出长度	用途或名称
a1-2	DN600				裙座检查孔
b1-2	DN100	WN100-25 RF HG/T20592-2009	RF	100	放气口
c1-5	DN600				筒体人孔
d	DN300	WN300-25 RF HG/T20592-2009	RF	150	气体入口管
e	DN80	WN80-25 RF HG/T20592-2009	RF	100	放气管
f	DN200	WN200-25 RF HG/T20592-2009	RF	200	回流管
g	DN150	WN150-25 RF HG/T20592-2009	RF	100	进料管
h	DN300	WN300-25 RF HG/T20592-2009	RF	250	蒸汽返回管
i	DN125	WN125-25 RF HG/T20592-2009	RF	150	引出管
j1-4	DN25	WN100-25 RF HG/T20592-2009	RF	30	差压计接管
k1-2	DN25	WN100-25 RF HG/T20592-2009	RF	30	液位计接管
l1-2	DN25	WN100-25 RF HG/T20592-2009	RF	30	压力表接管
m1-2	DN25	WN100-25 RF HG/T20592-2009	RF	30	温度计接管

技术要求

(1) 本设备按GB150.1-150.4-2011《钢制压力容器》和HG/T20584-2011《钢制压力容器制造技术要求》进行制造，实验和验收，并接受国家质量技术监督局颁发TSG-R0004《压力容器安全技术监察规程》的监督。

(2) 焊接采用焊条电弧焊。

(3) 焊接接头形式及尺寸除注明外，按HG20593-2011《钢制压力容器结构设计规定》，所有搭接焊缝，带补强圈的焊缝均为连续焊缝，且按薄板的厚度，焊缝透视长度不少于总长度的10%。

(4) 容器的A类和B类焊缝应进行无损探伤检查，探伤长度应≥20%，且不小于250mm，射线探伤或超声波探伤应符合JB/T4730-2005《承压设备无损检测标准》规定中II级为合格。

(5) 塔体直接允许误差为23mm，塔体安装垂直高度允许误差为20mm.

(6) 裙座（或支座）螺栓孔中心圆直径允许误差以及相邻两孔弦长允许误差为2mm。

(7) 塔盘的制造安装按照JB1205-2001《塔盘技术条件》进行：保温材料采用复合硅酸盐板，厚度为50mm，外保护层为0.8mm不锈钢薄板。

(8) 设备制造完毕后彻底除锈后，涂红丹防锈漆两遍。

(9) 管口方位见本图。

序号	代号	名称	数量	材料	单件质量/kg	总计质量/kg	备注
38		裙座站台	1		105	105	组合件
37	JB/T4736-2002	补强圈 dN125x4-E	1	Q345R	2.5	2.5	
36	GB9948-2006	接管 φ133x4	1	16MnDR	1.2	1.2	L=150
35	HG20592-2009	法兰 WN125-25RF S=6.5	1	20	2.8	2.8	
34	JB/T4736-2002	补强圈 dN300x8-E	1	Q345R	45.5	45.5	
33	GB8163-2006	再沸器入口管φ325x8	1	16MnDR	38	38	L=350
32	HG20592-2009	法兰 WN300-25RF S=10	1	20	50.5	50.5	
31	GB9948-2006	接管 φ32x3.5	2	16MnDR	0.4	0.8	L=30
30	GB9948-2006	接管 φ32x3.5	4	16MnDR	0.25	1.0	L=30
29	JB/T4736-2002	补强圈 dN150x4.5-E	1	Q345R	2.5	2.5	
28	GB8163-2008	进料管 φ159x4.5	1	16MnDR	3.3	3.3	L=200
27	HG20592-2009	法兰 WN150-25RF S=8	1	20	2.2	2.2	
26	JB/T4736-2002	补强圈 dN200x6-E	1	Q345R	1.4	1.4	
25	GB9948-2006	接管 φ219x6	1	16MnDR	1.2	1.2	L=250
24	HG20592-2009	法兰 WN200-25RF S=10	1	20	3.5	3.5	
23	GB8163-2008	回流管 φ219x6	1	16MnDR	2.5	2.5	
22	GB/T25198-2010	上封头 EHA1900x20	1	16MnDR	582	582	
21	JB/T4736-2002	补强圈 dN80x4-E	1	Q345R	2.2	2.2	
20	GB9948-2006	接管 φ89x4	1	16MnDR	2.1	2.1	L=100
19	HG20592-2009	法兰 WN80-25RF S=6	1	20	3.8	3.8	
18	JB/T4736-2002	补强圈 dN300x12-E	1	Q345R	28.5	28.5	
17	GB9948-2006	接管 φ325x8	1	16MnDR	35	35	L=150
16	HG20592-2009	法兰 WN300-25RF S=10	1	20	42	42	
15	HG/T21639-2005	吊柱	1	20	487	487	组合件
14	JB/T4736-2002	补强圈 dN600x12-E	6	Q345R	33.5	201	
13	HG/T21519-2005	人孔 DN=600	6	Q235-B	125	750	
12	SH3088-1998	浮阀塔盘B	21	0Cr18Ni9			组合件
11	SH3088-1998	浮阀塔盘A	20	0Cr18Ni9			组合件
10		筒体 φ1900x22	1	16MnDR	33889	33889	L=34000
9		液封盘 δ=7	1	16MnDR	52.5	52.5	
8	GB9948-2006	接管 φ32x3.5	5	16MnDR	0.5	2.5	L=100
7	GB/T25198-2010	下封头 EHA1900x20	1	16MnDR	582	582	
6		排气孔 φ108x4	4	20	1.2	4.8	L=100
5		裙座 φ1900，δ=30	1	Q235-B	1858	1858	
4	HG21519-2005	人孔 DN=600	2	Q235-B	41.5	83	
3		垫板 δ=32	1	Q235-B	10	10	
2		筋板 δ=22	40	Q235-B	2.0	80	
1		基础环 δ=25	1	Q235-B	350	350	

				工程名称	
职责	签字	日期	精馏塔装配图	设计项目	
设计				设计阶段	
制图				图号	版次
校核					
审核					
			比例 1:30	第 张	总 张

附录图 2－3　精馏塔装配图

2.4 换热器装配图

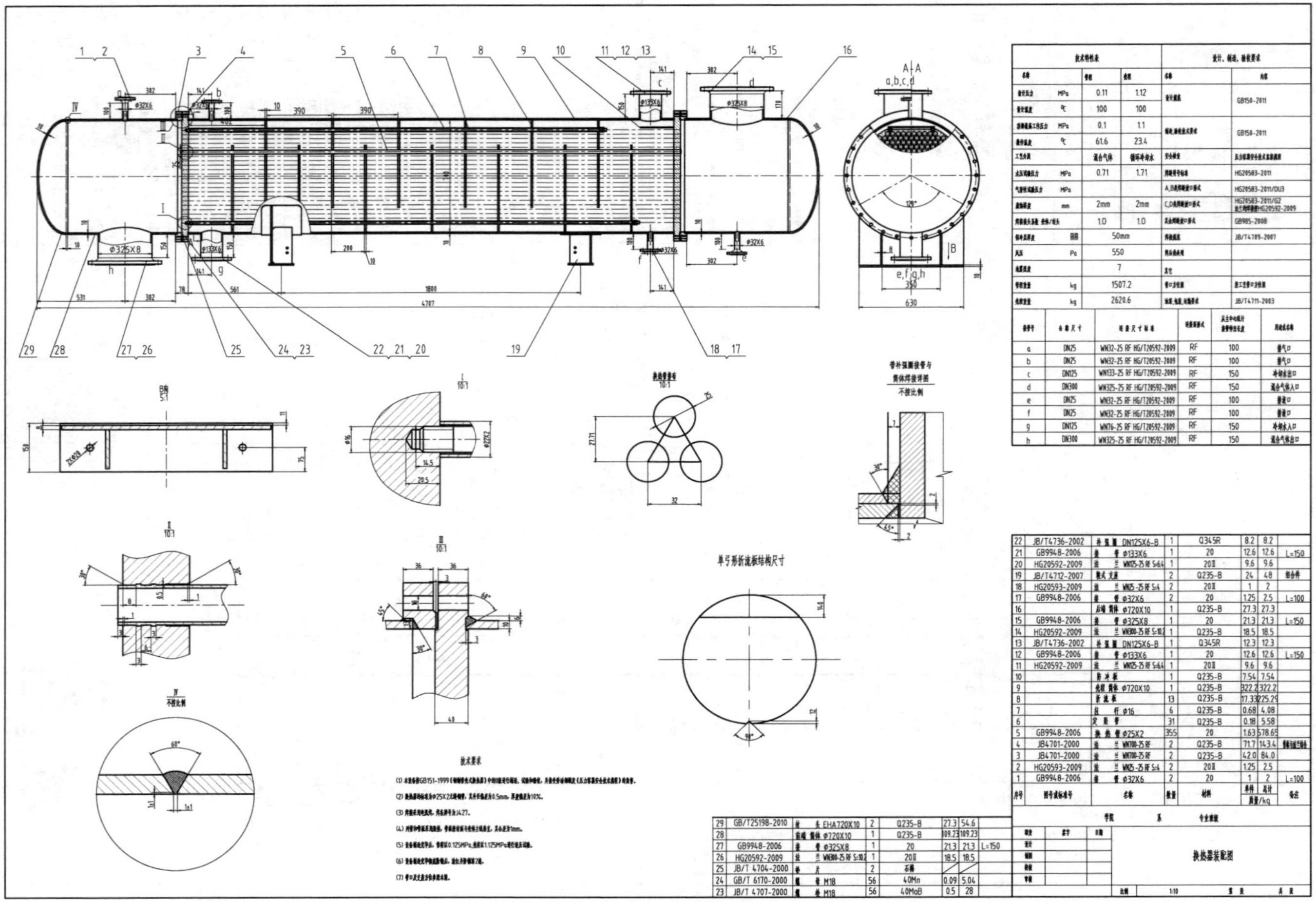

附录图 2－4 换热器装配图

参 考 文 献

[1] 郭泉.认识化工生产工艺流程：化工生产实习指导[M].北京：化学工业出版社，2009.
[2] 王光龙，谷守玉，宋建池，等.化工生产实习教程[M].郑州：郑州大学出版社，2002.
[3] 石淑先，乔宁.石油化工生产实习指导[M].北京：化学工业出版社，2016.
[4] 陈桂娥，高峰.现代化工生产操作实习[M].北京：化学工业出版社，2016.
[5] 杜克生，张庆海，黄涛.化工生产综合实习[M].北京：化学工业出版社，2007.
[6] 高峰，顾静芳.现代化工仿真实习指导[M].北京：化学工业出版社，2019.
[7] 付梅莉.石油化工生产实习指导书[M].北京：石油工业出版社，2009.
[8] 田维亮.化工原理实验及单元仿真[M].北京：化学工业出版社，2015.
[9] 田维亮，张红喜，葛振红，等.化工原理课程设计[M].北京：化学工业出版社，2019.